# 机械设计综合实践

主　编　刘　静　朱　花　常军然

副主编　林　冲　谢文涓　王国勇

参　编　于双洋　夏福中

U0190764

重庆大学出版社

# 内 容 提 要

本书是机械设计制造及其自动化专业应用型本科系列规划教材之一。全书共 22 章,主要内容包括机械创新设计概述、选题与设计规划、机构的组合创新与选型、机械系统运动方案设计、机械创新设计案例分析、传动装置的总体设计、减速器装配图设计、减速器零件工作图、设计计算说明书及答辩准备、机械设计常用标准及规范、参考图例和设计题目等。

本书适于高等工科院校机械类,近机械类专业师生使用。本书既适用于整合后的机械原理和机械设计课程设计的课程教学,也适用于分开进行的机械原理和机械设计课程设计教学。

**图书在版编目(CIP)数据**

机械设计综合实践/刘静,朱花,常军然主编.—重庆:重庆大学出版社,2020.6(2023.7 重印)
机械设计制造及其自动化专业应用型本科系列规划教材
ISBN 978-7-5689-2157-2

Ⅰ.①机… Ⅱ.①刘… ②朱… ③常… Ⅲ.①机械设计—高等学校—教材 Ⅳ.①TH122

中国版本图书馆 CIP 数据核字(2020)第 082609 号

**机械设计综合实践**

主　编　刘　静　朱　花　常军然
副主编　林　冲　谢文涓　王国勇
责任编辑:曾显跃　　版式设计:曾显跃
责任校对:关德强　　责任印制:张　策

\*

重庆大学出版社出版发行
出版人:饶帮华
社址:重庆市沙坪坝区大学城西路 21 号
邮编:401331
电话:(023) 88617190　88617185(中小学)
传真:(023) 88617186　88617166
网址:http://www.cqup.com.cn
邮箱:fxk@ cqup.com.cn(营销中心)
全国新华书店经销
重庆愚人科技有限公司印刷

\*

开本:787mm×1092mm　1/16　印张:18.5　字数:471千　插页:8 开 1 页
2020 年 6 月第 1 版　　2023 年 7 月第 3 次印刷
印数:4 001—6 000
ISBN 978-7-5689-2157-2　定价:46.00 元

# 前 言

　　本书是根据 2017 年我国教育部启动的新工科建设背景，从工程实践能力强、创新能力强、具备国际竞争力的高素质复合型"新工科"人才的需要出发，并结合我校教学改革成果编写的。本书力图加强创新思维和动手能力训练，以达到切实提高大学生的创新能力和实践能力的目的。

　　本书编写的指导思想是：在总结近年来相关课程教学改革经验的基础上，对原"机械原理"课程和"机械设计"课程实践教学进行整合，系统地训练机械制图、机械创新设计、机械系统运动方案设计和机械系统结构设计的能力，以培养学生的综合设计能力和创新设计能力为目标，力求激发学生的创新潜能和工程意识。本书通过选题报告、机械系统运动方案设计、机械系统设计，使学生能从整体的角度和系统的观点，掌握机械产品设计的基本方法和步骤，扩展机械设计知识，增强机械设计和创新设计能力。

　　本书的主要特色如下：

　　①整合机械设计基础、机械原理、机械设计三门核心课程实践教学资源，融合机构创新、机械创新等内容，形成机械创新设计综合实践模块。

　　②将减速器设计项目作为机械设计综合实践案例，反映了机械设计的系统性特征，按照机械工程设计过程安排各章节顺序，以增强学生在机械设计过程中的系统化认识。

　　③书中引入机械创新设计的理念，搜集并整理往届学生在全国大学生机械创新设计大赛中的优秀作品，编成项目供读者参考。

　　④本书强调培养学生的团队合作精神。机械设计综合实践课程以某个机械产品设计为载体，通过团队的组建、任务的分配与协作，培养学生的团队合作精神。

　　本书适用于普通高等学校工科机械类各专业。全书分为机械创新设计、选题与设计规划、机构的创新设计与选型、机械系统运动方案设计、机械创新设计案例分析、基于项目的机械设计综合实践等内容,并提供了用于机械设计综合实践教学的有关标准、规范、数据和资料等。本书适用于不同专业的机械设计综合实践课程,各校可根据自身课程安排和学时情况,灵活选用各章节。本书也可用于分开进行的机械原理和机械设计课程设计,还可以作为高年级学生学习专业课、专业课课程设计及毕业设计的参考资料。

本书由江西理工大学的刘静、朱花、常军然担任主编,林冲、谢文涓、王国勇担任副主编。参加本书编写的人员有刘静(第1章~3章、第5章、第11章~15章),朱花(第6章~10章、第21章),常军然(第4章、第22章),林冲(第17章),谢文涓(第18章),王国勇(第16章),于双洋(第19章),夏福中(第20章),全书由刘静负责统稿。

由于编者水平有限,书中难免存在种种缺点和不足,恳请广大同仁和读者批评指正。

2020 年 1 月

# 目录

## 第1篇　机械创新设计综合实践

1

# 第2篇 基于项目的机械设计综合实践

# 第3篇　机械设计常用标准及规范

# 第4篇　参考图例与设计题目

# 第1篇
# 机械创新设计综合实践

# 第1章
# 机械创新设计

本章介绍创新与创新设计的基本概念,简述常规设计、现代设计与创新设计的不同点,论述了机械创新设计的意义。

## 1.1 创新与创新设计

**(1)创新的概念**

创新的概念最早由美国经济学家舒彼特(J. A. Schumpter)在1912年出版的《经济发展理论》一书中提出,他将创新的具体内容概括为以下几个方面:采用新技术,生产新产品,研制新材料,开拓新市场,采用新的组织模式或管理模式。同时,他还提出"创新"是种生产函数的转移。

（2）创新设计的概念

首先，回顾设计的概念。"设计"一词源于拉丁语" designare"，其中"de"表示"记下"，"signare"表示"符号和图形"，两者合在一起的意思是记下符号和图形。后来发展到英文单词" design"，其含义也更加完善。"设计"的含义是指根据社会或市场的需要，利用已有的知识和经验，依靠人们思维和劳动，借助各种平台（数学方法、实验设备、计算机等）进行反复判断、决策、量化，最终实现将人、物、信息资源转化为产品的过程。这里的"产品"是广义概念，含装置、设备、设施、软件以及社会系统等。

创新设计，是指在设计领域中的创新。一般指在设计领域中，提出的新的设计理念、新的设计理论或设计方法，从而得到具有独特性和新颖性的产品，达到提高设计的质量和缩短设计时间的目的。

机械创新设计则是指机械工程领域内的创新设计，它涉及机械设计理论与方法的创新、制造工艺的创新、材料及其处理的创新、机械结构的创新、机械产品维护及管理等许多领域的创新。

（3）创造性思维与创造能力

创造性思维活动是创新设计的主体，创造性思维活动过程如下：

1）创造性思维与潜创造能力

思维方式分为逻辑思维和直觉思维。逻辑思维又包括抽象逻辑思维和形象逻辑思维。

逻辑思维是一种严格遵循人们在总结事物活动经验和规律的基础上概括出来的逻辑规律，进行系统的思考，由此及彼的联动推理。逻辑思维有纵向推理、横向推理和逆向推理等几种方式。

纵向推理是针对某一现象进行纵深思考，探求其原因和本质而得到新的启示。

横向推理是根据某一现象联想其特点与其相似或相关的事物，进行"特征转移"而进入新的领域。

逆向推理是根据某一现象、问题或解法，分析其相反的方面，寻找新的途径。

灵感思维的基本特征是其产生的突然性、过程的突发性和成果的突破性。在灵感思维的过程中，不仅是意识起作用，而且潜意识发挥着重要的作用。

创造性思维是逻辑思维和灵感思维的综合，这两种包括渐变和突变的复杂思维过程互相融合、补充和促进，使设计人员的创造性思维得到更加全面的开发。

知识就是潜在的创造力。人的知识来源于教育和社会实践。受教育的程度和社会实践经验的不同，导致了人们知识结构的差异。凡是具有知识的人都具有潜在的创造力，只不过随着知识结构的差异，其潜在创造力的大小不同而已。知识的积累过程，就是潜创造力的培养过程。知识越丰富，潜创造力就越强。

创造性思维与潜创造能力是创新的源泉和基础。

2）创新的涌动力

存在于人类自身的潜创造能力，只有在一定压力和一定条件下才会释放出能量。这种压力来自社会因素和自身因素。社会因素主要指周边环境的内外压力，自身因素主要指强烈的事业心。社会因素和自身因素的有机结合，才能构成创新的涌动力。没有创新涌动力，就没有创新成果的出现。

创新的过程一般可归纳为：知识（潜创造力）+创新涌动力+灵感思维→创新成果。

## 1.2　常规设计、现代设计与创新设计

机械设计方法对机械产品的性能有决定作用。一般说来,可将设计方法分为正向设计和反向设计(反向设计也称"反求设计")。正向设计的过程是:首先明确设计目标,然后拟订设计方案,进行产品设计、样机制造和实验,最后投产。正向设计方法可分为常规设计方法(又称"传统设计方法")、现代设计方法和创新设计方法。它们之间有区别,也有共同性。反向设计的过程是:首先引进待设计的产品,以此为基础,再进行仿造设计、改进设计或创新设计。

**(1)常规设计**

常规机械设计是依据力学和数学建立的理论公式或经验公式为先导,以实践经验为基础,运用图表和手册等技术资料,进行设计计算、绘图和编写设计说明书的设计过程。一个完整的常规机械设计主要由下面的各个阶段组成:

①市场需求分析　本阶段的标志是完成市场调研报告。

②明确产品的功能目标　本阶段的标志是明确设计任务书。

③方案设计　拟订运动方案,通过对设计方案的选择与评价,最后决策确定出一个相对最优方案是本阶段的工作标志。

④技术设计阶段　技术设计是机械设计过程中的主体工作,该阶段的工作任务主要包括机构设计、机构系统设计(含运动协调设计)、结构设计和总装设计等,该阶段的工作标志是完成设计说明书和全部设计图的绘制工作。

⑤制造样机　制造样机并对样机的各项性能进行测试与分析,完善和改进产品的设计,为产品的正式投产提供保障。

常规机械设计方法是应用最为广泛的设计方法,也是相关教科书中重点讲授的内容。如机械原理中的连杆机构综合方法、凸轮廓线设计方法、齿轮几何尺寸的计算方法、平衡设计方法、飞轮设计方法以及其他常用机构的设计方法等都是常规的设计方法。

常规设计是以成熟技术为基础,运用公式、图表、经验等常规方法进行的产品设计,其设计过程有章可循,目前的机械设计大都采用常规的设计方法。常规设计方法是机械设计的主体。

**(2)现代设计**

相对于常规设计,现代设计则是一种新型设计方法,其在机械设计过程中的优越性日渐突出,应用日益广泛。

现代设计是以计算机为工具、以工程设计与分析软件为基础、运用现代设计理念的新型设计方法。与常规设计方法的最大区别是强调运用计算机、工程设计与分析软件和现代设计理念,其特点是产品开发的高效性和高可靠性。

现代设计的内容极其广泛,可运用的学科繁多。计算机辅助设计、优化设计、可靠性设计、有限元设计、并行设计、虚拟设计等都是经常运用的现代设计方法。

现代设计方法具有很大的通用性。例如,优化设计的基本理论不仅可用于机构的优化设计、机械零件的优化设计,而且可用于电子工程、建筑工程等许多领域中。因此,通用的现代设计方法和专门的现代设计方法发展都很快。比如,优化设计与机械优化设计、可靠性设计

与机械可靠性设计、计算机辅助设计与机构的计算机辅助设计等并行发展,设计优势明显,应用范围日益扩大。

现代设计方法强调运用计算机、工程设计与分析软件和现代设计理念的同时,其基本的设计过程仍然是运用常规设计的基本内容。在强调现代设计方法时,切不可忽视常规设计方法的重要性。

ADINA、I-DEAS、UG、Solid Edge、Solid Works、ADAMS 等都是常用的工程设计分析应用软件。

### (3)机械创新设计

常规性设计是以运用公式、图表为先导,以成熟技术为基础,借助设计经验等常规方法进行的产品设计,其特点是设计方法的有序性和成熟性。

现代设计强调以计算机为工具,以工程软件为基础,运用现代设计理念的设计过程,其特点是产品开发的高效性和高可靠性。

创新设计是指设计人员在设计中发挥创造性,提出新方案,探索新的设计思路,提供具有社会价值的、新颖的而且成果独特的设计成果。其特点是:运用创造性思维,强调产品的独特性和新颖性。

机械创新设计是指充分发挥设计者的创造力,利用人类已有的相关科学技术知识进行创新构思,设计出具有新颖性、创造性及实用性的机构或机械产品(装置)的一种实践活动。它包含两个部分:从无到有和从有到新的设计。

机械创新设计是相对常规设计而言的,它特别强调人在设计过程中(特别是在总体方案、结构设计中)的主导性及创造性作用。

一般说来,创新设计时很难找出固定的创新方法。创新成果是知识、智慧、勤奋和灵感的结合,现有的创新设计方法大都是根据对大量机械装置的组成、工作原理以及设计过程进行分析后,经过进一步归纳整理,找出形成新机械的方法,再用于指导新机械的设计中。

由于机械是机器和机构的总称,而机构又是机器中执行机械运动的主体,因此机械创新的实质内容是机构的创新。机构中的构件结构创新也是机械创新设计的组成部分。

### (4)不同设计方法的设计实例分析

常规设计和现代设计是最常用的工程设计方法,创新设计是近来最提倡的设计方法。不同的设计方法对设计结果影响很大。下面以典型的设计实例说明不同设计方法带来的不同结果。

【例1.1】椰汁加工机的设计

①常规设计方法

第一道工序:去椰皮,劈两半。

第二道工序:设计削肉机,椰壳固定,刀旋转,完成切肉任务。

第三道工序:粉碎制汁。

缺点是:需要削皮、去肉、制汁三套设备,而且由于椰壳形状和大小差异很大,控制切肉的厚度较难,导致浪费严重,生产率也低。

②采用现代设计方法 采用计算机仿真、优化设计等现代设计方法,可减少椰肉消耗,提高产量,但产品的工序基本同常规设计,生产机械的本质没有变化。

③采用创新设计方法 用创新理念和思维设计的椰汁加工机与上述结果有很大的不同。

第一道工序:去皮。

第二道工序:注射一种溶剂,将椰肉溶解成液体,再加水即成椰汁。提高了生产率,减少了消耗,降低了机械成本。

很明显,采用创新设计会使产品性能最佳。因此,大力提倡创新设计,就必须进行创新意识和创新能力的培养。学习一些创新技法也就显得非常必要。

## 1.3　机械创新设计的意义

机械创新设计是建立在现有机械设计学理论基础上,吸收哲学、认识科学、思维科学、设计方法学、发明学、创造学等相关学科的有益知识,经过综合交叉而成的一种设计技术和方法。由于机械创新设计过程凝结了人们的创造性智慧,因而其产品无疑应是科学技术与艺术结晶的产物,除了应该具有产品的技术性能、可靠性、经济性和适用性外,还应该反映出和谐的技术美。

开展机械创新设计研究的目的不仅是提高自身学术水平,更主要是获取较大的经济效益和社会效益。其意义在于:

①机械创新设计的深入研究将为人们发明创造新机器、新机械提供有效的理论和方法。

②机械创新设计研究能加速机械智能化,实现真正的专家系统,有利于加速机械设计向自动化、智能化、最优化、集成化实现。

③创新设计的机械产品提高了产品在同类中的竞争力,特别是当专利产品技术形成产业化的时候,可以创造出较高的经济效益及社会效益。

④机械创新设计培养了设计人员的创造性思维,增强了其创新能力,提高了其进行创新设计的自觉性及技术上的可操作性,使机械创新设计成为一种工具或手段,这样既促进了新产品的繁荣与更新,也为社会创造了财富。

## 复习思考题

1.1　简述常规设计、现代设计与创新设计的不同点。

1.2　机械创新设计的意义表现在哪些方面?

1.3　利用本章所讲的创新思维方法,提出一项未来智慧家庭机械新产品的设想。

# 第 **2** 章
## 选题与设计规划

本章介绍"机械创新设计综合实践"课程选题训练的基本要求。选题包括在需求分析和市场调研基础上选择设计对象，以及在使用对象和环境分析基础上确认具体的设计任务。在设计规划时，需要关注的内容包括围绕设计课题的技术现状调研、明确设计目标与约束条件等，同时本章还对设计工作规划和设计任务分工、开题报告书面总结以及答辩等各环节的内容和基本要求进行了详细的描述。

## 2.1 选 题

"机械创新设计综合实践"是继"机械制图""机械原理""机械设计"课程后，理论与实践紧密结合、培养学生机械工程系统设计能力的课程，因此，要求选修该课程的学生必须先修过这三门基础课程。机械创新设计综合实践不仅要提高学生机械设计的能力，而且要培养其团队合作意识和创新精神。因此，要求以小组为单位进行选题，每 2~3 人组成一个小组，每组选一个设计题目，每组要推荐一名负责人，负责设计任务的协调及小组成员间的沟通。为了提高"机械创新设计综合实践"课程的学习效果，应尽量选择一些实际的题目。设计题目一般有如下来源：

①学校承担科研项目中的机械设计方面的课题；
②设计或者生产单位根据实际需要提出的机械产品设计任务；
③国家或者学校组织的机械设计类比赛题目；
④学生承担的机械设计类"大学生创新创业"项目。

指导教师应该根据课程的教学大纲要求对设计题目进行整理，撰写设计任务书。设计任务书要给出简要的设计背景和明确的任务要求，以及主要参考资料。

## 2.2　设计规划

**(1)任务分析**

通过阅读设计任务书,分析设计内容的背景、机械系统的用途、可能涉及的核心技术,明确设计要求,为小组内分工和开展资料调研做准备。

在进行任务分析时,要注意与指导教师沟通,充分理解设计任务书的内容,尤其是要明确和界定任务书中出现的专门领域术语的内涵和外延。在任务分析的基础上,提出初步实施方案,包括设计步骤与流程、各个阶段的节点及指标。

**(2)任务分解**

根据任务分析和小组成员的人数,将设计任务划分成相应的子任务,各子任务间的界限要明确,工作量要均衡且可考核。

## 2.3　开题调研

机械创新设计综合实践的设计任务大多是在对现有技术继承或者借鉴基础上完成的,因此,通过对相关技术资料的调研,总结前人成功的经验和失败的教训,是机械创新设计综合实践的重要环节之一。调研方法主要有实物参观、测绘与分析、同类产品技术资料查阅、收集相关专利和文献检索等。

对于已经有类似产品或者样机的设计题目,如果能够参观到实物,通过近距离观察、操作产品或者样机,可以增加对设计任务的感性认识,起到事半功倍的作用。

**(1)产品检索**

产品信息可以通过百度搜索、专业数据库检索等引擎来检索,但是同一产品的名称可能有很大的差别,因而确定检索关键词比较困难。例如,选择"柑橘类水果采摘机器人"题目的学生,决定设计一种用于采摘柑橘类水果的机器,文献《柑橘采摘机器人结构设计及运动学算法》中,由东南大学设计的一种用于采摘柑橘的机器,该机器机械结构设计较为简单,主要基于 D－H 运动算法确定柑橘的位置,通过对产品图片和文字资料的搜集,了解产品的外形尺寸、功能指标、使用范围等重要信息,为设计参数的确定提供参考。江西理工大学机电工程学院研制了一种与其功能接近、机械结构不同的柑橘类水果采摘机器人的样机,学生们可以实地参观,开阔设计思路。

**(2)文献检索**

学生可以检索文献数据库、期刊、学术会议,还可以检索标准等文献,文献检索数据库有很多,相关的中文数据库有中国知网、中文科技期刊数据库、万方数据资源系统等,这些数据库收录的学术论文相差不多,一般检索一种数据库即可,外文数据库可以通过 EI 工程索引和 IEEE/IET 全文数据库进行检索。

1)关键词检索

选择合适的检索关键词是快捷准确地找到设计所需资料的前提。下面以设计任务"柑橘类水果采摘机器人"为例,简要介绍选择关键词来检索资料。

如果在百度搜索中输入设计题目"柑橘类水果采摘机器人",则可以检索到 27 700 条相关结果,通过浏览这些网页的内容,逐渐筛选出所需资料。但是,浏览 27 700 篇网页,需要消耗很多时间,而且前两个网页都是与柑橘类水果采摘机器人相关性较低的智能水果采摘机器人,因此有必要进一步缩小检索范围,需要进一步阅读设计任务书寻找更具体、更确切的关键词。仔细分析"柑橘类水果采摘机器人"设计任务书中的设计背景:柑橘是我国种植面积较为广阔的一种水果,柑橘栽培面积达 3 800 余万亩,年均产量超过 3 500 万 t,采摘柑橘的工作是水果生产链中最费力、最耗时的一个环节,其成本高、季节性强、需要大量劳动力,仅仅依靠手工劳动是远远不够的,随着计算机技术和各种智能控制理论的发展,使用机器辅助人工采摘成为可能。因此,本项目拟设计一种用于采摘柑橘类水果的机器,辅助人工完成对水果的采摘,降低果农的劳动强度。

从设计背景来看,设计目标是利用水果采摘机器辅助人工完成对柑橘的采摘,以"辅助人工"和"柑橘类水果采摘机器"作为关键词可以检索到 7 360 篇相关网页,前两个网页就是与辅助人工采摘柑橘类水果相关的资料。

2)研读参考资料

尽管通过调整检索关键词检索到结果的数量减少了近 4 倍,但是仍然有 7 360 篇,对于不到 1 周的调研时间来讲,任务量比较大。在短时间内很难找到恰当准确关键词的题目,指导教师应给以提示。例如,可以提供一些主要参考资料,"柑橘类水果采摘机器人"设计任务书的主要参考资料中列了一篇综述性文献"张洁,李艳文.果蔬采摘机器人的研究现状、问题及对策[J].机械设计,2010(6):1-4"。通过仔细研读这篇论文,就可以了解到国内外果蔬采摘机器人的研究进展与现状,以及几种典型的果蔬采摘机器人的研究成果,同时也指明了采摘机器人未来的研究方向。学生根据这篇论文后面所列参考文献,进行进一步的检索,可以很快找到设计所需资料,还可以通过向指导教师或者相关专家进行咨询与请教,寻找相关设计资料。

### (3)专利检索

专利是受法律规范保护的发明创造,是指一项发明创造向国家审批机关提出专利申请,经依法审查合格后向专利申请人授予的在规定的时间内对该项发明创造享有的专有权。据世界知识产权组织(World Intellectual Property Organization,WIPO)的有关统计资料表明,全世界每年 90% ~95% 的发明创造成果都可以在专利文献中查到,其中约有 70% 的发明成果从未在其他非专利文献上发表过。在科研工作中经常查阅专利文献,不仅可以提高科研项目的研究起点和水平,而且还可以节约 60% 左右的研究时间和 40% 左右的研究经费。因此,进行专利检索是机械创新设计综合实践的重要调研方式之一。

不同国家的专利种类和保护年限有一定差异。中国专利分为 3 种类型:发明、实用新型和外观设计,前者的权期限为 20 年,后两者的权期限为 10 年。发明是指对产品、方法或者其改进所提出的新的技术方案。发明专利并不要求它是经过实践证明可以直接应用于工业生产的技术成果,它可以是一项解决技术问题的方案或是一种构思,具有在工业上应用的可能性。实用新型是指对产品的形状、构造或者其结合所提出的适于实用的、新的技术方案。实用新型专利保护的也是一个技术方案,但其保护的范围较窄,它只保护有一定形状或结构的新产品,不保护方法以及没有固定形状的物质。实用新型的技术方案更注重实用性,其技术水平较发明而言要低一些,多数国家实用新型专利保护的都是比较简单的、改进性的技术发明。外观设计是指对产品的形状、图案或者其结合以及色彩与形状、图案所做出的富有美感并适于工业上应用的新设计。外观设计与发明、实用新型有着明显的区别,外观设计注重的是设计人对一项产品的外观所作出的富于艺术性、具有美感的创造,但这种具有艺术性的创造,不是单纯的工艺品,它必须具有能够为产业上所应用的实用性。外观设计专利实质上是保护美术思想的,而发明专利和实用新型专利保护的是技术思想。虽然外观设计和实用新型与产品的形状有关,但两者的目的却不相同,前者的目的在于使产品形状产生美感,而后者的目的在于使具有形态的产品能够解决某一技术问题。

随着互联网技术的发展,很多国家和地区的专利都可以通过相关的网站检索且免费下载专利说明书。

1) 中华人民共和国国家知识产权局( www. sipo. gov. cn)

我国的国家知识产权局从 2001 年 11 月 1 日起对公众提供中国专利数据库检索,包括1985 年以来公开的发明、实用新型和外观设计,公众可以免费逐页浏览专利说明书全文及外观设计,说明书为 tif 格式文件,在线浏览说明书必须安装网站提供的 Alterna TIFF 专用浏览器。

2) 美国专利商标局( www. uspto. gov)

在美国专利商标局网站可以检索 1790 年以来的所有美国专利,1790—1975 年专利仅能用专利号和美国专利分类号检索,可在线浏览全文( tif 格式文件),需下载浏览器 Alternatiff。

3) 欧洲专利局 esp@ cene( www. espacenet. com)

esp@ cenet 由欧洲专利局、欧洲专利组织成员国及欧洲委员会合作开发,可以检索欧洲专利局和欧洲专利组织成员国出版的专利、世界知识产权组织 WIPO 出版的 PCT 专利的著录信息以及专利的全文扫描图像( pdf 格式)。

4) 日本特许厅( www. jpo. go. jp)

在日本特许厅网站可以检索 1976 年以来的日本专利英文文摘和 1985 年以来公布的所有日本专利、实用新型和外观设计的电子文献。英文版网页上只有日本专利、实用新型和商标数据,日文版网页上还包括外观设计数据。

5) 加拿大知识产权局( www. cipo. ic. gc. ca)

在加拿大知识产权局网站可以检索 1920 年以来的加拿大专利说明书及其扫描图像,专利信息包括图像专利文献、题录数据以及文本式专利文摘( 文摘及权利要求)。对于 1978 年8 月 15 日前授权的专利,数据库中没有文本式的文摘和权利要求数据。

除了各个国家的知识产权局或者专利局可以检索专利外,还可以通过德温特专利索引等专利数据库,以及百度专利搜索、Google Patent Search 等专门搜索引擎来进行检索。

## 2.4　文献综述

文献综述是对某一方面的专题搜集大量情报资料后经综合分析而写成的一种研究分析报告,它能反映出当前某一领域中某分支学科或重要专题的最新进展、学术见解和建议,以及有关问题的新动态、新趋势、新水平、新原理和新技术等。

本课程要求学生撰写文献综述的目的在于：

①通过搜集文献资料过程，进一步熟悉科学文献的查找方法和资料的积累方法，扩大知识面。

②查找文献资料、写文献综述是科研选题及进行科研的第一步，因此，学习文献综述的撰写也是为今后的科研活动打基础。

③通过综述的写作过程，提高归纳、分析、综合能力，有利于培养独立工作能力和科研能力。

文献综述选题范围广，题目可大可小，可难可易。对于机械创新设计综合实践的课题综述则要结合课题的性质进行书写。

文献综述与"读书报告""文献复习""研究进展"等有相似之处，它们都是从某一方面的专题研究论文或报告中归纳出来的。但是，文献综述既不像"读书报告""文献复习"那样，单纯将一级文献客观地归纳报告；也不像"研究进展"那样，只讲科学进程。其特点是"综述"，"综"是要求对文献资料进行综合分析、归纳整理，使材料更精练明确、更有逻辑层次；"述"就是要求对综合整理后的文献进行比较专门的、全面的、深入的、系统的论述。总之，文献综述是作者对某一方面问题的历史背景、前人工作、争论焦点、研究现状和发展前景等内容进行评论的科学性报告。

写文献综述一般经过以下几个阶段：搜集阅读文献资料、拟订提纲（包括归纳、整理、分析）和成文。

**（1）搜集阅读文献**

根据设计任务，围绕选定题目搜集与问题有关的文献。搜集文献的方法有看专著、年鉴法、浏览法、滚雪球法、检索法等。搜集文献要求越全越好，在完成搜集与问题有关的参考文献后，就要对这些参考文献进行阅读、归纳、整理。如何从这些文献中选出具有代表性、科学性和可靠性大的单篇研究文献十分重要，从某种意义上讲，所阅读和选择的文献的质量高低，直接影响文献综述的水平。因此，在阅读文献时，要写好读书笔记、读书心得和做好文献摘录卡片。用自己的语言写下阅读时得到的启示、体会和想法，将文献的精髓摘录下来，不仅为撰写综述时提供有用的资料，而且对于训练自己的表达能力、阅读水平都有好处，特别是将文献整理成文献摘录卡片，对撰写综述极为有利。

**（2）格式与写法**

文献综述的格式与一般研究性论文的格式有所不同。这是因为研究性的论文注重研究的方法和结果，而文献综述要求向读者介绍与主题有关的详细资料、动态、进展、展望以及对以上方面的评述。因此，文献综述的格式相对多样，但总的来说，一般都包含4部分：前言、主题、总结和参考文献。撰写文献综述时可按这4部分拟写提纲，再根据提纲进行撰写。

1）前言

前言部分主要是说明写作的目的，介绍有关的概念、定义以及综述的范围，扼要说明有关主题的现状或争论焦点，使读者对全文要叙述的问题有一个初步的轮廓。

2）主题

主题部分是综述的主体，其写法多样，没有固定的格式。可按年代顺序综述，也可按不同的问题进行综述，还可按不同的观点进行比较综述。无论用哪一种格式综述，都要将所搜集到的文献资料归纳、整理及分析比较，阐明有关主题的历史背景、现状和发展方向，以及对这些问题的评述。主题部分应特别注意代表性强、具有科学性和创造性的文献引用和评述。

3）总结

总结部分是将全文主题进行扼要总结,最好能提出自己的见解。

4）参考文献

参考文献虽然放在文末,但却是文献综述的重要组成部分。因为它不仅表示对被引用文献作者的尊重及引用文献的依据,而且为读者深入探讨有关问题提供了文献查找线索。因此,应认真对待。参考文献的编排应条目清楚,查找方便,内容准确无误。

**（3）注意事项**

由于文献综述的特点,使它的写作既不同于读书笔记、读书报告,也不同于一般的科研论文。因此,在撰写文献综述时应注意以下几个问题：

①搜集文献应尽量全面。掌握全面、大量的文献资料是写好综述的前提,否则,随便搜集一点资料就动手撰写,不可能写出好的综述,甚至写出的报告根本不成为综述。

②注意引用文献的代表性、可靠性和科学性。在搜集到的文献中可能出现观点雷同。有的文献在可靠性及科学性方面存在着差异,因此,在引用文献时应注意选用具有代表性、可靠性和科学性的文献。

③引用文献要忠实文献内容。由于文献综述有作者自己的评论分析,因此在撰写时应分清作者的观点和文献的内容,不能篡改文献的内容。

④参考文献不能省略。有的科研论文可以将参考文献省略,但文献综述绝对不能省略,而且应是文中引用过的、能反映主题全貌的并且是作者直接阅读过的文献资料。

总之,一篇好的文献综述,应有较完整的文献资料,有评论分析,并能准确地反映主题内容。

## 2.5 开题报告

在文献综述的基础上,撰写开题报告。开题报告应该包含如下内容：

①研究背景及意义。根据设计任务书的要求和对调研资料的分析,细化设计任务的具体内容及其技术和性能指标,明确其研究背景及意义。

②国内外发展状况综述。对搜集到的资料进行分类整理与分析,撰写综述报告,为下一步研究奠定基础。

③现有技术存在的问题。在对国内外相关技术进行充分分析的基础上,总结现有技术存在的不足及其未来发展趋势。

④设计规划。针对现有技术存在的不足,提出设计目标、本设计拟解决的关键技术问题和初步方案,制订初步的技术路线和时间安排。

以组为单位提交一份书面开题报告,并进行课堂答辩。在课堂答辩时,每个人都需要介绍各自负责的内容。

## 复习思考题

2.1 "机械创新设计综合实践"项目的开题要做哪些工作？

2.2 资料调研的常用方法有哪些？

2.3 文献综述应该写哪些主要内容？

2.4 开题报告应阐述清楚哪些内容？

2.5 查阅资料或进行调查研究，写出一份关于某项专利或某一新技术创新设计过程的调查报告。其内容包括新技术(新产品)名称、发明人、发明过程和使用情况。

# 第 **3** 章
# 机构的组合创新与选型

机构创新设计的方法有两类:一类是指首创、突破及发明;另一类是选择常用机构,并按某种方式进行组合或变异,综合出可实现相同或相近功能的众多机构,为创新设计开辟切实可行的途径。本章从机构组合理论出发探讨机构创新设计的新方法,介绍机构的组合与创新、机构的变异与创新以及机构选型的经典机构。

## 3.1 机构的组合与创新

单一机构所能满足的运动要求毕竟有限,对于一些复杂的运动或特殊要求,常将若干个基本机构通过适当方式组合成一个机构组合体来实现。这种将两个及两个以上基本机构联合起来,并为完成某种运动形式、运动规律或力学性能而设计的机构组合体,称为组合机构。组合机构可以由同一类的基本机构组成(如连杆机构与连杆机构、凸轮机构与凸轮机构等),也可以由不同种类的基本机构组成(如连杆机构与齿轮机构、凸轮机构与齿轮机构等)。比较常见的典型机构组合方式有串联式机构组合、并联式机构组合、复合式机构组合。

**(1)串联式机构组合**

由两个或两个以上的单自由度基本机构相互串联,使前一机构的从动件恰为后一机构的主动件,这样的组合方式称为机构的串联组合,可用如图 3.1 所示的框图表示。

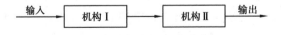

输入 → 机构 I → 机构 II → 输出

图 3.1 串联式机构组合

串联机构可以改善单一机构的运动特性。图 3.2 所示的钢锭热锯机机构,其将曲柄摇杆机构 1-2-3-4 的输出件 4 与摇杆滑块机构 4'-5-6-1 的输入件 4'固接在一起,从而使没有急回运动特性的输出件 6 有了急回特性。该机构经合理设计,还可以使滑块在工作行程中的速度近似匀速。

如图 3.3 所示为牛头刨床导杆机构,它是由转动导杆机构 ABD、摆动导杆机构 BCE 和摇杆滑块机构 CFG 串联而成的。前置机构 ABD 中,曲柄 1 为主动件,绕轴 A 匀速转动,从动件 2 输出非匀速转动;后置机构 BCE 中,输入构件为 BE,输出构件为 CF;机构 CFG 为摇杆滑块机构,输入构件为 CF,输出构件为滑块 4。工作过程中,当曲柄 1 匀速转动时,经过3 个基本机构的串联,中和了后继机构的转速变化,滑块 4 在某区段内实现近似匀速往复移动。

可见,串联式组合机构主要是利用前置机构来改变后置机构输入构件的运动特性,以获得输出构件所期望的运动规律。

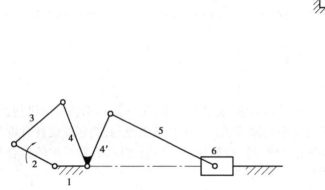

图 3.2　钢锭热锯机机构

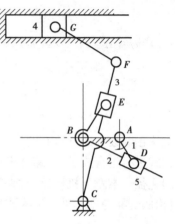

图 3.3　牛头刨床导杆机构

**(2) 并联式机构组合**

原动件的一个运动同时输入给若干个并列布置的单自由度基本机构,而它们的输出运动又同时输入给一个多自由度的基本机构,从而形成一个自由度为 1 的机构系统,则这种组合方式称为并联式组合,可用如图 3.4 所示的框图来表示。

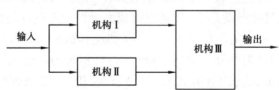

图 3.4　并联式机构组合

如图 3.5 所示为双滑块驱动机构,由凸轮机构、连杆机构并联组合而成。共同的输入构件主动杆 1 作往复摆动,一个从动件是大滑块 2,杆 1 的滚子在大滑块的曲线形沟槽内运动,使大滑块左右往复移动;另一个从动件是小滑块 4,由摇杆 1 经连杆 3 推动,使其在导槽内往复移动,即大滑块在右端位置先接受来自送料机构的工件,然后向左移动,再由小滑块将工件推出,使工件进入下一工位。其目的是实现两个运动输出,而这两个运动又相互配合,完成较复杂的工艺动作。

如图 3.6 所示为一压力机的螺旋杠杆机构,其中两个尺寸相同的双滑块机构 2-3 和 4-3并联组合,并且两个滑块同时与输入构件 6 组成导程相同、旋向相反的螺旋副。机构工作时,构件 6 输入转动,滑块 1 和 5 向内或向外移动,从而使并联组合滑块 3 沿导轨 P 上下移动,完成加压功能。并联组合滑块 3 沿导路移动时,滑块与导路之间几乎没有摩擦阻力。

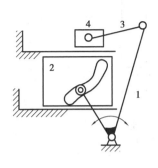

图 3.5　双滑块驱动机构

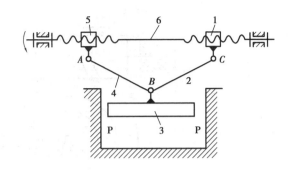

图 3.6　螺旋杠杆机构

**（3）复合式机构组合**

复合式机构组合是一种比较复杂的机构组合形式。在复合式机构组合中至少有一个两自由度的基本机构,如差动轮系机构、平面五杆机构等作为组合机构的主体,称为基础机构Ⅱ。除了基础机构外,还有一些用来封闭或约束基础机构输出的基本机构,其自由度为 1,称为附加机构Ⅰ。复合式机构组合框图如图 3.7 所示,原动件的运动一方面传给一个单自由度的基本机构Ⅰ,转换成另一运动后,再传给一两自由度的基本机构Ⅱ,同时原动件又将其运动直接传给该两自由度基本机构Ⅱ,而后者将输入的两个运动合成为一个运动输出。

如图 3.8 所示的凸轮-连杆机构就是这种组合方式的例子。机构由单自由度凸轮机构 1-4-5 和两自由度五杆机构 1-2-3-4-5 组合而成。曲柄和原动凸轮 1 固连,构件 4 是两个基本机构的公共构件。当原动凸轮转动时,一方面直接给五杆机构输入转动,同时通过凸轮机构给五杆机构输入位移,故此五杆机构有确定运动。C 点的运动是构件 1 和构件 4 运动的合成,该机构能精确实现比四杆机构连杆曲线更为复杂的轨迹。

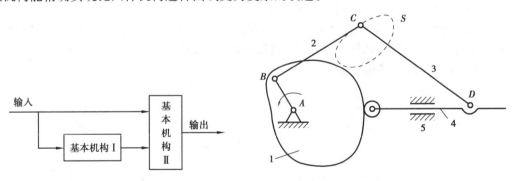

图 3.7　复合式机构　　　　　　　　图 3.8　凸轮-连杆组合机构

如图 3.9 所示为滚齿机分度校正机构。图中蜗杆 1 为主动件,蜗轮 2 和凸轮 2′为一个构件,蜗杆在沿自身轴线转动的同时,又在凸轮机构推杆 3 的带动下沿轴线移动,组成自由度为 2 的蜗轮蜗杆机构(机构Ⅱ)。因此,蜗杆有两个自由度,即一个转动和一个移动,其中蜗杆的一个输入运动即沿轴线的移动,就是它本身的输出运动,是通过自由度为 1 的凸轮机构(机构Ⅰ)转化后反过来又传递给它的。该机构蜗轮为输出件,其能按一定运动规律有周期地变速转动。

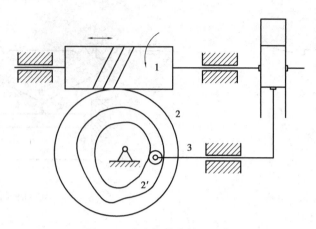

图3.9　滚齿机分度校正机构

# 3.2　机构的变异与创新

在原有机构的基础上,通过改变构件的结构形状、更换机架或原动件、增加辅助构件等方法,以获得新的机构或特性,称为机构的变异。机构的变异可使机构具有更好的性能,并且为机构组合提供更多的基本机构。

机构变异的方法很多,下面介绍几种较常见的方法。

**(1)机构倒置**

所谓"机构倒置",就是机架的变换。按照相对运动原理,机架变换后,机构内各构件的相对运动关系不变,而绝对运动却发生了改变。

如图3.10所示为异型罐头的封口机构,它是一摆动从动件盘形凸轮机构。若将凸轮固定为机架,原机架2变为作回转运动的原动件,再将各构件的运动尺寸作适当的改变,就变异为用于异型罐头的封口机构。

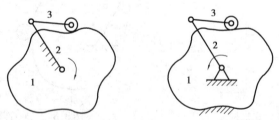

图3.10　异型罐头的封口机构

**(2)导杆机构的变异**

在摆动导杆机构中,若在原直线导槽上设置一段圆弧槽,其圆弧半径与曲柄长度相等,则导杆在左极限位置时将作较长时间的停歇,即变为单侧停歇的导杆机构。如将导杆做成槽轮的形式,则演变为槽轮机构,如图3.11所示。

**(3)改变运动副形状和尺寸**

转动副的扩大主要指转动副的销轴和销轴孔在直径尺寸上的增大,但各构件之间的相对运动关系并没有发生改变,这种变异机构常用于泵和压缩机等机械装置中。

如图3.12所示为一个曲柄摇杆机构变异为活塞泵的机构简图。可以看出,变异后的机

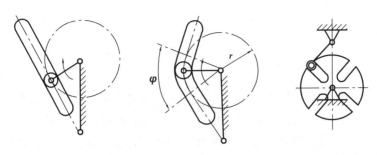

图 3.11　导杆机构的变异

构与原机构在组成上完全相同,只是构件的形状不一样。偏心轮和连杆组成的转动副使连杆紧贴固定的内壁运动,形成一个不断变化的腔体,这有利于流体的吸入和压出。

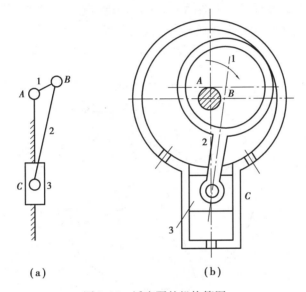

（a）　　　　　　　　　　　　　　（b）

图 3.12　活塞泵的机构简图

**(4)变换运动副的形式**

运动副是机构运动变换的主要元素,改变机构中某个或多个运动副的形式,可创新出不同运动性能的机构。

如图 3.13(a)、(b)中构成移动副的构件 2,3 只是互换了包容关系,它们的运动特性完全相同。图 3.13(c)与图 3.13(b)的不同之处只是将构件 2,3 组成的移动副的方位线平移了一段距离。图 3.13(d)是图 3.13(c)的另一种表示方法,它就是常见的摆动液压缸机构。

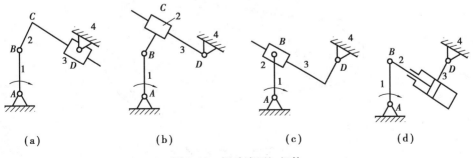

（a）　　　　　　　（b）　　　　　　　（c）　　　　　　　（d）

图 3.13　摆动液压缸机构

## 3.3　连续回转机构的选型

匀速转动机构是指原动件作匀速转动时,其从动件也作匀速转动的机构。根据从动件的运动情况可分为定传动比匀速转动机构和变传动比匀速转动机构。定传动比匀速转动机构主要包括平行四边形机构、特殊尺寸转动导杆机构、齿轮机构及轮系传动机构、摩擦轮传动机构、带传动机构、链传动机构等。变传动比匀速转动机构主要包括滑移齿轮变速机构、组合轮系变速机构和摩擦轮无级变速机构等,下面介绍几个选例。

**(1)连续回转机构选型**

如图 3.14 所示的双导杆机构中曲柄 1 的 $a,b$ 两端铰接于盘 2 的垂直导槽中滑动的滑块 3 和 4 上。杆 1 和盘 2 的固定机架铰链 $O_1$、$O_2$ 间的距离为 $\overline{O_1O_2} = \overline{O_1a} = \overline{O_1b}$。因为特殊尺寸的关系,当主动曲柄整周匀速转动时,通过滑块带动盘 2 作整周同向匀速转动。

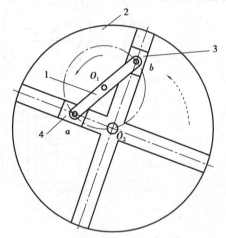

图 3.14　双导杆机构

**(2)带传动机构**

如图 3.15 所示为带传动机构,一般由主动带轮 1、从动带轮 2 和两轮上的挠性件 3(带或绳)组成,有的还有控制预紧力的装置。带以一定的预紧力套在两轮上,在运转时产生足够的摩擦力。主动轮 1 匀速转动,靠摩擦力带动挠性件,挠性件又通过摩擦力带动从动件 2 匀速转动。

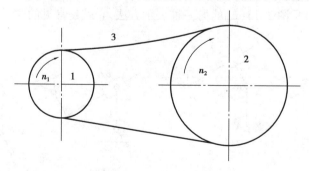

图 3.15　带传动机构

传动比 $i_{12} = \dfrac{n_1}{n_2} = \dfrac{R_2}{R_1}$，$R_1, R_2$ 为两带轮半径。当传递载荷超过摩擦力的极限值时发生打滑。带传动可以实现中心距较大的两轴间的传动。

**（3）链传动机构**

如图 3.16 所示为链传动机构，由主、从动链轮 1、2 和链条 3 组成。链条是由刚性链节组成，应用最广泛的是套筒滚子链。链传动通过具有特定齿形的链轮齿和链的链节啮合来传递运动和动力，平均传动比为定值，$i_{12} = \dfrac{n_1}{n_2} = \dfrac{z_2}{z_1}$。链传动承载能力大，可以实现中心距较大的两轴间的传动，但传动不平稳，有冲击、振动和噪声，适宜于低速、重载，可用于恶劣的工作环境。

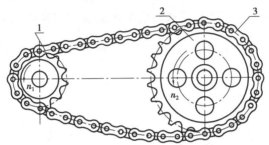

图 3.16　链传动机构

**（4）滑移齿轮变速机构**

如图 3.17 所示为滑移齿轮变速机构，定轴轮系中，轴 Ⅰ，Ⅲ 和轴 Ⅱ，Ⅲ 的中心距相等，输入轴 Ⅰ 和输出轴 Ⅱ 上各有两个滑移齿轮 $a$ 和 $b$，两个齿轮 $a$ 的参数完全相同，两个齿轮 $b$ 亦然。齿轮 $a, b$ 可分别与中间轴 Ⅲ 上的 $A, B$ 两组固定的公用齿轮相啮合。轴 Ⅲ 上的 $A, B$ 两组齿轮的模数各自相等，齿数不同（一般齿差小于 4），利用齿轮变位凑中心距可以达到无侧隙啮合。利用 $a, b$ 齿轮滑移，改变啮合的公用齿轮，使传动比发生改变，从而实现有级变速。此种机构结构简单紧凑，操作简便，很容易得到互为倒数的传动比关系。

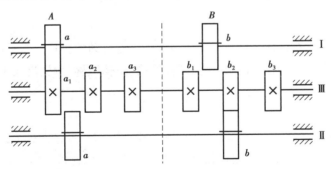

图 3.17　滑移齿轮变速结构

## 3.4　非匀速转动机构的选型

非匀速转动机构是指原动件作匀速转动时，其从动件作非匀速转动的机构。常见机构有双曲柄机构、转动导杆机构、单万向联轴节、非圆齿轮机构和一些组合机构等。下面介绍几个选例。

**（1）单万向联轴节**

单万向联轴节是空间球面四连杆机构，如图3.18所示。端部制成叉形的主动轴和从动轴分别与机架和十字头连杆组成三组轴线互相垂直的转动副，且轴线均相交于十字头的中心$O$。当主动轴匀速转动1周时，从动轴非匀速地转动1周。

**（2）齿轮-连杆组合机构**

在如图3.19所示的齿轮-连杆组合机构的四杆机构$ABCD$上装有一对齿轮。行星齿轮5与连杆2固连，中心齿轮4的轴线与主动构件1的轴线在$A$处重合。当主动构件1以$\omega_1$匀速转动时，通过连杆$BC$带动行星轮5，使从动轮4以$\omega_4$作非匀速转动：$\omega_4 = \omega_1\left(1 + \dfrac{z_2}{z_4}\right) - \omega_2\dfrac{z_2}{z_4}$。合理选择机构的尺寸，从动轮4可作单方向的非匀速转动，也可作有瞬时停歇的转动或带逆转的转动。

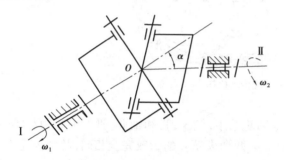

图3.18 单万向联轴节

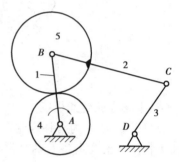

图3.19 齿轮-连杆组合机构

## 3.5 往复移动机构的选型

往复移动机构是指原动件运动时，其从动件作往复移动的机构。常见的机构有曲柄滑块机构、移动导杆机构、正弦机构、正切机构、多杆机构、凸轮机构、齿轮齿条机构、楔块机构和组合机构等。

**（1）多杆机构**

如图3.20所示为往复移动的多杆机构，该六杆机构的特点是曲柄$CD$较短，而滑块行程较长，滑块行程的大小主要决定于曲柄的长短及$CE$与$BC$的比值。

如图3.21所示的六杆曲柄肘杆机构是由曲柄摇杆机构$ABCD$和一个$RRP$二级杆组串联而成，具有增力的特性，它是利用接近死点位置时所具有的传力特性来实现增力效果的。设$BC$杆受力为$F$，则在滑块5上产生的压力$Q = Fh_2\cos\alpha/h_3$。减小$\alpha$，$h_3$或增大$h_2$，均能增大增力倍数。设计时根据所需的增力倍数决定$\alpha$，$h_2$和$h_3$，即滑块的加力位置，再根据加力位置决定$A$点位置和有关构件的长度。

**（2）凸轮-连杆送料机构**

如图3.22所示为凸轮-连杆送料机构，用于移动钢制圆薄片，操作频率达到175次/min。

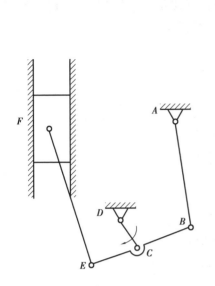

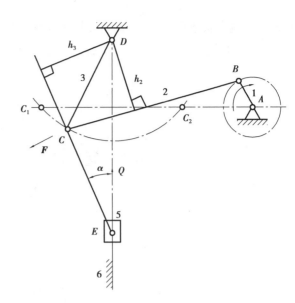

图 3.20　往复移动的多杆机构　　　　　　图 3.21　六杆曲柄肘杆机构

凸轮通过摇杆 5 和连杆 6 带动滑块 7 上下移动,同时又通过摇杆 2 和连杆 3 带动滑块 4 作水平运动,从而使料头完成取料、送料、放料和返回这一系列过程。

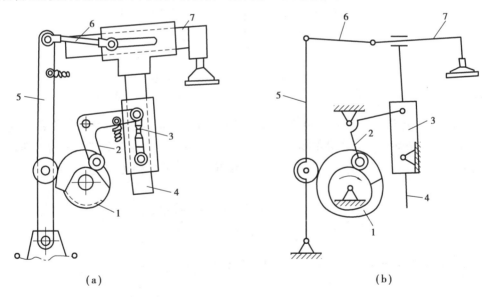

（a）　　　　　　　　　　　　　　　（b）

图 3.22　凸轮-连杆送料机构

### （3）行星齿轮简谐运动机构

如图 3.23 所示为行星齿轮简谐运动机构,其功能是将旋转的运动转换为具有简谐运动规律的往复移动。固定内齿轮 3 和行星齿轮 2 的节圆半径分别为 $r_3$ 和 $r_2$,且 $r_3 = 2r_2$,杆 4 在轮 2 节圆上的 $A$ 点铰接。当杆 1 转动时,通过齿轮 2,3 的啮合传动,带动杆 4 沿轴方向往复移动,其运动规律为简谐运动,位移 $x = 2r_2 \cos \varphi$。

### （4）带挠性构件的往复运动机构

如图 3.24 所示,滑块 3 铰接在链条 2 上,“T”形导杆 4 可在滑块 3 中滑动。链轮 1 转动时,链条带着滑块3运动,从而带动导杆4在导轨5中作往复移动。当3在直线段时,4为等速运动。当3在圆弧段时,4作简谐运动。这种机构换向比较平稳。

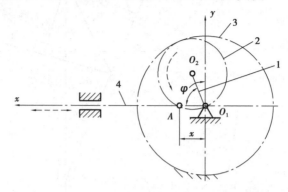

图3.23　行星齿轮简谐运动机构

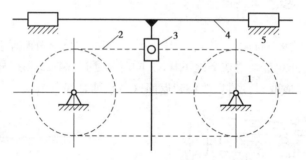

图3.24　带挠性构件的往复运动机构

**(5)曲柄齿轮齿条机构**

如图3.25所示机构,曲柄1的半径为$R$,连杆一端与曲柄铰接,另一端与齿轮3铰接,齿轮3则与上下齿条啮合。当主动曲柄1转动时,通过连杆2推动齿轮3与上下齿条啮合传动。上齿条4固定,下齿条5往复移动,齿条移动行程$H=4R$。此机构可实现行程放大。

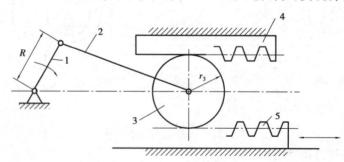

图3.25　曲柄齿轮齿条机构

## 3.6　往复摆动机构的选型

往复摆动机构是指原动件运动时,其从动件作往复摆动的机构。常见的机构有曲柄摇杆机构、双摇杆机构、曲柄摇块机构、摆动导杆机构、多杆机构、空间连杆机构、凸轮机构和组合机构等。

**(1)摆动导杆与齿轮组合机构**

如图 3.26 所示机构,摆动导杆机构的导杆 3 与节圆半径 $r_3$ 的扇形齿轮固连。齿轮 3 与节圆半径为 $r_2$ 的齿轮啮合。当曲柄 1 作匀速转动时,通过导杆 3 使扇形齿轮变速往复摆动,并有与导杆 3 相同的急回特性。在扇形齿轮带动下,齿轮 2 也作具有急回特性的往复摆动,但其摆角增大到 $\psi_2$,即

$$\psi_2 = \left(2 \arcsin \frac{a}{b}\right)\frac{r_3}{r_2}$$

**(2)凸轮连杆组合机构**

如图 3.27 所示凸轮连杆组合机构为胶印机中的齐纸机构。凸轮 1 为主动件,从动件 5 为齐纸块。当递纸吸嘴(图中未画出)开始向前递纸时,摆杆 3 上的滚子与凸轮小面接触。在拉簧 2 的作用下,摆杆 3 逆时针摆动,通过连杆 4 带动摆杆 6 和齐纸块 5 绕 $O_1$ 点逆时针让纸。当递纸吸嘴放下纸张,压纸吹嘴离开纸堆。固定吹嘴吹风时,凸轮 1 大面与滚子接触,摆杆 3 顺时针摆动,推动连杆 4 使摆杆 6 和齐纸块 5 顺时针摆动靠向纸堆,将纸张理齐。

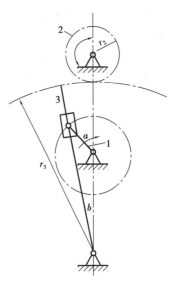

图 3.26　摆动导杆与齿轮组合机构

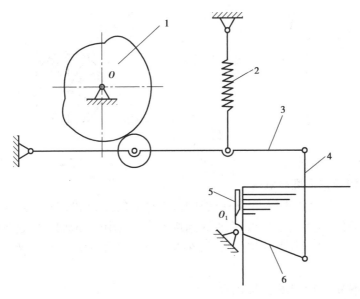

图 3.27　凸轮连杆组合机构

23

# 3.7 实现预期运动轨迹的机构选型

因为特殊工艺要求、特殊动作需求、导轨导向时存在某些困难、需以转动副代替移动副直线轨迹、非圆形件难以加工等原因,所以常常需要一些能实现特殊轨迹或完成特殊动作并能达到预期位置的机构。连杆机构中的连杆和行星轮系中的行星轮上的点能实现复杂轨迹,凸轮机构的从动件能实现预期的运动规律,这些机构和齿轮机构及其一些组合机构能实现轨迹的要求。

**(1)摄影机抓片机构**

摄影机需要间歇地移动胶片,要求抓片齿 $M$ 能接近垂直地插入胶片齿孔中,然后平稳地沿直线拉动胶片,最后又接近垂直地退出齿孔。图 3.28 所示中通过一曲柄摇杆机构来实现抓片要求。连杆上的点 $M$ 走"D"形轨迹,点 $M$ 走 $M_1M_2$ 直线段为移动胶片过程,此过程中曲柄转过角 $\alpha$,对应的时间为移动胶片的时间。其余 $360° - \alpha$ 的曲柄转角所对应的时间为胶片停歇时间,它基本上能符合抓片要求。

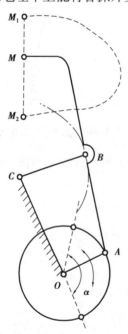

图 3.28 摄影机抓片机构

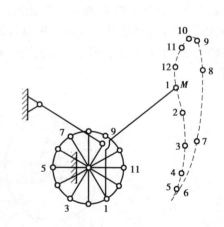

图 3.29 挑线机构

**(2)缝纫机铰链四杆挑线机构**

如图 3.29 所示的挑线机构,当曲柄转动时,连杆上的点 $M$ 沿图示轨迹运动,该轨迹被用来完成挑线动作时应满足下述要求:在点 9 到点 5 的一段中(对应曲柄转过240°)每一位置的放线量近似等于所需线量加某一定值余量,在点 5 到点 9 的一段(对应曲柄转过120°)实现急回运动。

**(3)机动插秧机凸轮-连杆分插机构**

如图 3.30 所示分插机构为凸轮-连杆组合机构。其基础机构是五杆铰链机构 $CDFGH$,有两个自由度,分别由凸轮机构及铰链四杆机构 *OABC* 输入运动,通过两运动的配合使连杆 *FD* 上(秧爪上)的点 *M* 走图上虚线所示的轨迹。压簧 2 的作用,一方面是保证凸轮机构中凸轮与滚子的力锁合,另一方面通过弹簧力使连杆机构各构件间的接触位置相对稳定,以减少铰链中间隙对秧爪运动精度的影响。拉簧 1 用于平衡秧爪的惯性力,使机构能平稳地工作。

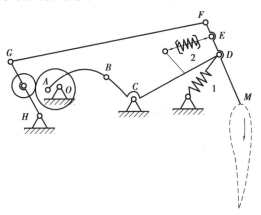

图 3.30　分插机构

**(4)飞剪机剪切机构**

飞剪机主要用来将厚度 64 mm 以下的热轧钢带剪成一定长度的钢板。如图 3.31 所示为剪切机构,剪切机的上下刀刃分别装在构件 2 和 11 上,由各自的传动系统带动,对运动中的钢材进行剪切。剪切机的上刀刃装在铰链五杆机构 *OHGFE* 的连杆 2 上。此五杆机构的两个主动件分别与铰链四杆机构 *OCDE* 的曲柄 6 和摇杆 8 固连,上刀刃的运动是由铰链四杆、五杆机构组成的组合机构来带动,实现图上虚线的轨迹。因为飞剪机是在钢材运动过程中进行剪切的,所以必须保证在剪切段内上刀刃在 *x* 方向(钢带输送方向)的速度分量与钢带速度同步。下刀刃 1 是在构件 2 的导轨中作往复运动,它由曲柄 9 带动,9,10,11 相对于 2 是一个曲柄滑块机构。适当选择 9 和 1 之间的相位角,使下刀刃轨迹和上刀刃轨迹在要求的剪切区中相交完成剪切动作。

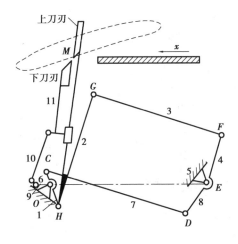

图 3.31　剪切机构

### （5）平板印刷机中用以完成送纸动作的机构

如图 3.32 所示为送纸机构,是以铰链五杆机构 *ABCDE* 为基础机构,分别由凸轮 1,2 输入所需运动(凸轮 1 和 2 固连成一体,称为双联凸轮),使连杆 *CD* 上的点 *M* 走出图中虚线所示的矩形轨迹。

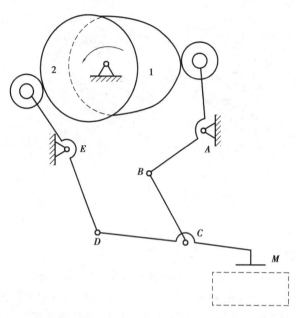

图 3.32 送纸机构

### （6）双色胶印机中完成接纸动作的凸轮-连杆组合机构

如图 3.33 所示为接纸机构,该机构的基础机构为一带有高副的具有两个自由度的六杆机构 3-4-5-6-7-8,由双联凸轮分别输入运动,其中凸轮 1 控制构件 6 和 7 的共同摆动,凸轮 2 控制 5 在 8 中的相对移动,从而使构件 7 的左端沿预定轨迹 *K* 运动,完成接纸动作。弹簧用于保证构件 7 和 5 之间的高副接触。

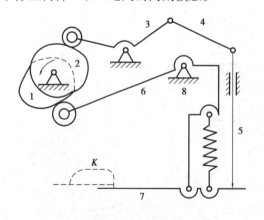

图 3.33 接纸机构　　　　　　　　　　　　　　图 3.34 刻字机构

### （7）实现"*R*"轨迹的刻字机构

如图 3.34 所示为刻字机构,该机构由两自由度四杆四移动副机构 3-4-5-6 作为基础机构,凸轮机构 1-3-6 和 2-5-6 作为输入运动的附加机构。两凸轮作主动件以同速转动,凸轮 1

驱使构件 4 作水平方向移动,凸轮 2 驱使构件 4 作垂直方向移动,两移动合成为沿轨迹"R"的移动。

**（8）近似直线轨迹的曲柄摇块机构**

如图 3.35 所示的曲柄摇块机构中,当机构尺寸满足下列条件时:$AC = 1.5AB, BD = 5.3AB$,构件绕 $A$ 点转动时,构件 2 上 $D$ 点轨迹在某区间内为近似垂直 $AC$ 的直线 $qq$。

**（9）近似直线轨迹的六杆机构**

如图 3.36 所示的六杆机构中,当机构尺寸满足下列条件时:$BC = AD, AB = CD, AE = EB = EF, CF = 0.27AB$,$ABCD$ 是平行四边形,构件 1 绕 4 点转动时,$F$ 点在某范围内近似直线轨迹 $qq$。

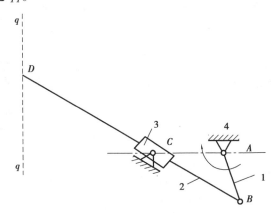

图 3.35　近似直线轨迹的曲柄摇块机构　　　图 3.36　近似直线轨迹的六杆机构

**（10）齿轮连杆组合实现轨迹的振摆式轧钢机构**

如图 3.37 所示的振摆式轧钢机构为上下对称结构,均由二自由度的五杆机构和齿轮机构封闭组成。图中 1 为主动件,当 1 转动时,轧辊中心 $M$ 按一定的轨迹运动,并对钢材进行轧制。调节两曲柄 $AB$ 和 $DE$ 的相位角,可方便地改变 $M$ 点的轨迹。

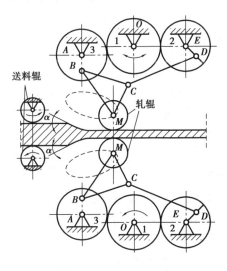

图 3.37　振摆式轧钢机构

## 3.8 间歇运动机构的选型

间歇运动机构是指主动件作连续运动时,从动件产生周期性的运动和停歇的机构。除机械原理教材中已介绍过的棘轮机构、槽轮机构和凸轮机构等间歇运动机构外,再介绍以下组合机构的选例。

**(1)凸轮控制离合器实现间歇运动的机构**

如图 3.38 所示为凸轮控制的间歇运动机构,主动轴 I 通过离合器 4 带动从动轴 II 转动,同时又经过蜗杆 1 带动蜗轮 2 转动。当固接于蜗轮上的凸块 A 推动杆 3 使离合器脱开时,轴 II 停止转动。轴 II 的停动时间可以通过更换凸块来调整。

**(2)间歇喂料机构**

如图 3.39 所示为间歇喂料机构,其主动曲柄轮 1 通过杆 2、3 使杆 4 往复摆动,再经过超越离合器 5 使喂料辊 6 作单向间歇转动,将料仓中的原料向下间歇送进。改变曲柄的长度,可调节送进量的大小。

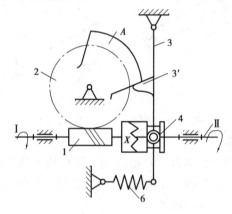

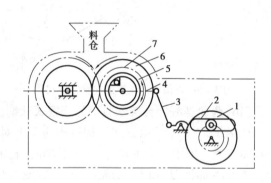

图 3.38 凸轮控制的间歇运动机构　　　　　图 3.39 间歇喂料机构

**(3)凸轮控制定时脱啮的齿轮-连杆机构**

如图 3.40 所示为凸轮-连杆式定时脱啮机构,带齿条的连杆 5 可在摇块 4 的槽中滑动,4 又与 3 铰接,齿轮 6 的转轴上装有滚子,并嵌在 3 的导槽中。当凸轮 1 通过杠杆 2 使 3 下部的齿条和 6 啮合,并使 5 上的齿条和 6 脱离时,6 被锁住。当凸轮 1 通过 2 使 3 下部的齿条和 6 脱离啮合,并使 5 和 6 啮合时,6 开始运动。因此,轮 6 的停动时间均受凸轮控制。

**(4)行星轮内摆线间歇机构**

如图 3.41 所示为行星轮内摆线间歇机构,由固定的中心轮 1、系杆 2 和行星轮 3 组成行星轮系,在轮 3 节圆上的 A 点铰接由 4、5 组成的 II 级组,轮 3 与轮 1 的节圆半径之比 $r_3' : r_1' =$ 1∶3。运动时,3 上 A 点的轨迹为短幅内摆线,若连杆 4 的杆长近似等于圆弧 $\overset{\frown}{ab}$ 段摆线的平均曲率半径,且与 5 的铰链中心位于曲率中心上,则从动滑块 5 在右极限位置上近似停歇,将旋转运动转换为单侧停歇的往复移动。

**(5)利用连杆轨迹的近似直线段实现间歇运动的机构**

如图 3.42 所示,连杆 M 点的轨迹 m 上有一近似直线段 $M_1M_2$,如在 M 点加上滑块 1 和导杆 2(导槽与 $\overline{M_1M_2}$ 重合),则 M 点走到直线段 $\overline{M_1M_2}$ 时,导杆近似停歇。

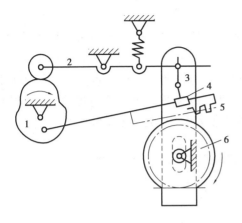

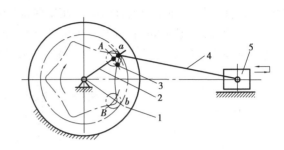

图 3.40　齿轮-连杆式定时脱啮机构

图 3.41　行星轮内摆线间歇机构

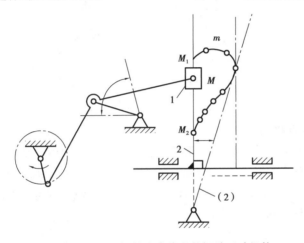

图 3.42　利用连杆轨迹直线段的间歇运动机构

### (6) 利用连杆轨迹的近似圆弧段实现双侧停歇的机构

如图 3.43 所示的喷气织机开口机构,当滑块 1 在上下极限位置时,需要一段停歇时间,以便引入纬纱。图中连杆 $BC$ 上 $E$ 点的轨迹如虚线所示,其上 $mn$ 和 $C\beta$ 段均与半径为 $r$ 的圆弧很接近,圆弧中心分别为 $F$ 和 $F'$。在 $\overline{FF'}$ 的垂直平分线上取一点 $G$,以 $\overline{FG}$ 为摇杆 2,以 $\overline{FE}=r$ 为连杆 3,则当 $E$ 点运动至 $mn$ 和 $C\beta$ 段上时,摇杆 2 在 $\overline{FG}$ 和 $\overline{F'G}$ 两极限位置近似停歇。

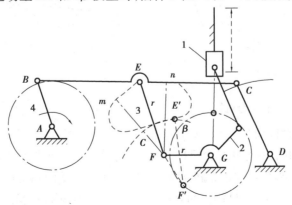

图 3.43　喷气织机器开口机构

**（7）齿轮-连杆组合机构**

如图3.44为自动送料机间歇传送机构,由两个齿轮机构和一个平行四边形机构并联组成,5为工作滑轨,6为被推送的工件。主动齿轮1经两个齿轮2与2′带动平行四边形机构的两个连架杆3与3′同步转动,使连杆4(送料动梁)平动,送料动梁上任一点的运动轨迹都是半径相同的圆,如图3.44中的点画线所示,故可间歇地推送工件。该机构将齿轮机构的连续转动转化为连杆的平动,并与工作滑轨配合,实现间歇推料动作,机构运动可靠。

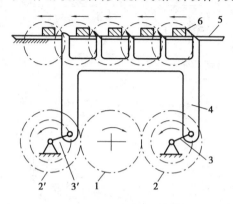

图3.44　自动送料机间歇传送机构

**（8）齿轮-凸轮组合机构**

如图3.45所示为由周转轮系和凸轮机构组成的实现预期运动规律的间歇运动机构。转臂 $H$、行星轮3及中心轮1组成周转轮系。固定不动的凸轮4和装在行星轮上的滚子2组成凸轮机构。$H$ 为主动件,中心轮1为从动件。利用凸轮控制行星轮绕轴线 $A$ 作附加运动,从而使中心轮1按预期运动规律运动。

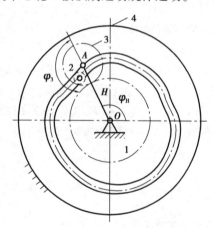 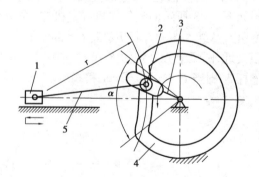

图3.45　齿轮-凸轮组合机构　　　　图3.46　凸轮-连杆组合机构

**（9）凸轮-连杆组合机构**

如图3.46所示为凸轮-连杆组合机构,滚子2同时嵌在固定凸轮4的沟槽内和导杆3的导槽内,凸轮4上的沟槽在 $\alpha$ 角的范围内是一段凹圆弧,以该圆弧的半径 $r$ 作为连杆5的杆长,圆心为滑块1与连杆5的铰接点,当导杆3在 $\alpha$ 角的范围内转动时,滑块1在左极限位置停歇,将旋转运动转换为单侧停歇的往复移动。

## 复习思考题

3.1　什么是机构的串联组合? 使用一对直齿圆柱齿轮机构和曲柄摇杆机构进行串联组合,可得到几种运动不同的机构系统?

3.2　什么是机构的并联组合? 使用三对直齿圆柱齿轮机构进行并联组合,可得到几种运动不同的机构系统?

3.3　根据机构组合的基本知识,创新设计出一种新机构。

3.4　机构选型的方法有哪些? 机构选型及其组合安排应考虑的主要要求和条件有哪些?

3.5　设计玻璃窗的开闭机构,绘制出机构运动简图。其要求:①窗扇开闭的相对角度为90°;②操作构件必须是一个构件,要求操作省力;③在关闭位置时,机构在室内的构件必须尽量靠近窗沿;④在开启位置时,人在室内能擦洗玻璃的正反两面;⑤机构能支撑起整个窗户的重力。

# 第 **4** 章
# 机械系统运动方案设计

机械系统运动方案设计是决定机器的质量、使用功能、经济性、机器水平及竞争能力的重要阶段。一个好的机械运动方案就是一个创造发明或者专利。如何进行机械系统运动方案设计？通过实践和理论总结，可以找出机械系统运动方案设计的一些规律。

## 4.1 机械系统运动方案的拟订

机械系统通常由原动机、传动部分、执行机构和控制部分等组成。机械系统运动方案设计的主要内容是：根据给定机械的工作要求，确定机械的工作原理，拟订工艺动作和执行构件的运动形式，绘制工作循环图；选择原动机的类型和主要参数，并进行执行机构的选型与组合，随之形成机械系统的几种运动方案，对运动方案进行分析、比较、评价和选择；对选定运动方案中的各执行机构进行运动综合，确定其运动参数，并绘制机构运动简图，在此基础上，进行机械的运动性能和动力性能分析。

**（1）拟订系统运动方案的步骤**

机械运动方案设计的一般过程如下：

1）构思机械工作原理

针对设计任务书中规定的机械功能，构思实现该功能所采用的科学原理和技术手段，即机械的工作原理。由工作原理进一步确定机械所要实现的工艺动作，复杂的工艺动作可分解为几种简单运动的合成，选用适当的机构实现这些运动，这是机械运动方案设计的主要任务。

2）绘制机械工作循环图（又称"运动循环图"）

针对机械要实现的工艺动作，确定执行构件的数目，为了实现机械的功能，各执行构件的工艺动作之间往往有一定的协调配合要求，为了清晰地表述各执行构件运动协调关系，应绘制机械的工作循环图。机械工作循环图是进行机构的选型和拟订机构组合方案的依据。

3）选择执行机构类型

根据执行构件的运动形式和运动参数，选定实现执行构件工艺动作的执行机构，并将各执行机构有机地组合在一起，以实现机械的整体工艺动作。在进行执行机构选型时，应首先满足执行构件运动形式的要求,然后通过对所选机构进行综合、组合、变异和调整等,以满足执行构件的运动参数和运动特性等要求。一般来说,满足执行构件工艺动作的执行机构往往不是一种,而是多种,故应该进行综合评价,择优选用。

4)绘制机械运动示意图

依据机械工作性质和工作环境等,合理选取原动机类型;原动机的运动和动力经传动系统的传递和转化后,驱动执行机构的主动件,使执行机构实现预期的工艺动作。根据机械的工作原理、执行构件运动的协调配合要求和所选定的各执行机构,拟订机构的组合方案,画出机械运动示意图,这种示意图表示机械运动配合情况和机构组成情况,代表机械运动系统的方案,对于运动情况比较复杂的机械,机械运动示意图还可以采用轴测投影的方法绘制出立体的机械运动示意图。

5)执行机构的尺度综合

根据各执行构件和主动件的运动参数,以及各执行构件运动间的协调配合要求,同时考虑执行机构的动力性能要求,确定各执行机构中构件的尺寸和几何形状(如凸轮廓线)等。

6)绘制机械运动简图

针对各机构尺度综合所得结果,进行机构的运动分析和动态静力分析,并从运动规律、动力条件、工作特性等多方面进行综合评价,确定机构其他相关尺寸,然后绘制出运动简图。根据机械运动简图所求得的运动参数、动力参数,可以作为机械零部件结构设计的依据。

7)编制设计说明书

设计说明书是设计人员对整个设计计算过程的系统整理和归纳总结,是审核设计的主要技术文件之一,也是进行图纸设计的理论依据。

**(2)功能原理设计**

19世纪40年代,美国通用电气公司的工程师迈尔斯首先提出"功能"的概念,并将它作为价值工程研究的核心问题。他认为,顾客购买的不是产品本身,而是产品的功能。在设计科学的研究过程中,人们也逐渐认识到产品机构或结构的设计往往首先由工作原理确定,而工作原理构思的关键是满足产品的功能要求。功能是对于某一机械产品工作功能的抽象化描述,它和人们常用的功用、用途、性能和能力等概念既有联系又有区别。

1)总功能分析与功能分解

一台机器完成的功能通常称为总功能。机器的总功能由多个分功能(功能单元)组成,而每个分功能都有相应的功能载体。分功能载体应由原动机、传动机构、工作机或执行机构、控制器等组成。

功能原理设计是产品设计的最初环节,对主要功能提出原理构思。任何一个产品的新颖性、先进性都取决于这个阶段。如包糖果,过去人们总是设计构思机械手,模仿人的手包糖果,机构复杂,实现困难;从功能出发,糖果包装有两个目的,一是防止糖果受污染,二是增加美的功能。于是新式袋装包糖果机问世。采用光电控制,使两个功能均能实现而防污染能力也更强了,机器结构却简单很多。因此,一个好的功能原理设计应具备两个条件,既有创新构思,又有市场竞争潜力。

直接求总功能的解比较困难,可对总功能进行分解,分解成较为简单的"功能单元"。这样的功能单元具有一定的独立性,是直接求解的功能单元,也可称为"功能元"。功能结构图就是用来表示各分功能之间关系的框图,由总功能分解为分功能,最后作出功能结构图,这样一个过程,称为功能分析(也可称为"系统分析")。

功能分解可用图4.1所示的树状功能结构表示,称为功能树。功能树起于总功能,按分功能、二级分功能分解,其末端为功能元。功能元是可以直接求解的系统的最小组成单元。图4.1为数控车床的功能树。

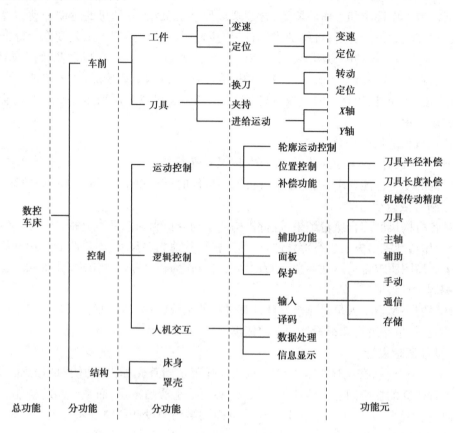

图4.1　数控车床的功能树

2)分功能求解

分功能(功能元)求解的基本思路可以简明地描述为:分功能—作用原理—功能载体。分功能求解的目的是寻求完成分功能的作用原理和功能载体,其主要方法有调查分析法、创造性方法和设计目录法。

调查分析法是根据当前国内外的技术发展状况,大量查阅有关文献资料,调查分析已有同类产品的优缺点,构思满足分功能要求的作用原理和功能载体。创造性方法指的是设计人员凭借个人的经验、智慧、灵感和创造能力,采用"智暴法""类比法"和"综合法"等方法,来寻求各种分功能的原理解。设计目录法是一种设计信息库。它将设计过程中的大量信息有规律地加以分类、排列和存储,以便于设计者查找和调用。

3)功能原理方案确定

由于每个功能元的解有多个,因此组成机械的功能原理方案(也就是机械运动方案)可以有多个。功能原理方案的组合可采用形态学矩阵进行综合。形态学矩阵法是一种系统搜索和程式化求解的分功能组合求解方法。因素和形态是形态学矩阵法中的两个概念,所谓因素,是指构成机械产品总功能的各个分功能,而相应的实现各分功能的执行机构和技术手段,则称之为形态。例如:某机械产品的分功能为"间歇运动",那么"棘轮机构""槽轮机构""间歇凸轮机构"等执行机构,则为相应因素的表现形态。

形态学矩阵法是建立在功能分解和功能求解的基础上,为了尽可能获得多种多样的功能解,可以参考现有的解法目录和机构类型手册。形态学矩阵法是进行机械系统组成和创新的基本途径,得到多种可行方案,经筛选、评价可以获得最佳方案。

以下通过几个实例,说明基于功能原理和形态学矩阵法进行机械系统运动方案设计的全过程。

【例 4.1】运用形态学矩阵法来构思单缸洗衣机的可行方案。

①总功能分解

单缸洗衣机的总功能包括 3 个分功能:"盛装衣物""分离脏物"和"控制洗涤"。

②分功能求解

盛装衣物的功能载体有不锈钢桶、塑料桶、玻璃钢桶、陶瓷桶等 4 种;分离脏物的功能载体有机械摩擦、电磁振荡、超声波等 3 种;控制洗涤的功能载体有人工手控、机械定时、计算机自动控制等 3 种。

③列出形态学矩阵。

洗衣机形态学矩阵见表 4.1。

表 4.1　洗衣机形态学矩阵

| 分功能 ＼ 功能解 | 1 | 2 | 3 | 4 |
|---|---|---|---|---|
| A | 不锈钢桶 | 塑料桶 | 玻璃钢桶 | 陶瓷桶 |
| B | 机械摩擦 | 电磁振荡 | 超声波 | — |
| C | 人工手控 | 机械定时 | 计算机自动控制 | — |

通过形态学矩阵理论上可组合出 $4 \times 3 \times 3 = 36$ 种方案。

【例 4.2】多功能专用钻床传动系统设计。

①设计任务

要求设计一专用自动钻床用来加工图 4.2 所示零件上的三个 $\phi 8$ 孔,并能自动送料。该机床三个主要功能为:钻孔、钻孔深度(刀具或工作台往复直线运动)、送料。

②功能原理分析

由于设计要求为钻孔,工作原理就是利用钻头与工件间的相对回转和进给移动切除孔中的材料。完成上述功能有三种方法:

a. 钻头既作回转切削,又作轴向进给运动,而放置工件的工作台静止不动,如图 4.3(a)所示。

b. 钻头只作回转切削,而工作台和工件作轴向进给运动,如图 4.3(b)所示。

c. 工件作回转运动,钻头作轴向进给运动,如图 4.3(c)所示。

一般钻床多采用第一种方案,但本设计因工件很小,工作台很轻,移动工作台比同时移动三根钻轴简单,故采用第二种方案。

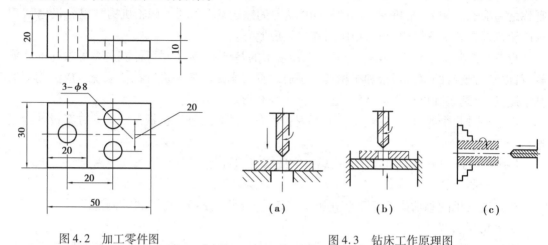

图4.2 加工零件图

图4.3 钻床工作原理图

③功能分解与工艺动作分解

a.为实现多功能专用钻床的总功能,可将功能分解为送料功能、钻孔功能,如图4.4所示。

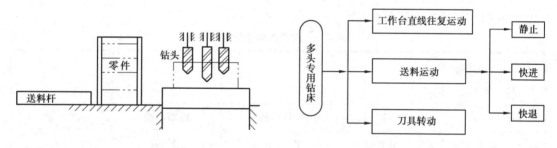

图4.4 多头专用钻床功能分解

图4.5 多头专用钻床树状功能图

b.机器的功能是多种多样的,但每一种机器都要求完成某些工艺动作,所以,往往将总功能分解成一系列相对独立的工艺动作,作为功能元,然后用树状功能图来描述。要实现上述分功能,有下列工艺动作过程:送料杆作直线往复运动,刀具转动切削工件,安装工件的工作台作上下往复运动,如图4.5所示。

由所确定的运动方案可知,共有三个执行构件,即钻头、工作台和送料杆。多功能专用钻床传动系统的工作过程是:送料杆从工件料仓里推出待加工工件,并将已加工好的工件从工作台上的夹具中顶出,使待加工工件被夹具定位并夹紧在工作台上,送料杆退出;工作台带着工件向上快速靠近回转着的钻头,然后慢速工进,钻孔结束后,又带着工件快速退回,等待更换工件并完成下一工作循环。

4)根据工作原理和运动形式选择机构

同一种功能可选择不同的工作原理,同一种工作原理可选择不同的机构。按运动转换的基本功能选择机构,由总功能分解成各功能元,确定各执行构件的运动形式,进一步要解决的问题如下:

①选择原动机,分析原动机运动形式与执行构件运动形式之间的关系。

②配置传动机构和执行机构。一个原动机往往要驱动几个执行构件动作,有的原动机靠

近执行构件,可直接带动执行机构;有的原动机与执行构件相距较远,必须加入传动机构,并与执行机构相连接,才能将原动机的运动传递转换为执行构件的运动。

③确定传动机构和执行机构的运动转换功能。任何一个复杂的机构系统都可以认为是由一些基本机构所组成的。

5)用形态学矩阵法选择多功能专用钻床系统运动方案

建立多头专用钻床形态学矩阵见表 4.2。

### 表 4.2　多头专用钻床形态学矩阵

| 功能图 | | 功能元解(匹配机构) | | | |
|---|---|---|---|---|---|
| | | 1 | 2 | 3 | 4 |
| 减速 A | 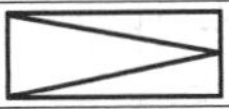 | 带传动 | 链传动 | 齿轮传动 | 行星传动 |
| 减速 B | 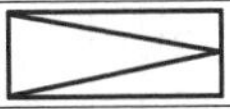 | 带传动 | 链传动 | 齿轮传动 | 蜗杆传动 |
| 减速 C | 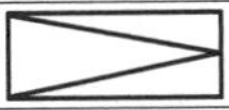 | 带传动 | 链传动 | 齿轮传动 | 蜗杆传动 |
| 钻头 D |  | 双曲柄传动 | 链传动 | 齿轮传动 | 摆动针轮传动 |
| 工作台移动 E | 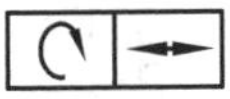 | 移动推杆圆柱凸轮机构 | 移动推杆盘形凸轮机构 | 曲柄滑块机构 | 六杆(带滑块)机构 |
| 送料杆移动 F |  | 移动推杆圆柱凸轮机构 | 移动推杆盘形凸轮机构 | 曲柄滑块机构 | 六杆(带滑块)机构 |

依据表 4.2,可综合出 ($N = 6 \times 4 \times 4 \times 4 = 384$)384 种方案。

考虑是否满足预定的运动要求,运动链机构顺序安排是否合理,运动精确度,成本高低,以及是否满足环境、动力源、生产条件等限制条件,最后选择出较好的运动方案:

$$A1 + B1 \begin{cases} + C3 + D3 \\ + C4 + E2 + F4 \end{cases}$$

多功能专用钻床传动系统设计方案简图如图 4.6 所示,原因分析如下:

①切削运动链设计

能实现减速的传动有齿轮传动、链传动和带传动等。考虑到传动距离较远和速度较高等因素,决定采用 V 带传动来实现减速和远距离传动的功能。

能够实现变换运动轴线方向的传动有圆锥齿轮传动、相错轴斜齿轮传动和蜗杆传动等,考虑到两轴垂直相交和传动比较小,决定采用圆锥齿轮传动来实现变换运动轴线方向的功能。

为使三个钻头同向回转,可采用由一个中心齿轮带动周围三个从动齿轮的定轴轮系。由于结构尺寸的限制,三个从动齿轮轴线间的距离远大于三个钻头间的距离。为将三个从动齿轮的回转运动传递给三个钻头,可采用双万向联轴节或钢丝软轴,将上述所选机构经适当组合后,即可形成钻削运动链。

②进给运动链设计

采用直动推杆盘状凸轮机构作为执行机构较为合理。减速换向可采用蜗杆传动,为达到很大的减速比和变换空间位置,在蜗杆传动之前可串接带传动。

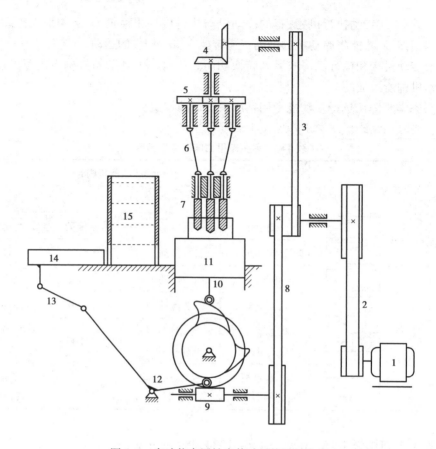

图 4.6　多功能专用钻床传动系统设计方案

1—电动机;2—V 带传动;3—V 带传动;4—锥齿轮传动;5—圆柱齿轮传动;6—万向联轴节;7—钻头;
8—V 带传动;9—蜗杆传动;10—凸轮机构;11—工作台;12、13—连杆机构;14—送料杆;15—工件

③送料运动链设计

对送料运动链的功能要求与进给运动链基本相同,只是其往复运动的方向为水平方向,且运动行程较大。又因其减速比与进给运动链相同,故可由进给运动链中的蜗轮轴带动。由于送料运动规律较为复杂,故宜采用凸轮机构,又因其行程较大,所以要采用连杆机构等进行行程放大。

【例 4.3】输送机运动方案设计。

①设计要求

设计由电动机驱动的冷床运输机。如图 4.7 所示,冷床运输机用于将热轧钢料在运输过程中逐渐冷却,拨杆上装有可单向摆动的拨块,拨块前移时推动在轨道上的钢料向前移动 $H$,然后返回原处,作往复循环运动。电动机转速 $n = 710$ r/min,拨杆往复次数 30 次/min,行程 $H = 800$ mm,行程速比系数 $K = 1$。

②机构传动方案及其设计

方案 1:用对心曲柄滑块机构实现预定运动

由题意,要求所设计的机构行程速比系数 $K = 1$,对心曲柄滑块机构满足此要求,机构运动简图如图 4.8 所示,拨杆(相当于滑块)的行程为 $H = 800$ mm,故取曲柄的长度 $a = 400$ mm。

电动机和曲柄之间需要有减速装置,使用齿轮减速,如图 4.9 所示。减速装置的传动比为

$$i = \frac{n_{电动机}}{n_{曲柄}} = \frac{710}{30} = 23.67$$

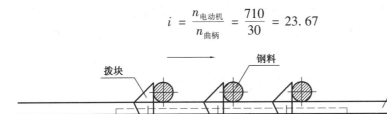

图 4.7　输送机工作示意图

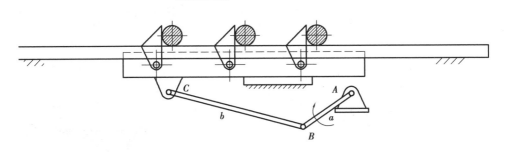

图 4.8　方案 1 机构运动简图

采用两级齿轮传动,按两对齿轮齿面承载能力相等的原则和两个大齿轮浸油深度大致相等的原则综合考虑,分配各级传动比,取高速级传动比$i_{12}=5.44$,低速级传动比$i_{34}=4.35$。

此机构的特点为:当曲柄匀速转动时,滑块变速移动;连杆与曲柄垂直时,滑块速度最大。若令连杆的长度 $b$ 与曲柄的长度 $a$ 之比为 $k$,即 $k=\dfrac{b}{a}$,则增大 $k$,滑块的速度变化平缓,并使得最大速度减小,若连杆长度 $a=400$ mm,$b=600$ mm,则机构的最小传动角为

$$\gamma_{\min} = \arccos\frac{a}{b} = \arccos\frac{400}{600} = 48.19°$$

方案 2:用六杆机构实现预定运动

减速装置的传动比同方案 1。

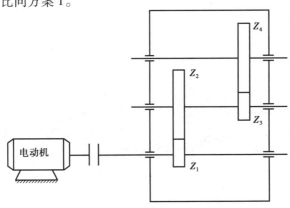

图 4.9　二级展开式圆柱齿轮减速器

图 4.10 所示的六杆机构,是由一个行程速比系数 $K=1$ 的曲柄摇杆机构 $ABCD$ 和在摇杆 $E$ 处添加连杆 4 和滑块 5 组成的 Ⅱ 级杆组构成,当滑块导路中心线通过线段 $\overline{MN}$ 的中点时,滑块的行程为

$$H = \overline{E_1 E_2} = 2\,\overline{ED}\,\sin\frac{\varphi}{2}$$

由于 $K=1$,所以 $\overline{C_1 C_2} = 2\,\overline{AB}$,则 $\sin\dfrac{\varphi}{2} = \dfrac{\overline{AB}}{\overline{CD}}$,将其代入上式得

$$H = 2\,\overline{AB} \cdot \frac{\overline{ED}}{\overline{CD}}$$

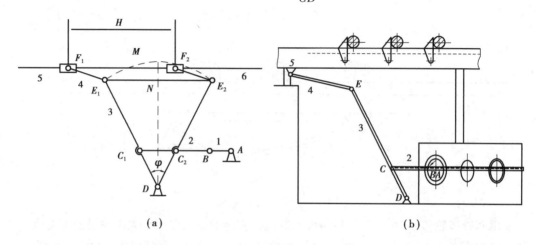

(a)　　　　　　　　　　　　　(b)

图 4.10　方案 2 机构运动简图

可见,缩小 $CD$ 的尺寸或加大 $ED$ 的尺寸都可以扩大滑块的行程 $H$,图 4.10(b)为此机构应用于冷床运输机上的示意图,曲柄 $AB$ 做成偏心轮的形状。若取曲柄的长度 $L_{AB}=100$ mm,连杆的长度 $L_{BC}=400$ mm,摇杆 $CD$ 的长度 $L_{CD}=225$ mm,$DE$ 的长度 $L_{DE}=900$ mm,连杆 $EF$ 的长度 $L_{EF}=300$ mm,则可计算得出 $MN=93.78$ mm,$H=800$ mm,机构的最小传动角 $\gamma_{min}=81.01°$。

方案 3:用齿轮齿条机构实现预定运动

一对于上下齿条同时啮合的齿轮由曲柄 $AB$ 驱动作往复运动。下齿条固定不动,上齿条固定在拨杆上,齿轮可带动拨杆作行程较大的往复移动。当曲柄的长度为 $a$ 时,拨杆的行程 $H=4a$,如图 4.11 所示。

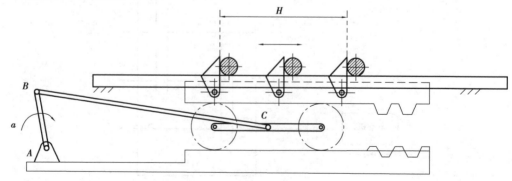

图 4.11　方案 3 机构运动简图

在以上三个方案中,方案 1 设计计算简单,横向尺寸较大,传动性能、工作行程的速度稳性不如方案 2。方案 3 的齿轮、齿条制造精度要求高,加工比较复杂。另外,齿轮、齿条为高副接触,易磨损,且磨损后影响传动的平稳性,并将产生振动和噪声。经过比较,最终采用方案 2。

6)机械运动方案的评价与优选

由前述的机械运动方案设计可知,对于要求满足某种功能的机械,可能的运动方案就有很多种,故有必要对机械运动方案进行比较和优选。对于课程设计,其目的在于完成评选方案的初步训练,偏重于机构结构、运动和动力特性方面的比较,其主要内容包括以下几方面:

①机构功能的质量

一般来说,所有方案都能基本满足机构的功能要求,由于各种方案在实现功能的质量上还是有差别的,所以对实现功能的质量需首先进行比较分析。例如:工作行程是否达到设计要求,与预期运动规律符合程度,运动参数($v_{max}$、$a_{max}$)大小,传力性能(压力角、传动角)好坏,生产效率高低,所需原动机功率、振动、冲击、噪声的大小,传动精度与持久性,恢复精度的方便程度,等等。

②机构结构的合理性

机构结构的合理性是指机构中构件与运动副的数量及种类是否最少,机构组成是否最为简洁,运动链可否再作简化,动力源种类与原动机参数选择是否合理,各级传动机构的传动比分配是否合理。

③机构的经济性

机械应具有良好的经济性,即加工制造成本低,使用维修费用低。在材料确定后,加工制造成本主要与机构组成及运动副形式有关。因此,设计中要考虑是否有更简捷廉价的方法完成预期任务,对机器的加工、安装与配合精度要求可否降低,需特殊加工零件(例如凸轮)的加工难度,各种消耗(能源、工具、辅料)可否降低,原材料利用率能否提高,等等。

④机构的使用性

除了满足功能要求和经济实惠以外,还应考虑机器的安全可靠性,是否会造成污染或公害,对工作环境有无特殊要求(防尘、防爆、防电磁干扰、恒温、恒湿等)。

除了上述评价内容,在进行机械运动方案比较与优选时,还应考虑非机械传动方式的应用,机械中高科技含量与自动化、智能化程度,设计成果的新颖性,他人知识产权、专利技术的移植与运用情况等。对于不同设计对象和设计要求,应按不同需要对上述内容加以合理取舍。

## 4.2　机械运动系统协调设计与机械运动循环图

根据生产工艺要求确定机械的工作原理和各执行机构的运动规律,并确定各执行机构的型式及驱动方式,还必须将各执行机构统一为一个整体,以形成一个完整的执行系统,使这些机构以一定的次序协调工作,互相配合,从而完成机械预定的功能和生产过程,这一系列的工作称为执行系统的协调设计。

执行系统协调设计的原则如下:

**(1)满足各执行机构动作先后的顺序性要求**

执行系统中各执行机构的动作过程和先后顺序,必须符合工艺过程所提出的要求,以确保系统中各执行机构最终完成的动作及物质、能量、信息传递的总体效果能满足设计要求。

**(2)满足各执行机构动作在时间上的同步性要求**

为了保证各执行机构的动作不仅能够以一定的先后顺序进行,而且整个系统能够周而复始地循环协调工作,必须使各执行机构的运动循环时间间隔相同,或按工艺要求成一定的倍数关系。

**(3)满足各执行机构在空间布置上的协调性要求**

各执行机构的空间位置应协调一致,对于有位置制约的执行系统,必须进行各执行机构在空间位置上的协调设计,以保证在运动过程中各执行机构间及机构与环境间不发生干涉。

**(4)满足各执行机构操作上的协同性要求**

当两个或两个以上的执行机构同时完成同一执行动作时,各执行机构之间的运动必须协调一致。

为了确保机械运动系统协调工作,可以通过机构运动循环图来完成。它是机器各执行机构按同一时间(或分配轴的转角)比例绘制的总图,以某一主要执行机构的起点为基准,表示各执行机构的运动循环相对于该主要执行机构的动作顺序。因此,它是机器各执行机构之间的协调图,也是机器设计、安装、调试的依据。

机械的运动循环是指完成其运动功能所需的总时间,通常以"$T$"表示。执行机构中执行构件的运动循环至少包括一个工作行程和一个空行程,有时的执行构件还有一个或若干个停歇阶段。因此,执行机构的运动循环如下:

$$T_{执} = T_{工作} + T_{空程} + T_{停歇}$$

式中　$T_{工作}$——执行机构工作行程时间,s;

　　　$T_{空程}$——执行机构空回程时间,s;

　　　$T_{停歇}$——执行机构停歇时间,s。

机械运动循环图常用的表示方法有三种,见表4.3。

表4.3　机械运动循环图的分类、表示方法和优缺点

| 类别 | 表示方法 | 优缺点 |
|---|---|---|
| 直线式 | 将运动循环的各运动区段的时间和顺序按比例绘制在直线坐标轴上 | 能清楚地表示整个运动循环内各执行机构的执行构件行程之间的相互顺序和时间(或转角)的关系,绘制比较简单。执行机构的运动规律无法显示,直观性差 |
| 同心圆式 | 将运动循环的各运动区段的时间和顺序按比例绘制在圆形坐标上 | 直观性强,可以直接看出各执行构件原动件在分配轴上所处的相位。便于各机构的设计、安装、调试。执行机构比较多时,由于同心圆太多,看起来不清楚 |
| 直角坐标式 | 将运动循环的各运动区段的时间和顺序按比例绘制在直角坐标轴上,实际上它是执行构件的位移图,只不过为了简明起见,各区段之间都用直线相连 | 直观性最强,能清楚地看出各执行机构的运动状态及起讫时间。有利于指导执行机构的几何尺寸设计 |

以上文中例4.2的多功能专用钻床为例,介绍机构运动循环图的设计过程。

多功能专用钻床共有三个执行构件,即钻头、工作台和送料杆。其工作原理:送料杆从工

件料仓里推出待加工工件，并将已加工好的工件从工作台上的夹具中顶出，使待加工工件被夹具定位并夹紧在工作台上，送料杆退出；工作台带着工件向上快速靠近回转着的钻头，然后慢速工进，钻孔结束后又带着工件快速退回，等待更换工件并完成下一工作循环。

专用钻床需要完成三个动作：①送料杆作水平往复运动；②刀具连续转动切削工件；③工作台进行上下往复运动。其运动循环图可以用三种方式表达，如图4.12、图4.13和图4.14所示。

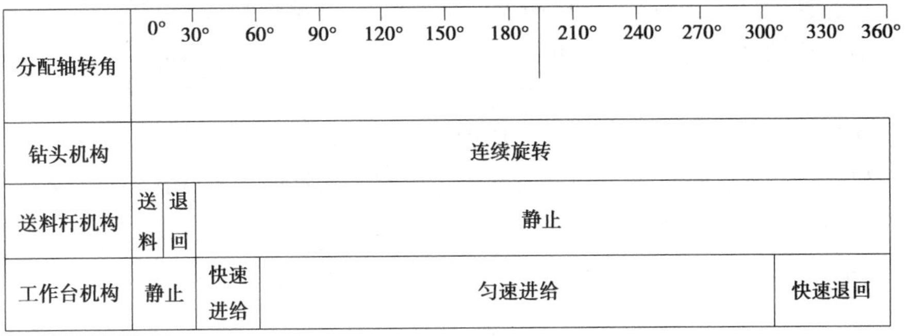

分配轴转角
0°
30°
60°
90°
120°
150°
180°
210°
240°
270°
300°
330°
360°
钻头机构
连续旋转
送料杆机构
送料
退回
静止
工作台机构
静止
快速进给
匀速进给
快速退回

图4.12　专用钻床直线式运动循环图

送料杆静止
工作台匀速进给
刀具连续转动
工作台快速进给
送料杆退回
送料杆送料
工作台静止
工作台快速退回
0

图4.13　专用钻床同心圆式运动循环图

分配轴转角
0°
30°
60°
90°
120°
150°
180°
210°
240°
270°
300°
330°
360°
送料杆机构
工作台机构
刀具

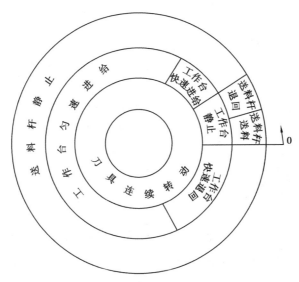

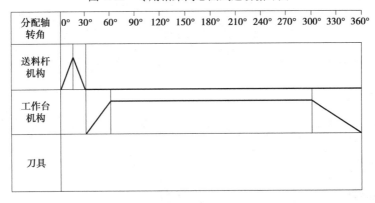

图4.14　专用钻床直角坐标式运动循环图

# 复习思考题

4.1　在进行机械运动方案设计时,一般要考虑哪些问题?

4.2　什么是运动循环图? 运动循环图的设计要点有哪些?

4.3　简述传动系统的任务和组成?

4.4　常用的变速装置有哪几种? 各有什么特点?

4.5　执行系统的功能是什么? 执行机构的作用是什么?

4.6　机械运动简图设计主要包括哪些内容? 有什么样的相互联系?

4.7　何谓运动转换基本功能及运动转换功能图? 试选择一种熟悉的机器,用运动转换功能图来表示,并加以说明。

# 第**5**章
## 机械创新设计案例分析

本章给出了两个机械创新设计案例,即自动爬楼梯轮椅和柑橘类水果采摘机。上述案例的原始素材均来自学生的机械创新设计综合实践报告,经编者修改,供学生设计时参考。需说明的是,限于篇幅,本书对原设计报告进行了大幅删减,特别是略去了细节的设计过程和参考文献。

## 5.1 自动爬楼梯轮椅的设计

我国现有肢体残疾人近6 000万,有相当多的人不得不依靠轮椅才能正常生活。一般轮椅只能在平地上行走,使住在高层的残疾人上下楼梯困难重重。虽然国内外已有多种爬楼梯轮椅的发明专利问世,但是它们多数结构复杂,体积庞大,价格昂贵,不完全适合发展中国家使用者的经济承受能力。为了更好地满足残疾人的需要,提高他们的生活质量,设计了一个体积小、价格便宜、稳定性好、对楼梯无损伤的自动爬楼梯轮椅。本轮椅可帮助残疾人自动上下楼梯以及平地行走,当靠背平放时,轮椅可作为临时床使用。上下楼梯装置采用腿式结构,分为前腿和后腿。前腿与轮椅机身固联,后腿实现轮椅的上下运动。上下楼梯的动作是通过两电动机的顺序运动来实现的,由单片机进行控制,实现了轮椅上下楼梯的自动化,使操作更为简便。设计中对主要零部件进行了强度计算,采用Solidworks软件进行三维实体设计,建立了三维模型,并进行了虚拟装配以及动画模拟,对机架进行了有限元分析。

**(1)方案设计**

1)工作原理

上下楼梯装置采用腿式结构,分为前腿和后腿,如图5.1所示。前腿与轮椅机身固联,后腿实现轮椅的上下运动。后腿运动过程为:电动机1驱动齿轮机构,通过螺旋传动带动座椅上升和下降。前后腿的相对水平移动由电动机2驱动。上下楼梯的动作是通过电动机1和电动机2的顺序运动来实现的,由单片机进行控制。

①上楼梯运动过程

电动机1正转,螺杆下降,使座椅上升;电动机2正转,座椅前移;电动机1反转,螺杆上升,使后腿上升;电动机2反转,后腿前移,完成上一阶楼梯运动,并通过不断地循环使轮椅逐级上楼梯。

②下楼梯运动过程

电动机2正转,使后腿后移;电动机1正转,使后腿下降,后腿脚底板支撑地面;电动机2反转,座椅后移;电动机1反转,螺杆上升,座椅下降;完成下一阶楼梯运动,并通过不断地循环完成下楼梯运动。

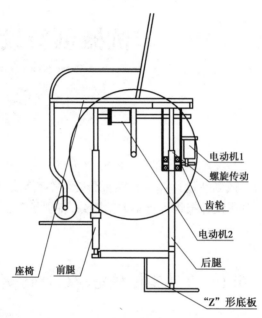

图 5.1 轮椅的工作原理图

2)"Z"字形可调脚底板的设计

国内外的研究状况,多采用履带式和行星轮系实现轮椅的上下楼梯。但是,总有其不足之处——残疾人在上下楼梯过程当中处于倾斜状态,而且轮椅体积较大,质量很大,对楼梯的破坏性也很大。我们的自动爬楼梯轮椅利用了仿生学原理,通过两条腿实现上下楼梯。为了使座椅在运行时始终处于水平状态,保持人体平稳,在前后腿底部装有"Z"字形脚底板,如图5.2所示。为了能爬升不同高度的楼梯,在上下脚底板处构成移动副,并装有弹簧自动调节高度。

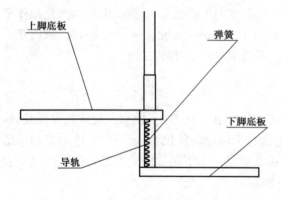

图 5.2 可调脚底板结构图

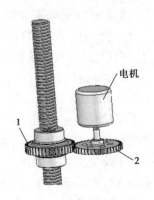

图 5.3 轮椅上下移动装置

3）轮椅上下移动装置的设计

轮椅上下移动由后腿实现。后腿传动系统为：直流减速电动机1—齿轮传动—螺旋传动，如图5.3所示。在齿轮1中心挖通孔，加工内螺纹，即制成螺纹孔，与螺杆相啮合；将齿轮2装在电动机外伸轴上并与齿轮1啮合。通过齿轮传动，将电动机的转动转化为螺母的转动，使得螺杆相对于齿轮1上下移动，这就构成了一套轮椅上下移动装置。

**（2）设计计算**

1）电动机功率和转速的确定

①直流减速电动机转速和功率的确定

首先，设定前腿上升一阶楼梯高度所需时间为3 s，设电动机的转速为 $n$，一级楼梯的高度取为 140 mm，螺杆的螺距 $p = 6$ mm，当 $t = 3$ s 时，则

$$n = \frac{h}{pt} = \frac{140 \times 60}{6 \times 3} \text{ r/min} \approx 467 \text{ r/min}$$

因此选取电动机的转速是 467 r/min。

由螺杆的螺距 $p = 6$ mm，中径 $d_2 = 27$ mm，承受外力 $F_Q = 1\,000$ N，则

螺纹升角　　　　　$\phi = \arctan \frac{p}{\pi d_2} = \arctan \frac{6}{3.14 \times 27} = 4.044°$

摩擦角　　　　　　$\rho = \tan^{-1} f = \tan^{-1} 0.15 = 8.53°$

拧紧力矩　　　　　$T = \frac{d_2}{2} F_Q \tan(\phi + \rho) = \frac{27}{2} \times 1\,000 \times \tan(4.044° + 8.53°) \text{ N·mm}$

　　　　　　　　　　　$= 3\,011.12 \text{ N·mm}$

拧紧力　　　　　　$F_t = F_Q \tan(\phi + \rho) = 1\,000 \tan(4.044° + 8.53°) \text{ N} = 223 \text{ N}$

齿轮分度圆处力矩　$T_1 = T \frac{d_2}{d} = 3\,011.18 \times \frac{27}{80} \text{ N·mm} \approx 1\,016.27 \text{ N·mm}$

电动机所需功率　　$P = \frac{T_1 n}{9.55 \times 10^6} = \frac{1\,016.27 \times 467}{9.55 \times 10^6} \text{ kW} \approx 49.7 \text{ W}$

总效率　　　　　　$\eta = \eta_{齿轮} \eta_{螺旋} = 0.97 \times 0.6 = 0.582$

电动机所需实际功率 $P_s$　$P_s = \frac{P}{\eta} = \frac{49.7}{0.582} \text{ W} \approx 85.4 \text{ W}$

根据厂家所提供的电动机型号，选取的电动机型号为 TYV4-100-467-24V，其中功率100 W，转速2 100 r/min，减速比4.5。

②直线电动机的选取

取直线电动机的移动速度为 100 mm/s，承受正压力为 1 000 N，滑轨摩擦系数为0.05，电动机的功率 $P$：

$$P = F \times V = 1\,000 \times 0.05 \times 100 \times 0.001 \text{ W} = 5 \text{ W}$$

根据厂家所提供的电动机型号，选取的电动机型号为 TYVZ2-15-100 mm/s-24V，其中功率15 W，直线移动速度100 mm/s。

2）齿轮传动设计

由于所选电动机为直流减速电动机，所以直齿圆柱齿轮传动无须变速，取传动比为1。电动机功率100 W，转速467 r/min，两齿轮均用45钢调质处理，硬度229～286 HB。计算结果为：两齿轮齿数均为40，模数为2 mm，中心距为80 mm，分度圆直径为80 mm，齿宽为24 mm。

3）螺旋传动设计

螺旋传动用于实现轮椅的上下移动。根据上楼梯所需时间以及螺纹必须具有自锁性能等要求,选定螺杆的螺距为 $p = 6$ mm,螺杆直径 $d = 30$ mm,长度 $L = 300$ mm。经计算,螺杆的强度、刚度均满足要求。

4）圆柱螺旋拉伸弹簧设计

为了爬升不同高度的楼梯,在脚底板处设计了拉伸弹簧。因弹簧在一般载荷条件下工作,可以按第Ⅲ弹簧来考虑。现选用碳素弹簧钢丝 C 级,选定中径 $D = 10$ mm,外径 $D_2 = 14$ mm。根据 $D_2 - D \leqslant 4$ mm,弹簧钢丝直径取为 2 mm。

5）轴承的选用

在轮椅上下移动装置中,采用了向心轴承和推力轴承的组合结构。选用 6010 型深沟球轴承承受径向力,51208 推力球轴承承受轴向力。

6）轮椅爬升速度的计算

由于后腿所使用的电动机输出轴转速选定为 $n = 467$ r/min,螺杆的螺距为 $p = 6$ mm,一阶楼梯的高度 $h = 140$ mm,则前腿上升一阶楼梯高度所需时间为:

$$t = \frac{h/p}{n} = \frac{140 \times 60}{6 \times 467} \text{ s} \approx 3.0 \text{ s}$$

后腿上升一阶楼梯高度所需时间为:

$$t = \frac{h/p}{n} = \frac{140 \times 60}{6 \times 467} \text{ s} \approx 3.0 \text{ s}$$

直线电动机单程运行时间 $t = 2.8$ s,故上一级楼梯总共所需时间 $t = (3 + 3 + 2.8 + 2.8) \text{s} = 11.6 \text{ s}$。

（3）重心的计算

本轮椅在上下楼梯的运动过程中,遇到的最大难题是轮椅能否保持自身的平衡而不倾翻。为此,有必要对其重心进行计算,以防危险事故的发生,保证使用者的安全。

1）下楼梯时最危险状态重心分析

当前腿支撑整个轮椅而后腿往后运动至最远位置时,轮椅处于最危险状态。利用 Solidworks 软件计算其重心位置。如图 5.4 所示,其重心位置在前腿脚底板所接触楼梯的范围内,轮椅不会倾翻。

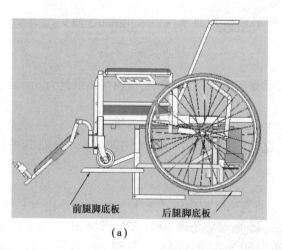

（a）

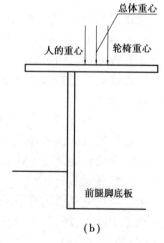

（b）

图 5.4　轮椅前腿脚底板撑地时重心分析

2）上楼梯时最危险状态重心分析

当后腿支撑整个轮椅而前腿往前运动至最远位置时,此时轮椅处于最危险状态。如图5.5所示,重心接近于后腿脚底板中心,轮椅很安全。

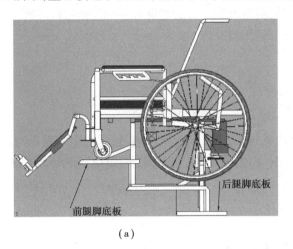

（a）

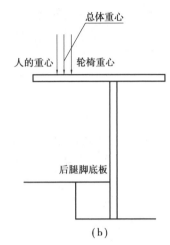

（b）

图 5.5　轮椅后腿脚底板撑地时重心分析

由以上分析可知,轮椅上下楼过程中不会倾翻,是安全的。

**（4）后腿机架的有限元分析**

由于后腿结构比较复杂,常规的强度计算很难得出正确的结果,因此,有必要对其进行有限元分析。我们借助 SolidWorks 软件中的有限元分析插件——COSMOS/works 对后腿进行了分析。

后腿的材料为碳素钢,载荷和约束条件如图5.6所示。经有限元分析计算,如图5.7所示,最小安全系数为3.1,满足使用要求。

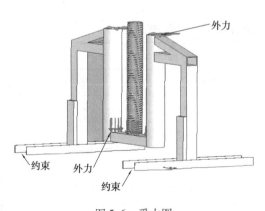

图 5.6　受力图

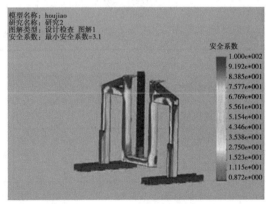

图 5.7　安全系数图

**（5）主要创新点**

该轮椅的主要创新点如下:

①轮椅利用了仿生学原理,通过两条腿交替运动实现上下楼梯动作。

②使用"Z"形脚底板,单脚跨度为两级楼梯,使轮椅上下楼梯更加平稳、安全。

③前后腿的脚底板具有自动调节高度功能,能爬升不同高度的楼梯。

(6)推广应用价值

该轮椅的推广应用价值如下:

①成品价格在 3 000 元左右,可被普通百姓所接受。

②国内爬楼梯轮椅还没有市场化的产品,尚没有强有力的竞争对手,市场潜力非常大。

③轮椅体积小,运行平稳,对楼梯无损伤,适用范围广。

# 5.2 柑橘类水果采摘机设计

柑橘类水果采摘机设计属于创新型设计类题目,通过该例子的学习,重点训练发现问题,从生产和生活中抽象产品功能需求,构想各种不同的机器工作原理,进而提高设计新产品的综合设计能力。

**(1)设计任务书**

1)设计题目

设计题目为柑橘类水果采摘机设计。柑橘类水果采摘机主要用于辅助人工采摘柑橘,整机结构应包括末端执行装置、机械臂、移动平台、上升机构、存储机构,运输机构,能够完成柑橘识别、采摘、分拣、装箱一体化的功能,减轻工作人员的劳动强度,提高柑橘的采摘效率。表5.1 给出了柑橘类水果采摘机的设计要求和性能指标。

2)设计任务

①文献综述和设计规划

调研市场现有相关专利、相关产品等方面的资料。通过专利检索可知当前该领域已有的发明创造,同时结合相关产品等方面的资料,针对采摘机器的具体要求,提出具体的设计指标与需要解决的关键问题和解决方案,进行方案论证,制订设计路线和时间安排,完成开题报告。

表5.1 柑橘类水果采摘机的设计要求和性能指标

| 项 目 | 指 标 |
| --- | --- |
| 装机安装尺寸/mm | 500×400×1 200 |
| 整机质量/kg | 20 |
| 一次采摘数量/个 | <3 |
| 箱体最大容量/kg | 20 |
| 采摘效果 | 完成对柑橘识别、采摘、分类、装箱一体化功能 |
| 动力装置 | 离线电源,可连续工作 2 h 以上 |
| 控制模式 | STM32 单片机 |
| 工作条件 | 不同质地山坡,坡度不宜过于陡峭 |
| 期望成本/元 | <5 000 |

②柑橘类水果采摘机的机械系统方案设计

根据柑橘类水果采摘机应该具有的性能指标要求,分析多种可能方案的工作原理,对关键问题(如不伤果实、高效率、较长工作时间等)在进行单项技术探讨的基础上,进行整机综合,提出设计方案,进行多方案选择、评价,确定执行机构的主要结构形式和采摘路线优化与控制原理,讨论确定最终方案,绘制采摘机的方案原理图,写出方案论证报告。

③柑橘类水果采摘机结构设计

完成柑橘类水果采摘机结构化设计,包括结构方案的分析、比较及设计,标准件选型和控制算法设计,并绘制零件图和装配图,进行关键零部件的校核,撰写结构设计说明书。

④撰写设计说明书

在开题报告、方案论证报告、机构设计和结构设计的基础上,整理出机械创新设计综合实践报告 1 份,并撰写答辩 PPT,进行答辩。

3)设计提示

①要充分考虑柑橘类水果的生长环境、果实密度等。

②辅助果农进行采摘,应充分考虑果农采摘不到的高度或者降低果农的劳动强度。

③整机结构不应过于复杂,运用巧妙的机构实现复杂的功能,尽量降低机器的制作成本。

④控制原理设计可以有不同的考虑,如颜色智能识别、轮廓智能识别等。

4)需要提交存档的资料

①全部调研资料;

②机械创新设计综合实践报告;

③答辩 PPT;

④设计的零件图和装配图。

**(2)时间安排**

结合江西理工大学机电工程学院 2015 级某一学生小组于 2018 年为期 4 周的设计过程,可以总结出该题目的建议时间安排,供读者参考。

1)完成开题报告

第一周周五前完成开题报告。

首先,根据设计要求,通读《机械创新实践指导书》,明确训练内容和步骤。

其次,接受设计任务,根据设计题目与本组同学分工进行文献检索。主要渠道包括专利文献的检索与归纳、社会产品的调查和果农对采摘机器的要求等。

最后,交换信息,互相检验,并讨论总结,以达到下述目的:

①专利文献搜索全面,关键词准确、规范,覆盖面广,有实际检索效果,并能整理出已有专利文献描述的工作原理、优缺点和存在的问题。

②通过对社会产品的调查,得到目前具有市场应用前景的产品价位、功能和未来期望。讨论具体的功能指标要求是否合理。

③对水果采摘人群及果园场地进行调研,进一步研究题目背景、产品用途和采摘效率以及实现采摘的控制模式。

④小组内讨论调研的方式方法是否正确,检索到的资料是否齐全,对资料理解及分类是否合理,由此归纳出与设计任务相关的技术问题,并总结关键问题的各自解决方法,借鉴或提出新的工作原理。

⑤完成初步方案设计,提交开题报告。

2)完成方案设计报告

第二周周五前完成方案设计报告。

首先,确定方案,明确分工。方案设计必须建立在开题论证的基础上,提交开题报告Word文档,再利用PPT宣讲开题报告。每一个组员充分阐释自己的构想,虚心记录老师、同学的反馈意见,修正开题报告中出现的问题,并得到设计依据。小组统一意见,明确最后方案,确定工作原理和需要重点解决的技术问题。通过讨论统一决策意见,总结技术路线,明确组员任务。

其次,进行方案设计,小组各成员根据各自分工,细分任务,互相协作,围绕方案设计从几个方面展开工作:运动方案设计、采摘执行系统设计、原动机选择、传动系统设计和控制系统设计。

具体进行中需要细化设计指标,画出运动循环图,进行机构方案设计,有关零件的设计计算,完成驱动器选型和参数设计,如动力电源的选型和轮廓尺寸确定、行走电动机与驱动电动机的连接尺寸与轮廓尺寸确定。

在计算过程中会不断交换信息,组长要进行协调,总结计算结果,完成方案设计,提交方案论证报告。

3)完成结构草图设计

第三周周三前完成结构草图设计。

机械系统草图设计是方案设计结构化的必然过程,需要将运动方案设计的各个部分(如电动机等标准件的安装尺寸和轮廓尺寸,专用机构)结构化。依据结构设计化方法对执行机构中每一个构件的形式和相互连接结构进行具体设计,并初步验算机械系统的工作能力。

虽然计算机辅助设计提供了很大方便,但是这一阶段的主要目标是:总体布局和各个细节的结构形式与各部件之间的连接实现方式,每一个具体参数并不作为重点,只进行类型确定,例如联轴器类型,滚动轴承还是滑动轴承,螺栓连接还是铆接或其他连接形式。具体完成设计工作如下:

①本机采用模块化结构,初步确定整体尺寸,确定各个部件连接尺寸的允许范围。

②相关标准件选用,例如型材的类别和型号、轴承的型号、螺栓连接的类型等。

③关键零部件设计,主动轮轴系结构设计,从动轮轴系结构设计,连杆机构中各连杆的尺寸设计等。

④主要零件工作能力和寿命校核计算。

草图设计完成之后,本小组就有了继续进行规范化设计的统一依据,每一个成员可以据此进行装配结构图和零部件图的设计。

4)完成装配结构图设计

第三周周五完成装配结构图设计。

在结构草图设计的基础上,首先进行总体装配图与部件图设计分工,分别完成框架部件图、机械臂部件图、上升装置部件图和行走轮组合部件图等,检验装配干涉性和装卸方便性,这些图纸要作为标准件选用和专用零件设计的依据。

5)完成零件图设计,撰写机械创新综合实践报告

第四周周四完成零件图设计,编写综合实践报告。

以装配图为基础,拆卸零件并进行精度设计和工艺性校核,具体完成以下工作:

①零件图设计;

②完成综合实践报告;

③打印图纸,整理提交材料;

④准备答辩 PPT。

6)答辩

答辩时,学生要将全部答辩材料整理上交,按时出席,在规定时间内介绍自己完成的设计内容,特别是重点、创新点和难点。准确回答问题,虚心听取指导教师和同学的意见。

**(3)开题报告**

1)设计任务

首先,根据机械创新设计综合实践课程的要求,明确训练内容和步骤;其次,接受设计任务,深刻理解任务书中的各项指标和要求。本设计的主要任务有文献综述和设计规划、采摘机的机械系统运动方案设计、采摘机结构设计、零件图设计和撰写设计说明书。

2)任务的目的与意义

水果采摘工作是水果生产链中最费力、最耗时的一个环节,其成本高、季节性强,需要大量劳动力。由于工业化的发展和农村大量劳动力流失,使能够从事农业化生产的劳动力越来越少,仅仅依靠手工劳动是远远不够的。随着计算机技术和各种智能控制理论的发展,使用机器完成自动化采摘成为可能。柑橘是我国种植面积较为广阔的一种水果,我国柑橘栽培面积达 3 800 余万亩,年均产量达 3 500 多万 t,因此,研制一款柑橘类水果采摘机辅助人工采摘成为农业发展的必然性,能够减轻果农的劳动强度,提高柑橘的采摘效率。

3)相关专利的发展现状

经过图书馆和网络资源查新,获得的有关专利与产品,见表5.2。

表 5.2　现有专利查询

| 专利名称 | 功　能 | 类　别 |
|---|---|---|
| 柑橘采摘装置 | 采摘柑橘 | 发明专利 |
| 一种辅助苹果采摘机 | 采摘苹果 | 发明专利 |
| 一种拨叶式柑橘类水果采摘器 | 采摘柑橘 | 实用新型专利 |
| 苹果采摘分拣一体机 | 采摘苹果 | 实用新型专利 |
| 一种柑橘采摘器的环形手柄 | 采摘柑橘 | 实用新型专利 |
| 一种水果采摘梯 | 采摘水果 | 实用新型专利 |

选取上述部分专利的功能、特点和相关参数进行分析。

①柑橘采摘装置

图 5.8 所示为柑橘采摘装置示意图,其主要结构包括机架、套筒和两个相对的夹爪,两个夹爪内壁顶端相对凸起形成切刀,夹爪内壁靠近切刀的部位设置有弧形夹持端。

具体工作流程:首先将柑橘采摘装置放置在待摘的果树下,然后启动驱动装置,使齿轮开始转动,在齿轮开始转动的同时推动齿条上下运动。由于齿条与推板焊接,因此齿条推动推

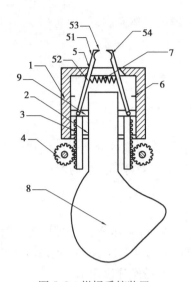

图 5.8　柑橘采摘装置

1—套筒；2—送料；3—齿条；4—齿轮；
5—夹爪；51—夹爪外壁；52—夹爪内壁；
53—切刀；54—弧形夹持端；6—限位块；
7—弹簧；8—集果袋；9—推板

板在套筒与送料筒之间向上滑动，推板与夹爪铰接，推板向上移动的同时推动夹爪上移，压缩处于两个夹爪之间的弹簧，随着夹爪上升，最终与果树上的水果接触，并将水果置于两个夹爪弧形夹持端形成的圆孔里。水果进入圆孔后，夹爪继续上升，促使两个夹爪靠拢，由于两个夹爪的切刀刀刃相对，在靠拢的同时刀刃相抵，所以，最终将水果的蒂部剪断。剪断蒂部后，随着驱动装置的继续运动，齿轮反方向转动，将带着齿条向下运动，在齿条下移时拉动推板下移，夹爪也随着下移，弹簧在夹爪下移过程中恢复原状，从而将夹爪向两边推开，使水果从夹爪形成的圆孔中掉落，最终通过送料筒进入集果袋。

②一种辅助苹果采摘机

图 5.9 所示为一种辅助苹果采摘机示意图。其包括采摘模块、运输模块和车体模块。

采摘模块，包括刀片、刀片垫片、套筒、弹簧、钢丝、铝杆、套管和把手；运输模块，包括减速毛刷和软管；车体模块，包括卡扣、锥形漏斗、旋转轴承、扶手、分类板、内箱和万向轮。此发明可以实现采摘、传递、分类、存储等多功能一体化，大大提高了采摘效率，并且制造成本较低、运行稳定、机构简单，易于操作和后期维修。

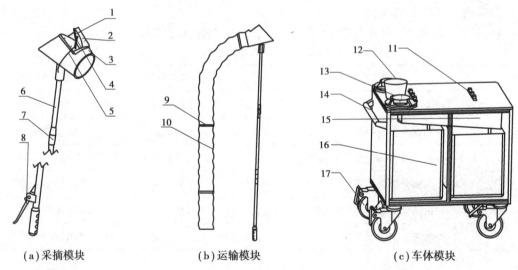

（a）采摘模块　　　　　（b）运输模块　　　　　（c）车体模块

图 5.9　一种辅助苹果采摘机

1—刀片；2—刀片垫片；3—套筒；4—弹簧；5—钢丝；6—铝杆；7—套管；8—把手；9—减速毛刷；
10—软管；11—卡扣；12—锥形漏斗；13—旋转轴承；14—扶手；15—分类板；16—内箱；17—万向轮

③苹果采摘分拣一体机

图 5.10 所示为苹果采摘分拣一体机示意图。

苹果采摘分拣一体机包括可移动的底座，底座上设有高度可调的升降机构，升降机构上安装有长短可调的伸缩机构,伸缩机构上安装采摘机构,采摘机构的下方还设有分拣机构。

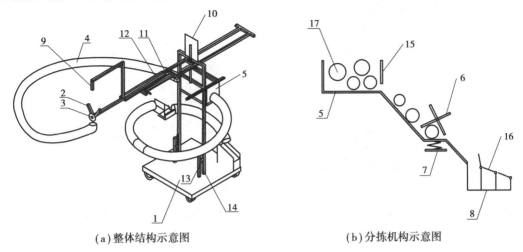

（a）整体结构示意图　　　　　　　　（b）分拣机构示意图

图 5.10　苹果采摘分拣一体机

1—底座;2—V 形导杆;3—锯片;4—分拣管道;5—储存箱;6—旋转拨板;7—称重传感器;8—分拣箱;
9—摄像头;10—显示屏;11—直线导轨;12—同步带轮;13—齿轮;14—齿条;15—挡板;16—盖板;17—苹果

　　具体工作流程:首先,利用可移动的底座移动至合适的位置,通过升降机构、伸缩机构将采摘机构调整至合适的高度和位置,利用采摘机构的 V 形导杆托住苹果的果梗;然后,启动锯片,利用旋转的锯片将果梗切断,苹果在自重的作用下落入分拣机构内实现分拣。这种结构的采摘分拣一体机能够极大地减轻采摘的劳动强度,而且 V 形导杆的设置可以有效保证果梗切断的顺利,不会对苹果造成损伤;落入分拣机构的苹果沿着分拣管道一直下降,直至到达储存箱内储存起来,当储存箱内的苹果装满后,将这些苹果再集体倒出,苹果滚落至旋转拨板处,旋转拨板旋转一定角度,确保只有一个苹果顺利通过,称重传感器感应到苹果的质量,控制相应的分拣箱开口打开,苹果落入对应的分拣箱,实现分拣功能,这种分拣方式控制精确,大大节省了人工。

　　此苹果采摘分拣一体机结构简单、使用方便,能够有效降低苹果采摘的劳动强度,提高采摘分拣效率,具有很好的实用性。它不仅适用于苹果,还适用于梨子、柑橘等同生长类型水果。

　　④一种柑橘采摘器的环形手柄

　　图 5.11 所示为一种柑橘采摘器的环形手柄。

　　一种柑橘采摘器的环形手柄包括采摘刀片、采摘夹、采摘网、折页、弹簧、延长杆、伸缩杆、长度控制杆、环形手柄、采摘控制器、拉力绳和移动滑轮。采摘夹的顶端设置有采摘刀片,采摘夹的两侧设置有采摘网,采摘夹的中间设置有折页,采摘夹的底部设置有弹簧,采摘夹向下与延长杆相连接,延长杆的下方连接有伸缩杆,延长杆和伸缩杆的内部设置有移动滑轮,伸缩杆的一侧固定有长度控制杆,伸缩杆的底部连接有环形手柄,环形手柄的内部设置有采摘控制器,采摘夹下部的中间连接有拉力绳,拉力绳穿过延长杆和伸缩杆与采摘控制器相连。

　　工作流程:首先,进行柑橘采摘的高度预估,即采摘杆长度预估,再调节延长杆和伸缩杆的长度,便可以进行柑橘的采摘工作,选择成熟的柑橘,以合适的目视角度进行观察;然后,将采摘夹夹住所需要采摘的柑橘,拉动采摘控制器,使采摘控制器通过拉力绳控制采摘刀片闭

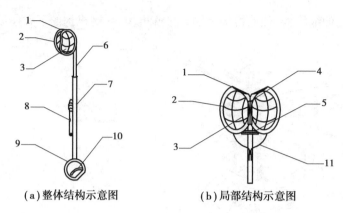

（a）整体结构示意图　　　　　（b）局部结构示意图

图 5.11　一种柑橘采摘器的环形手柄

1—采摘刀片;2—采摘夹;3—采摘网;4—折页;5—弹簧;6—延长杆;7—伸缩杆;

8—长度控制杆;9—环形手柄;10—采摘控制器;11—拉力绳

合,使柑橘被采摘下来。

该采摘器的环形手柄设计合理、造价适宜,使用和安装较为方便,手感舒适,能够灵活地进行柑橘等水果采摘,并且操作方便。采摘高度可调可控,不损伤水果表面,并且果实大小容错性优良,双手操作,无须他人协助,采摘效率高。纯机械结构,维修和更换配件容易,省时安全,维护简单,工作时稳定性强,适合推广使用。

通过对以上 4 种不同采摘方式的功能、特点和相关参数进行分析后,可以得出设计柑橘类水果采摘机的关键技术问题,见表 5.3,它们影响着采摘机的工作模式、效率和可靠性。

表 5.3　采摘机的功能和关键技术

| 关键技术 | 主要功能 | 对设计目标的影响 |
|---|---|---|
| 采摘方式 | 将果树上的柑橘采摘下来至运输口 | 采摘效率和果实完好率 |
| 传输方式 | 将采摘下来的柑橘传输至箱体 | 柑橘完好率和运输效率 |
| 运输方式 | 将箱体等装置运输至指定目的地 | 适应的场地和需要的动力 |
| 传动方式 | 各个部件之间进行运动和动力传递 | 工作条件和动力配置 |
| 成本估计 | 总体配置、结构轮廓大小设计 | 期望成本和机器安装尺寸 |

4)关键技术问题分析

①采摘方式选择

通过调研,将采摘方式分类,见表 5.4。

表 5.4　采摘方式选择

| 采摘方式 | 优　点 | 缺　点 |
|---|---|---|
| 两个刀片相对运动剪切 | 能够提供较大力矩 | 需要两个舵机控制 |
| 一个刀片运动,另一个静止 | 只需一个动力源 | 对零件的强度要求较高 |
| 吸附式摘取 | 结构设计较简单 | 成本高,果柄不易剪断 |

| 采摘方式 | 优　点 | 缺　点 |
|---|---|---|
| 旋转式摘取 | 能够较方便地剪断果柄 | 一次只能摘取一个 |
| 摇晃式摘取 | 可以一次性摘取多个 | 果柄不易剪断 |

通过专利搜索和市场调研可知,目前果农采用较多的是利用剪刀剪断果柄,大部分都是采用手动操作,长时间使用会造成手酸等情况。因此,通过各方案的比较,本设计采用剪刀式结构,考虑控制的复杂性,采用一个刀片运动,而另一个刀片静止的方案。

②传输方式选择

果农采摘柑橘时,传统的方式是采摘一个放一个,花费了大量的时间将柑橘送入箱体,因此,本设计采用可伸缩式软管将柑橘传输至箱体,软管前端与剪断机构连接,末端与箱体连接。

③运输方式

通过调研与专利的检索,将运输方式分类,见表5.5。

由于果园地形不平整且具有一定的坡度,通过各种运输方式的比较,采用三角轮式或履带式,为了节约成本,采用三角轮式的运输方式。

表 5.5　运输方式选择

| 运输方式 | 适用场合 | 特　点 |
|---|---|---|
| 普通轮 | 平地运输 | 结构简单,成本低 |
| 三角轮 | 适合爬坡与不平整的地面 | 省力,应用范围广 |
| 万向轮 | 适用于较平整的地面 | 结构简单,转向方便 |
| 履带式 | 应用范围广,基本都适用 | 结构复杂,成本高 |

④传动方式

表5.6为几种传动方式的比较。分析表明,采用电动机经减速箱减速带动各机构运动的方式,简洁明了,避免了多级传动所产生的效率损失和可能出现的更多故障。

表 5.6　传动方式比较

| 传动方式 | 优　点 | 缺　点 |
|---|---|---|
| 链传动 | 自由度多 | 不平稳 |
| 齿轮传动 | 效率损失少 | 机构复杂 |
| 手推力 | 方向易控制,节省能源 | 效率低 |
| 电动控制 | 效率高 | 机构复杂,故障效率高 |

5)方案构思和技术路线

①方案构思

根据关键问题分析的结果,本设计采摘方式采用一个刀片运动而另一个刀片静止的方案,传输方式采用软管直通箱体的方案,运输方式采用一对三角轮,传动方式采用电动机进行控制。

②技术路线

图 5.12 给出了设计采摘机的技术路线。

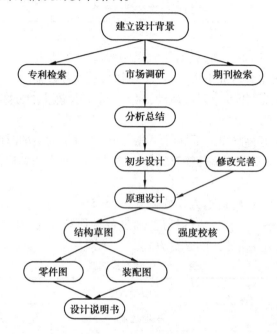

图 5.12　技术路线图

6)课题任务分解

根据前述分析,估算任务量,进行任务分解和进度安排。其任务分解结果见表 5.7,进度安排(略)。

表 5.7　任务分解结果

| 任务分解 | | 完成人员 | | |
|---|---|---|---|---|
| 阶段成果 | 任务细分 | 学生 A | 学生 B | 学生 C |
| 开题报告 | 确定设计背景 | √ | √ | √ |
| | 文献检索 | √ | √ | √ |
| | 初步设计 | √ | √ | √ |
| 方案设计 | 机构示意图绘制 | √ | √ | |
| | 修改完善机构简图 | √ | √ | √ |
| | 驱动及控制原理 | √ | | |
| 装配和零件结构草图 | 完整布局机构连接 | | √ | |
| | 结构草图绘制 | √ | √ | √ |
| | 强度校核 | | | √ |

续表

| 任务分解 | | 完成人员 | | |
|---|---|---|---|---|
| 阶段成果 | 任务细分 | 学生 A | 学生 B | 学生 C |
| 工程图 | 零件图 | √ | √ | √ |
| | 装配图 | √ | √ | √ |
| 综合报告 | 设计说明书 | | √ | √ |

**(4)机械系统运动方案设计**

1)功能分解及功能原理分析

①功能分解

柑橘类水果采摘机的功能可分解为如下 4 个分功能:

a.采摘功能:将树上的柑橘的果柄剪断。

b.收集功能:将剪断的柑橘收集起来。

c.分拣和计数功能:对不同大小的柑橘进行分拣和计数。

d.运输功能:将柑橘运输至指定的位置。

②功能原理分析

根据功能分解,分析了实现上述分功能的功能原理,其结果见表5.8。

**表 5.8　功能原理分析结果**

| 功　能 | 采　摘 | 收　集 | 分拣和计数 | 运　输 |
|---|---|---|---|---|
| 要求 | 采摘效率高,不伤害果实 | 具有缓冲作用,不伤害果实 | 分拣效果好,计数准确 | 省力,适应果园的地形 |
| 实现原理 | 视觉识别算法 | 自身重力作用 | 柑橘直径的大小 | 人工施加力 |
| 可能机构 | 多连杆机构、剪叉式机构 | 传送带、软管 | 托板、袋结构 | 三角轮 |

2)执行系统方案设计

①整机原理方案

通过上述分析,本课题组设计的柑橘类水果采摘机器由末端执行装置、机械臂、移动平台、上升机构、存储机构和运输机构等六部分组成。末端执行装置包括视觉识别系统和环形剪刀,视觉识别系统基于 OpenMV 图像识别功能对柑橘进行识别,识别到成熟的柑橘后灵活地控制机械臂到达指定的位置,环形剪刀剪断柑橘果柄;移动平台可以控制机械臂沿不同的方向移动;上升机构控制机械臂采摘不同高度的柑橘;存储机构通过可伸缩软管与环形剪刀连接,可直接将柑橘进行分拣和装箱;运输机构行走方式采用一对三角轮,适应果园复杂的地形。整机原理图如图 5.13 所示。

柑橘类水果采摘机器各种动作的设计准则,是根据柑橘果树的生长分布特征而定。具体工作过程:摄像头扫描柑橘,当识别到成熟的柑橘时,将柑橘坐标值传送至 STM32 单片机,单

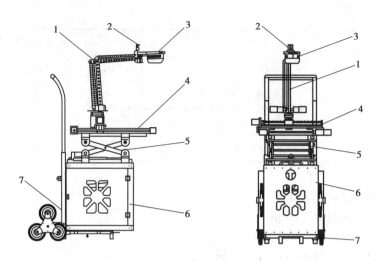

图 5.13　柑橘类水果采摘机整机原理图
1—机械臂;2—视觉识别系统;3—环形剪刀;4—移动平台;
5—上升机构;6—存储机构;7—运输机构

片机控制机械臂到达指定的位置,启动控制环形剪刀的舵机,剪断柑橘果柄,柑橘顺着管道进入箱体内部的滑槽,进行初步分拣和装箱,完成识别、采摘、分拣、装箱一体化的功能,实现全自动化采摘,降低果农的劳动强度。

②末端执行装置设计

末端执行装置由视觉识别系统和环形剪刀两部分组成。视觉识别系统基于 OpenMV 图像处理功能,OpenMV 是国外的一种基于 MicroPython 驱动的开源、低成本、功能强大的机器视觉模块,它是一个可编程的摄像头,通过 MicroPython 语言,可以实现自己的逻辑,OpenMV 视觉模块可运用于寻找色块、人脸检测、眼球跟踪、边缘检测、标志跟踪等。基于 OpenMV 以上特点,对其进行二次开发,以成熟柑橘的颜色为识别目标,通过抓取柑橘表皮的颜色特征,能够准确识别出成熟的柑橘,识别速度以及识别的准确度完全可以满足设计要求,将该模块安装在机械臂末端,以扩大其识别范围。

环形剪刀的设计考虑到柑橘果柄较硬,并且大多数采摘方式剪断机构都是依靠手动施加力,因此,采用能够提供较大力矩的舵机作为动力源,当摄像头识别到成熟的柑橘时,机械臂控制环形剪刀到达指定的位置,启动舵机,驱动轴带动第二弧形连杆往复运动,弧形连杆凹槽处固定有刀片,进而割断果柄。末端执行装置结构简图如图 5.14 所示。

③机械臂设计

机械臂是完成整个采摘过程十分重要的结构,机械臂的结构设计和控制方式决定了是否可以快速地完成采摘,实现相关功能。目前应用的工业机械臂结构简单,电动机数量较多,这种机械臂控制较复杂,对控制精度要求过高。为了减轻机械臂的重量和控制难度,设计一种具有多连杆机构运动的机械臂,采用双电动机同轴拖动,减少电动机数量的同时,提高其运动的灵活度,机械臂结构简图如图 5.15 所示。

④移动平台设计

经过实际调研,大部分柑橘树的生长高度在 1.5 ~ 3 m,株距为 2 ~ 3 m,传统的采摘机器为了采摘不同方位的柑橘,需要移动整台机器,降低了采摘效率。移动平台的设计是为了减

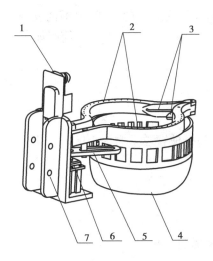

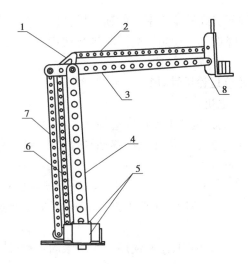

图 5.14　末端执行装置结构简图
1—摄像头;2—弧形连杆;3—刀片;4—套环;
　　5—驱动连杆;6—舵机;7—固定板

图 5.15　机械臂结构简图
1—三角形连杆;2—连接臂;3—小臂;4—大臂;
5—步进电动机;6—连接臂连杆;7—小臂连杆;8—固定板

少整台机器的移动次数,方便地控制机械臂采摘不同方位的柑橘。移动平台左右移动方向采用丝杆螺母作为传动机构,其特点是运动平稳、有可逆性,最大移动范围 350 mm;前后移动方向采用同步带作为传动机构,其特点是结构紧凑、抗拉强度高、效率高,最大移动范围500 mm;同时在滑块上安装旋转电动机,控制机械臂采摘不同位置的柑橘,移动平台结构简图如图5.16所示。

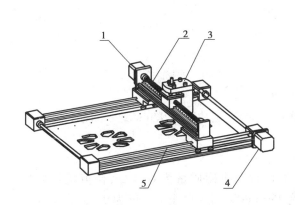

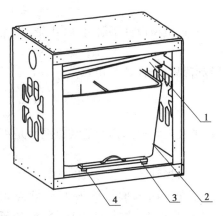

图 5.16　移动平台结构简图
1—步进电动机;2—丝杆;3—旋转电动机;
　4—步进电动机;5—同步带

图 5.17　存储机构结构简图
1—滑槽;2—箱体;3—拉环;4—滑轨

⑤上升机构设计

升降机构由一级剪叉式连杆组成,主要包括 4 根长度为 500 mm 连杆、滑轨、滑块和推杆电动机,其特点是升降性能好、结构紧凑、承载量大。根据柑橘的高度,驱动推杆电动机,通过滑块运动改变连杆之间的夹角,从而控制机械臂采摘不同高度的柑橘。

⑥存储机构设计

存储机构主要包括分拣机构和箱体,其设计的目的是存储柑橘,节省摘一个放一个的时间,进而提高采摘效率。剪断了果柄的柑橘顺着管道进入不同大小的滑槽,滑槽内安装缓冲海绵,降低其运动速度的同时进行初步分拣,方便后期对柑橘进行处理,其结构简图如图5.17所示。

**(5)理论设计计算**

1)电机选择

①上升装置电动机的选择

a. 上升装置需要承受移动平台和机械臂,移动平台和机械臂总重力为1 000 N,上升速度为5 mm/s,电动机的功率

$$P_w = Fv = 1\ 000 \times 5 \times 0.001\ \text{W} = 5\ \text{W}$$

b. 查机械设计手册可知,滚动轴承间的传递效率:

$$\varphi_1 = 0.99$$

上升机构中,总共使用了4对滚动轴承,计算得出所需总功率:

$$P = \frac{P_w}{\varphi_1^4} = 5.2\ \text{W}$$

上升机构选择的电动机型号是LX800,额定功率为9 W,大于设计总功率,符合要求。

②移动平台电动机的选择

a. 移动平台需要承受旋转平台和机械臂的总重力,旋转平台和机械臂的总重力:

$$F = 80\ \text{N}$$

b. $X$轴移动的最大范围为350 mm,$Y$轴移动的最大范围为500 mm,$X$轴和$Y$轴方向移动速度均为0.1 m/s,理论设计功率:

$$P_1 = Fv = 80 \times 0.1\ \text{W} = 8\ \text{W}$$

c. 查机械设计手册可知,皮带轮间的传动效率:

$$\varphi = 0.96$$

计算可得设计计算总功率:

$$P = \frac{P_1}{\varphi} = \frac{8}{0.96}\ \text{W} \approx 8.3\ \text{W}$$

移动平台电动机选择的电动机型号是42H2P4010A4,额定功率为9.6 W,大于设计总功率,符合要求。

③机械臂装置电动机的选择

已知一次采摘柑橘最大数量为2个,平均每个柑橘质量为0.2 kg,修剪机构质量为0.1 kg,机械臂大臂长度为0.35 m,角速度为180 rad/s,机械臂小臂长度为0.35 m,角速度为180 rad/s。

机械臂大臂驱动电动机输出功率最大时是机械臂整体保持水平时,电动机转速:

$$n = \frac{180}{360} \times 60\ \text{r/min} = 30\ \text{r/min}$$

机械臂整体保持水平时的最大转矩:

$$T_{max} = N \cdot (G_1 + G_2) \cdot L_{max} = 2 \times (2 + 1) \times 0.7\ \text{N} \cdot \text{m} = 4.2\ \text{N} \cdot \text{m}$$

机械臂整体保持水平时需要的最大功率:

$$P_{max} = \frac{T_{max} \cdot n}{9\ 550}\ \text{kW} \approx 13.2\ \text{W}$$

查机械设计手册可知,滚动轴承间的传递效率:

$$\varphi = 0.99$$

计算可得实际最大功率:

$$P = \frac{P_{max}}{\varphi^2} = \frac{13.2}{0.99^2} \text{ W} \approx 13.5 \text{ W}$$

机械臂小臂输出功率最大时是当机械臂小臂保持水平且负载最大时,此时计算出最大扭矩:

$$T_{2max} = N \cdot (G_1 + G_2) \cdot L_2 = 2 \times 3 \times 0.35 \text{ N} \cdot \text{m} = 2.1 \text{ N} \cdot \text{m}$$

此时,最大功率:

$$P_{2max} = \frac{T_{2max} \cdot n}{9\,550} \text{ kW} \approx 6.6 \text{ W}$$

实际最大功率:

$$P = \frac{P_{2max}}{\varphi^2} = \frac{6.6}{0.99^2} \text{ W} \approx 6.7 \text{ W}$$

控制机械臂的电动机的额定功率为 20 W,均大于小臂和大臂的输出最大功率,符合要求。

2)上升机构受力分析

升降机构在工作过程中,当承载载荷或工作台所处的高度不同时,推杆电动机输出的驱动力大小也在不断地变化。因此,为了确定升降机构的结构参数,需要对其进行受力分析。

当工作台处于最低位置时,两连杆的夹角最大,此时推杆电动机输出的驱动力最大,为升降机工作的极限状态。因此,仅需对该状态下升降机的受力情况进行分析即可,其整体受力简图如图 5.18 所示。

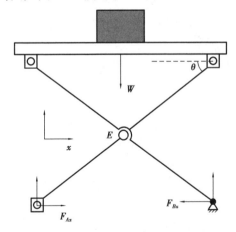

图 5.18　升降机构整体受力分析示意图

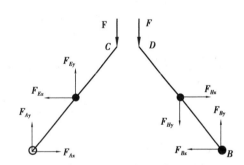

图 5.19　连杆受力分析示意图

由图 5.18 可知,升降机构整体受力分析:

$$F_{Ay} = F_{By} = \frac{1}{2} \text{ W}$$

升降机工作台连杆的受力情况如图 5.19 所示,通过对整体及各部件受力分析,根据力平衡原理可得:

$$F_{Ay} = F_{By} = F = \frac{1}{2}W$$

$$F_{Ax} = F_{Ex} = F_{Bx} = F_{Hx}$$

根据力矩平衡原理,对 $A$ 点进行力矩平衡分析,可得:

$$Fl\cos\theta = F_{Ex}\frac{1}{2}l \cdot \sin\theta$$

其中,剪叉式升降机构承受的重力为 200 N,求得:

$$F_{Ay} = F_{By} = 100 \text{ N}$$

$$F_{Ax} = F_{Ex} = F_{Bx} = F_{Hx} = 200\sqrt{3} \text{ N}$$

通过以上分析计算可知,升降机构在极限工作状态下所需的驱动力为 $200\sqrt{3}$ N,小于推杆电动机提供的最大推力 700 N。

3)有限元分析

①仿真前处理

大臂的材料为铝合金,屈服强度 200 MPa,密度为 2 770 kg/m³,泊松比为 0.33。首先在 UG 三维软件中建立模型,导出.x_t 文件格式,再将其导入 ANSYS 中。

根据大臂在运动过程中的特征,对大臂的 5 个铰接孔施加约束,铰接孔 $A$、$B$、$C$、$D$ 与电动机转动轴连接,在运动过程中绕轴向转动,铰接孔 $E$ 有 $X$、$Y$ 方向的位移和绕轴向的转动,故应对各铰接孔除以上分析之外的全部自由度进行约束;再对整体单元进行网格划分,施加载荷,最后选择总变形量和等效应力作为后期结果处理,施加约束效果如图 5.20 所示。

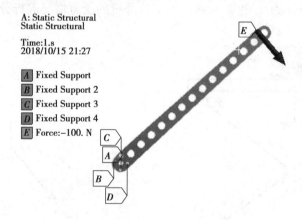

图 5.20 试样施加载荷及约束情况

②仿真结果及分析

大臂在仿真中的位移如图 5.21(a)所示,由图可知,最大变形发生在铰接孔 $E$ 处,最大变形量为 0.673 5 mm;大臂仿真应力如图 5.21(b)所示,由图可知,最大应力发生在电动机转轴处,且最大应力值为 38.675 MPa,远小于屈服强度 200 MPa。

(6)设计总结

①本课题组根据设计题目的要求,以柑橘类水果采摘机为设计任务,合理安排设计时间,从开题报告入手,一步步地完成方案设计、结构草图设计、零件图设计、装配图设计等,锻炼了学生机械设计的创新能力。

②通过利用 UG 软件建立三维模型与 ANSYS 软件进行有限元分析,对柑橘类水果采摘机

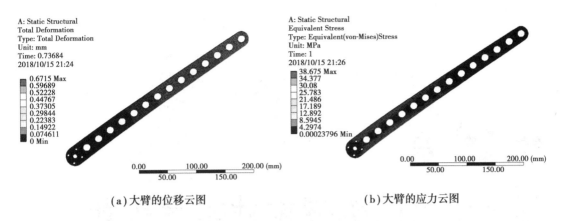

（a）大臂的位移云图　　　　　　　　（b）大臂的应力云图

图 5.21　大臂有限元分析示意图

器的重要结构进行了模拟仿真分析,确定设计过程的合理性,保证了样机在实际采摘过程中的安全性和稳定性。

③这台采摘机器不仅仅适用于采摘柑橘,对于大小相当、颜色不同的水果,只需改变识别的颜色,即可完成采摘,具有很高的推广应用价值。

## 复习思考题

5.1　试构思一机构运动示意图,要求它能实现适合水面升降的浮动阶梯要求,即当因涨潮、落潮水面高低变化时,阶梯能上下伸缩,但其踏脚面始终保持水平。

5.2　试构思一室内自动吸尘器的设计方案,说明其结构组成和特点。

5.3　试构思一草莓采摘机的设计方案,说明其功能结构组成和特点。

5.4　"门"是启闭某种通道的机构,试举出 10 种不同形式的门及其启闭机构,并分析其功能、结构和设计思想。

# 第 **2** 篇
# 基于项目的机械设计综合实践

# 第 **6** 章
## 概　述

## 6.1　机械设计课程设计的目的

本课程设计是为机械类专业和近机械类专业的学生在学完机械原理或机械设计类课程及同类课程后,所设置的一个重要的实践教学环节,也是学生第一次较全面、规范地进行设计训练,其主要目的是:

①培养学生理论联系实际的设计思想,训练学生综合运用机械设计课程和其他先修课程的基础理论,并结合生产实际进行分析和解决工程实际问题的能力,巩固、深化和扩展学生有关机械设计方面的知识。

②通过对通用机械零件、常用机械传动或简单机械的设计,使学生掌握一般机械设计的

程序和方法,树立正确的工程设计思想,培养独立、全面、科学的工程设计能力。

③在课程设计的实践中对学生进行设计基本技能的训练,培养学生查阅和使用标准、规范、手册、图册及相关技术资料的能力,以及计算、绘图、数据处理等方面的能力。

## 6.2　机械设计课程设计的内容

机械设计课程设计的题目,通常为一般用途的机械传动装置或简单机械。目前采用较广的是以减速器为主体的机械传动装置,这是因为:减速器包括了机械设计课程的大部分零部件,具有典型的代表性。图6.1所示为带式输送机传动装置及机构简图。

机械设计课程设计通常包括以下主要内容:根据设计任务书确定传动装置的总体设计方案,选择电动机,计算传动装置的运动和动力参数,传动零件及轴的设计计算;轴承、连接件、润滑密封和联轴器的计算及选择,减速器箱体结构及其附件的设计,绘制装配图和零件工作图,编写设计计算说明书,进行总结答辩。

每位学生应完成以下主要工作:

①减速装配图1张(A0图纸或A1图纸)。

②零件工作图1~2张,可参照第21章图例。

③设计计算说明书1份,格式及要求详见第10章。

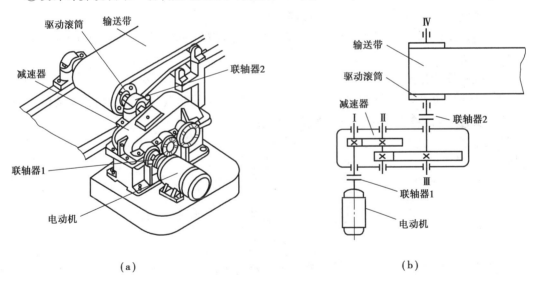

图6.1　带式输送机传动装置及机构简图

## 6.3　机械设计课程设计的方法和步骤

机械设计课程设计通常从分析或确定传动方案开始,进行必要的计算和结构设计,最后以图纸表达设计结果,以设计计算说明书说明设计的依据。由于影响设计结果的因素很多,机械零件的结构尺寸不可能完全由计算确定,还需借助画图、初选参数或初估尺寸等手段,通过边画图、边计算、边修改的过程逐步完成设计,亦即通过计算与画图交叉进行来逐步完成设计。

课程设计大致按以下步骤进行:

**(1)设计准备(约占总工作量的 5%)**

认真研究设计任务书,明确设计要求和工作条件;通过看实物、模型、录像及减速器拆装实验等来了解设计对象;复习课程有关内容,熟悉有关零部件的设计方法和步骤;准备好设计需要的图书、资料和用具;拟订设计计划等。

**(2)传动装置的总体设计(约占总工作量的 5%)**

确定传动装置的传动方案;选定电动机的类型和型号;计算传动装置的运动和动力参数(确定总传动比,并分配各级传动比,计算各轴的功率、转速和转矩)。

**(3)传动零件的设计计算(约占总工作量的 5%)**

设计计算齿轮传动、带传动、链传动等传动零件的主要参数和主要尺寸。

**(4)装配图设计(约占总工作量的 60%)**

选择联轴器,初定轴的直径,确定减速器箱体结构方案和主要结构尺寸;确定轴系结构的主要结构尺寸,并选择轴承类型和型号;校核轴的弯扭合成强度,校核键连接的强度,校核轴承的额定寿命;完成传动件及轴承部件结构设计;完成箱体及减速器附件的结构设计;完成装配图的其他要求,如标注尺寸、技术特性、技术要求、零件编号及其明细栏、标题栏等。

**(5)零件工作图设计(约占总工作量的 10%)**

绘制装配图中指定的零件工作图,确定零件图的结构,标注尺寸,给出技术要求,填写标题栏。

**(6)编写设计计算说明书(约占总工作量的 10%)**

按设计计算说明书的格式要求整理设计计算内容,对设计计算以及结构作必要的说明。

**(7)设计总结和答辩(约占总工作量的 5%)**

对课程设计全过程进行总结,全面分析本设计的优劣,提出改进意见。通过答辩环节弄清楚一些设计中的问题,使设计得到进一步的提高。

## 6.4　机械设计课程设计应注意的问题

机械设计课程设计是高等工科院校机械类及近机械类专业学生第一次较全面的设计训练,为了尽快投入并适应设计实践,达到预期的教学目的,在机械设计课程设计中必须注意以下几个问题:

**(1)正确处理参考已有资料与创新的关系**

设计是一项根据特定设计要求和具体工作条件进行的复杂细致的工作,凭空想象而不依靠任何资料是无法完成设计工作的。因此,在课程设计中首先要认真阅读参考资料,仔细分析参考图例的结构,充分利用已有资料。学习前人经验是提高设计质量的重要保证,也是设计工作能力的重要体现。但决不应该盲目地、机械地抄袭资料,而应该在参考已有资料的基础上,根据设计任务的具体条件和要求,大胆创新,即做到继承与创新相结合。

**(2)正确处理设计计算、结构设计和工艺要求等方面的关系**

任何机械零件的尺寸都不可能完全由理论计算确定,而应该综合考虑强度、结构和工艺的要求。因此,不能将设计片面理解为只是理论计算,更不能将所有计算尺寸都当成零件的最终尺寸。例如,轴的最小直径 $d$ 按强度计算并经圆整后为 16 mm,但考虑到相配联轴器的孔径,最后可能取 $d = 20$ mm。显然,这时轴的强度计算只是为确定轴的初步直径提供一个方面的计算依据。

此外,要正确处理结构设计与工艺性的关系,因此,设计零件结构时常需考虑以下两个方面的工艺性要求:

①选择合理的毛坯种类和形状,如大量生产时优先考虑采用铸造、轧制、模锻的毛坯,而单件生产或少量生产则采用焊接或自由锻造的毛坯。

②零件形状应尽量简单和便于加工,如用最简单的圆柱面、平面和圆锥面等形状构成零件,尽量减少加工表面的数量和面积。

**(3)正确使用标准和规范**

在设计工作中,应遵守国家颁布的有关标准和技术规范。这既是降低成本的首要原则,又是评价设计质量的一项重要指标。因此,熟悉并熟练使用标准和规范是课程设计的一项重要任务。

设计中采用的标准件(如螺栓)的尺寸参数必须符合标准规定;采用的非标准件的尺寸参数,若有标准则应执行标准(如齿轮的模数),若无标准则应尽量圆整为标准尺寸或优先数列,以方便制造和测量。但对于一些有严格几何关系的尺寸(例如齿轮传动的啮合尺寸参数),则必须保证其正确的几何关系,而不能随意圆整。例如,某斜齿圆柱齿轮的分度圆直径 $d = 60.926$ mm,不能圆整为 $d = 60$ mm 或 61 mm。

设计中应尽量减少选用的材料牌号和规格的数据,减少标准件的品种和规格,尽可能选用市场上能充分供应的通用品种。这样既能降低成本,又方便使用和维护。

**(4)熟练掌握设计方法**

熟练掌握边画图、边计算、边修改的"三边"设计法,力求精益求精。

**(5)图纸和说明书**

图纸应符合机械制图规范,说明书要求计算正确、书写工整、内容完备。

**(6)独立完成**

课程设计是在教师指导下由学生独立完成的,因此,在设计过程中要教学相长,教师要因材施教、严格要求,学生要充分发挥主观能动性,要有勤于思考、深入钻研的学习精神和严肃认真、一丝不苟、有错必改、精益求精的工作态度。

最后,要注意掌握好设计进度,保质保量地按期完成设计任务。


# 6.5 计算机辅助设计概述


计算机辅助设计是指工程技术人员以计算机为工具,运用各自的专业知识对产品进行总体设计、绘图、分析和编写技术文档等设计活动的总称。它具有制图速度快、修改设计快、设计计算快,易于建立和使用标准图库及改善绘图质量、提高设计和管理水平、缩短设计周期等一系列优点,是工程设计方法的发展方向,目前已广泛应用。

在机械设计课程设计中,学生可用传统的手工计算和手工画图的方法进行;如果条件许可,学生也可用计算机进行辅助设计计算,用计算机绘图。

(1)计算机辅助设计计算

随着计算机技术的发展,各种传动零件的计算机辅助设计计算软件发展得较快,目前有多种计算机辅助传动零件设计计算软件。设计传动零件时,采用计算机辅助设计计算软件,可节省时间,并可进行多参数设计计算,对结果进行人工优选。关于计算机辅助设计计算软件及其使用方面的问题可参考有关教材。

(2)计算机绘图

计算机绘图越来越多地被引入到机械设计课程设计中,成为机械设计课程设计绘图的发展方向。绘图软件种类很多,常用的有美国 Autodesk 公司开发的 AutoCAD 绘图软件、美国参数技术公司开发的 Pro/Engineer 绘图软件、北京航空航天大学开发的 CAXA 电子图版绘图软件等。各种绘图软件的命令都大同小异,只要熟悉了一种软件,其他软件的使用也就不成问题了。关于计算机绘图方面的问题可参考有关教材。

# 第**7**章

# 传动装置的总体设计

## 7.1 传动简图拟订

传动简图的设计和拟订是设计机器的第一步,其好坏关系到总体设计的成败或优劣。因此,拟订机器的传动简图时,应从多方面考虑,首先应对设计任务(如原动机类型及特性、工作机构的职能与运动性质、传动系统的类型及各类传动的特性、生产和使用等)作充分的了解,然后根据各类传动的特点,考虑受力、尺寸大小、制造、经济、使用和维护方便等,拟订不同的方案,并加以分析、对比,择优而定,使拟订的传动方案满足简单、紧凑、经济和效率高等要求。

若是设计任务中已给定了传动方案,此时应论述采用该方案的合理性(说明其优缺点)或提出改进意见,作适当修改。

在拟订传动简图时,往往一个传动方案由数级传动组成,通常靠近电动机的传动机构为高速级,靠近执行机构的传动机构为低速级。哪些机构宜放在高速级,哪些机构宜放在低速级,应按下述原则处理:

①带传动承载能力较低,传递相同转矩时比其他机构的尺寸大,故应将其放在传动系统的高速级,以便获得较为紧凑的结构尺寸,又能发挥其传动平稳、噪声小、能缓冲吸振的特点。

②斜齿轮传动比直齿轮传动的平稳性更好,在二级圆柱齿轮减速器中,如果既有斜齿轮传动又有直齿轮传动,则斜齿轮传动应位于高速级。

③开式齿轮传动工作环境较差,润滑条件不良,磨损较严重,使用寿命较短,宜布置在传动系统的低速级。

④链传动的瞬时传动比是变化的,会引起速度波动和动载荷,故不适宜高速运转,应布置在传动系统的低速级。

## 7.2　电动机的选择

选择电动机是一项专门性的技术工作。要合理地选取电动机,就必须对电动机的特性作分析,对其发热、启动力矩、最大力矩等进行核算。而在作机械设计课程设计时,通常要求根据工作机的输出功率选择电动机。下面简单介绍电动机的选择。

**(1)结构类型**

三相交流异步电动机的结构简单、价格低廉、维护方便,可直接接于三相交流电网中,因此,在工业上应用最为广泛,设计时一般优先选用。

Y 系列电动机是一般用途的全封闭自冷式三相异步电动机,具有效率高、性能好、噪声低、振动小等优点,适用于不易燃、不易爆、无腐蚀性气体和无特殊要求的机械上,如金属切削机床、风机、输送机、搅拌机、农业机械和食品机械等。

在经常启动、制动和反转的工作场合,要求电动机的转动惯量小和过载能力大,应优先选用起重及冶金用的 YZR 和 YZ 系列电动机。

**(2)功率的确定**

电动机的容量(功率)选择是否合适,对电动机的工作和经济性都有影响。当容量小于工作要求时,电动机不能保证工作机的正常工作,或使电动机因长期过载而过早损坏;若容量过大,则电动机的价格高,功率与能力不能充分发挥,且因为经常不在满载下运行,其效率和功率因数较低,造成浪费。

电动机容量主要由电动机运行时的发热条件决定,而发热又与其工作情况有关。对于长期连续运转、载荷不变或变化很小、常温下工作的机械,选择电动机时只要使电动机的负载不超过其额定值,电动机便不会过热。也就是可按电动机的额定功率 $P_m$ 等于或略大于所需电动机的功率 $P_d$ 在手册中选取相应的电动机型号。这类电动机的功率按下述步骤确定:

1)工作机所需功率 $P_w$(kW)

$$P_w = F_w v_w / (1\,000\eta_w) \tag{7.1}$$

$$P_w = T_w n_w / (9\,550\eta_w) \tag{7.2}$$

式中　$F_w$——工作机的阻力,N;

　　　$v_w$——工作机的线速度,m/s;

　　　$T_w$——工作机的阻力矩,N·m;

　　　$n_w$——工作轴的转速,r/min;

　　　$\eta_w$——工作机的效率,带式输送机可取 $\eta_w = 0.96$,链板式输送机可取 $\eta_w = 0.95$。

2)电动机至工作机的总效率 $\eta$(串联时)

$$\eta = \eta_1 \eta_2 \eta_3 \cdots \eta_n \tag{7.3}$$

式中,$\eta_1,\eta_2,\eta_3,\cdots,\eta_n$ 为传动系统中各级传动机构、轴承以及联轴器的效率。各类机械传动的效率见表7.1。

3)所需电动机的功率 $p_d$(kW)

所需电动机的功率由工作机所需功率和传动装置的总效率按下式计算:

$$P_d = P_w / \eta \tag{7.4}$$

4）电动机额定功率

按 $P_{\mathrm{m}} \geqslant P_{\mathrm{d}}$ 来选取电动机型号。电机功率裕度的大小应视工作机构的负载变化状况而定。

表 7.1　机械传动效率概略值

| 传动类别 | 精度、结构及润滑 | 效 率 | 传动类别 | 精度、结构及润滑滑 | 效 率 |
|---|---|---|---|---|---|
| 圆柱齿轮传动 | 7级精度（油润滑） | 0.98 | 滑动轴承 | 润滑不良 | 0.94（一对） |
|  | 8级精度（油润滑） | 0.97 |  | 正常润滑 | 0.97（一对） |
|  | 开式传动（脂润滑） | 0.94~0.96 |  | 液体摩擦 | 0.99（一对） |
| 锥齿轮传动 | 7级精度（油润滑） | 0.97 | 滚动轴承 | 球轴承 | 0.99（一对） |
|  | 8级精度（油润滑） | 0.95~0.97 |  |  |  |
|  | 开式传动（脂润滑） | 0.92~0.95 |  | 滚子轴承 | 0.98（一对） |
| V带传动 |  | 0.96 | 滚子链传动 |  | 0.96 |
| 联轴器 | 弹性、齿式 | 0.99 | 螺旋传动（滑动） |  | 0.30~0.60 |
|  |  |  | 螺旋传动（滚动） |  | 0.85~0.95 |

**（3）转速的确定**

额定功率相同的同类型电动机，有几种不同的同步转速。例如，三相异步电动机有四种常用的同步转速，即 3 000 r/min、1 500 r/min、1 000 r/min 和 750 r/min。同步转速低的电动机磁极多、外廓尺寸大、质量大、价格高，但可使传动系统的传动比和结构尺寸减小，从而降低了传动装置的制造成本。因此，确定电动机的转速时，应同时考虑电动机及传动系统的尺寸、质量和价格，使整个设计既合理又较经济。

一般最常用的同步转速为 1 500 r/min 和 1 000 r/min 的电动机，设计时应优先选用。如无特殊需要，则不选用同步转速为 3 000 r/min 和 750 r/min 的电动机。

根据选定的电动机类型、结构、功率和转速从标准中查出电动机型号后，应将其型号、额定功率 $P_{\mathrm{m}}$（kW）满载转速 $n_{\mathrm{m}}$（r/min），以及电动机的安装尺寸、外形尺寸和轴伸连接尺寸等记下，以备后用。

Y 系列三相异步电动机型号、技术数据和外形尺寸详见第 20 章。

设计传动装置时，对于通用设备，常以电动机的额定功率 $P_{\mathrm{m}}$ 作为计算功率，以电动机的满载转速 $n_{\mathrm{m}}$ 作为计算转速。

# 7.3　传动比的分配

电动机选定后，根据电动机的满载转速 $n_{\mathrm{m}}$ 和工作机的转速 $n_{\mathrm{w}}$ 即可确定传动系统的总传动比 $i$，即

$$i = \frac{n_{\mathrm{m}}}{n_{\mathrm{w}}} \tag{7.5}$$

系统的总传动比 $i$ 是各串联机构传动比的连乘积，即

$$i = i_1 i_2 i_3 \cdots i_n \tag{7.6}$$

式中，$i_1, i_2, i_3, \cdots, i_n$ 为传动系统中各级传动机构的传动比。

合理地分配传动比，是传动系统设计的一个重要问题。它将直接影响到传动系统的轮廓尺寸、重量、润滑及传动机构的中心矩等多个方面，因此，必须认真对待。如图 7.1 所示的二级圆柱齿轮减速器，在中心距和总传动比相同的情况下，由于传动比的分配不同，使其外廓尺寸也不同。在图 7.1(a)所示方案中，两级大齿轮的浸油深度相差不大，外廓尺寸也较为紧凑；而在图 7.1(b)中所示方案中，若要保证高速级大齿轮浸到油，则低速大齿轮的浸油深度将过大，而且外廓尺寸也较大。

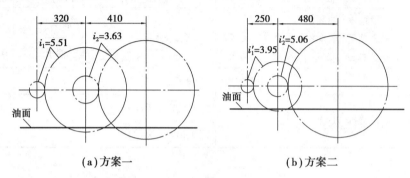

(a)方案一　　　　　　　　(b)方案二

图 7.1　两种传动比分配方案的对比

**(1)传动比分配的一般原则**

传动比分配的一般原则如下：

①各级传动比可在各自荐用值的范围内选取。各类机械传动的传动比荐用值和最大值见表 7.2。

表 7.2　各类机械传动的传动比

| | 平带传动 | V 带传动 | 链传动 | 圆柱齿轮传动 |
|---|---|---|---|---|
| 单级荐用值 $i$ | ≤2~4 | ≤2~4 | ≤2~5 | ≤3~5 |
| 单级最大值 $i_{max}$ | 5 | 7 | 6 | 8 |

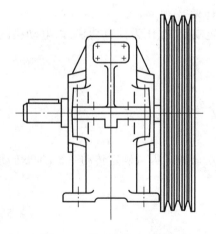

图 7.2　传动件尺寸不协调

②分配传动比应注意使各传动件的尺寸协调、结构匀称及利于安装。例如，带传动的传动比不宜过大，以免大带轮的半径大于减速器箱体的中心高，带轮与底座平面相碰，造成安装不便，如图 7.2 所示。

③传动零件之间不应造成互相干涉。如图 7.3 所示，由于高速级传动比过大，造成高速大齿轮的齿顶圆与低速级大齿轮的轴发生干涉，应避免出现这种情况。

④使减速器各级大齿轮直径相近，以便浸油的深度大致相等，以利实现油池润滑，如图 7.1(a)。

⑤使所设计的传动系统具有紧凑的外廓尺寸。

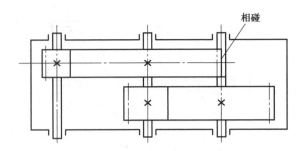

图 7.3　传动件的结构干涉

**（2）传动比分配的参考数据**

①带传动与一级齿轮减速器

设带传动的传动比为 $i_d$，一级齿轮减速器的传动比为 $i$，应使 $i_d < i$，以便使整个传动系统的尺寸较小，结构紧凑。

②二级圆柱齿轮减速器

为了使两个大齿轮具有相近的浸油深度，应使两级的大齿轮具有相近的直径（低速级大齿轮的直径应略大一些，使高速级大齿轮的齿顶圆与低速轴之间有适量的间隙）。设高速级的传动比为 $i_1$，低速级的传动比为 $i_2$，减速器的传动比为 $i$，对于二级展开式圆柱齿轮减速器，传动比可按下式分配：

$$i_1 = \sqrt{(1.3 \sim 1.4)i} \tag{7.7}$$

对于同轴式圆柱齿轮减速器，传动比可按下式分配：

$$i_1 = i_2 = \sqrt{i} \tag{7.8}$$

但应指出，齿轮的材料、齿数及宽度也影响齿轮直径的大小。欲获得两级传动的大齿轮直径相近，应对传动比，齿轮的材料、齿数、模数和齿宽等作综合考虑。

由于 V 带轮直径要符合带轮的基准直径系列，齿轮和链轮的齿数需要圆整。同时，为了调整高、低速级大齿轮的浸油深度，也可适当增减齿轮的齿数。因此，传动系统的实际传动比与原数值（$i = n_m/n_w$）会有误差，设计时应将误差限制在允许的范围内。当所设计的机器对传动比的误差未作明确规定时，通常机器总传动比的误差应限制在 $\pm 3\% \sim \pm 5\%$ 以内。

# 7.4　传动参数计算

机器传动参数包括传动系统各轴的转速、功率及转矩的计算。

**计算示例**：如图 7.4 所示带式输送机传动装置，已知输送带的有效拉力 $F = 2\,000$ N，带速 $v = 1.4$ m/s，卷筒直径 $D = 400$ mm。输送机在常温下连续单向工作，载荷较平稳，环境轻度粉尘，无其他特殊要求。要求对该带式输送机传动装置进行传动参数计算。

**（1）选择电动机**

1）选择电动机类型

按已知条件选用 Y 系列全封闭自扇冷式笼型三相异步电动机。

2）选择电动机容量

电动机所需功率：

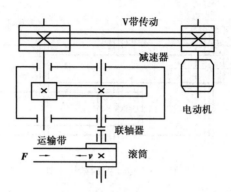

图 7.4　带式输送机传动装置运动简图

$$P_{\mathrm{d}} = \frac{P_{\mathrm{w}}}{\eta} \tag{7.9}$$

工作机所需工作功率:

$$P_{\mathrm{w}} = \frac{Fv}{1\ 000} = \frac{2\ 000 \times 1.4}{1\ 000}\ \mathrm{kW} = 2.8\ \mathrm{kW}$$

传动装置的总效率:

$$\eta = \eta_1 \eta_2^2 \eta_3 \eta_4 \eta_5 \tag{7.10}$$

按表 7.1 确定各部分效率为:V 带传动,$\eta_1 = 0.96$;滚动轴承传动,(一对)$\eta_2 = 0.99$;闭式圆柱齿轮传动,$\eta_3 = 0.97$;弹性联轴器,$\eta_4 = 0.99$;卷筒轴滑动轴承,$\eta_5 = 0.96$。将 $\eta_1$、$\eta_2$、$\eta_3$、$\eta_4$、$\eta_5$ 代入式(7.10):

$$\eta = 0.96 \times 0.99^2 \times 0.97 \times 0.99 \times 0.96 \approx 0.867$$

电动机所需功率:

$$P_{\mathrm{d}} = \frac{P_{\mathrm{w}}}{\eta} = \frac{2.8}{0.867}\ \mathrm{kW} \approx 3.23\ \mathrm{kW}$$

因载荷平稳,电动机额定功率 $P_{\mathrm{de}}$ 应略大于 $P_{\mathrm{d}}$ 即可,由表 20.1 选得 Y 系列电动机额定功率 $P_{\mathrm{de}}$ 为 4 kW。

3)确定电动机转速

输送机卷筒的转速:

$$n_{\mathrm{w}} = \frac{60 \times 1\ 000v}{\pi D} = \frac{60 \times 1\ 000 \times 1.4}{3.14 \times 400}\ \mathrm{r/min} \approx 66.88\ \mathrm{r/min}$$

通常,V 带传动的传动比常用范围为 $i_1 = 2 \sim 4$,单级圆柱齿轮传动 $i_1 = 3 \sim 5$,故电动机转速的范围为:

$$n'_{\mathrm{d}} = i' \cdot n_{\mathrm{w}} = (2 \times 3 \sim 4 \times 5) \times 66.88\ \mathrm{r/min} = 401.28 \sim 1\ 337.6\ \mathrm{r/min}$$

符合这一同步转速的范围有 750 r/min、1 000 r/min、1 500 r/min。根据前述,若选用 750 r/min 同步转速的电动机,则电动机质量大,价格昂贵;1 000 r/min 与 1 500 r/min 的电动机,从其质量、价格以及传动比等考虑,选用 Y132M1-6 电动机。

**(2)传动装置的总传动比及各级传动比分配**

1)传动装置的总传动比

由前面计算得到输送机卷筒的转速,$n_{\mathrm{w}} \approx 66.88$ r/min

总传动比 $i_{\text{总}} = n_{\mathrm{m}}/n_{\mathrm{w}} = 960/66.88 \approx 14.354$

2）分配各级传总动比

根据表7.2推荐传动比的范围,选 V 带传动比 $i_{01} = 3$,则一级圆柱齿轮传动的传动比为:

$$i_{12} = i_{总}/3 = 14.354/3 \approx 4.785$$

**(3)计算传动装置的运动参数和动力参数**

0 轴—电动机轴:

$$P_0 = P_{de} = 4 \text{ kW}$$

$$n_0 = n_m = 960 \text{ r/min}$$

$$T_0 = 9\,550 \frac{P_0}{n_0} = 9\,550 \times \frac{4}{960} \text{ N} \cdot \text{m} \approx 39.79 \text{ N} \cdot \text{m}$$

1 轴—高速轴:

$$P_1 = P_0 \eta_{01} = P_0 \eta_1 = 4 \times 0.96 \text{ kW} = 3.84 \text{ kW}$$

$$n_1 \frac{n_0}{i_{01}} = \frac{960}{3} \text{ r/min} = 320 \text{ r/min}$$

$$T_1 = 9\,550 \frac{P_1}{n_1} = 9\,550 \times \frac{3.84}{320} \text{ N} \cdot \text{m} = 114.6 \text{ N} \cdot \text{m}$$

2 轴—低速轴:

$$P_2 = P_1 \eta_{12} = P_1 \eta_2 \eta_3 = 3.84 \times 0.99 \times 0.97 \text{ kW} \approx 3.69 \text{ kW}$$

$$n_2 = n_1/i_{12} = \frac{320}{4.785} \text{ r/min} \approx 66.88 \text{ r/min}$$

$$T_1 = 9\,550 \frac{P_2}{n_2} = 9\,550 \times \frac{3.69}{66.88} \text{ N} \cdot \text{m} \approx 526.91 \text{ N} \cdot \text{m}$$

3 轴—滚筒轴:

$$P_3 = P_2 \eta_{23} = P_2 \eta_2 \eta_4 = 3.69 \times 0.99 \times 0.96 \text{ kW} \approx 3.51 \text{ kW}$$

$$n_3 = n_2 \approx 66.88 \text{ r/min}$$

$$T_3 = 9\,550 \frac{P_3}{n_3} = 9\,550 \times \frac{3.51}{66.88} \text{ N} \cdot \text{m} \approx 501.20 \text{ N} \cdot \text{m}$$

将以上计算数据列入表7.3,供以后设计计算使用。

表7.3　传动参数的数据表

| 轴名<br>参数 | 0 轴 | 1 轴 | 2 轴 | 3 轴 |
|---|---|---|---|---|
| 转速/(r · min⁻¹) | 960 | 320 | 66.88 | 66.88 |
| 输入功率/kW | 4 | 3.84 | 3.69 | 3.51 |
| 输入转矩/(N · m) | 39.79 | 114.6 | 526.91 | 501.2 |
| 传动比 $i$ | 3 | | 4.785 | |
| 效率 $\eta$ | 0.96 | 0.99 | 0.97 | 0.99 | 0.96 |

## 7.5　传动零件设计

**(1) V 带传动**

设计 V 带传动需确定的主要内容是:带的型号、根数、长度、中心距、带轮直径和宽度等,以及作用在轴上力的大小和方向。设计时应注意相关尺寸的协调,例如小带轮孔径是否与电动机轴一致,小带轮外圆半径是否小于电动机的中心高,大带轮直径是否过大而与减速器底架发生相碰等。

**(2) 链传动**

设计滚子链传动需确定的主要内容是:链节距、排数和链节数,中心距,链轮的材料、齿数、轮毂宽度等,以及作用在轴上力的大小和方向。当用单排链而链传动尺寸过大时,应改用双排或多排链,以减小链节距,从而减小链传动的尺寸。当链传动的速度较高时,应采用小节距多排链。设计时应注意链轮直径尺寸、轴孔尺寸、轮毂尺寸等,是否与工作机、减速器等的相关尺寸协调。

**(3) 圆柱齿轮传动**

斜齿轮传动具有传动平稳、承载能力大的优点,在减速器中多采用斜齿轮。直齿轮传动平稳性差一些,但不产生轴向力,在圆周速度不大的场合也可选用直齿轮,例如:低速的开式直齿圆柱轮传动。

齿轮传动的几何参数和尺寸有严格的要求,应分别进行标准化、圆整或计算其精确值。例如:模数必须标准化;齿宽应圆整成整数;啮合尺寸(节圆、分度圆、齿顶圆及齿根圆直径,螺旋角等)必须计算精确值,长度尺寸应精确到小数点后 3 位(单位为 mm),角度应精确到秒($''$)。在减速器中,齿轮传动的中心距应尽量圆整成尾数为“0”或“5”的整数,以便于箱体的制造和检测。直齿轮传动的中心距 $a$ 可以通过模数 $m$、齿数 $z$、齿宽系数 $\phi_d$ 以及变位系数 $\chi$ 等来调整;斜齿轮传动的中心距 $a$ 可以通过模数 $m_n$、齿数 $z$、齿宽系数 $\phi_d$ 以及螺旋角 $\beta$ 等来调整。

对于动力传动中的齿轮,为安全可靠,一般齿轮的模数不应小于 2 mm。

强度计算和几何计算的关系是:强度计算所得尺寸是几何计算的依据和基础。几何计算尺寸要大于强度计算尺寸,使其既满足强度要求又符合啮合的几何关系。

开式齿轮传动一般只需计算轮齿弯曲强度,考虑到因齿面磨损而引起的轮齿强度的削弱,应将计算求得的模数加大 10% ~ 15%。开式齿轮传动精度低,多安装在输出轴外伸端,悬臂结构刚度较差,故齿宽系数宜取小些。设计时应注意齿轮结构尺寸是否与工作机等协调。

## 7.6　初算轴的直径

轴的结构设计要在初步估算轴径的基础上进行。轴径可按扭转强度初算,初算的轴径为轴上受扭段的最小直径,此处如有键槽还要考虑键槽对轴强度削弱的影响。对于直径 $d >$ 100 mm 的轴,有一个键槽时,直径增大 3%;有两个键槽时,直径增大 7%;对于直径 $d \leqslant$ 100 mm 的轴,有一个键槽时,直径增大 5% ~ 7%;有两个键槽时,直径增大 10% ~ 15%,然后再圆整。

　　若轴的外伸轴段与联轴器相连接,则该轴段的直径应符合联轴器的孔径系列要求;若轴的外伸轴段与带轮、链轮或齿轮相连接,则该轴段为配合轴段,其直径应按标准尺寸(表11.4)进行圆整。

## 7.7　联轴器的选择

　　联轴器的选择包括联轴器类型和型号的合理选择。

　　联轴器类型的选择应由工作要求决定。对中、小型减速器,输入轴、输出轴均可采用弹性柱销联轴器,这种联轴器制造容易,装拆方便,成本较低,能缓冲减振;如果输入轴与电动机轴相连,转速高、转矩小,可选用弹性套柱销联轴器;对中精度不高的低速重载轴的连接,可选用齿式联轴器,这种联轴器制造成本较高;对于高温、潮湿或多尘的单向传动且有一定角位移时,可选用滚子链联轴器等。

　　联轴器的型号按计算转矩并兼顾连接两轴的尺寸来进行选定,要求所选联轴器允许的最大转矩不小于计算转矩,联轴器孔径应与被连接两轴的直径匹配。两个半联轴器可以选取不同的孔径,但必须在该型号联轴器的孔径范围内选取。

## 7.8　减速器的构造

　　减速器的基本结构由轴系部件、箱体及附件三大部分组成。图 7.5 为二级圆柱齿轮减速器,图中标出组成减速器的主要零部件名称、相互关系及箱体的部分结构尺寸参数。下面对组成减速器的三大部分作简要介绍。

　　**(1)轴系部件**

轴系部件包括传动零件、轴和轴承组合。

　　1)传动零件

减速器箱内的传动零件主要是圆柱齿轮,通常根据传动零件的种类命名减速器。

　　2)轴

传动件装在轴上以实现回转运动和传递功率。减速器普遍采用阶梯轴,传动零件与轴常用平键连接。

　　3)轴承组合

轴承组合包括轴承、轴承盖、密封装置以及调整垫片等。

　　轴承是支承轴的部件。由于滚动轴承摩擦系数比普通滑动轴承小、运动精度高,润滑、维护简便,且滚动轴承是标准件,所以减速器广泛采用滚动轴承(简称"轴承")。

　　轴承盖用来固定轴承、承受轴向力,以及调整轴承间隙。轴承盖有凸缘式和嵌入式两种。凸缘式调整轴承间隙方便,密封性好;嵌入式质量较小,结构简单。

　　在输入轴和输出轴的外伸处,为防止灰尘、水汽以及其他杂质进入轴承,引起轴承磨损和腐蚀,同时防止润滑剂外漏,需在轴承盖孔中设置密封装置。

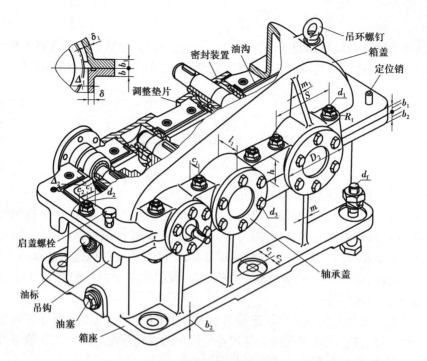

图 7.5　二级圆柱齿轮减速器

为了调整轴承间隙,有时也为了调整传动零件的轴向位置,需在轴承盖与箱体轴承座端面之间放置调整垫片。调整垫片由若干薄的软钢片组成,通过增减垫片的数量来达到调整的目的。

**(2)箱体结构**

减速器箱体是用以支撑和固定轴系零件,保证传动件的啮合精度、良好润滑以及密封的重要零件。箱体结构对减速器的工作性能、加工工艺、材料损耗、质量及成本等都有一定影响,设计时必须综合考虑。

减速器箱体按毛坯制造方式的不同可以分为铸造箱体(图7.6)和焊接箱体(图7.7)。铸造箱体的材料一般多用铸铁(HT150、HT200)。铸造箱体比较容易获得合理与复杂的结构形状,刚度好,易进行切削加工,但制造周期长,质量较大,因而多用于成批生产。焊接箱体比铸造箱体壁厚薄,质量小,生产周期短,多用于单件、小批生产。

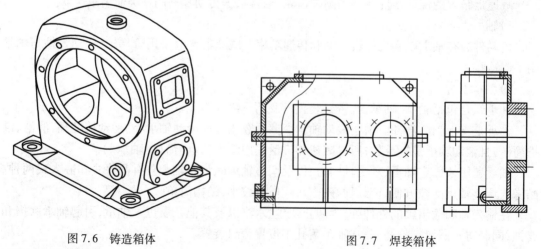

图 7.6　铸造箱体　　　　　　　　图 7.7　焊接箱体

减速器箱体从结构形式上可以分为整体式(图7.6)和剖分式(图7.7)。剖分式箱体的剖分面通常为水平面,与传动件轴心线平面重合,这有利于轴系部件的安装与拆卸。

剖分式铸造箱体的结构尺寸以及相关零件尺寸关系的经验值,见表7.4～表7.6。

表7.4　铸铁减速器箱体结构尺寸之一

| 名　称 | 符　号 | 减速器类型及尺寸关系 | | |
|---|---|---|---|---|
| | | 圆柱齿轮减速器 | 锥齿轮减速器 | 蜗杆减速器 |
| 箱座壁厚 | $\delta$ | 一级:<br>$(0.025a+1)$ mm$\geqslant 8$ mm<br>二级:<br>$(0.025a+3)$ mm$\geqslant 8$ mm | $[0.0125(d_{m1}+d_{m2})+1]$ mm$\geqslant 8$ mm;<br>$d_{m1}$、$d_{m2}$为小、大锥齿轮平均直径 | $(0.04a+3)$ mm$\geqslant 8$ mm |
| 箱盖壁厚 | $\delta_1$ | $(0.8\sim 0.85)\delta\geqslant 8$ mm | $(0.8\sim 0.85)\delta\geqslant 8$ mm | 蜗杆在上:$\delta_1=\delta$<br>蜗杆在下:<br>$\delta_1=0.85\delta\geqslant 8$ mm |
| 地脚螺栓直径 | $d_f$ | $(0.036a+12)$ mm | $[0.018(d_{m1}+d_{m2})+1]$ mm$\geqslant 12$ mm | $0.036a+12$ mm |
| 地脚螺栓数目 | $n$ | $a\leqslant 250$ mm 时,$n=4$<br>$a>250\sim 500$ mm 时,$n=6$ | $n=\dfrac{箱座底凸缘周长之半}{200\sim 500\text{ mm}}\geqslant 4$ | 4 |

注:$a$为一级齿轮传动的中心距;对于二级圆柱齿轮减速器,$a$为低速级中心距。

表7.5　铸铁减速器箱体结构尺寸之二

| 名　称 | 符　号 | 尺寸关系 | 名　称 | 符　号 | 尺寸关系 |
|---|---|---|---|---|---|
| 箱座凸缘厚度 | $b$ | $1.5\delta$ | 轴承旁凸台半径 | $R_1$ | $c_2$ |
| 箱盖凸缘厚度 | $b_1$ | $1.5\delta_1$ | 凸台高度 | $h$ | 见图8.19 |
| 箱座底凸缘厚度 | $b_2$ | $2.5\delta$ | 外箱壁至轴承座端面距离 | $l_1$ | $[c_1+c_2+(5\sim 8)]$ mm |
| 轴承旁连接螺栓直径 | $d_1$ | $0.75d_f$ | | | |
| 箱盖与箱座连接螺栓直径 | $d_2$ | $(0.5\sim 0.6)d_f$ | 大齿轮顶圆(蜗轮外圆)与内箱壁距离 | $\Delta_1$ | $\geqslant\delta$ |
| 连接螺栓$d_2$的间距 | $l$ | $150\sim 200$ mm | 齿轮端面与内箱壁距离 | $\Delta_2$ | $\geqslant\delta$ |
| 轴承盖螺钉直径 | $d_3$ | $(0.4\sim 0.5)d_f$ | 箱盖肋厚 | $m_1$ | $0.85\delta_1$ |
| 视孔盖螺钉直径 | $d_4$ | $(0.3\sim 0.4)d_f$ | 箱座肋厚 | $m$ | $0.85\delta$ |
| 定位销直径 | $d$ | $(0.7\sim 0.8)d_2$ | 轴承盖外径 | $D_2$ | 见图8.15 |
| $d_f$、$d_1$、$d_2$至外箱壁距离 | $c_1$ | 见表7.6 | 轴承旁连接螺栓距离 | $s$ | 见图8.19 |
| $d_1$、$d_2$至凸缘边缘距离 | $c_2$ | 见表7.6 | 轴承端面至箱体内壁的距离 | $\Delta_3$ | 轴承用脂润滑时<br>$\Delta_3=10\sim 12$<br>轴承用油润滑时<br>$\Delta_3=3\sim 5$ |

表 7.6　螺栓的扳手空间尺寸 $c_1$、$c_2$ 和沉头座坑直径 $D_0$

单位:mm

| 螺栓直径 | M8 | M10 | M12 | M16 | M20 | M24 | M30 |
|---|---|---|---|---|---|---|---|
| 至外箱壁距离 $c_1 \geqslant$ | 13 | 16 | 18 | 22 | 26 | 34 | 40 |
| 至凸缘边距离 $c_2 \geqslant$ | 11 | 14 | 16 | 20 | 24 | 28 | 34 |
| 沉头座坑直径 $D_0 \geqslant$ | 18 | 22 | 26 | 33 | 40 | 48 | 61 |

注:为了使减速器具备较完善的性能,如注油、排油、通气、吊运、检查油面高度、检查传动件啮合情况、保证加工精度和装拆方便等,在减速器箱体上常需设置一些附加装置或零件(简称为"附件")。它们包括视孔与视孔盖、通气器、油标、放油螺塞、定位销、启盖螺钉、吊运装置、油杯等。

# 7.9　减速器的润滑

减速器传动零件和轴承都需要良好的润滑,其目的是减少摩擦、磨损,提高效率,防锈,冷却和散热。

减速器润滑对减速器的结构设计有直接影响,例如:油面高度和所需油量的确定,关系到箱体高度的设计;轴承的润滑方式影响轴承的轴向位置和阶梯轴的轴段尺寸等。因此,在设计减速器结构前,应先考虑与减速器润滑有关的问题。

**(1)传动零件的润滑**

绝大多数减速器传动零件都采用油润滑,其润滑方式多采用浸油润滑。对于高速传动,则采用压力喷油润滑。

1)浸油润滑

浸油润滑是将传动零件一部分浸入油中,传动零件回转时,黏在其上的润滑油被带到啮合区进行润滑。同时,传动零件将油池中的油甩到箱壁上,可以使润滑油加速散热。这种润滑方式适用于齿轮圆周速度 $v \leqslant 12$ m/s 的场合。

箱体内应有足够的润滑油,以保证润滑及散热的需要。为了避免大齿轮回转时将油池底部的沉积物搅起,大齿轮齿顶圆到油池底面的距离应大于 $30 \sim 50$ mm,如图 7.8 所示。为保证传动零件充分润滑且避免搅油损失过大,传动零件应有合适的浸油深度,传动零件浸油深度的推荐值见表 7.7。

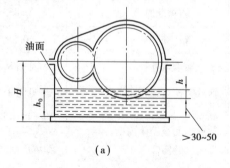

(a)

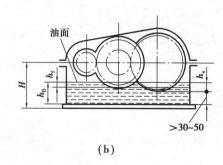

(b)

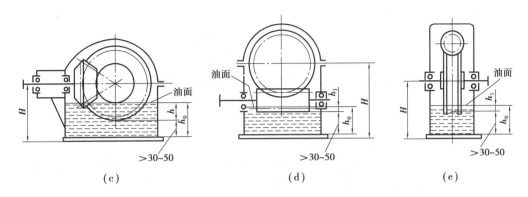

图7.8　浸油润滑

表7.7　传动零件浸油深度推荐值

| 减速器类型 | 传动零件浸油深度 |
|---|---|
| 一级圆柱齿轮减速器 | $h$ 约为 1 个齿高,但不小于 10 mm |
| 二级圆柱齿轮减速器 | 高速级大齿轮,$h_f$ 约为 0.7 个齿高,但不小于 10 mm<br>低速级大齿轮,$h_s$ 约为 1 个齿高 ~ (1/6 ~ 1/3)个齿轮半径 |

另外,应验算油池中的油量 $V$ 是否大于传递功率所需的油量 $V_0$。对于一级减速器,每传递 1 kW 的功率需油量为 350 ~ 700 cm$^3$(润滑油的黏度高时,取大值)。对于多级减速器,应按传动的级数成比例地增加油量。若 $V < V_0$,则应适当增大减速器中心高 $H$。

设计二级齿轮减速器时,应合理分配传动比,使各级大齿轮浸油深度适当。如果低速级大齿轮浸油过深,超过表7.7的浸油深度范围,则可采用油轮润滑,如图7.9所示。

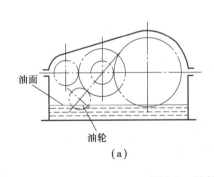

图7.9　油轮润滑

2)喷油润滑

当齿轮圆周速度 $v > 12$ m/s 时,黏在传动零件上的油由于离心力作用易被甩掉,使得啮合区得不到可靠供油,而且搅油使油温升高,传动效率降低。此时宜采用喷油润滑,如图7.10所示,即利用液压泵将润滑油加压,通过油嘴喷到啮合区对传动零件进行润滑。

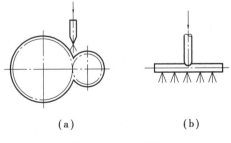

图7.10　喷油润滑

83

### (2) 滚动轴承的润滑

减速器中的滚动轴承可以采用油润滑或脂润滑。当浸油齿轮的圆周速度 $v \leqslant 2$ m/s 时,齿轮不能有效地将油飞溅到箱壁上,因此,滚动轴承通常采用脂润滑;当浸油齿轮的圆周速度 $v > 2$ m/s 时,齿轮能将较多的油飞溅到箱壁上,此时滚动轴承通常采用油润滑,也可以采用脂润滑。联轴器的型号按设计计算转矩并兼顾所连接两轴的尺寸选定,要求所选联轴器允许的最大转矩不小于计算转矩,联轴器孔径应与被连接两轴的直径匹配。两个半联轴器可以选取不同的孔径,但必须在该型号联轴器的孔径范围内选取。

图 7.11 所示为采用脂润滑的轴承结构。轴承室内加有润滑脂,轴承室与箱体内部被甩油环隔开,阻止箱体内的润滑油进入轴承室稀释润滑脂。轴承采用脂润滑,需要定期检查和补充润滑脂。图 7.12 所示为采用油润滑的轴承结构。飞溅到箱壁上的油流入分箱面的油沟中,通过油沟将油引入轴承室,对轴承进行润滑,润滑方便。

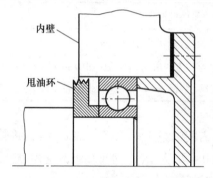

图 7.11  采用脂润滑的轴承结构

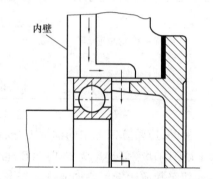

图 7.12  采用油润滑的轴承结构

# 第 **8** 章
## 减速器装配图设计

装配图用于表达减速器的整体结构、轮廓形状、各零部件的结构及相互关系,也可用来指导装配、检验、安装及检修工作。

设计内容是根据齿轮的尺寸画出箱体轮廓,根据轴的初算直径和轴上零件的装配和定位关系,确定阶梯轴的结构形式,根据轴承的润滑方式,确定轴承的位置和型号,并确定是否设置甩油环,以及确定轴承端盖的结构和尺寸。选择键连接的类型和尺寸,最后进行箱体和附件的结构设计。

当轴系部件的结构和尺寸初步确定后,便可对轴、轴承及键进行强度校核。建议此阶段先在非正式图纸上进行,待校核合格后再画在正式图纸上。装配图设计的各个阶段不是绝对分开的,通常会有交叉和反复。由于涉的内容较多,设计过程较复杂,往往需要边计算、边画图、边修改,直至最后完成装配工作图。

## 8.1 装配图的绘制准备工作

**(1)必要的技术数据**

绘制装配图时应具备的必要技术资料及数据为:

①传动零件的主要尺寸数据

绘制主要视图时,所需传动零件的尺寸数据为:中心距、分度圆直径、齿顶圆直径和齿轮宽度等。

②传动零件的位置尺寸

传动零件之间的位置尺寸以及它们距箱体内壁的尺寸均属位置尺寸。减速器各传动零件之间以及传动零件与箱体之间的位置尺寸的推荐数据见表7.5。

**(2)装配图视图选择**

减速器的装配图通常需要三个视图(主视图、俯视图和侧视图)来表达。必要时应附加剖视图或局部视图。结构简单的减速器也可用两个视图来表达。选择视图时,可参考相应的减速器图例。

**(3)合理的布置图面**

一级减速器用 A0 或 Al 图纸绘制装配图,二级减速器用 A0 图纸绘制装配图。绘制时按规定应先绘出图框线及标题栏,图纸上所剩的空白图面即为绘图的有效面积。

在绘图的有效面积内,应能妥善地安排视图所占的最大面积、尺寸线、零件的件号、技术要求及减速器技术特性等所占的位置,全面考虑这些因素才能正确决定视图的比例尺。为了加强设计的真实感,优先选用1∶1的比例尺。若减速器的尺寸相对图纸尺寸过大或过小,也可选用其他比例尺。必要时也可按机械制图的规定,将图纸加长或加宽,以满足绘图要求。

布置图面时要与具体设计对象相联系,也可找相应的减速器图例作对比后确定。若图面布置不合适(如图形偏于图纸的一边),将会给后续的设计工作带来很大麻烦。

## 8.2　初步绘制装配草图

**(1)确定齿轮的位置**

单级减速器如图8.1所示,双级减速器如图8.2所示。首先在俯视图上画出各齿轮的中心线、节圆、齿顶圆和齿轮宽度。通常小齿轮比大齿轮宽5~8 mm。双级大齿轮间的距离 $\Delta_4$ 应大于8 mm,输入与输出轴上的齿轮最好布置在远离外伸轴端的位置,这样布置对齿轮轮齿的受载有好处。同时,在主视图中画出齿轮的节圆和齿顶圆。

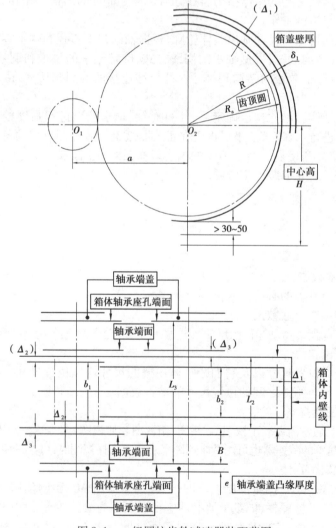

图8.1　一级圆柱齿轮减速器装配草图

**（2）确定箱体内壁和外廓**

为避免齿轮与箱体内壁相碰,齿轮与箱体内壁之间应有一定距离,一般取箱体内壁与小齿轮端面的距离为 $\Delta_2$,大齿轮顶圆与箱体内壁的距离为 $\Delta_1$。$\Delta_1$ 和 $\Delta_2$ 的数值见表 7.5。小齿轮顶圆一侧的箱体内壁线目前还无法确定,先不画出,将来由主视图中轴承旁连接螺栓的位置来确定。内壁线画出后,箱体的宽度随之确定。对于剖分式齿轮减速器,箱体轴承座内端面与箱体内壁距离为 $\Delta_3$,见表 7.5。

根据润滑要求,大齿轮顶圆距箱座内底面的距离应大 $30 \sim 50$ mm,箱座底板厚度在主视图中进一步画出箱体内、外壁线,箱体壁厚 $\delta$ 和 $\delta_1$ 见表 7.4。

在俯视图的分箱面上,需设置分箱面连接螺栓和轴承旁连接螺栓。分箱面凸缘的宽度尺寸 $A$ 取决于箱座壁厚 $\delta$ 和分箱面连接螺栓 $d_2$,$A = \delta + c_1 + c_2$,此处的 $c_1$ 和 $c_2$ 是分箱面连接螺栓 $d_2$ 的扳手空间尺寸,见表 7.6。轴承座的宽度尺寸 $B$ 取决于箱座壁厚 $\delta$、轴承旁连接螺栓 $d_1$ 以及箱体侧面的加工面与非加工面间的外凸尺寸($5 \sim 8$ mm),$B = [\delta + c_1 + c_2 + (5 \sim 8)]$ mm,此处的 $c_1$ 和 $c_2$ 是轴承旁连接螺栓 $d_1$ 的扳手空间尺寸,见表 7.6。

在主视图中画出右侧分箱面凸缘结构,凸缘厚度 $b$ 和 $b_1$ 见表 7.5。在俯视图中画出分箱面三个侧面的外边线,图 8.2 中的 $e$ 为轴承盖凸缘的厚度,这样俯视图的宽度就大体确定了。根据主视图的高度和俯视图的宽度,便可确定侧视图的尺寸。

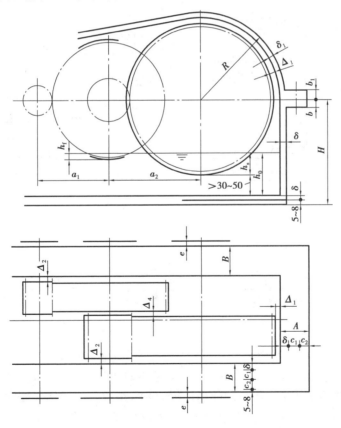

图 8.2　二级展开式圆柱齿轮减速器装配草图

# 8.3 轴系部件设计

轴系部件包括轴、齿轮、轴承、轴承端盖和甩油环等零部件。

**（1）轴的结构设计**

减速器中的轴均为阶梯轴，有关阶梯轴的设计，机械设计和机械设计基础教材中都有详细介绍，这里不再重复。下面通过减速器中的几种轴系结构，对轴设计中应注意的问题作简要介绍。

图8.3所示是一级圆柱齿轮减速器的输入轴。轴通常采用双支点各单向固定方式。轴上有配合要求的轴段直径一般应取标准尺寸（表11.4），以便于加工和检测。为了便于轴上零件的拆装，配合轴段前应设置轴肩。轴肩分定位轴肩（①②⑤）和非定位轴肩（③④）。定位轴肩应使轴上零件得到可靠的定位，定位轴肩的高度 $h$ 一般取为 $(0.07 \sim 0.1)d$，$d$ 为配合轴段的轴径。非定位轴肩的尺寸无严格要求，一般取为 $1 \sim 3$ mm，不应过大。与齿轮相配的轴段长度应比轮毂宽度短 $2 \sim 3$ mm，以便套筒可靠地压紧齿轮。为保证左轴承能方便拆卸，轴承的定位轴肩高度应查轴承标准。

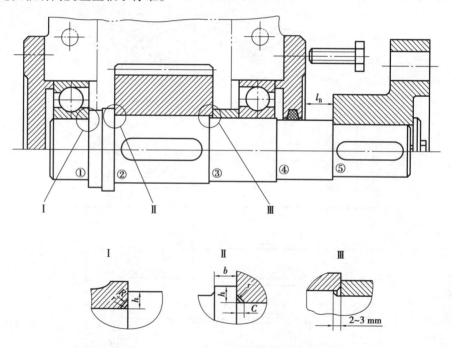

图 8.3 一级圆柱齿轮减速器的输入轴

采用凸缘式轴承盖时，轴承间隙的大小是通过在轴承端盖与箱体轴承座端面之间加调整垫片来调整的。调整垫片由一组薄的软钢片（如08F）组成。采用嵌入式轴承盖时，轴承间隙的大小是通过在轴承盖与轴承外圈之间加不同厚度的调整环来调整的，如图8.4所示；也可以采用螺纹件推动压盘来调整轴承间隙，如图8.5所示。

轴承在分箱面轴承座中的位置与轴承的润滑方式有关。若轴承采用脂润滑，轴承到箱体内壁的距离为 $8 \sim 12$ mm，轴上要加装甩油环，如图8.6（a）所示。若轴承采用油润滑，轴承到

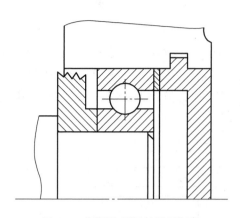

图 8.4　用调整环调整轴承间隙

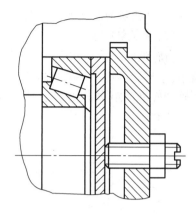

图 8.5　用螺纹件与压盘调整轴承间隙

箱体内壁的距离为 3 ~ 5 mm，如图 8.6(b)所示。轴承位置确定后，轴的支点位置和支承跨度也就确定了。

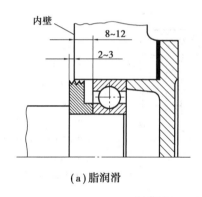

(a)脂润滑

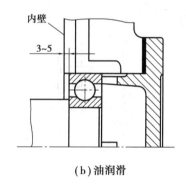

(b)油润滑

图 8.6　轴承距箱体内壁的距离

轴伸出轴承端盖部分的长度 $l_B$ 的设计。在有些情况下，希望不用拆去减速器外伸端连接零件，便可打开减速器的轴承端盖或打开减速器上盖，这时需留有足够的空间，以拆装轴承端盖上的螺钉。如图 8.7 和图 8.8 所示，轴系结构的伸出端上，由于零件与端盖之间留有 $l_B$，因此，不影响螺钉的拆卸，可取 $l_B = (0.15 ~ 0.25)d_2$，$d_2$ 为轴伸出段的直径。

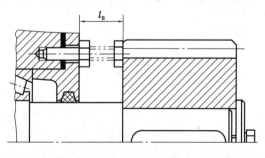

图 8.7　轴端伸出长度 $l_B$

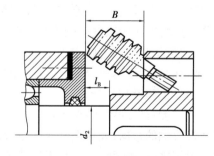

图 8.8　轴端伸出长度 $l_B$

在图 8.7 中轴伸出端连接的零件影响到轴承盖螺钉的拆装，为了在不拆下轴端零件的情况下拆卸轴承盖螺钉，可取 $l_B \geqslant (3.5 ~ 4)d_3$，$d_3$ 为轴承盖螺钉直径。在图 8.8 中，轴伸出端连接的零件不影响螺钉的拆装，但有弹性套柱销的拆装问题。$l_B$ 由装拆弹性套柱销的距离 $B$ 确定,$B$ 值可从联轴器标准中查取。

**(2)齿轮结构设计**

齿轮的结构设计在机械设计和机械设计基础教材中已详细介绍,这里不再重复。在减速器中,小齿轮的尺寸一般比较小,通常设计成齿轮轴。一般情况下,对于圆柱齿轮,当齿根圆与键槽底部的距离 $e \leqslant 2.5m_n$ 时,应将齿轮与轴制成一体,称为齿轮轴。当 $e > 2.5m_n$ 时,齿轮与轴分开制造。图 8.9 所示为圆柱齿轮的结构和尺寸。

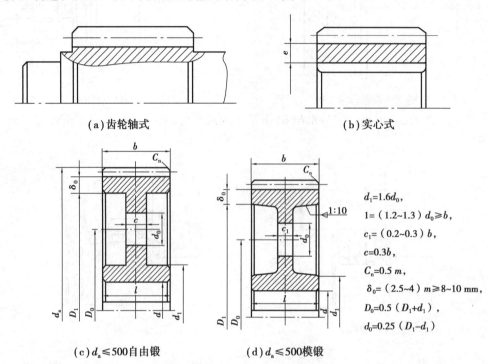

(a)齿轮轴式　　　　　　　　　(b)实心式

$d_1 = 1.6d_0$,
$1 = (1.2 \sim 1.3) d_0 \geqslant b$,
$c_1 = (0.2 \sim 0.3) b$,
$c = 0.3b$,
$C_n = 0.5 m$,
$\delta_0 = (2.5 \sim 4) m \geqslant 8 \sim 10 \text{ mm}$,
$D_0 = 0.5 (D_1 + d_1)$,
$d_0 = 0.25 (D_1 - d_1)$

(c)$d_a \leqslant 500$自由锻　　　　(d)$d_a \leqslant 500$模锻

图 8.9　圆柱齿轮的结构和尺寸

**(3)相关校核计算**

1)确定轴上力作用点及支点跨距

当采用角接触轴承时,轴承支点取在距轴承端面距离为 $a$ 处,如图 8.10 所示。$a$ 的值可由轴承标准中查出,传动零件的力作用点可取在轮缘宽度的中部。带轮、齿轮和轴承位置确定之后,即可从装配图上确定轴上受力点和支点的位置,根据轴、键、轴承的尺寸便可进行轴、键、轴承的校核计算。

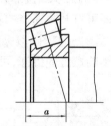

图 8.10　角接触轴承支点位置

2)轴的强度校核计算

对一般机器的轴,只需用弯扭合成强度条件校核。如果校核不通过,应适当增大轴的直径或修改轴的结构;如果强度裕度较大,不必马上修改轴的结构尺寸,待轴承寿命以及键连接强度校核之后,再综合考虑是否修改或如何修改的问题。实际上,许多机械零件的尺寸是由结构关系确定的,强度会有较大的富余。

3)轴承寿命校核计算

滚动轴承的预期寿命可取为减速器的寿命或减速器的检修周期的期限。校核结果若寿命太长或太短,可以改用其他尺寸系列的轴承,必要时可改变轴承类型或轴承内径。

4)键连接的强度校核计算

若经校核键连接的强度不够,当相差较小时,可适当增加键长;当相差较大时,可采用双键,其承载能力按单键的 1.5 倍计算。

**(4)轴承的润滑与密封**

轴承选定采用脂润滑或油润滑后,要相应地设计出合理的轴承组合结构,保证可靠的润滑和密封。

1)轴承的润滑

①脂润滑:脂润滑易于密封,结构简单,维护方便。当轴承采用脂润滑时,为防止箱内润滑油进入轴承室而使润滑脂稀释流出,同时也防止轴承室中的润滑脂流入箱内而造成油脂混合,通常在箱体轴承座箱内一侧装设甩油环。润滑脂的充填量为轴承室的 $1/3 \sim 1/2$,每隔半年左右补充或更换一次。其结构尺寸和安装位置如图 8.11 所示。

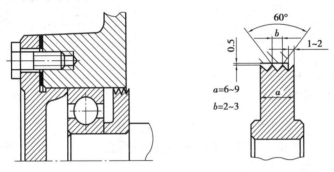

图 8.11　脂润滑的轴承结构

②油润滑:当齿轮圆周速度 $v \geqslant 2$ m/s 时,轴承可以采用油润滑。为使传动零件飞溅到箱盖内壁上的油进入轴承,要在箱盖的分箱面处制出坡口,在箱座的分箱面上制出油沟,以及在轴承盖上制出缺口和环形通路,如图 8.12(a)所示。箱座分箱面上的油沟及其断面尺寸如图 8.12(c)所示。

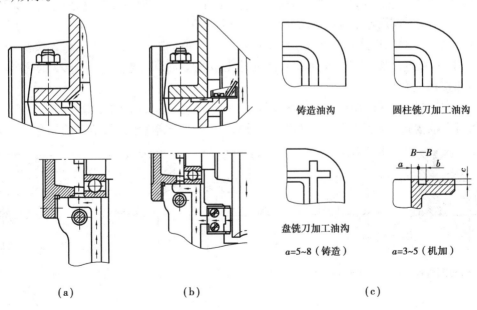

图 8.12　油润滑的轴承结构

当浸入油池的传动零件的圆周速度 $v \leqslant 1.5 \sim 2$ m/s 时,溅油效果不大,若仍希望采用箱内的润滑油来润滑轴承时,可用图 8.12(b)所示的刮油板装置,将油从旋转零件上刮下来,刮下的油经输油沟流入轴承。

在刮油板装置中,固定的刮油板与转动零件的轮缘间应保持 0.5 mm 的间隙。因此,转动零件轮缘的端面跳动就应小于 0.5 mm,轴的轴向窜动也应加以限制。

轴承采用油润滑,当位于轴承近旁的小齿轮的直径小于轴承座孔直径时,为防止齿轮啮合过程中挤出的润滑油大量进入轴承,应在小齿轮与轴承之间装设挡油盘,如图 8.13 所示。

图 8.13(a)所示的挡油盘为冲压件,适用于成批生产。

图 8.13(b)所示的挡油盘由车削加工制成,适用于单件或小批生产。

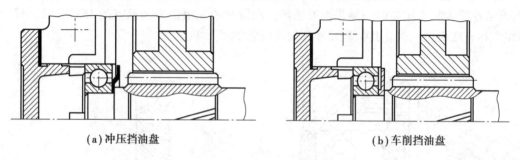

(a)冲压挡油盘            (b)车削挡油盘

图 8.13   小齿轮与轴承之间装设挡油盘

上面已结合轴承润滑介绍了轴承室内侧密封(或挡油)用的甩油环和挡油盘结构,下面介绍轴承室与外界间的密封,即外密封。外密封装置分为接触式与非接触式两种。

2)接触式密封

①毡圈密封:如图 8.14(a)所示,将矩形截面的浸油毡圈嵌入轴承盖的梯形槽中,对轴产生压紧作用,从而实现密封。毡圈密封结构简单,但磨损快,密封效果差,主要用于脂润滑和接触面速度不超过 5 m/s 的场合。

②橡胶圈密封:如图 8.14(b)、(c)所示,将橡胶圈装入轴承盖后可形成过盈配合,无须轴向固定。它利用密封圈唇形结构部分的弹性和弹簧圈的压紧力实现密封。以防止漏油为主时,唇向内侧[图 8.14(b)];以防止外界灰尘污物侵入为主时,唇向外侧[图 8.14(c)]。橡胶圈密封性能好、工作可靠、寿命长,可用于脂润滑和油润滑,轴接触表面滑动速度 $v < 10$ m/s 的场合。

3)非接触式密封

①油沟密封:如图 8.13(d)所示,利用轴与轴承盖孔之间的油沟和微小间隙充满润滑脂实现密封。油沟式密封结构简单,但密封效果较差,适用于脂润滑及较清洁的场合。

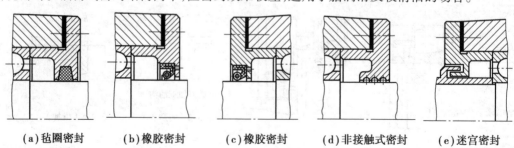

(a)毡圈密封     (b)橡胶密封     (c)橡胶密封     (d)非接触式密封     (e)迷宫密封

图 8.14   密封结构

②迷宫密封:如图8.14(e)所示,它是利用固定在轴上的转动零件与轴承盖间构成的曲折而狭窄的缝隙中充满润滑脂来实现密封的。迷宫式密封的密封效果好,密封件不磨损,可用于脂润滑和油润滑的密封,一般不受轴表面圆周速度的限制。

**(5)轴承盖的结构和尺寸**

轴承盖用于固定轴承、调整轴承间隙及承受轴向载荷,多用铸铁制造。结构形式分凸缘式(图8.15)和嵌入式(图8.16)两种。有通孔的轴承盖为透盖,无通孔的轴承盖为闷盖,透盖的轴孔内应设置密封装置。嵌入式轴承盖有装"O"形密封圈和无密封圈两种。前者密封性能好,用于油润滑;后者用于脂润滑。

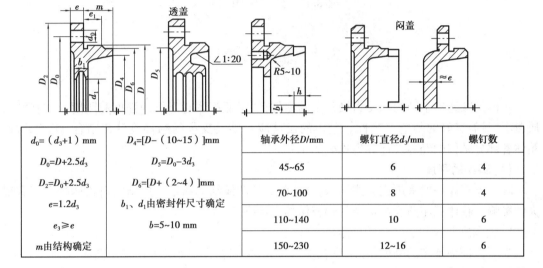

| $d_0=(d_3+1)$ mm | $D_4=[D-(10\sim15)]$mm | 轴承外径$D$/mm | 螺钉直径$d_3$/mm | 螺钉数 |
|---|---|---|---|---|
| $D_0=D+2.5d_3$ | $D_5=D_0-3d_3$ | 45~65 | 6 | 4 |
| $D_2=D_0+2.5d_3$ | $D_6=[D+(2\sim4)]$mm | 70~100 | 8 | 4 |
| $e=1.2d_3$ | $b_1$、$d_1$由密封件尺寸确定 | 110~140 | 10 | 6 |
| $e_3\geqslant e$ | $b=5\sim10$ mm | 150~230 | 12~16 | 6 |
| $m$由结构确定 | | | | |

图8.15 凸缘式轴承盖

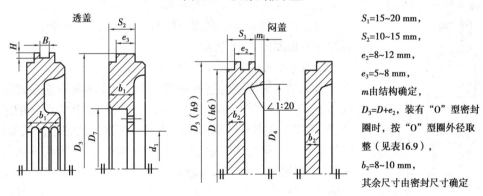

$S_1=15\sim20$ mm,

$S_2=10\sim15$ mm,

$e_2=8\sim12$ mm,

$e_3=5\sim8$ mm,

$m$由结构确定,

$D_3=D+e_2$,装有"O"型密封圈时,按"O"型圈外径取整(见表16.9),

$b_2=8\sim10$ mm,

其余尺寸由密封尺寸确定

图8.16 嵌入式轴承盖

凸缘式轴承盖调整轴承间隙方便,密封性能好,应用广泛。嵌入式轴承盖不用螺钉连接,结构简单,但座孔中须镗削环形槽,加工麻烦。该结构调整轴承间隙不方便,多用于不调间隙的轴承处。

**(6)套杯的结构**

当几个轴承组合在一起时,采用套杯使轴承的固定和拆装更为方便,套杯通常用铸铁制造,套杯的结构尺寸根据轴承组合结构要求设计,图8.17中给出的结构尺寸,可供设计参考。

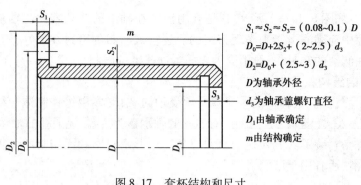

$S_1 \approx S_2 \approx S_3 = (0.08 \sim 0.1)D$

$D_0 = D + 2S_2 + (2 \sim 2.5)d_3$

$D_2 = D_0 + (2.5 \sim 3)d_3$

$D$ 为轴承外径

$d_3$ 为轴承盖螺钉直径

$D_1$ 由轴承确定

$m$ 由结构确定

图 8.17 套杯结构和尺寸

## 8.4 箱体的设计

箱体是减速器中结构和受力最复杂的零件,要保证箱体有足够的强度和刚度,结构紧凑,质量小,具有良好的制造工艺性。箱体的设计应与轴及支承的结构设计相结合,交叉进行。箱体各部分结构的经验设计数据见表 7.4 ~ 表 7.6。

**(1)箱体的刚度**

减速器箱体一般采用剖分式结构,分箱面处的凸缘结构和轴承座结构对箱体的刚度有很大的影响。箱体底座凸缘结构会影响箱体的支承刚度。

1)轴承座壁厚和加强肋的确定

为了保证轴承座的刚度,轴承座孔应有一定的壁厚。当轴承座孔采用凸缘式轴承盖时,根据安装轴承盖螺钉的需要而确定的轴承座厚度就可以满足刚度的要求;当轴承座孔采用嵌入式轴承盖时,轴承座一般也采用由凸缘式轴承盖所确定的轴承座厚度。

为了提高轴承座的刚度,还应设置加强肋,一般中、小型减速器加外肋板如图 8.18 所示。

2)轴承旁螺栓位置和凸台高度的确定

为了增强轴承座的连接刚度,轴承座孔两侧的连接螺栓应尽量靠近,为此需在轴承座两侧做出凸台。图 8.19 为凸台的结构尺寸,两螺栓孔在不与轴承座孔以及轴承盖螺钉孔相干涉的前提下,应尽量靠近。但对于有输油沟的箱体,应注意螺栓孔不能与油沟相通,以免漏油。对于有输油沟的箱体通常取螺栓孔距 $S \geqslant D_2$($D_2$ 为轴承盖外径),但 $S$ 不宜过大。对于无输油沟的箱体,只需注意

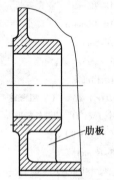

图 8.18 轴承座壁厚和肋板

螺栓不要与轴承盖螺钉孔发生干涉,此时可取 $S < D_2$。

凸台高度 $h$ 应以保证足够的螺母扳手空间为原则,尺寸 $c_1$ 和 $c_2$ 可查表 7.6。凸台的具体高度由绘图确定。为了制造和装拆的方便,全部凸台高度应一致,采用相同尺寸的螺栓。为此,应以最大的轴承座孔的凸台高度尺寸为准。

3)凸缘尺寸的确定

为了保证箱盖与箱座的连接刚度,箱盖与箱座分箱面凸缘的厚度一般取为 1.5 倍的箱体壁厚,$c_1$ 和 $c_2$ 为分箱面螺栓的扳手空间尺寸[图 8.20(a)]。为了保证箱体的支承刚度,箱座底

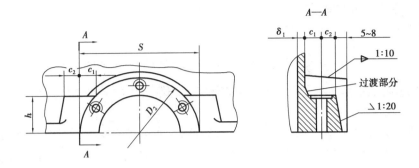

图 8.19 轴承旁螺栓凸台的结构尺寸

板凸缘厚度一般取为 2.5 倍的箱座壁厚, $c_1$、$c_2$ 为地脚螺栓的扳手空间尺寸[图 8.20(b)]。底板宽度 $B$ 应超过内壁位置,一般取 $B = c_1 + c_2 + \delta$。图 8.20(c) 为错误结构。

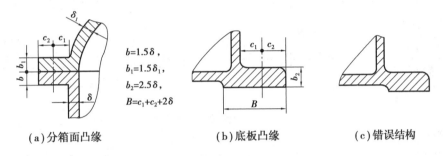

(a)分箱面凸缘 (b)底板凸缘 (c)错误结构

$b=1.5\delta$,
$b_1=1.5\delta_1$,
$b_2=2.5\delta$,
$B=c_1+c_2+2\delta$

图 8.20 分箱面凸缘及箱座底板凸缘的尺寸

**(2)结构工艺性**

1)小齿轮端箱体外壁圆弧半径 $R$ 确定

小齿轮端的轴承旁螺栓凸台位于箱体外壁之内侧,如图 8.21(a)所示,这种结构便于设计和制造。为此,应使 $R \geq R'$,从而定出小齿轮端箱体外壁和内壁的位置,再投影到俯视图中定出小齿轮齿顶一侧的箱体内壁。

在实际的减速器中,为减轻重量和减小结构尺寸,小齿轮端的箱体经常设计成 $R < R'$,如图 8.21(b)所示。这种结构的设计和绘图难度会大一些,初次进行减速器设计时可采用简单的结构。

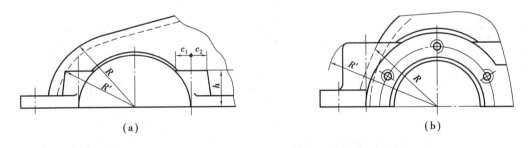

(a) (b)

图 8.21 小齿轮端箱体内壁位置

2)箱体凸缘连接螺栓的布置

连接箱盖与箱座的螺栓组应对称布置,并且不应与吊耳、吊钩、圆锥销等相互干涉。螺栓直径 $d_2$ 见表 7.5。螺栓数由箱体结构及尺寸大小确定,间距一般不大于 100 ~ 150 mm。

3)减速器中心高 $H$ 的确定

减速器中心高 $H$(图8.1)可按下式确定,即

$$H \geqslant \frac{d_a}{2} + (30 \sim 50 \text{ mm}) + \delta + (5 \sim 8)\text{mm}$$

式中,$d_a$ 为浸入油池内的最大旋转零件的外径。若箱内油量 $V$ 小于传递功率所需油量 $V_0$ 时,应适当增大减速器中心高。

当减速器输入轴与电动机轴用联轴器直接连接时,如果减速器中心高 $H$ 与电动机中心高一样,则有利于制造机座及安装。因此,当两者中心高相差较小时,可调整成相同高度。

4)铸件应避免出现狭缝

如果在铸件上设计有狭缝,这时狭缝处砂型的强度较差,在取出木模时或浇铸铁水时,易损坏砂型,产生废品。图8.22(a)中两凸台距离过近而形成狭缝,图8.22(b)为正确结构。

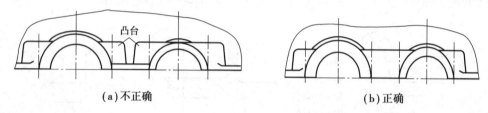

（a）不正确　　　　　　　　　　　　　　（b）正确

图8.22　凸台设计避免狭缝

5)箱体底面的加工

为了减少箱体底面的加工面积,减少加工费用,中、小型箱座底面多采用图8.23(a)所示的结构形式。大型箱座底面多采用图8.23(b)所示的结构形式。

6)箱体侧面的加工

设计铸造箱体时,箱体上的加工面与非加工面应严格分开,加工面应高出非加工面 5 ~ 8 mm,例如箱体与轴承端盖的结合面,如图8.24所示。其次,视孔盖、油标和放油塞与箱体的接合处,并且要求同一侧面的各个加工面位于同一平面上,以利于一次调整加工,如图8.25所示。

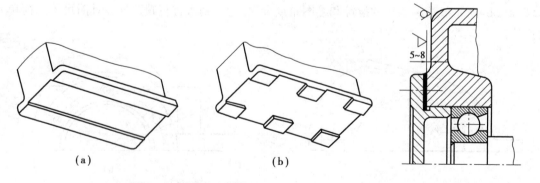

（a）　　　　　　　　　　　（b）

图8.23　箱座底面结构　　　　　　　图8.24　加工面应高出非加工面

箱体与螺栓头部或螺母接触处都应做出凸台,并铣出平面。也可箱体与螺栓头部或螺母的接触面处锪出沉头座坑的加工方法,图8.26(c)、(d)所示是刀具不能从下方接近时的加工方法。

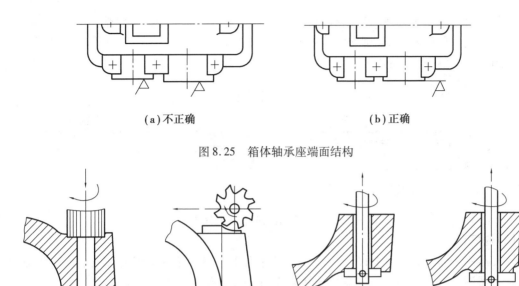

（a）不正确　　　　　　　　　　　　　（b）正确

图 8.25　箱体轴承座端面结构

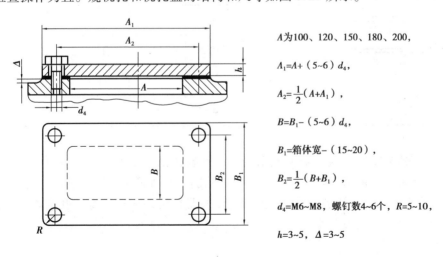

（a）　　　　　　　（b）　　　　　　　（c）　　　　　　　（d）

图 8.26　螺栓凸台平面及沉头座的加工

# 8.5　附件设计

**（1）窥视孔**

窥视孔用于检查传动件的啮合情况、润滑状态、接触斑点及轮齿间隙，还可用来注入润滑油。窥视孔应设置在箱盖的上部，且便于观察传动零件啮合区的位置，其大小以手能伸入箱体进行检查操作为宜。窥视孔和视孔盖的结构和尺寸如图 8.27 所示。

$A$ 为 100、120、150、180、200，

$A_1 = A + (5 \sim 6) d_4$，

$A_2 = \dfrac{1}{2}(A + A_1)$，

$B = B_1 - (5 \sim 6) d_4$，

$B_1 = $ 箱体宽 $- (15 \sim 20)$，

$B_2 = \dfrac{1}{2}(B + B_1)$，

$d_4 = $ M6 $\sim$ M8，螺钉数 4$\sim$6 个，$R = 5 \sim 10$，

$h = 3 \sim 5$，$\Delta = 3 \sim 5$

图 8.27　窥视孔和视孔盖

视孔盖可用轧制钢板或铸铁制成,它与箱体之间应加石棉橡胶纸密封垫片,以防止漏油。轧制钢板视孔盖如图 8.28(a)所示,其结构轻便,上下面无须机械加工,无论单件或成批生产均常采用;铸铁视孔盖如图 8.28(b)所示,需制木模,且有较多部位需进行机械加工,故应用较少。

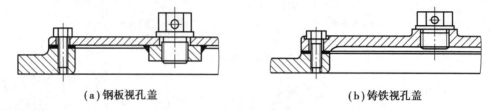

（a）钢板视孔盖　　　　　　　　　　　　（b）铸铁视孔盖

图 8.28　视孔盖与简易式通气器

**(2)通气器**

通气器用于通气,使箱内外气压一致,以避免由于运转时箱内油温升高、内压增大,从而引起减速器润滑油的渗漏。通气器分为简易式通气器和有过滤网式通气器。

图 8.28 为视孔盖与简易式通气器的连接结构,简易式通气器的通气孔不直接通向顶端,以免灰尘落入,这种通气器用于较清洁场合的小型减速器中。简易式通气器的图形和尺寸见表 8.1;有过滤网式通气器图形和尺寸见表 8.2,当减速器停止工作后,过滤网可阻止灰尘随空气进入箱内,这类通气器一般用于较重要的减速器中。

表 8.1　简易式通气器

| | $d$ | M12×1.25 | M16×1.5 | M20×1.5 | M22×1.5 | M27×1.5 |
|---|---|---|---|---|---|---|
| | $D$ | 18 | 22 | 30 | 32 | 38 |
| | $D_1$ | 16.5 | 19.6 | 25.4 | 25.4 | 31.5 |
| | $S$ | 14 | 17 | 22 | 22 | 27 |
| | $L$ | 19 | 23 | 28 | 29 | 34 |
| | $l$ | 10 | 12 | 15 | 15 | 18 |
| | $a$ | 2 | 2 | 4 | 4 | 4 |
| | $d_1$ | 4 | 5 | 6 | 7 | 8 |

油标通气器多安装在视孔盖上或箱盖上。安装在钢板制视孔盖上时,用一个扁螺母固定。为防止螺母松脱落到箱内,故将螺母焊在视孔盖上,如图 8.28(a)所示。这种形式结构简单,应用广泛。安装在铸造视孔盖或箱盖上时,要在铸件上加工螺纹孔和端部平面,如图 8.28(b)所示。

表8.2 有过滤网式通气器

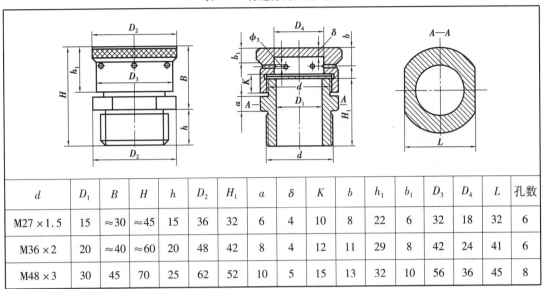

| $d$ | $D_1$ | $B$ | $H$ | $h$ | $D_2$ | $H_1$ | $a$ | $\delta$ | $K$ | $b$ | $h_1$ | $b_1$ | $D_3$ | $D_4$ | $L$ | 孔数 |
|------|------|------|------|------|------|------|------|------|------|------|------|------|------|------|------|------|
| M27 × 1.5 | 15 | ≈30 | ≈45 | 15 | 36 | 32 | 6 | 4 | 10 | 8 | 22 | 6 | 32 | 18 | 32 | 6 |
| M36 × 2 | 20 | ≈40 | ≈60 | 20 | 48 | 42 | 8 | 4 | 12 | 11 | 29 | 8 | 42 | 24 | 41 | 6 |
| M48 × 3 | 30 | 45 | 70 | 25 | 62 | 52 | 10 | 5 | 15 | 13 | 32 | 10 | 56 | 36 | 45 | 8 |

**(3)油标**

油标用来指示油面高度,应设置在便于检查和油面较稳定之处。常见的油标有油尺、圆形油标、长形油标等。

**1)油尺**

油尺结构简单,在减速器中应用较多。为了便于加工和节省材料,油尺的手柄和尺杆通常由两个零件铆接或焊接在一起,如图8.29所示。其中图8.29(c)所示的油尺还具有通气器的功能。油尺在减速器上安装,可采用螺纹连接,也可采用 H9/h8 配合装入。检查油面高度时拔出油尺,以杆上油痕判断油面高度。油尺上两条刻线的位置分别对应最高和最低油面[图8.29(d)],油尺的尺寸见表8.3。

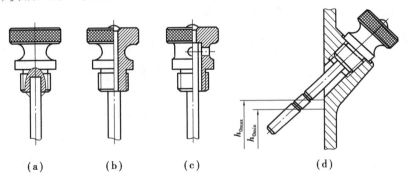

(a)　　(b)　　(c)　　(d)

图8.29 油卡尺及其箱座侧面的安装

表8.3　油尺尺寸

单位:mm

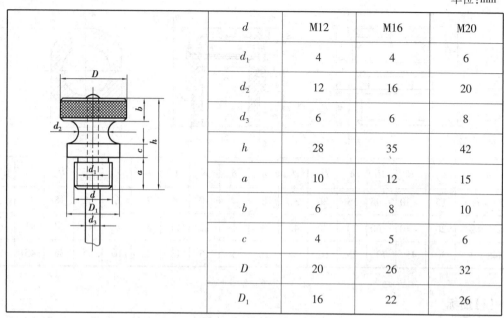

| $d$ | M12 | M16 | M20 |
|---|---|---|---|
| $d_1$ | 4 | 4 | 6 |
| $d_2$ | 12 | 16 | 20 |
| $d_3$ | 6 | 6 | 8 |
| $h$ | 28 | 35 | 42 |
| $a$ | 10 | 12 | 15 |
| $b$ | 6 | 8 | 10 |
| $c$ | 4 | 5 | 6 |
| $D$ | 20 | 26 | 32 |
| $D_1$ | 16 | 22 | 26 |

油尺通常安装在箱座侧面,设计时应合理确定油尺插孔的位置及倾斜角度,既要避免箱体内的润滑油溢出,又要便于油尺的插取及油尺插孔的加工,如图8.30所示。当箱座高度较小不便采用侧装油尺时,可将油尺装在箱盖上,油尺可直装或斜装,如图8.31所示。

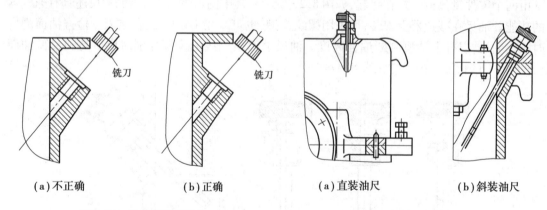

(a)不正确　　　　　(b)正确　　　　　(a)直装油尺　　　　(b)斜装油尺

图8.30　油尺插孔的位置　　　　　　图8.31　油尺装在箱盖上

2)圆形和长形油标

油尺为间接检查式油标。圆形、长形油标为直接观察式油标,可直接观察油面高度,如图8.32和图8.33所示。油标安装位置不受限制,当箱座高度较小时,宜选用油标。

(4)放油孔

为了将污油排放干净,应在油池的最低位置处设置放油孔,放油孔应安置在减速器不与其他部件靠近的一侧,以便于放油,如图8.34所示。平时放油孔用螺塞堵住,并配有封油垫片。螺塞和封油垫片的结构和尺寸见表8.4。

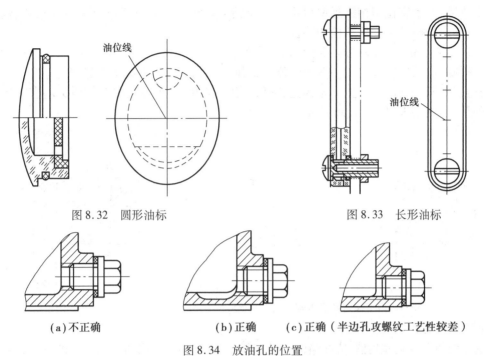

图 8.32 圆形油标　　　　　　　　　　图 8.33 长形油标

（a）不正确　　　　　　（b）正确　　　（c）正确（半边孔攻螺纹工艺性较差）

图 8.34 放油孔的位置

表 8.4 螺塞和封油垫片结构尺寸

单位:mm

| $d$ | $D_0$ | $L$ | $l$ | $a$ | $D$ | $s$ | $d_1$ | $H$ |
|---|---|---|---|---|---|---|---|---|
| M14 × 1.5 | 22 | 22 | 12 | 3 | 19.6 | 17 | 15 | 2 |
| M16 × 1.5 | 26 | 23 | 12 | 3 | 19.6 | 17 | 17 | 2 |
| M20 × 1.5 | 30 | 28 | 15 | 4 | 25.4 | 22 | 22 | 2 |
| M24 × 2 | 34 | 31 | 16 | 4 | 25.4 | 22 | 26 | 2.5 |
| M27 × 2 | 38 | 34 | 18 | 4 | 31.2 | 27 | 29 | 2.5 |

**（5）启盖螺钉**

为防止漏油,在箱座与箱盖接合面处通常涂有密封胶或水玻璃,接合面被黏住不易分开。为便于开启箱盖,可在箱盖凸缘上装设 1～2 个启盖螺钉。拆卸箱盖时,可先拧动此螺钉顶起箱盖。启盖螺钉的直径一般等于凸缘连接螺栓直径,螺纹有效长度要大于凸缘厚度。钉杆端部要做成半圆形或制出较大的倒角,如图 8.35（a）所示;也可在箱座凸缘上制出启盖用螺纹孔,如图 8.35(b)所示。

**（6）定位销**

为了保证箱体轴承座孔的钻孔精度和装配精度,需在箱体连接凸缘长度方向的两端安置两个定位销,两个定位销相距远些可提高定位精度。定位销的位置还应考虑到钻孔、铰孔的方便,且不应妨碍邻近连接螺栓的装拆。

定位销有圆锥形和圆柱形两种结构。为保证重复拆装时定位销与销孔的紧密性和便于定位销拆卸,应采用圆锥销。一般取定位销直径 $d = (0.7 \sim 0.8)d_2$,$d_2$ 为箱盖与箱座凸缘的连接螺栓直径,其长度应大于上下箱体连接凸缘的总厚度,并且装配成上下两头均有一定长度的外伸量,以便装拆,如图 8.36 所示。

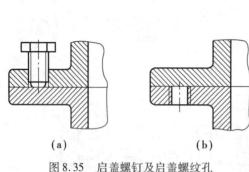

图 8.35 启盖螺钉及启盖螺纹孔

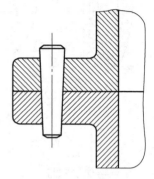

图 8.36 定位销

**(7)起吊装置**

为了装拆和搬运减速器,应在箱体上设计吊环螺钉、吊耳及吊钩。箱盖上的吊环螺钉及吊耳一般是用来吊运箱盖的,也可以用来吊运轻型减速器。箱座上的吊钩用于吊运整台减速器。

吊环螺钉为标准件,如图 8.37(a)所示。其公称直径的大小按减速器质量选取,减速器的质量参考表 8.5。吊环螺钉的连接结构如图 8.37(b)、(c)所示。

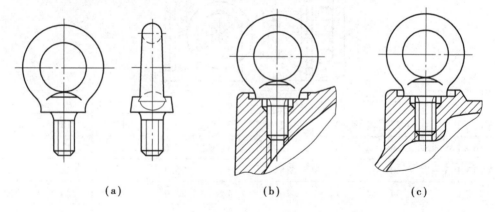

图 8.37 吊环螺钉和吊环螺钉的连接结构

表 8.5 减速器的质量

| 一级圆柱齿轮减速器 | | | | | | 二级圆柱齿轮减速器 | | | | | |
|---|---|---|---|---|---|---|---|---|---|---|---|
| 中心距 $a$/mm | 100 | 150 | 200 | 250 | 300 | 中心距 $a$/mm | 150 | 200 | 250 | 300 | 350 |
| 质量 $m$/kg | 32 | 85 | 155 | 260 | 350 | 质量 $m$/kg | 135 | 230 | 305 | 490 | 725 |
| 二级同轴圆柱齿轮减速器 | | | | | | 锥齿轮减速器 | | | | | |
| 中心距 $a$/mm | 100 | 150 | 200 | 250 | 300 | 锥距 $R$/mm | 100 | 150 | 200 | 250 | 300 |
| 质量 $m$/kg | 120 | 180 | 300 | 500 | 600 | 质量 $m$/kg | 50 | 60 | 100 | 190 | 290 |

续表

| 圆锥-圆柱齿轮减速器 | | | | | 蜗杆减速器 | | | | |
|---|---|---|---|---|---|---|---|---|---|
| 中心距 $a$/mm | 150 | 200 | 250 | 300 | 400 | 中心距 $a$/mm | 100 | 120 | 150 | 180 | 210 |
| 质量 $m$/kg | 180 | 300 | 400 | 600 | 800 | 质量 $m$/kg | 65 | 80 | 160 | 330 | 350 |

注：二级圆柱齿轮减速器的 $a$ 为低速级圆柱齿轮的中心距。

　　箱盖上的吊耳如图 8.38（a）、（b）所示，在箱盖上直接铸出吊耳，可避免采用吊环螺钉时在箱盖上进行机械加工，但吊耳的铸造工艺较螺孔座复杂些。箱座上的吊钩如图 8.38（c）、（d）所示。

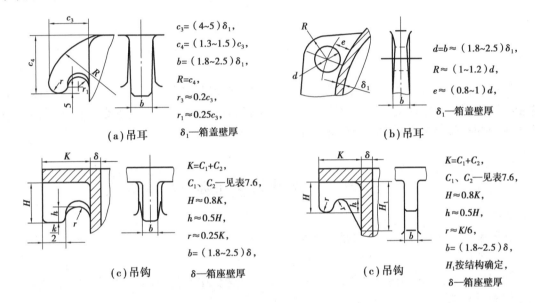

$c_3 = (4 \sim 5)\delta_1$,
$c_4 = (1.3 \sim 1.5)c_3$,
$b = (1.8 \sim 2.5)\delta_1$,
$R = c_4$,
$r_3 \approx 0.2c_3$,
$r_1 \approx 0.25c_3$,
（a）吊耳　$\delta_1$—箱盖壁厚

$d = b \approx (1.8 \sim 2.5)\delta_1$,
$R \approx (1 \sim 1.2)d$,
$e \approx (0.8 \sim 1)d$,
$\delta_1$—箱盖壁厚
（b）吊耳

$K = C_1 + C_2$,
$C_1$、$C_2$—见表 7.6,
$H \approx 0.8K$,
$h \approx 0.5H$,
$r \approx 0.25K$,
$b = (1.8 \sim 2.5)\delta$,
（c）吊钩　$\delta$—箱座壁厚

$K = C_1 + C_2$,
$C_1$、$C_2$—见表 7.6,
$H \approx 0.8K$,
$h \approx 0.5H$,
$r \approx K/6$,
$b = (1.8 \sim 2.5)\delta$,
$H_1$ 按结构确定,
（c）吊钩　$\delta$—箱座壁厚

图 8.38　吊耳和吊钩的结构和尺寸

**（8）油杯**

　　轴承采用脂润滑，有时在轴承座或轴承盖相应部位安装油杯，如图 8.39 所示。

　　可通过油杯给轴承室添加润滑脂，而不必打开轴承盖。图 8.39（a）所示为旋转式油杯，用手旋转油杯盖，即可将杯内的润滑脂挤入轴承室。图 8.39（b）、（c）、（d）所示为直通式压注油杯，定期用油枪将润滑脂压进轴承。

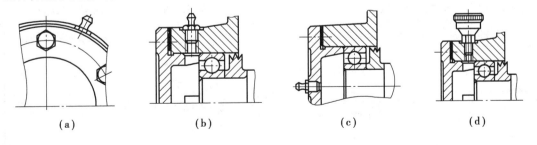

（a）　　　　　　（b）　　　　　　（c）　　　　　　（d）

图 8.39　旋转式油杯和直通式压注油杯

# 第9章
# 减速器装配图与零件工作图

装配图设计阶段已完成了减速器各零部件的结构设计和绘制,接下来需要完成以下工作:尺寸标注、填写零件编号、技术特性、技术要求、明细表、标题栏等,并对装配图各项内容进行检查、修改,最终完成装配图的设计工作。

## 9.1 装配图的尺寸标注

在装配图上应标注以下四方面的尺寸:

①特性尺寸:传动零件的中心距及其极限偏差等。

②安装尺寸:输入和输出轴外伸端直径、长度、减速器中心高、地脚螺栓孔的直径和位置、箱座底面尺寸等。

③外形尺寸:减速器总长、总宽、总高等。

④配合尺寸:减速器装配图中主要零件的配合处都应标出基准尺寸、配合性质和公差等级,表9.1给出了减速器中主要零件的荐用配合。

表9.1 减速器主要零件的荐用配合

| 配合零件 | 荐用配合 | 装配方法 |
|---|---|---|
| 一般情况下的齿轮、带轮、链轮、联轴器与轴的配合 | H7/r6;H7/n6 | 用压力机装配 |
| 常拆卸的齿轮、带轮、链轮、联轴器与轴的配合 | H7/m6;H7/k6 | 用压力机装配或手锤打入 |
| 滚动轴承内圈孔与轴、外圈与机体孔的配合 | 内圈与轴:j6;k6<br>外圈与孔:H7 | 温差法或用压力机装配 |
| 轴套、挡油盘、溅油轮与轴的配合 | D11/k6;F9/k6;F9/m6;<br>H8/h7;H8/h8 | 徒手装配 |
| 轴承套环与箱体孔的配合 | H7/Js6;H7/h6 | |
| 轴承盖与箱体孔(或套杯孔)的配合 | H7/d11;H7/h8 | |

## 9.2 技术特性与技术要求

**(1)技术特性**

在装配图明细表附近适当位置应写出减速器的技术特性,也可列表来表示。下面给出二级圆柱齿轮减速器技术特性的示范,见表9.2。

**表9.2 减速器技术特性**

| 输入功率 $P/\text{kW}$ | 输入功率 $n/(\text{r}\cdot\text{min}^{-1})$ | 效率 $\eta$ | 总传动比 $i$ | 传动特性 | | | | | | | |
|---|---|---|---|---|---|---|---|---|---|---|---|
| | | | | 第一级 | | | | 第二级 | | | |
| | | | | $m_n$ | $\beta$ | $z_2/z_1$ | 精度等级 | $m_n$ | $\beta$ | $z_2/z_1$ | 精度等级 |
| | | | | | | | | | | | |

**(2)技术要求**

装配图上应写明在视图上无法表示的关于装配、调整、检验、维护等方面的技术要求,主要内容有:

①对零件的要求:装配前所有零件要用煤油清洗干净,箱体内壁涂防侵蚀的涂料。箱体内应清理干净,不允许有任何杂物存在。

②对润滑剂的要求:主要指传动零件和轴承所用润滑剂的牌号、用量、补充或更换时间。选择润滑剂时,应考虑传动类型、载荷性质及运转速度。齿轮减速器润滑油的黏度按高速级齿轮的圆周速度选取,可参考第16章。润滑油应装至油面规定高度,即油标上限。换油时间取决于油氧化和污染的程度,一般为半年左右。

③轴承采用脂润滑时,填充要适宜,过多或不足都会导致轴承发热,一般以填充轴承空隙的$1/3\sim1/2$为宜。每隔半年左右补充或更换一次。

④对有密封要求的减速器,所有连接面和密封处均不允许漏油。箱体剖分面允许涂密封胶或水玻璃,不允许使用垫片。

⑤传动副的侧隙与接触斑点:减速器安装必须保证齿轮传动所需要的侧隙以及齿面接触斑点,其要求是由传动件精度等级确定的,具体数值可参考第19章。

⑥滚动轴承轴向游隙的要求:为保证轴承正常工作,技术要求中应给出轴承轴向游隙的数值。

⑦对可调游隙轴承(例如圆锥滚子轴承),由于轴承内外圈是可分离的,安装时应认真调整其游隙。游隙数值可参考第15章。

⑧对不可调游隙的轴承(例如深沟球轴承),在双支点各单向固定的轴承结构中,可在端盖与轴承外圈端面间留适当的轴向间隙$\Delta$以允许轴能热伸长,一般$\Delta=0.1\sim0.4$ mm。当轴承支点跨度大且运转温升高时,取较大值。

⑨试验要求减速器装配后先作空载试验,在满载转速$n_m$下正反转运行各1 h,要求运转平稳、噪声小,连接固定处不得松动;然后作负载试验,要求在满载转速$n_m$和额定功率$P_m$下,油池升温不得超过35 ℃,轴承升温不得超过40 ℃。

⑩外观、包装及运输要求箱体表面应涂漆。外伸轴及其他零件需涂油并包装严密。减速器在包装箱内应固定牢靠,包装箱外应写明"不可倒置""防雨淋"等字样。

## 9.3 零部件编号、明细表和标题栏

**(1)零部件编号**

装配图中所有零部件包括标准件在内统一编号。编号时,相同的零件通常只有一个序号,不得重复,也不可遗漏。各独立组件(如轴承、通气器以及焊接件等)可作为一个零件编号。

编号应按顺时针或逆时针方向顺序排列整齐。序号字高可比装配图中尺寸数字的高度大一号或两号。编号引线不应相交,并尽量不与剖面线平行。一组紧固件(如螺栓、垫片、螺母),可采用公共引线编号。

**(2)明细表及标题栏**

明细表是减速器所有零件的详细目录,明细表由下向上填写。标准件应按照规定的标记完整地写出零件名称、材料、主要尺寸及标准代号。传动零件应写出主要参数,如齿轮的模数、齿数、螺旋角等,材料应注明牌号。

装配图明细表和标题栏可采用国家标准规定的格式,也可采用图 9.1 和图 9.2 所示的课程设计推荐格式。

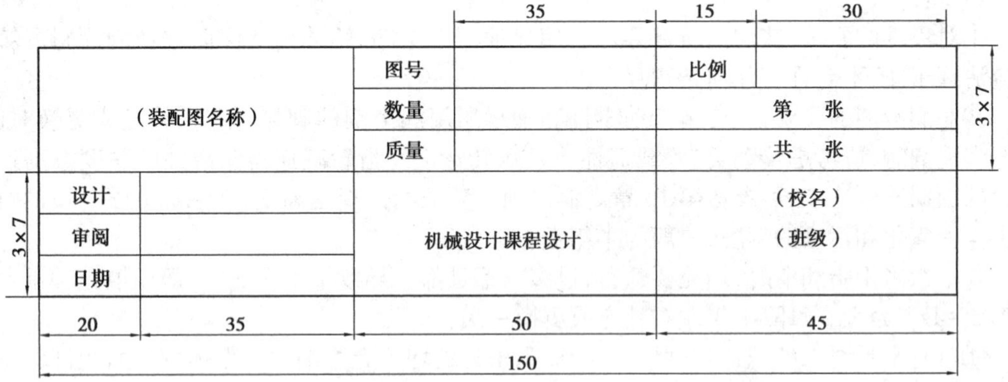
35
15
30
(装配图名称)
图号
比例
数量
第 张
质量
共 张
3×7
设计
审阅
日期
机械设计课程设计
(校名)
(班级)
20
35
50
45
150

图 9.1 装配图标题栏

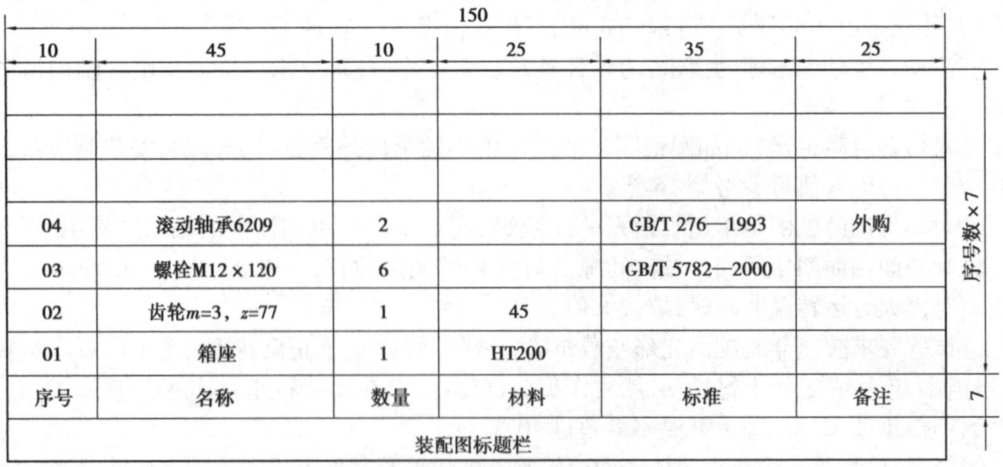
150
10
45
10
25
35
25
04
滚动轴承6209
2
GB/T 276—1993
外购
03
螺栓M12×120
6
GB/T 5782—2000
02
齿轮m=3, z=77
1
45
01
箱座
1
HT200
序号
名称
数量
材料
标准
备注
装配图标题栏
序号数×7
7

图 9.2 装配图明细表

## 9.4　装配图的一些常见错误和简化画法

在设计和绘制减速器装配图的过程中，要认真参考有关图例以及机械制图和机械设计等教材，减少图中的错误。在装配图中，有些细节结构是可以简化的，例如：小圆角和倒角、砂轮越程槽、退刀槽、箱体螺栓处的沉头座坑等可以不画出，使零件的装配关系更加清晰。有些不明显的或不影响读图的相贯线可以不画出，这有利于正确反映装配关系。下面通过图例来说明装配图中的一些简化画法和一些常见错误。

**(1) 关于简化画法**

在图 9.3(a) 中，轴承端盖处和轴肩处的砂轮越程槽、箱体螺栓处的沉头座坑可以不画出〔图 9.3(b)〕，但在画零件图时，这些细节是不能简化的。轴承端盖上进油缺口不必按投影关系细化画出，采用简化画法〔图 9.3(b)〕既简单，又有利于读图。

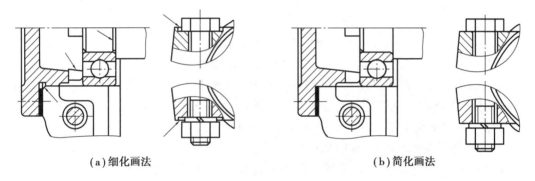

　　(a)细化画法　　　　　　　　　　　　　　　　(b)简化画法

图 9.3　装配图的局部结构

在图 9.4(a) 中，轴上的圆角以及轴上键槽与键连接处的相贯线也不用细化，应采用简化画法〔图 9.4(b)〕。

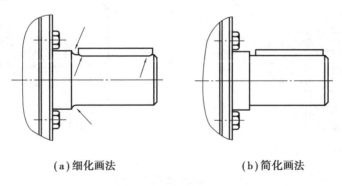

　　(a)细化画法　　　　　　　　　　(b)简化画法

图 9.4　键槽画法

**(2) 轴、轴承及齿轮等方面的错误及改正**

在图 9.5(a) 中，轴伸出段的截断画法不正确，应尽量将轴的伸出段全部画出，如果因图纸面积所限需要将轴截去一部分时，应当截去轴伸出段的中间部分，保留轴头部分〔图 9.5(b)〕。

在图 9.5(a) 中，箱体底部的加工面积过大，应当减小；箱底凸缘的尺寸偏小，应当加大，以满足地脚螺栓的扳手空间尺寸,改正后如图9.5(b)所示。

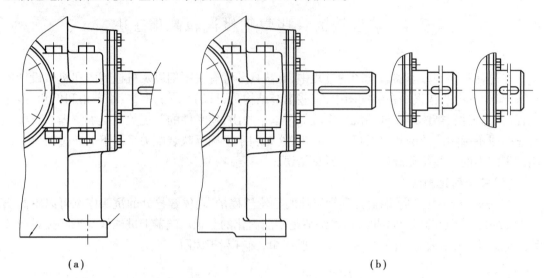

（a）　　　　　　　　　　　　　　　　　（b）

图9.5　减速器的局部结构

在图9.6(a)中,嵌入式轴承盖的径向结构出现过定位,应当在榫槽的径向留有间隙[图9.6(b)],使用嵌入式轴承盖时,不能采用一组薄垫片来调整轴承间隙[图9.6(a)],应当采用单一的调整环零件。调整环剖面处为金属剖面线[图9.6(b)],不应涂黑,通过更换不同厚度调整环的方法来调整轴承间隙。图9.6(a)中轴的端面伸出轴承,将影响调整环的装拆。因此,轴的端部不能伸出轴承,如图9.6(b)所示。

在图9.7(a)中,轴肩过高影响轴承的拆卸;轴承盖与轴之间没有间隙将产生滑磨;轴上配合要求的轴段前没有轴肩,既增加了轴精加工的成本,又增加了装拆难度。改正后如图9.7(b)所示。

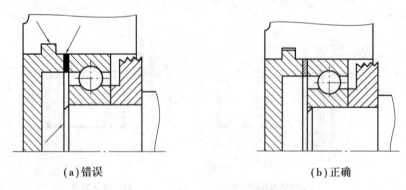

（a）错误　　　　　　　　　　　　　　　（b）正确

图9.6　嵌入式轴承端盖连接结构

图9.8(a)中,小齿轮与大齿轮宽度相等,这种设计不好。这增加了加工和装配的精度要求,否则就不能保证齿轮的啮合宽度要求;轴与齿轮的配合段等长,不能保证齿轮的可靠固定;小齿轮齿根圆到轴孔的壁厚看似还合适,但键槽处的齿轮壁厚太薄;齿轮啮合处的画法不正确。改正后如图9.8(b)所示。齿轮的啮合处一般不画出被压轮齿的齿顶虚线,可以画出齿顶虚线;还可以采用图示的大齿轮的齿在上的画法,也可以采用小齿轮的齿在上的画法。

图9.9(a)中,甩油环不应与箱体内壁平齐,否则箱体壁面流下的油不易被甩掉,而会由

甩油环的径向间隙进入轴承室;齿轮不剖开时,齿根圆不必画出;齿轮局部剖开处的细实线不能截止在齿轮内部;齿轮上画出齿的斜向为好。改正后如图9.10(b)所示。

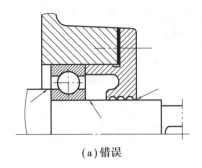 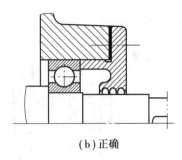

(a)错误　　　　　　　　　　　　　(b)正确

图9.7　轴系的局部结构

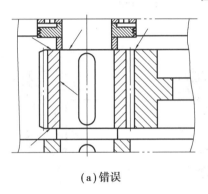 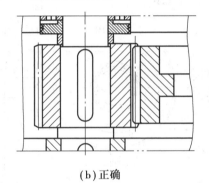 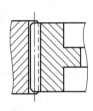

(a)错误　　　　　　　　　　　　　(b)正确

图9.8　齿轮与轴的局部结构

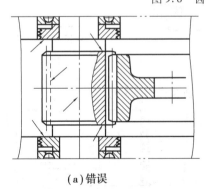 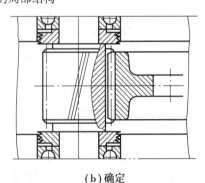

(a)错误　　　　　　　　　　　　　(b)确定

图9.9　齿轮与轴的局部结构

在图9.10(a)中,油沟在轴承左侧处和螺栓孔处要漏油;轴承盖上通常开设4个缺口,以保证润滑油能流进轴承室,图9.10(a)中轴承盖少下部缺口;为了使轴承端盖上的缺口在偏离分箱面时仍能保证轴承室可靠进油,应当在轴承盖上加工环形阶梯。改正后如图9.10(b)所示。

**(3)箱体及附件等方面的错误及改正**

在图9.11(a)中,分箱面处的点画线有错,应改为粗实线(轴盖除外),轴承采用油润滑,但润滑油无法流入油沟;螺栓连接画法有错;油尺的位置太低,不能正确指示油面,且润滑油容易从油尺插孔处漏出;油塞位置偏高,不能将油全部排出。改正后如图9.11(b)所示。

箱座地脚螺栓孔处的剖面线的斜向以及疏密程度有错[图9.11(a)],应与箱座其他部位的剖面线一致。在减速器装配图中,同一零件在同一视图中或在不同视图中,其剖面线的斜向和疏密程度应当是相同的,画剖面线时应当注意。

在图9.12(a)中,油池底部到大齿轮齿顶圆的距离太小,齿轮转动时容易将池底的杂物搅起;放油塞处箱体结构有错。改正后如图9.12(b)所示。

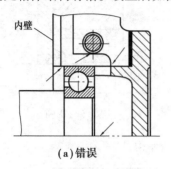

**(a)错误**

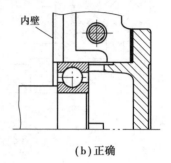

**(b)正确**

图9.10　油润滑轴承的局部结构

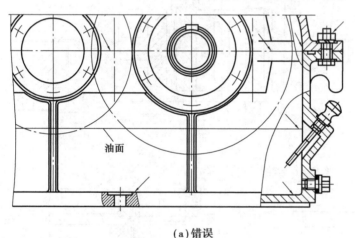

**(a)错误**

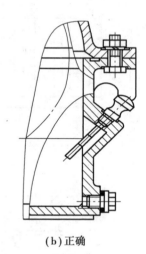

**(b)正确**

图9.11　减速器的局部结构(轴承采用油润滑)

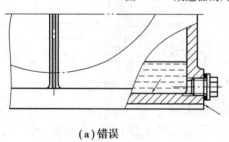

**(a)错误**

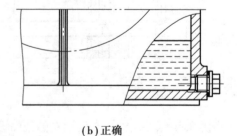

**(b)正确**

图9.12　箱座的局部结构

在图9.13(a)中,箱盖视孔口凸起部分缺少线条;透气塞与视孔盖的连接处缺少焊接符号;右图透气塞是通过螺母与视孔盖连接的,但为了防止螺母松脱后落入箱内,应将螺母与视孔盖焊接在一起;螺钉连接画法有错;视孔盖与箱盖连接处一般用4个螺钉,布置在视孔盖的四个角处,通过透气塞的剖面是剖不到螺钉的,可通过在剖面中加局部剖面来展示螺钉连接,或者不剖视螺钉连接。改正后如图9.13(b)所示。

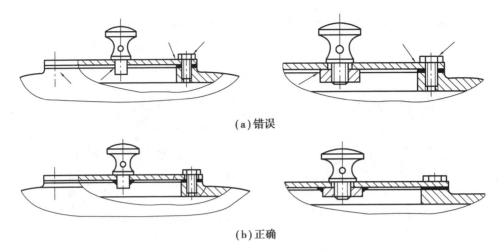

（a）错误

（b）正确

图 9.13　视孔盖与透气塞的结构

在图 9.14（a）中，轴承旁螺栓凸台距箱座底部凸缘的距离偏小，螺栓无法从下方装入取出，应当改由上方装入；轴承盖螺钉不能布置在分箱面上。改正后如图 9.14（b）所示。

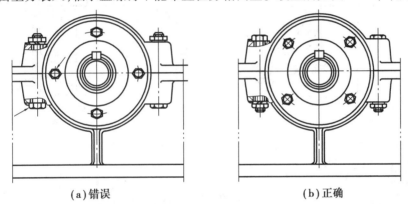

（a）错误　　　　　　　　　　　　　　　（b）正确

图 9.14　轴承旁螺栓与轴承盖螺钉

在图 9.15（a）中，左视图上的螺栓和螺钉不满足投影关系。改正后如图 9.15（b）所示。减速器上的螺纹连接件以及其他零件都应当满足三视图的投影关系。

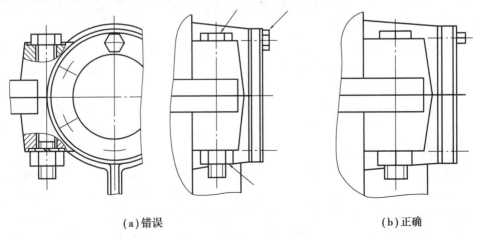

（a）错误　　　　　　　　　　　　　　　　　　　　　（b）正确

图 9.15　螺栓在视图中的对应画法

在图9.16(a)中,轴承旁连接螺栓的凸台、轴承座外圆壁面、肋板等处都应当有铸造拔模斜度;圆锥销下部应当伸出箱座,否则拆卸困难;箱座吊钩处多线条;分箱面处应当是粗实线;螺钉处局部剖视图的细实线不宜截止在两零件的接缝处。改正后如图9.16(b)所示。

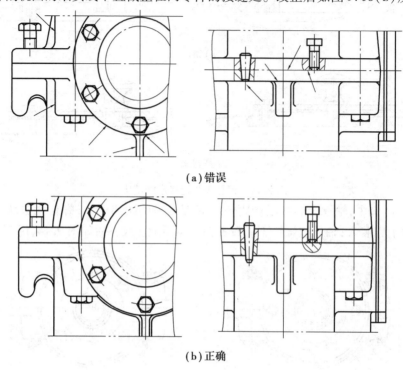

(a)错误

(b)正确

图9.16　减速器的局部结构

## 9.5　对零件工作图的要求

零件工作图是零件制造、检验和制订工艺规程的基本技术文件。它既反映设计意图,又考虑到制造、使用的可能性和合理性。因此,必须保证图形、尺寸、技术要求和标题栏等零件图的基本内容完整、无误和合理。

每个零件图应单独绘制在一个标准图幅中,其基本结构和主要尺寸应与装配图一致。制图比例优先采用1∶1。合理安排视图,清楚地表达结构形状及尺寸数值,细部结构可以另行放大。

尺寸标注要选好基准面,重要尺寸直接标出,标注在最能反映形体特征的视图上。对要求精确的尺寸及配合尺寸,应注明尺寸极限偏差,做到尺寸完整,便于加工测量,避免尺寸重复、遗漏、封闭及数值差错。

在零件工作图中,应运用符号和数值表明制造、检验的技术要求,如表面粗糙度、形位公差等。对于不便用符号和数值表明的技术要求,可用文字列出,如热处理方式、安装要求等。

零件的所有表面都应注明表面粗糙度,重要表面单独标注,当较多表面具有同样表面粗糙度时,可在图纸下方统一标注,并在前面加"其余"二字。表面粗糙度的数值按表面作用及制造经济的原则选取。

尺寸公差和形位公差都应按表面作用及必要的制造经济精度确定。

对齿轮这类传动零件,应列出主要几何参数、精度等级及项目偏差表。

图样右下角应画出标题栏,格式与尺寸可按国家标准规定的格式绘制,也可采用如图 9.17所示图例。

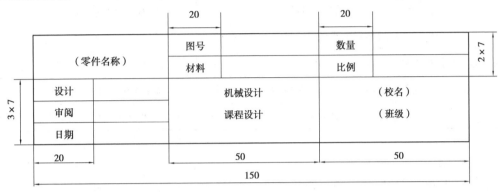

图 9.17 零件工作图标题栏

## 9.6 轴类零件工作图的设计要点

**(1)视图**

轴类零件为回转体,一般按轴线水平布置主视图,在有键槽和孔的地方,增加必要的剖视图或断面图。对于不易表达清楚的局部(如退刀槽、中心孔等),必要时应加局部放大图。

1)尺寸和尺寸偏差标注

径向尺寸以轴线为基准,所有配合处的直径尺寸都应标出尺寸偏差;轴向尺寸的基准面,通常选与轴承孔配合段的轴肩端面作为基准面或选轴端作为基准面。

尺寸的标注应反映加工工艺要求,即按加工顺序标出,以便于加工、测量。尺寸标注应完整,不可因尺寸数值相同而省略,也不允许出现封闭尺寸链。所有细部结构的尺寸(如倒角、圆角等),都应标注或在技术要求中说明。

2)表面粗糙度和形位公差标注

零件表面应标注表面粗糙度,轴的表面粗糙度参考表 9.3。为了保证轴的加工及装配精度,还应标注必要的形位公差。轴的形位公差等级参考表 9.4。

表 9.3 轴的工作表面粗糙度 $Ra$

| 加工表面 | $Ra/\mu m$ | 加工表面 | $Ra/\mu m$ |
|---|---|---|---|
| 与传动件及联轴器轮毂相配合的表面 | 3.2~0.8 | 与传动件及联轴器轮毂相配合的轴肩端面 | 6.3~3.2 |
| 与0级滚动轴承相配合的表面 | 1.6~0.8 | 与0级滚动轴承相配合的轴肩端面 | 3.2 |
| 平键键槽的工作面 | 3.2~1.6 | 平键键槽的非工作面 | 6.3 |

表 9.4 轴的形位公差等级

| 类 别 | 项 目 | 等 级 | 作 用 |
|---|---|---|---|
| 形状公差 | 与轴承配合表面的圆度或圆柱度 | 6~7 | 影响轴承与轴配合的松紧和对中性 |
| | 与传动件轴孔配合表面的圆度或圆柱度 | 7~8 | 影响传动件与轴配合的松紧和对中性 |
| 位置公差 | 与轴承配合表面对轴线的圆跳动 | 6~8 | 影响传动件及轴承的运转偏心 |
| | 轴承定位端面对轴线的圆跳动 | 6~8 | 影响轴承定位及受载均匀性 |
| | 与传动件轴孔配合表面对轴线的圆跳动 | 6~8 | 影响齿轮等传动件的正常运转 |
| | 与传动件定位端面对轴线的圆跳动 | 6~8 | 影响齿轮等传动件的定位及受载均匀性 |
| | 键槽对轴线的对称度 | 7~9 | 影响键受载的均匀性及装拆难易程度 |

**(2)技术要求**

图中无法标注或比较统一的一些技术要求,需要用文字在技术要求中说明,主要包括以下几个方面:

①对材料的力学性能及化学成分的要求。

②对材料表面力学性能的要求,如热处理、表面硬度等。

③对加工的要求,如中心孔与其他零件配合加工等。

④对图中未标注圆角、倒角及表面粗糙度的说明及其他特殊要求。

# 9.7 齿轮类零件工作图的设计要点

**(1)视图**

齿轮类零件常采用两个基本视图表达。主视图轴线水平放置,左视图反映轮辐、辐板及键槽等结构。也可采用一个视图、附加轴孔和键槽局部剖视图来表达。

**(2)尺寸和尺寸偏差的标注**

齿轮类零件的尺寸应按回转体零件进行标注。对于那些按结构要求确定的尺寸(如轮圈厚度、腹板厚度、轮毂、腹板开孔等)尺寸均应进行圆整。对铸造或模锻制造的毛坯,应注出起模斜度和必要工艺圆角等。

齿轮类零件在切齿以前应先加工好毛坯,毛坯尺寸要标注正确,首先应明确标注的基准,齿轮类零件的基准主要是基准孔、基准端面和顶圆柱面等。

①基准孔:轮毂孔是重要的基准,它不仅是装配的基准,也是切齿和检测加工精度的基准。孔的加工质量直接影响零件的旋转精度。

②基准端面:轮毂孔的端面是装配定位基准,切齿时也以它轴向定位。轮毂孔端面的加工质量会影响零件的安装质量和切齿精度。

③顶圆柱面:圆柱齿轮的顶圆常作为工艺基准和测量的定位基准。

**(3)表面粗糙度和形位公差**

齿轮类零件的表面粗糙度的推荐值参考表9.5。齿轮类零件轮坯的形位公差等级参考表

9.6。圆柱齿轮毛坯尺寸及偏差的标注如图9.18所示。

表9.5 齿轮工作表面的表面粗糙度 *Ra*

| 加工表面 | | 精度等级 | | | |
|---|---|---|---|---|---|
| | | 6 | 7 | 8 | 9 |
| 轮齿工作面 | | 0.8 ~ 0.4 | 1.6 ~ 0.8 | 3.2 ~ 1.6 | 6.3 ~ 3.2 |
| 齿顶圆 | 测量基面 | 1.6 | 3.2 ~ 1.6 | 3.2 ~ 1.6 | 6.3 ~ 3.2 |
| | 非测量基面 | 3.2 | 6.3 ~ 3.2 | 6.3 | 12.5 ~ 6.3 |
| 轮圈与轮心配合面 | | 1.6 ~ 0.8 | | 3.2 ~ 1.6 | 6.3 ~ 3.2 |
| 轴孔配合面 | | 1.6 ~ 0.8 | | 3.2 ~ 1.6 | 6.3 ~ 3.2 |
| 与轴肩配合的端面 | | 3.2 ~ 0.8 | | 3.32 ~ 1.6 | 6.3 ~ 3.2 |
| 其他加工面 | | 6.3 ~ 1.6 | | 6.3 ~ 3.2 | 12.5 ~ 6.3 |

注:原则上尺寸数值较大时选取大一些。

表9.6 齿轮轮坯的形位公差等级

| 类 别 | 项 目 | 等 级 | 作 用 |
|---|---|---|---|
| 形状公差 | 轴孔配合的圆度或圆柱度 | 6 ~ 8 | 影响轴孔配合的松紧及对中性 |
| 位置公差 | 齿顶圆对轴线的圆跳动 | 按齿轮精度等级及尺寸确定 | 影响传动精度及载荷分布的均匀性 |
| | 齿轮基准端面对轴线的端面圆跳动 | | |
| | 轮毂键槽对孔轴线的对称度 | 7 ~ 9 | 影响键受载的均匀性及装拆的难易 |

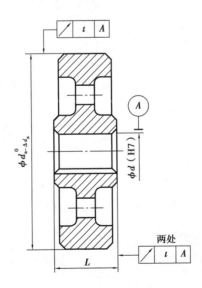

图9.18 圆柱齿轮毛坯尺寸及偏差

**(4)啮合特性表**

齿轮类零件的啮合特性表应布置在图幅的右上方,主要项目包括齿轮的主要参数及误差检验项目等。齿轮类零件的精度等级和相应的误差检验项目的极限偏差、公差,可参考第19章。

**(5)技术要求**

技术要求主要包括以下内容:

①对铸件、锻件或其他类型坯件的要求。

②对材料的力学性能和化学性能的要求。

③对材料表面力学性能的要求。

④对未注倒角、圆角及表面粗糙度值的说明及其他特殊要求。

# 9.8　箱体零件工作图的设计要点

**(1)视图**

减速器箱体零件的结构比较复杂,一般需要三个视图来表达。为表达清楚其内部和外部结构,通常还需增加一些局部视图、局部剖视图和局部放大图等。

**(2)尺寸和尺寸偏差标注**

与轴类及齿轮类零件相比,箱体的尺寸标注要复杂得多,在标注时应注意:

首先应选好基准,最好采用加工基准作为标注尺寸的基准。如箱盖或箱座的高度方向尺寸,最好以剖分面为基准;箱体的宽度方向尺寸,应以宽度的对称中心线为基准;箱体的长度方向尺寸,一般以轴承孔中心线为基准。

功能尺寸应直接标出,如轴承孔中心距、减速器中心高等。

标注全箱体形状尺寸和定位尺寸,形状尺寸是箱体各部位形状大小的尺寸,应直接标出;定位尺寸是确定箱体各部分相对位置的尺寸,应从基准直接标出。

箱体尺寸繁多,应避免尺寸遗漏、重复,同时要检查尺寸链是否封闭等,倒角、圆角、拔模斜度等必须在图中标注或在技术要求中说明。

**(3)表面粗糙度和形位公差标注**

箱体的表面粗糙度数值可参考表9.7。为保证加工及装配精度,还应标出形位公差,其公差等级可参考表9.8。

**表9.7　箱体零件的工作表面粗糙度 $Ra$**

| 加工表面 | $Ra/\mu m$ | 加工表面 | $Ra/\mu m$ |
|---|---|---|---|
| 减速器剖分面 | 3.2~1.6 | 减速器底面 | 12.5~6.3 |
| 轴承座孔面 | 3.2~1.6 | 轴承座孔外端面 | 6.3~3.2 |
| 圆锥销孔面 | 1.6~0.8 | 螺栓孔座面 | 12.5~6.3 |
| 嵌入式端盖凸缘槽面 | 6.3~3.2 | 油塞孔座面 | 12.5~6.3 |
| 视孔盖接触面 | 12.5 | 其他非配合表面 | 12.5~6.3 |

表9.8 箱体的形位公差等级

| 类 别 | 项 目 | 等 级 | 作 用 |
|---|---|---|---|
| 形状公差 | 轴承座孔的圆度或圆柱度 | 6~7 | 影响箱体与轴承的配合性能及对中性 |
| | 剖分面的平面度 | 7~8 | 影响剖分面的密合性能 |
| 位置公差 | 轴承座孔轴线间的平行度 | 6~7 | 影响齿面接触斑点及传动的平稳性 |
| | 两轴承座孔轴线的垂直度 | 7~8 | 影响传动精度及载荷分布的均匀性 |
| | 两轴承座孔轴线的同轴度 | 6~8 | 影响轴系安装及齿面载荷分布的均匀性 |
| | 轴承座孔轴线与端面的垂直度 | 7~8 | 影响轴承固定及轴向载荷的均匀性 |
| | 轴承座孔轴线对剖分面的位置度 | <0.3 mm | 影响孔系精度及轴系装配 |

**(4)技术要求**

技术要求主要包括以下内容:

①铸件的清砂、去毛刺和时效处理要求。

②剖分面上的定位销孔应将箱座和箱盖固定后配钻、配铰。

③箱座和箱盖轴承孔的加工,应在箱座和箱盖用螺栓连接,并装入定位销后进行。

④箱体内表面用煤油清洗后涂防锈漆。

⑤图中未注的铸造斜度及圆角半径。

⑥其他需要文字说明的特殊要求。

# 第 **10** 章
# 设计计算说明书及答辩准备

## 10.1 设计计算说明书的内容

设计计算说明书的内容视设计对象而定,以减速器为主的传动装置设计主要包括如下内容:

①目录(标题、页码)。

②设计任务书。

③传动方案的拟订(简要说明,附传动方案简图)。

④电动机的选择,传动系统的运动和动力参数计算(包括计算和选择电动机,分配各级传动比,计算各轴的转速、功率和转矩)。

⑤传动零件的计算(确定传动件的主要参数和尺寸)。

⑥轴的设计计算(估算轴径、结构设计和强度校核)。

⑦键连接的选择和计算。

⑧滚动轴承的选择和计算。

⑨联轴器的选择。

⑩箱体设计(箱体结构及附件等的设计和选择)。

⑪润滑和密封设计(润滑方式、润滑剂牌号及装油量)。

⑫设计小结(简要说明课程设计的体会,所设计减速器的优、缺点及改进意见等)。

⑬参考资料(资料的编号、作者名、书名、出版单位和出版年月)。

## 10.2 设计计算说明书的编写要求

设计计算说明书应简要说明设计中所考虑的主要问题和全部计算项目,且应满足以下要求:

①计算部分:只列出公式,代入有关数据,略去计算过程,直接得出计算结果。最后对计算结果应有简单结论(如"满足强度条件""安全"等)。

②为了清楚地说明计算内容,应附有必要的插图(如传动方案简图,轴的结构、受力、弯矩和转矩图以及轴承组合形式简图等)。

③计算中所使用的参考符号和脚标,应前后一致,各参量的数值应标明单位,且单位要统一。

④设计计算说明书用 16 开纸编写,并标注页码、编写目录,最后加封面装订成册。

## 10.3　计算说明书的格式示例

设计计算说明书的封面格式参考图 10.1,设计计算说明书编写格式参考图 10.2。

江西理工大学

# 机 械 课 程 设 计

### 设 计 计 算 说 明 书

专业与班级:＿＿＿＿＿＿＿＿＿

姓名与学号:＿＿＿＿＿＿＿＿＿

指导教师:＿＿＿＿＿＿＿＿＿

年　　月　　日

图 10.1　设计计算说明书封面格式图

| 题目 | 带式输送机传动用的V带传动及斜齿圆柱齿轮减速器 | 题号： |
|---|---|---|
| 技术参数 | 滚筒圆周力$F$=1 000 N<br>输送带速度$v$=2.2 m/s<br>滚筒直径$D$=500 mm | |
| 工况 | ①工作寿命10年，每年300个工作日，每日工作16小时<br>②工作环境：多灰尘<br>③载荷性质：稍有波动<br>④生产批量：小批 | |
| 参考书 | ①机械设计基础；②机械设计指导 | |
| 计算项目 | 计算内容 | 计算结果 |
| 选择<br>电动机 | | |
| 1.选择电动机类型 | 按工作要求和工作条件选用Y系列三相笼型异步电动机，全封闭自扇冷式结构，电压380 V。 | Y100L2 |
| 2.选择电动机容量 | | |
| （1）工作机的有效功率 | $$P_W = \frac{Fv}{1\ 000\ \eta_{鼓轮}} =$$ | $P_W$=****kW |
| （2）从电动机到工作机输送带间的总效率 | 查②表***<br><br>$$\eta_\Sigma = \eta_{V带}\ \eta_{齿轮}\ \eta_{轴承}^3\ \eta_{联轴器}$$ | $\eta_\Sigma$=*** |
| （3）电动机所需功率 | $$P_0 = \frac{P_W}{\eta_\Sigma} =$$ | $P_0$=**kW |
| （4）选择电动机额定功率 | | $P_M$=**kW |
| 3.确定电动机转速 | | |
| （1）鼓轮工作转速 | $$n_W = \frac{60v}{\pi D} =$$ | $n_W$=****r/min |

图 10.2　设计计算说明书编写格式

# 10.4　答辩准备

**（1）资料整理**

当完成设计任务后，应将装订好的设计计算说明书和折叠好的图纸一起装入设计资料袋中，为答辩做好准备。

**（2）答辩环节**

答辩是课程设计教学过程中的最后一个环节，准备答辩的过程是一个对整体设计过程的回顾、总结和学习的过程。总结时应注意对设计内容进行深入的分析：总体方案的确定、受力的分析、材料的选择、工作能力的计算、零件及机构的主要参数和尺寸的确定、结构设计、设计资料和标准的运用、零件的加工工艺和使用维护等。对所设计的机械装置应全面分析其优缺点,提出改进意见。

在对课程设计作出总结的基础上,经答辩找出设计计算和图纸中存在的问题和不足,将未考虑全面的问题弄清楚,进一步完善设计,使答辩成为课程设计中继续学习和提高的环节。

课程设计成绩的评定,是以设计图纸、设计计算说明书和答辩中回答问题的情况为依据,并参考学生在课程设计过程中的表现给出综合评定成绩。

# 第**3**篇
# 机械设计常用标准及规范

# 第**11**章
## 常用数据和一般标准

## 11.1 常用数据

表 11.1 机械传动和摩擦副的效率概略值

| 种　类 | | 效率 $\eta$ | 种　类 | | 效率 $\eta$ |
|---|---|---|---|---|---|
| 圆柱齿轮传动 | 很好跑合的 6 级和 7 级精度齿轮传动（油润滑） | 0.98~0.99 | 摩擦传动 | 平摩擦轮传动 | 0.85~0.92 |
| | 8 级精度的一般齿轮传动（油润滑） | 0.97 | | 槽摩擦轮传动 | 0.88~0.90 |
| | 9 级精度的齿轮传动（油润滑） | 0.96 | | 卷绳轮 | 0.95 |

续表

| 种　类 | | 效率 η | 种　类 | | 效率 η |
|---|---|---|---|---|---|
| 圆柱齿轮传动 | 加工齿的开式齿轮传动（脂润滑） | 0.94~0.96 | 联轴器 | 十字滑块联轴器 | 0.97~0.99 |
| | 铸造齿的开式齿轮传动 | 0.90~0.93 | | 齿式联轴器 | 0.99 |
| 锥齿轮传动 | 很好跑合的6级和7级精度的齿轮传动（油润滑） | 0.97~0.98 | | 弹性联轴器 | 0.99~0.995 |
| | 8级精度的一般齿轮传动（油润滑） | 0.94~0.97 | | 万向联轴器（α≤3°） | 0.97~0.98 |
| | 加工齿的开式齿轮传动（脂润滑） | 0.92~0.95 | | 万向联轴器（α>3°） | 0.95~0.97 |
| | 铸造齿的开式齿轮传动 | 0.88~0.92 | 滑动轴承 | 润滑不良 | 0.94（一对） |
| 蜗杆传动 | 自锁蜗杆（油润滑） | 0.40~0.45 | | 润滑正常 | 0.97（一对） |
| | 单头螺杆（油润滑） | 0.70~0.75 | | 润滑特好（压力润滑） | 0.98（一对） |
| | 双头螺杆（油润滑） | 0.75~0.82 | | 液体摩擦 | 0.99（一对） |
| | 四头螺杆（油润滑） | 0.80~0.92 | 滚动轴承 | 球轴承（稀油润滑） | 0.99（一对） |
| | 环面蜗杆传动（油润滑） | 0.85~0.95 | | 滚子轴承（稀油润滑） | 0.98（一对） |
| 带传动 | 平带无压紧轮的开式传动 | 0.98 | 卷筒 | | 0.96 |
| | 平带有压紧轮的开式传动 | 0.97 | 减（变）速器 | 单级圆柱齿轮减速器 | 0.97~0.98 |
| | 平带交叉传动 | 0.90 | | 二级圆柱齿轮减速器 | 0.95~0.96 |
| | V带传动 | 0.96 | | 行星圆柱齿轮减速器 | 0.95~0.98 |
| 链传动 | 焊接链 | 0.93 | | 单级锥齿轮减速器 | 0.95~0.96 |
| | 片式关节链 | 0.95 | | 二级圆锥-圆柱齿轮减速器 | 0.94~0.95 |
| | 滚子链 | 0.96 | | 无级变速器 | 0.92~0.95 |
| | 齿形链 | 0.97 | | 摆线-针轮减速器 | 0.90~0.97 |
| 复合轮组 | 滑动轴承（$i=2~6$） | 0.90~0.98 | 螺旋传动 | 滑动螺旋 | 0.30~0.60 |
| | 滚动轴承（$i=2~6$） | 0.95~0.99 | | 滚动螺旋 | 0.85~0.95 |

表 11.2　各种传动的传动比(参考值)

| 传动类型 | 传动比 | 传动类型 | 传动比 |
|---|---|---|---|
| 平带传动 | ≤5 | 锥齿轮传动: | |
| V 带传动 | ≤7 | 1)开式 | ≤5 |
| 圆柱齿轮传动: | | 2)单级减速器 | ≤3 |
| 1)开式 | ≤8 | 蜗杆传动: | |
| 2)单级减速器 | ≤4～6 | 1)开式 | 15～60 |
| 3)单级外啮合和内啮合行星减速器 | 3～9 | 2)单级减速器 | 8～40 |
| | | 链传动 | ≤6 |
| | | 摩擦轮传动 | ≤5 |

# 11.2　一般标准

表 11.3　图纸幅面、图样比例

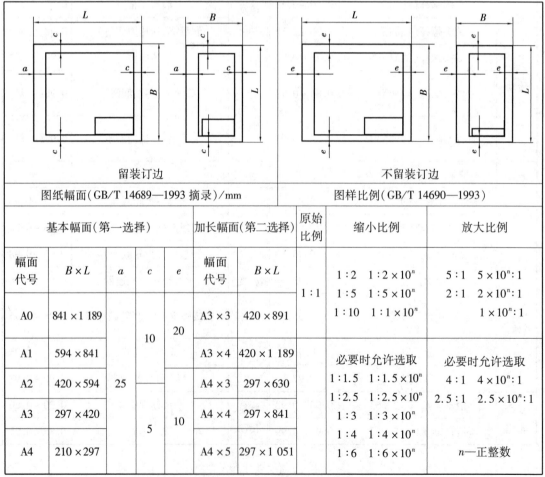

| 留装订边 | 不留装订边 |
|---|---|

| 图纸幅面(GB/T 14689—1993 摘录)/mm | 图样比例(GB/T 14690—1993) |

| 基本幅面(第一选择) | | | | | 加长幅面(第二选择) | | 原始比例 | 缩小比例 | 放大比例 |
|---|---|---|---|---|---|---|---|---|---|
| 幅面代号 | $B \times L$ | $a$ | $c$ | $e$ | 幅面代号 | $B \times L$ | 1:1 | 1:2　$1:2 \times 10^{n}$<br>1:5　$1:5 \times 10^{n}$<br>1:10　$1:1 \times 10^{n}$ | 5:1　$5 \times 10^{n}:1$<br>2:1　$2 \times 10^{n}:1$<br>$1 \times 10^{n}:1$ |
| A0 | 841×1 189 | | | 20 | A3×3 | 420×891 | | | |
| A1 | 594×841 | | 10 | | A3×4 | 420×1 189 | | 必要时允许选取<br>1:1.5　$1:1.5 \times 10^{n}$<br>1:2.5　$1:2.5 \times 10^{n}$<br>1:3　$1:3 \times 10^{n}$<br>1:4　$1:4 \times 10^{n}$<br>1:6　$1:6 \times 10^{n}$ | 必要时允许选取<br>4:1　$4 \times 10^{n}:1$<br>2.5:1　$2.5 \times 10^{n}:1$ |
| A2 | 420×594 | 25 | | | A4×3 | 297×630 | | | |
| A3 | 297×420 | | | 10 | A4×4 | 297×841 | | | |
| A4 | 210×297 | | 5 | | A4×5 | 297×1 051 | | | $n$—正整数 |

注:①加长幅面的图框尺寸按所选用的基本幅面大一号图框尺寸确定。例如,对 A3×4,按 A2 的图框尺寸确定,即 $e$ 为 10(或 $c$ 为 10)。
　　②加长幅面(第三选择)的尺寸见 GB/T 14689—1993。

表 11.4　标准尺寸（直径、长度、高度等 GB/T 2822—2005 摘录）

单位:mm

| R | | | R' | | | R | | | R' | | | R | | | R' | | |
|---|---|---|---|---|---|---|---|---|---|---|---|---|---|---|---|---|---|
| R10 | R20 | R40 | R'10 | R'20 | R'40 | R10 | R20 | R40 | R'10 | R'20 | R'40 | R10 | R20 | R40 | R'10 | R'20 | R'40 |
| 2.50 | 2.50 | | 2.5 | 2.5 | | 40.0 | 40.0 | 40.0 | 40 | 40 | 40 | | 280 | 280 | | 280 | 280 |
| | 2.80 | | | 2.8 | | | | 42.5 | | | 42 | | | 300 | | | 300 |
| 3.15 | 3.15 | | 3.0 | 3.0 | | | 45.0 | 45.0 | | 45 | 45 | 315 | 315 | 315 | 320 | 320 | 320 |
| | 3.55 | | | 3.5 | | | | 47.5 | | | 48 | | | 335 | | | 340 |
| 4.00 | 4.00 | | 4.0 | 4.0 | | 50.0 | 50.0 | 50.0 | 50 | 50 | 50 | | | 355 | | 360 | 360 |
| | 4.50 | | | 4.5 | | | | 53.0 | | | 53 | | | 375 | | | 380 |
| 5.00 | 5.00 | | 5.0 | 5.0 | | | 56.0 | 56.0 | | 56 | 56 | 400 | 400 | 400 | 400 | 400 | 400 |
| | 5.60 | | | 5.5 | | | | 60.0 | | | 60 | | | 425 | | | 420 |
| 6.30 | 6.30 | | 6.0 | 6.0 | | 63.0 | 63.0 | 63.0 | 63 | 63 | 63 | | 450 | 450 | | 450 | 450 |
| | 7.10 | | | 7.0 | | | | 67.0 | | | 67 | | | 475 | | | 480 |
| 8.00 | 8.00 | | 8.0 | 8.0 | | | 71.0 | 71.0 | | 71 | 71 | 500 | 500 | 500 | 500 | 500 | 500 |
| | 9.00 | | | 9.0 | | | | 75.0 | | | 75 | | | 530 | | | 530 |
| 10.0 | 10.0 | | 10.0 | 10.0 | | 80.0 | 80.0 | 80.0 | 80 | 80 | 80 | | 560 | 560 | | 560 | 560 |
| | 11.2 | | | 11 | | | | 85.0 | | | 85 | | | 600 | | | 600 |
| 12.5 | 12.5 | 12.5 | 12 | 12 | 12 | | 90.0 | 90.0 | | 90 | 90 | 630 | 630 | 630 | 630 | 630 | 630 |
| | | 13.2 | | | 13 | | | 95.0 | | | 95 | | | 670 | | | 670 |
| | 14.0 | 14.0 | | 14 | 14 | 100 | 100 | 100 | 100 | 100 | 100 | | 710 | 710 | | 710 | 710 |
| | | 15.0 | | | 15 | | | 106 | | | 105 | | | 750 | | | 750 |
| 16.0 | 16.0 | 16.0 | 16 | 16 | 16 | | 112 | 112 | | 110 | 110 | 800 | 800 | 800 | 800 | 800 | 800 |
| | | 17.0 | | | 17 | | | 118 | | | 120 | | | 850 | | | 850 |
| | 18.0 | 18.0 | | 18 | 18 | 125 | 125 | 125 | 125 | 125 | 125 | | 900 | 900 | | 900 | 900 |
| | | 19.0 | | | 19 | | | 132 | | | 130 | | | 950 | | | 950 |
| 20.0 | 20.0 | 20.0 | 20 | 20 | 20 | | 140 | 140 | | 140 | 140 | 1 000 | 1 000 | 1 000 | 1 000 | 1 000 | 1 000 |
| | | 21.2 | | | 21 | | | 150 | | | 150 | | | 1 060 | | | |
| | 22.4 | 22.4 | | 22 | 22 | 160 | 160 | 160 | 160 | 160 | 160 | | 1 120 | 1 120 | | | |
| | | 23.6 | | | 24 | | | 170 | | | 170 | | | 1 180 | | | |
| 25.0 | 25.0 | 25.0 | 25 | 25 | 25 | | 180 | 180 | | 180 | 180 | 1 250 | 1 250 | 1 250 | | | |
| | | 26.5 | | | 26 | | | 190 | | | 190 | | | 1 320 | | | |
| | 28.0 | 28.0 | | 28 | 28 | 200 | 200 | 200 | 200 | 200 | 200 | | 1 400 | 1 400 | | | |
| | | 30.0 | | | 30 | | | 212 | | | 210 | | | 1 500 | | | |
| 31.5 | 31.5 | 31.5 | 32 | 32 | 32 | | 224 | 224 | | 220 | 220 | 1 600 | 1 600 | 1 600 | | | |
| | | 33.5 | | | 34 | | | 236 | | | 240 | | | 1 700 | | | |
| | 35.5 | 35.5 | | 36 | 36 | 250 | 250 | 250 | 250 | 250 | 250 | | 1 800 | 1 800 | | | |
| | | 37.5 | | | 38 | | | 265 | | | 260 | | | 1 900 | | | |

注:①选择系列及单位尺寸时,应首先在优先数系 R 系列中选用标准尺寸,选用顺序为 R10,R20,R40;如果必须将数值圆整,可在相应的 R' 系列中选用标准尺寸,选用顺序为 R'10,R'20,R'40。

②本标准适用于有互换性或系列化要求的主要尺寸,其他结构尺寸也应尽可能采用;本标准不适用于由主要尺寸导出的因变量尺寸和工艺上工序间的尺寸和已有专用标准规定的尺寸。

**表 11.5　中心孔**(GB/T 145—2001 摘录)

单位:mm

| A 型 | B 型 | C 型 | R 型 |
|---|---|---|---|

| D | D₁ | L₁(参考) | t(参考) | l_min | r_max | r_min | D | D₁ | D₂ | l | l₁(参考) | 选择中心孔的参考数据 | | |
|---|---|---|---|---|---|---|---|---|---|---|---|---|---|---|
| A,B, R型 | A, R型 | B型 | A型 | B型 | A, B型 | R型 | | C型 | | | | 原料端部最小直径 D₀ | 轴状原料最大直径 D_e | 工件最大质量 |
| 1.60 | 3.35 | 5.00 | 1.52 | 1.99 | 1.4 | 3.5 | 5.00 | 4.00 | | | | | | | |
| 2.00 | 4.25 | 6.30 | 1.95 | 2.54 | 1.8 | 4.4 | 6.30 | 5.00 | | | | | 8 | >10 ~ 18 | 0.12 |
| 2.50 | 5.30 | 8.00 | 2.42 | 3.20 | 2.2 | 5.5 | 8.00 | 6.30 | | | | | 10 | >18 ~ 30 | 0.2 |
| 3.15 | 6.70 | 10.00 | 3.07 | 4.03 | 2.8 | 7.0 | 10.00 | 8.00 | M3 | 3.2 | 5.8 | 2.6 | 1.8 | 12 | >30 ~ 50 | 0.5 |
| 4.00 | 8.50 | 12.50 | 3.90 | 5.05 | 3.5 | 8.9 | 12.50 | 10.00 | M4 | 4.3 | 7.4 | 3.2 | 2.1 | 15 | >50 ~ 80 | 0.8 |
| (5.00) | 10.60 | 16.00 | 4.85 | 6.41 | 4.4 | 11.2 | 16.00 | 12.5 | M5 | 5.3 | 8.8 | 4.0 | 2.4 | 20 | >80 ~ 120 | 1 |
| 6.30 | 13.20 | 18.00 | 5.98 | 7.36 | 5.5 | 14.0 | 20.00 | 16.00 | M6 | 6.4 | 10.5 | 5.0 | 2.8 | 25 | >120 ~ 180 | 1.5 |
| (8.00) | 17.00 | 22.40 | 7.79 | 9.36 | 7.0 | 17.9 | 25.00 | 20.00 | M8 | 8.4 | 13.2 | 6.0 | 3.3 | 30 | >180 ~ 220 | 2 |
| 10.00 | 21.20 | 28.00 | 9.70 | 11.66 | 8.7 | 22.5 | 31.50 | 25.00 | M10 | 10.5 | 16.3 | 7.5 | 3.8 | 35 | >180 ~ 220 | 2.5 |
| | | | | | | | | | M12 | 13.0 | 19.8 | 9.5 | 4.4 | 42 | >220 ~ 260 | 3 |

注:①A 型和 B 型中心孔的尺寸 l 取决于中心钻的长度,此值不应小于 t 值。

②括号内的尺寸尽量不采用。

③选择中心孔的参考数据不属 GB/T 145—2001 内容,仅供参考。

**表 11.6　中心孔表示法**(GB/T 4459.5—1999 摘录)

| 标注示例 | 解　释 | 标注示例 | 解　释 |
|---|---|---|---|
| GB/T 4459.5—1999 B3.15/10 | 要求制出 B 型中心孔 B = 31.5 mm, D₁ = 10 mm 在完工的零件上要求保留中心孔 | GB/T 4459.5—1999 A4/8.5 | 用 A 型中心孔 D = 4 mm, D₁ = 8.5 mm 在完工的零件上不允许保留中心孔 |

续表

| 标注示例 | 解　释 | 标注示例 | 解　释 |
|---|---|---|---|
| GB/T 4459.5—1999 A4/8.5 | 用 A 型中心孔 $D = 4$ mm，$D_1 = 8.5$ mm 在完工的零件上是否保留中心孔都可以 | 2×GB/T 4459.5—1999 B3.15/10 | 同一轴的两端中心孔相同，可只在其一端标注，但应注出数量 |

**表 11.7　齿轮滚刀外径尺寸**（GB/T 6083—2001 摘录）

单位：mm

| 模数 $m$ | | 1，1.25 | 1.5 | 2 | 2.5 | 3 | 4 | 5 | 6 | 7 | 8 | 9 | 10 |
|---|---|---|---|---|---|---|---|---|---|---|---|---|---|
| 滚刀外径 $d_e$ | Ⅰ 型 | 63 | 71 | 80 | 90 | 100 | 112 | 125 | 140 | 140 | 160 | 180 | 200 |
| | Ⅱ 型 | 50 | 63 | 71 | 71 | 80 | 90 | 100 | 112 | 118 | 125 | 140 | 150 |

注：Ⅰ 型适用于技术条件按 JB/T 3327 的高精度齿轮滚刀或按 GB/T 6084 中 AA 级的齿轮滚刀，Ⅱ 型适用于技术条件按 GB/T 6084 中其他精度等级的齿轮滚刀。

**表 11.8　回转面及端面砂轮越程槽**（GB/T 6403.5—2008 摘录）

单位：mm

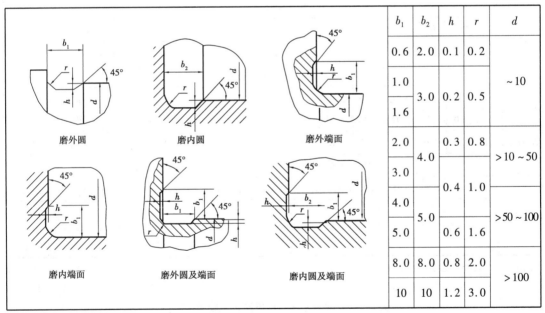

| $b_1$ | $b_2$ | $h$ | $r$ | $d$ |
|---|---|---|---|---|
| 0.6 | 2.0 | 0.1 | 0.2 | ~ 10 |
| 1.0 | 3.0 | 0.2 | 0.5 | |
| 1.6 | | | | |
| 2.0 | 4.0 | 0.3 | 0.8 | >10 ~ 50 |
| 3.0 | | 0.4 | 1.0 | |
| 4.0 | 5.0 | | | >50 ~ 100 |
| 5.0 | | 0.6 | 1.6 | |
| 8.0 | 8.0 | 0.8 | 2.0 | >100 |
| 10 | 10 | 1.2 | 3.0 | |

表 11.9　零件倒圆与倒角(GB/T 6403.4—2008 摘录)

单位:mm

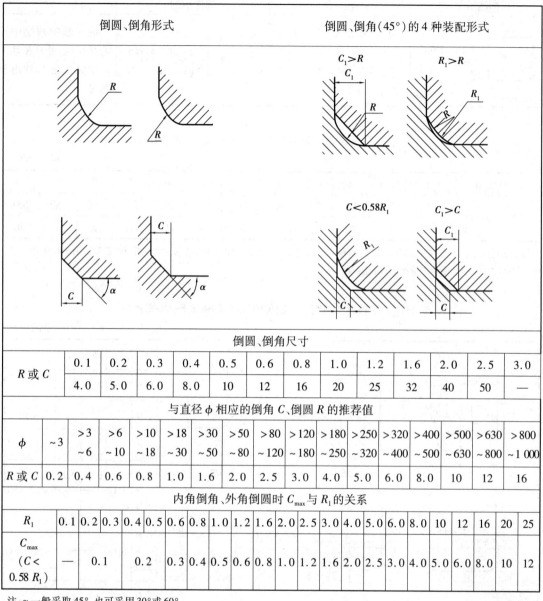

| 倒圆、倒角尺寸 | | | | | | | | | | | | |
|---|---|---|---|---|---|---|---|---|---|---|---|---|
| R 或 C | 0.1 | 0.2 | 0.3 | 0.4 | 0.5 | 0.6 | 0.8 | 1.0 | 1.2 | 1.6 | 2.0 | 2.5 | 3.0 |
| | 4.0 | 5.0 | 6.0 | 8.0 | 10 | 12 | 16 | 20 | 25 | 32 | 40 | 50 | — |

| 与直径 φ 相应的倒角 C、倒圆 R 的推荐值 | | | | | | | | | | | | | | | |
|---|---|---|---|---|---|---|---|---|---|---|---|---|---|---|---|
| φ | ~3 | >3<br>~6 | >6<br>~10 | >10<br>~18 | >18<br>~30 | >30<br>~50 | >50<br>~80 | >80<br>~120 | >120<br>~180 | >180<br>~250 | >250<br>~320 | >320<br>~400 | >400<br>~500 | >500<br>~630 | >630<br>~800 | >800<br>~1 000 |
| R 或 C | 0.2 | 0.4 | 0.6 | 0.8 | 1.0 | 1.6 | 2.0 | 2.5 | 3.0 | 4.0 | 5.0 | 6.0 | 8.0 | 10 | 12 | 16 |

| 内角倒角、外角倒圆时 $C_{max}$ 与 $R_1$ 的关系 | | | | | | | | | | | | | | | | | | | |
|---|---|---|---|---|---|---|---|---|---|---|---|---|---|---|---|---|---|---|---|
| $R_1$ | 0.1 | 0.2 | 0.3 | 0.4 | 0.5 | 0.6 | 0.8 | 1.0 | 1.2 | 1.6 | 2.0 | 2.5 | 3.0 | 4.0 | 5.0 | 6.0 | 8.0 | 10 | 12 | 16 | 20 | 25 |
| $C_{max}$<br>($C <$<br>$0.58 R_1$) | — | 0.1 | | 0.2 | | 0.3 | 0.4 | 0.5 | 0.6 | 0.8 | 1.0 | 1.2 | 1.6 | 2.0 | 2.5 | 3.0 | 4.0 | 5.0 | 6.0 | 8.0 | 10 | 12 |

注:α 一般采取45°,也可采用30°或60°。

表 11.10　圆形零件自由表面过渡圆角(参考)

单位:mm

| | | | | | | | | | |
|---|---|---|---|---|---|---|---|---|---|
| $D-d$ | 2 | 5 | 8 | 10 | 15 | 20 | 25 | 30 | 35 | 40 |
| R | 1 | 2 | 3 | 4 | 5 | 8 | 10 | 12 | 12 | 16 |
| $D-d$ | 50 | 55 | 65 | 70 | 90 | 100 | 130 | 140 | 170 | 180 |
| R | 16 | 20 | 20 | 25 | 25 | 30 | 30 | 40 | 40 | 50 |

注:尺寸 $D-d$ 是表中数值的中间值时,则按较小尺寸来选取 R。例如 $D-d = 98$ mm,则 90 mm 选 $R = 25$ mm。

表 11.11　**圆柱形轴伸**(GB/T 1569—2005 摘录)

单位:mm

| | | $L$ | | | $L$ | |
|---|---|---|---|---|---|---|
| | $d$ | 长系列 | 短系列 | $d$ | 长系列 | 短系列 |
| | 6,7 | 16 | — | 80,85,90,95 | 170 | 130 |
| | 8,9 | 20 | — | 100,110,120,125 | 210 | 165 |
| | 10,11 | 23 | 20 | 130,140,150 | 250 | 200 |
| | 12,14 | 30 | 25 | 160,170,180 | 300 | 240 |
| | 16,18,19 | 40 | 28 | 190,200,220 | 350 | 280 |
| | 20,22,24 | 50 | 36 | 240,250,260 | 410 | 330 |
| | 25,28 | 60 | 42 | 280,300,320 | 470 | 380 |
| $d$ 的极限偏差 | | | | 340,360,380 | 550 | 450 |
| | 30,32,35,38 | 80 | 58 | | | |
| $d$ | 6~30 | 32~50 | 55~630 | 40,42,45,48,50,55,56 | 110 | 82 | 400,420,440,450,460,480,500 | 650 | 540 |
| 极限偏差 | j6 | k6 | m6 | 60,63,65,70,71,75 | 140 | 105 | 530,560,600,630 | 800 | 680 |

表 11.12　**机器轴高**(GB/T 12217—2005 摘录)

单位:mm

| 系列 | 轴高的基本尺寸 $h$ |
|---|---|
| Ⅰ | 25,40,63,100,160,250,400,630,1 000,1 600 |
| Ⅱ | 25,32,40,50,63,80,100,125,160,200,250,315,400,500,630,800,1 000,1 250,1 600 |
| Ⅲ | 25,28,32,36,40,45,50,56,63,71,80,90,100,112,125,140,160,180,200,225,250,280,315,355,400,450,500,560,630,710,800,900,1 000,1 120,1 250,1 400,1 600 |
| Ⅳ | 25,26,28,30,32,34,36,38,40,42,45,48,50,53,56,60,63,67,71,75,80,85,90,95,100,105,112,118,125,132,140,150,160,170,180,190,200,212,225,236,250,265,280,300,315,335,355,375,400,425,450,475,500,530,560,600,630,670,710,750,800,850,900,950,1 000,1 060,1 120,1 180,1 250,1 320,1 400,1 500,1 600 |

| | 轴高 $h$ | 轴高的极限偏差 | | 平行度公差 | | |
|---|---|---|---|---|---|---|
| | | 电动机、从动机器减速器等 | 除电动机以外的主动机器 | $L > 2.5h$ | $2.5h \leqslant L \leqslant 4h$ | $L > 4h$ |
| | 25~50 | 0 −0.4 | +0.4 0 | 0.2 | 0.3 | 0.4 |
| | >50~250 | 0 −0.5 | +0.5 0 | 0.25 | 0.4 | 0.5 |
| | >250~630 | 0 −1.0 | +1.0 0 | 0.5 | 0.75 | 1.0 |
| | >630~1 000 | 0 −1.5 | +1.5 0 | 0.75 | 1.0 | 1.5 |
| | >1 000 | 0 −2.0 | +2.0 0 | 1.0 | 1.5 | 2.0 |

注:①机器轴高应优先选用第Ⅰ系列数值,如不能满足需要时,可选用第Ⅱ系列数值,其次选用第Ⅲ系列数值,尽量不采用第Ⅳ系列数值。

②$h$ 不包括安装时所用的垫片;$L$ 为轴的全长。

表 11.13　轴肩和轴环尺寸(参考)

单位:mm

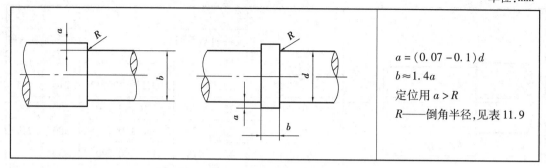

$$a = (0.07 - 0.1)d$$
$$b \approx 1.4a$$
定位用 $a > R$
$R$——倒角半径,见表 11.9

表 11.14　铸件最小壁厚(不小于)

单位:mm

| 铸造方法 | 铸件尺寸 | 铸钢 | 灰铸铁 | 球墨铸铁 | 可锻铸铁 | 铝合金 | 铜合金 |
|---|---|---|---|---|---|---|---|
| 砂型 | ~200×200 | 8 | ~6 | 6 | 5 | 3 | 3~5 |
| | >200×200~500×500 | 10~12 | >6~10 | 12 | 8 | 4 | 6~8 |
| | >500×500 | 15~20 | 15~20 | | | 6 | |

表 11.15　铸造斜度(JB/ZQ 4257—1997 摘录)

| 斜度 b:h | 角度 β | 使用范围 |
|---|---|---|
| 1:5 | 11°30′ | $h < 25$ mm 的钢和铁铸件 |
| 1:10 | 5°30′ | $h$ 在 25~500 mm 时的钢和铁铸件 |
| 1:20 | 3° | |
| 1:50 | 1° | $h > 500$ mm 时的钢和铁铸件 |
| 1:100 | 30′ | 有色金属铸件 |

注:当设计不同壁厚的铸件时,在转折点处的斜角最大还可增加30°~45°。

表 11.16　铸造过渡斜度(JB/ZQ 4254—2006 摘录)

单位:mm

适用于减速器、连接管、汽缸及其他连接法兰

| 铸铁和铸钢件的壁厚 δ | K | h | R |
|---|---|---|---|
| 10~15 | 3 | 15 | 5 |
| >15~20 | 4 | 20 | 5 |
| >20~25 | 5 | 25 | 5 |
| >25~30 | 6 | 30 | 8 |
| >30~35 | 7 | 35 | 8 |
| >35~40 | 8 | 40 | 10 |
| >40~45 | 9 | 45 | 10 |
| >45~50 | 10 | 50 | 10 |

表 11.17　铸造外圆角（JB/ZQ 4256—2006 摘录）

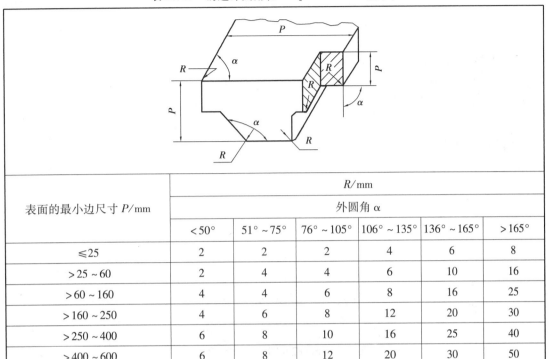

| 表面的最小边尺寸 $P$/mm | $R$/mm | | | | | |
|---|---|---|---|---|---|---|
| | 外圆角 $\alpha$ | | | | | |
| | $<50°$ | $51° \sim 75°$ | $76° \sim 105°$ | $106° \sim 135°$ | $136° \sim 165°$ | $>165°$ |
| $\leqslant 25$ | 2 | 2 | 2 | 4 | 6 | 8 |
| $>25 \sim 60$ | 2 | 4 | 4 | 6 | 10 | 16 |
| $>60 \sim 160$ | 4 | 4 | 6 | 8 | 16 | 25 |
| $>160 \sim 250$ | 4 | 6 | 8 | 12 | 20 | 30 |
| $>250 \sim 400$ | 6 | 8 | 10 | 16 | 25 | 40 |
| $>400 \sim 600$ | 6 | 8 | 12 | 20 | 30 | 50 |

表 11.18　铸造内圆角（JB/ZQ 4255—2006 摘录）

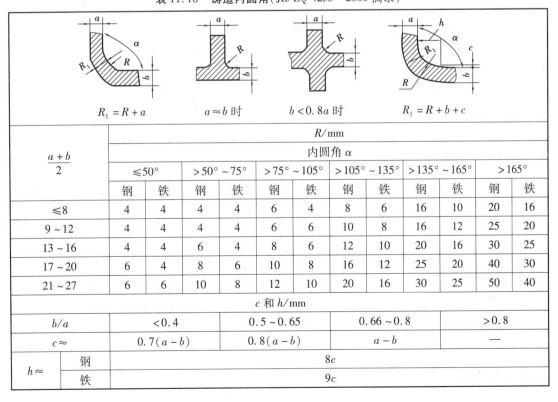

| $\dfrac{a+b}{2}$ | $R$/mm | | | | | | | | | | | |
|---|---|---|---|---|---|---|---|---|---|---|---|---|
| | 内圆角 $\alpha$ | | | | | | | | | | | |
| | $\leqslant 50°$ | | $>50° \sim 75°$ | | $>75° \sim 105°$ | | $>105° \sim 135°$ | | $>135° \sim 165°$ | | $>165°$ | |
| | 钢 | 铁 | 钢 | 铁 | 钢 | 铁 | 钢 | 铁 | 钢 | 铁 | 钢 | 铁 |
| $\leqslant 8$ | 4 | 4 | 4 | 4 | 6 | 4 | 8 | 6 | 16 | 10 | 20 | 16 |
| $9 \sim 12$ | 4 | 4 | 4 | 4 | 6 | 6 | 10 | 8 | 16 | 12 | 25 | 20 |
| $13 \sim 16$ | 4 | 4 | 6 | 4 | 8 | 6 | 12 | 10 | 20 | 16 | 30 | 25 |
| $17 \sim 20$ | 6 | 4 | 8 | 6 | 10 | 8 | 16 | 12 | 25 | 20 | 40 | 30 |
| $21 \sim 27$ | 6 | 6 | 10 | 8 | 12 | 10 | 20 | 16 | 30 | 25 | 50 | 40 |

| $c$ 和 $h$/mm | | | | |
|---|---|---|---|---|
| $b/a$ | $<0.4$ | $0.5 \sim 0.65$ | $0.66 \sim 0.8$ | $>0.8$ |
| $c \approx$ | $0.7(a-b)$ | $0.8(a-b)$ | $a-b$ | — |
| $h \approx$　钢 | $8c$ | | | |
| 铁 | $9c$ | | | |

# 第 **12** 章
## 常用材料

## 12.1 黑色金属材料

表 12.1 灰铸铁（GB/T 9439—2010）

| 牌 号 | 铸件厚度/mm | | 最小抗拉强度 $\sigma_b$/MPa | 硬度 /HBW | 应用举例 |
|---|---|---|---|---|---|
| | 大于 | 至 | | | |
| HT100 | 2.5 | 10 | 130 | 110 ~ 166 | 盖、外罩、油盘、手轮、手把、支架等 |
| | 10 | 20 | 100 | 93 ~ 140 | |
| | 20 | 30 | 90 | 87 ~ 131 | |
| | 30 | 50 | 80 | 82 ~ 122 | |
| HT150 | 2.5 | 10 | 175 | 137 ~ 205 | 端盖、汽轮泵体、轴承座、阀壳、管子及管路附件、手轮、一般机床底座、床身及其他复杂零件、滑座、工作台等 |
| | 10 | 20 | 145 | 119 ~ 179 | |
| | 20 | 30 | 130 | 110 ~ 166 | |
| | 30 | 50 | 120 | 141 ~ 157 | |
| HT200 | 2.5 | 10 | 220 | 157 ~ 236 | 汽缸、齿轮、底架、箱体、飞轮、齿条、衬筒、一般机床铸有导轨的床身及中等压力（8 MPa 以下）油缸、液压泵和阀的壳体等 |
| | 10 | 20 | 195 | 148 ~ 222 | |
| | 20 | 30 | 170 | 134 ~ 200 | |
| | 30 | 50 | 160 | 128 ~ 192 | |

续表

| 牌　号 | 铸件厚度/mm | | 最小抗拉强度 $\sigma_b$/MPa | 硬度 /HBW | 应用举例 |
|---|---|---|---|---|---|
| | 大于 | 至 | | | |
| HT250 | 4.0 | 10 | 270 | 175～262 | 壳体、油缸、汽缸、联轴器、箱体、齿轮、齿轮箱外壳、飞轮、衬筒、凸轮、轴承座等 |
| | 10 | 20 | 240 | 164～246 | |
| | 20 | 30 | 220 | 157～236 | |
| | 30 | 50 | 200 | 150～225 | |
| HT300 | 10 | 20 | 290 | 182～272 | 齿轮、凸轮、车床卡盘、剪床、压力机的机身、导板、转塔自动车床及其他重负荷机床铸有导轨的床身、高压油缸、液压泵和滑阀的壳体等 |
| | 20 | 30 | 250 | 168～251 | |
| | 30 | 50 | 230 | 161～241 | |
| HT350 | 10 | 20 | 340 | 199～299 | |
| | 20 | 30 | 290 | 182～272 | |
| | 30 | 50 | 260 | 171～257 | |

注:灰铸铁的硬度,系由经验关系式计算:当 $\sigma_b \geqslant 196$ MPa 时,HBW = RH$(100 + 0.438\sigma_b)$;当 $\sigma_b < 196$ MPa 时,HBW = RH$(44 + 0.724\sigma_b)$。RH 称为相对硬度,一般取 0.80～1.20。

表 12.2　球墨铸铁(GB/T 1348—2009 摘录)

| 牌　号 | 抗拉强度 $\sigma_b$/MPa | 屈服强度 $\sigma_{0.2}$/MPa | 伸长率 $\delta$/% | 供参考 | 用　途 |
|---|---|---|---|---|---|
| | 最小值 | | | 布氏硬度/HBW | |
| QT400-18 | 400 | 250 | 18 | 130～180 | 减速器箱体、管路、阀体、阀盖、压缩机汽缸、拨叉、离合器壳等 |
| QT400-15 | 400 | 250 | 15 | 130～180 | |
| QT450-10 | 450 | 310 | 10 | 160～210 | 油泵齿轮、阀门体、车辆轴瓦、凸轮、犁铧、减速器箱体、轴承座等 |
| QT500-7 | 500 | 320 | 7 | 170～230 | |
| QT600-3 | 600 | 370 | 3 | 190～270 | 曲轴、凸轮轴、齿轮轴、机床主轴、缸体、缸套、连杆、矿车轮、农机零件等 |
| QT700-2 | 700 | 420 | 2 | 225～305 | |
| QT800-2 | 800 | 480 | 2 | 245～335 | |
| QT900-2 | 900 | 600 | 2 | 280～360 | 曲轴、凸轮轴、连杆、履带式拖拉机链轨板等 |

注:表中牌号系由单铸试块测定的性能。

表 12.3　一般工程用铸造碳钢（GB/T 11352—2009 摘录）

| 牌　号 | 抗拉强度 $\sigma_b$/MPa | 屈服强度 $\sigma_s$ 或 $\sigma_{0.2}$/MPa | 伸长率 $\delta$/% | 根据合同选择 收缩率 $\psi$/% | 根据合同选择 冲击功 $A_{kv}$/J | 硬度 正火回火 /HBW | 硬度 表面淬火 /HRC | 应用举例 |
|---|---|---|---|---|---|---|---|---|
| | | | 最小值 | | | | | |
| ZG200-400 | 400 | 200 | 25 | 40 | 30 | | | 各种形状的机件,如机座、变速箱壳等 |
| ZG230-450 | 450 | 230 | 22 | 32 | 25 | ≥131 | | 铸造平坦的零件,如机座、机盖、箱体、铁毡台,工作温度在 450 ℃ 以下的管路附件等。焊接性良好 |
| ZG270-500 | 500 | 270 | 18 | 25 | 22 | ≥143 | 40～50 | 各种形状的机件,如飞轮、机架、蒸汽锤、桩锤、联轴器、水压机工作缸、横梁等。焊接性尚可 |
| ZG310-570 | 570 | 310 | 15 | 21 | 15 | ≥153 | 40～50 | 各种形状的机件,如联轴器、汽缸、齿轮、齿轮圈及重负荷机架等 |
| ZG340-600 | 640 | 340 | 10 | 18 | 10 | 169～229 | 45～55 | 起重运输机中的齿轮、联轴器及重要的机件等 |

注:①各牌号铸钢的性能,适用于厚度为 100 mm 以下的铸件;当厚度超过 100 mm 时,仅表中规定的 $\sigma_{0.2}$ 屈服强度可供设计使用。

　②表中力学性能的试验环境温度为 20±10 ℃。

　③表中硬度值非 GB/T 11352—2009 内容,仅供参考。

表 12.4　普通碳素结构钢（GB/T 700—2006 摘录）

| 牌号 | 等级 | 力学性能 屈服点 $\sigma_s$/MPa 钢材厚度(直径)/mm ≤16 | >16 ~40 | >40 ~60 | >60 ~100 | >100 ~150 | >150 | 抗拉强度 $\sigma_b$/MPa | 力学性能 伸长率 $\delta$/% 钢材厚度(直径)/mm ≤16 | >16 ~40 | >40 ~60 | >60 ~100 | >100 ~150 | >150 | 冲击试验 温度 /℃ | V 形冲击功(纵向)/J | 应用举例 |
|---|---|---|---|---|---|---|---|---|---|---|---|---|---|---|---|---|---|
| | | 不小于 | | | | | | | 不小于 | | | | | | | 不小于 | |
| Q195 | — | (195) | (185) | — | — | — | — | 315～390 | 33 | 32 | — | — | — | — | | — | 塑性好,常用其轧制薄板、拉制线材、制钉和焊接钢管 |

续表

| 牌号 | 等级 | 力学性能 | | | | | | | | | | | | | | | 冲击试验 | | 应用举例 |
|---|---|---|---|---|---|---|---|---|---|---|---|---|---|---|---|---|---|---|---|
| | | 屈服点 $\sigma_s$/MPa | | | | | | 抗拉强度 $\sigma_b$/MPa | 伸长率 $\delta$/% | | | | | | | V形冲击功(纵向)/J | | |
| | | 钢材厚度(直径)/mm | | | | | | | 钢材厚度(直径)/mm | | | | | | 温度/℃ | | | |
| | | ≤16 | >16~40 | >40~60 | >60~100 | >100~150 | >150 | | ≤16 | >16~40 | >40~60 | >60~100 | >100~150 | >150 | | | | |
| | | 不小于 | | | | | | | 不小于 | | | | | | | 不小于 | | |
| Q215 | A | 215 | 205 | 195 | 185 | 175 | 165 | 335~410 | 31 | 30 | 29 | 28 | 27 | 26 | — | — | 金属结构件、拉杆、套圈、螺栓、短轴、心轴、凸轮(载荷不大时)、垫圈、渗碳零件及焊接件 |
| | B | | | | | | | | | | | | | | 20 | 27 | |
| Q235 | A | 235 | 225 | 215 | 205 | 195 | 185 | 375~460 | 26 | 25 | 24 | 23 | 22 | 21 | — | — | 金属结构件,心部强度要求不高的渗碳或渗氮共渗零件、吊钩、拉杆、套圈、汽缸、齿轮、螺栓、螺母、轮轴、楔、盖及焊接件 |
| | B | | | | | | | | | | | | | | 20 | 27 | |
| | C | | | | | | | | | | | | | | 0 | 27 | |
| | D | | | | | | | | | | | | | | −20 | 27 | |
| Q255 | A | 255 | 245 | 235 | 225 | 215 | 205 | 410~510 | 24 | 23 | 22 | 21 | 20 | 19 | — | — | 轴、轴销、刹车杆、螺母、螺栓、垫圈、连杆、齿轮以及其他强度较高的零件,焊接性尚可 |
| | B | | | | | | | | | | | | | | 20 | 27 | |
| Q275 | — | 275 | 265 | 255 | 245 | 235 | 225 | 490~610 | 20 | 19 | 18 | 17 | 16 | 15 | — | — | |

注:括号内的数值仅供参考。表中 A,B,C,D 为 4 种质量等级。

表 12.5　优质碳素结构钢（GB/T 699—1999 摘录）

| 牌号 | 推荐热处理/℃ | | | 试样毛坯尺寸/mm | 力学性能 | | | | | 钢材交货状态硬度/HBW 不大于 | | 应用举例 |
|---|---|---|---|---|---|---|---|---|---|---|---|---|
| | 正火 | 淬火 | 回火 | | 抗拉强度 $\sigma_b$ /MPa | 屈服强度 $\sigma_s$ /MPa | 伸长率 $\delta_5$ /% | 收缩率 $\psi$ /% | 冲击功 $A_k$ /J | 未热处理 | 退火钢 | |
| | | | | | ≥ | | | | | | | |
| 08F | 930 | | | 25 | 295 | 175 | 35 | 60 | 131 | | | 用于塑性好的零件,如管子、垫片、垫圈;心部强度要求不高的渗碳和碳氮共渗零件,如套筒、短轴、挡块、支架、靠模、离合器盘 |
| 10 | 930 | | | 25 | 335 | 205 | 31 | 55 | 137 | | | 用于制造拉杆、卡头、钢管垫片、垫圈、铆钉。这种钢无回火脆性,焊接性好,用来制造焊接零件 |
| 15 | 920 | | | 25 | 375 | 225 | 27 | 55 | 143 | | | 用于受力不大、韧性要求较高的零件、渗碳零件、紧固件、冲模锻件及不需要热处理的低负荷零件,如螺栓、螺钉、拉条、法兰盘及化工贮器、蒸汽锅炉 |
| 20 | 910 | | | 25 | 410 | 245 | 25 | 55 | 156 | | | 用于不经受很大应力而要求很大韧性的机械零件,如杠杆、轴套、螺钉、起重钩等。也用于制造压力小于 6 MPa,温度低于 450 ℃,在非腐蚀介质中使用的零件,如管子、导管等。还可用于表面硬度高而心部强度要求不大的渗碳与氰化零件 |

| 牌号 | 推荐热处理/℃ | | | 试样毛坯尺寸/mm | 力学性能 | | | | | 钢材交货状态硬度/HBW 不大于 | | 应用举例 |
|---|---|---|---|---|---|---|---|---|---|---|---|---|
| | 正火 | 淬火 | 回火 | | 抗拉强度 $\sigma_b$ /MPa | 屈服强度 $\sigma_s$ /MPa | 伸长率 $\delta_5$ /% | 收缩率 $\psi$ /% | 冲击功 $A_k$ /J | 未热处理 | 退火钢 | |
| | | | | | ≥ | | | | | | | |
| 25 | 900 | 870 | 600 | 25 | 450 | 275 | 23 | 50 | 71 | 170 | | 用于制造焊接设备,以及经锻造、热冲压和机械加工的不承受高应力的零件,如轴、辊子、联轴器、垫圈、螺栓、螺钉及螺母 |
| 35 | 870 | 850 | 600 | 25 | 530 | 315 | 20 | 45 | 55 | 197 | | 用于制造曲轴、转轴、轴销、杠杆、连杆、横梁、链轮、圆盘、套筒钩环、垫圈、螺钉、螺母。这种钢多在正火和调质状态下使用,一般不作焊接 |
| 40 | 860 | 840 | 600 | 25 | 570 | 335 | 19 | 45 | 47 | 217 | 187 | 用于制造辊子、轴、曲柄销、活塞杆、圆盘 |
| 45 | 850 | 840 | 600 | 25 | 600 | 335 | 16 | 40 | 39 | 229 | 197 | 用于制造齿轮、齿条、链轮、轴、键、销、蒸汽透平机的叶轮、压缩机及泵的零件、轧辊等。可替代渗碳钢制作齿轮、轴、活塞销等,但要经高频或火焰表面淬火 |
| 50 | 830 | 830 | 600 | 25 | 630 | 375 | 14 | 40 | 31 | 241 | 207 | 用于制造齿轮、拉杆、轧辊、轴、圆盘 |
| 55 | 820 | 820 | 600 | 25 | 645 | 380 | 13 | 35 | | 255 | 217 | 用于制造齿轮、连杆、轮缘、扁弹簧及轧辊等 |
| 60 | 810 | | | 25 | 675 | 400 | 12 | 35 | | 255 | 229 | 用于制造轧辊、轴、轮箍、弹簧、弹簧垫圈、离合器、凸轮、钢绳等 |
| 20Mn | 910 | | | 25 | 450 | 275 | 24 | 50 | | 197 | | 用于制造凸轮轴、齿轮、联轴器、铰链、拖杆等 |

续表

| 牌号 | 推荐热处理/℃ | | | 试样毛坯尺寸/mm | 力学性能 | | | | | 钢材交货状态硬度/HBW 不大于 | | 应用举例 |
|---|---|---|---|---|---|---|---|---|---|---|---|---|
| | 正火 | 淬火 | 回火 | | 抗拉强度 $\sigma_b$ /MPa | 屈服强度 $\sigma_s$ /MPa | 伸长率 $\delta_5$ /% | 收缩率 $\psi$ /% | 冲击功 $A_k$ /J | 未热处理 | 退火钢 | |
| | | | | | ≥ | | | | | | | |
| 30Mn | 880 | 860 | 6 000 | 25 | 540 | 315 | 20 | 45 | 63 | 217 | 187 | 用于制造螺栓、螺母、螺钉、杠杆及刹车踏板等 |
| 40Mn | 860 | 840 | 600 | 25 | 590 | 355 | 17 | 45 | 47 | 229 | 207 | 用以制造承受疲劳负荷的零件,如轴、万向联轴器、曲轴、连杆及在高应力工作的螺栓、螺母等 |
| 50Mn | 830 | 830 | 600 | 25 | 645 | 390 | 13 | 40 | 31 | 255 | 217 | 用于制造耐磨性要求很高、在高负荷作用下的热处理零件,如齿轮、齿轮轴、摩擦盘、凸轮和在截面在80 mm以下的心轴等 |
| 60Mn | 810 | | | 25 | 695 | 410 | 11 | 35 | | 269 | 229 | 适于制造弹簧、弹簧垫圈、弹簧环和片以及冷拔钢丝(≤7 mm)和发条 |

注:①表中所列正火推荐保温时间不少于30 min,空冷。

②淬火推荐保温时间不少于30 min,水冷。

③回火推荐保温时间不少于1 h。

表 12.6 合金结构钢（GB/T 307—1999 摘录）

| 牌 号 | 热处理 | | | | 试样毛坯尺寸 /mm | 力学性能 | | | | | 钢材退火或高温回火供应状态布氏硬度 /HBW 不大于 | 特性及应用举例 |
|---|---|---|---|---|---|---|---|---|---|---|---|---|
| | 淬火 | | 回火 | | | 抗拉强度 $\sigma_b$ /MPa | 屈服强度 $\sigma_s$ /MPa | 伸长率 $\delta_5$ /% | 收缩率 $\psi$ /% | 冲击功 $A_k$ /J | | |
| | 温度 /℃ | 冷却剂 | 温度 /℃ | 冷却剂 | | ≥ | | | | | | |
| 20Mn2 | 850 880 | 水、油 水、油 | 200 440 | 水、空 水、空 | 15 | 785 | 590 | 10 | 40 | 47 | 187 | 截面小时与 20Cr 相当，用于制作渗碳小齿轮、小轴、钢套、链板等，渗碳淬火后硬度为 56～62 HRC |
| 35Mn2 | 840 | 水 | 500 | 水 | 25 | 835 | 685 | 12 | 45 | 55 | 207 | 对于截面较小的零件可替代 40Cr，可制作直径 ≤ 15 mm 的重要用途的冷镦螺栓及小轴等，表面淬火后硬度 40～50 HRC |
| 45Mn2 | 840 | 油 | 550 | 水、油 | 25 | 885 | 735 | 10 | 45 | 47 | 217 | 用于制造在较高应力与磨损条件下的零件。在直径 ≤ 60 mm 时，与 40Cr 相当。可制作万向联轴器、齿轮、齿轮轴、曲轴、连杆、花键轴和摩擦盘等，表面淬火后硬度为 45～55 HRC |

续表

| 牌　号 | 热处理 | | | | 试样毛坯尺寸 /mm | 力学性能 | | | | | 钢材退火或高温回火供应状态布氏硬度 /HBW 不大于 | 特性及应用举例 |
| --- | --- | --- | --- | --- | --- | --- | --- | --- | --- | --- | --- | --- |
| | 淬火 | | 回火 | | | 抗拉强度 $\sigma_b$ /MPa | 屈服强度 $\sigma_s$ /MPa | 伸长率 $\delta_5$ /% | 收缩率 $\psi$ % | 冲击功 $A_k$ /J | | |
| | 温度 /℃ | 冷却剂 | 温度 /℃ | 冷却剂 | | ≥ | | | | | | |
| 35SiMn | 900 | 水 | 570 | 水、油 | 25 | 885 | 735 | 15 | 45 | 47 | 229 | 除了要求低温(-20 ℃以下)及冲击韧性很高的情况外,可全面代替40Cr作调质钢,也可部分代替40CrNi,可制作中小型轴类、齿轮等零件以及在430 ℃以下工作的重要紧固件,表面淬火后硬度45~55 HRC |
| 42SiMn | 880 | 水 | 590 | 水 | 25 | 885 | 735 | 15 | 40 | 47 | 229 | 与35SiMn钢相同。可替代40Cr,34CrMo钢制作大齿圈。适于作表面淬火件,表面淬火后硬度44~55 HRC |
| 20MnV | 880 | 水、油 | 200 | 水、空 | 15 | 785 | 590 | 10 | 40 | 55 | 187 | 相当于20CrNi的渗碳钢,渗碳淬火后硬度56~62 HRC |

续表

| 牌　号 | 热处理 | | | | 试样毛坯尺寸/mm | 力学性能 | | | | | 钢材退火或高温回火供应状态布氏硬度/HBW 不大于 | 特性及应用举例 |
|---|---|---|---|---|---|---|---|---|---|---|---|---|
| | 淬火 | | 回火 | | | 抗拉强度 $\sigma_b$/MPa | 屈服强度 $\sigma_s$/MPa | 伸长率 $\delta_5$/% | 收缩率 $\psi$% | 冲击功 $A_k$/J | | |
| | 温度/℃ | 冷却剂 | 温度/℃ | 冷却剂 | | ≥ | | | | | | |
| 40MnB | 850 | 油 | 500 | 水、油 | 25 | 980 | 785 | 10 | 45 | 47 | 207 | 可替代40Cr制作重要调质件,如齿轮、轴、连杆、螺栓等 |
| 37SiMn 2MoV | 870 | 水、油 | 650 | 水、空 | 25 | 980 | 835 | 12 | 50 | 63 | 269 | 可替代34CrNi-Mo等制作高强度重负荷轴、曲轴、齿轮、蜗杆等零件,表面淬火后硬度50~55 HRC |
| 20CrMnTi | 第一次880第二次870 | 油 | 200 | 水、空 | 15 | 1 080 | 850 | 10 | 45 | 55 | 217 | 强度、韧性均高,是铬镍钢的代用品。用于制造承受高速、中等或重负荷以及冲击磨损等的重要零件,如渗碳齿轮、凸轮等,渗碳淬火后硬度56~62 HRC |

续表

| 牌　号 | 热处理 | | | | 试样毛坯尺寸/mm | 力学性能 | | | | | 钢材退火或高温回火供应状态布氏硬度/HBW 不大于 | 特性及应用举例 |
|---|---|---|---|---|---|---|---|---|---|---|---|---|
| | 淬火 | | 回火 | | | 抗拉强度 $\sigma_b$ /MPa | 屈服强度 $\sigma_s$ /MPa | 伸长率 $\delta_5$ /% | 收缩率 $\psi$ % | 冲击功 $A_k$ /J | | |
| | 温度/℃ | 冷却剂 | 温度/℃ | 冷却剂 | | ≥ | | | | | | |
| 20CrMnMo | 850 | 油 | 200 | 水、空 | 15 | 1 180 | 885 | 10 | 45 | 55 | 217 | 用于要求表面硬度高、耐磨、心部有较高强度、韧性的零件,如传动齿轮和曲轴等,渗碳淬火后硬度 56~62 HRC |
| 38CrMoA1 | 940 | 水、油 | 640 | 水、油 | 30 | 980 | 835 | 14 | 50 | 71 | 229 | 用于要求高耐磨性、高疲劳强度和相当高的强度且热处理变形最小的零件,如镗杆、主轴、蜗杆、齿轮、套筒、套环等,渗氮后表面硬度 1 100 HV |
| 20Cr | 第一次 880 第二次 780~820 | 水、油 | 200 | 水、空 | 15 | 835 | 540 | 10 | 40 | 47 | 179 | 用于要求心部强度较高,承受磨损、尺寸较大的渗碳零件,如齿轮、齿轮轴、蜗杆、凸轮、活塞销等;也用于速度较大受中等冲击的调质零件,渗碳淬火后硬度 56~62 HRC |

续表

| 牌　号 | 热处理 | | | | 试样毛坯尺寸/mm | 力学性能 | | | | | 钢材退火或高温回火供应状态布氏硬度/HBW不大于 | 特性及应用举例 |
|---|---|---|---|---|---|---|---|---|---|---|---|---|
| | 淬火 | | 回火 | | | 抗拉强度 $\sigma_b$ /MPa | 屈服强度 $\sigma_s$ /MPa | 伸长率 $\delta_5$ /% | 收缩率 $\psi$ % | 冲击功 $A_k$ /J | | |
| | 温度 /℃ | 冷却剂 | 温度 /℃ | 冷却剂 | | $\geqslant$ | | | | | | |
| 40Cr | 850 | 油 | 520 | 水、油 | 25 | 980 | 785 | 9 | 45 | 47 | 207 | 用于承受交变负荷、中等速度、中等负荷、强烈磨损而无很大冲击的重要零件,如重要的齿轮、轴、曲轴、连杆、螺栓、螺母等零件,并用于直径大于 400 mm 要求低温冲击韧性的轴与齿轮等,表面淬火后硬度48~55 HRC |
| 20CrNi | 850 | 水、油 | 460 | 水、油 | 25 | 785 | 590 | 10 | 50 | 63 | 197 | 用于制造承受较高载荷的渗碳零件,如齿轮、轴、花键轴、活塞销等 |
| 40CrNi | 820 | 油 | 500 | 水、油 | 25 | 980 | 785 | 10 | 45 | 55 | 241 | 用于制造要求强度高、韧性高的零件,如齿轮、轴、链条、连杆等 |
| 40CrNiMoA | 850 | 油 | 600 | 水、油 | 25 | 980 | 835 | 12 | 55 | 78 | 269 | 用于特大截面的重要调质件,如机床主轴、传动轴、转子轴等 |

注:表中 100/3 000 HB 表示试验用球直径的平方为 100 mm$^2$,试验力为 3 000 kgf。

## 12.2 型钢及型材

**表 12.7 冷轧钢板和钢带（GB/T 708—2006 摘录）**

| 厚度 | 0.20,0.25,0.30,0.35,0.40,0.45,0.55,0.6,0.65,0.70,0.75,0.80,0.90,1.00,1.1,1.2,1.3,1.4, 1.5,1.6,1.7,1.8,2.0,2.2,2.5,2.8,3.0,3.2,3.5,3.8,3.9,4.0,4.2,4.5,4.8,5.0 |
|---|---|

注：①本标准适用于宽度≥600 mm、厚度为0.2～5 mm的冷轧钢板和厚度不大于3 mm的冷轧钢带。

②宽度系列为600,650,700,(710),750,800,850,900,950,1 000,1 100,1 250,1 400,(1 420),1 500～2 000(100 进位)。

**表 12.8 热轧钢板（GB/T 709—2006 摘录）**

| 厚度 | 0.50,0.55,0.60,0.65,0.75,0.80,0.90,1.0,1.2～1.6(0.1 进位),1.8,2.0,2.2,2.5,2.8,3.0,3.2, 3.5,3.8,3.9,4.0,4.5,5,6,7,8,9,10～22(1 进位),25,26～42(2 进位),45,48.50,52.55～95(5 进位),100,105,110,120,125,130～160(10 进位),165,170,180～200(5 进位) |
|---|---|

注：钢板宽度系列为600,620,700,710,750～1 000(50 进位),1 250,1 400,1 420,1 500～3 000(100 进位),3 200～3 800 (200 进位)。

**表 12.9 热轧圆钢直径和方钢边长尺寸（GB/T 702—2008 摘录）**

| | | | | | | | | | | | | | | | | | | | |
|---|---|---|---|---|---|---|---|---|---|---|---|---|---|---|---|---|---|---|---|
| | 5.5 | 6 | 6.5 | 7 | 8 | 9 | 10 | 11 | 12 | 13 | 14 | 15 | 16 | 17 | 18 | 19 | 20 | 21 | 22 | 23 | 24 |
| 圆钢直径 | 25 | 26 | 27 | 28 | 29 | 30 | 31 | 32 | 33 | 34 | 35 | 36 | 38 | 40 | 42 | 45 | 48 | 50 | 53 | 55 | 56 |
| 方钢边长 | 58 | 60 | 63 | 65 | 68 | 710 | 75 | 80 | 85 | 90 | 95 | 100 | 105 | 110 | 115 | 120 | 125 | 130 | 140 |
| | 150 | 160 | 170 | 180 | 190 | 200 | 210 | 220 | 230 | 240 | 250 |

注：①本标准适用于直径为5.5～250 mm的热轧圆钢和边长为5.5～200 mm的热轧方钢。

②普通质量钢的长度为4～10 m(截面尺寸≤25 mm),3～9 m(截面尺寸>25 mm);工具钢(截面尺寸>75 mm)的长度为1～6 m,优质及特殊质量钢长度为2～7 m。

## 12.3 有色金属材料

**表 12.10 铸造铜合金、铸造铝合金和铸造轴承合金**

| 合金牌号 | 合金名称（或代号） | 铸造方法 | 合金状态 | 力学性能(不低于) | | | | 应用举例 |
|---|---|---|---|---|---|---|---|---|
| | | | | 抗拉强度 $\sigma_b$ /MPa | 屈服强度 $\sigma_{0.2}$ /MPa | 伸长率 $\delta_5$ /% | 布氏硬度 /HBS | |
| 铸造铜合金（GB 1176—1987 摘录） | | | | | | | | |
| ZCuSnPb5Zn5 | 5-5-5 锡青铜 | S,J, Li,La | | 200 250 | 90 100 | 13 | 590* 635* | 较高负荷、中速下工作的耐磨耐蚀件,如轴瓦、衬套、缸套及蜗轮等 |

续表

| 合金牌号 | 合金名称（或代号） | 铸造方法 | 合金状态 | 力学性能（不低于） | | | | 应用举例 |
|---|---|---|---|---|---|---|---|---|
| | | | | 抗拉强度 $\sigma_b$ /MPa | 屈服强度 $\sigma_{0.2}$ /MPa | 伸长率 $\delta_5$ /% | 布氏硬度 /HBS | |
| ZCuSnP1 | 10-1 锡青铜 | S<br>J<br>Li<br>La | | 220<br>310<br>330<br>360 | 130<br>170<br>170<br>170 | 3<br>2<br>4<br>6 | 785*<br>885*<br>885*<br>885* | 高负荷（20 MPa 以下）和高滑动速度（8 m/s）下工作的耐磨件,如连杆、衬套、轴瓦、蜗轮等 |
| ZCuSn10Pb5 | 10-5 锡青铜 | S<br>J | | 194<br>245 | | 10 | 685 | 耐蚀、耐酸件及破碎机衬套、轴瓦等 |
| ZCuPb17Sn4Zn4 | 17-4-4 铅青铜 | S<br>J | | 150<br>175 | | 5<br>7 | 540<br>590 | 一般耐磨件、轴承等 |
| ZCuAl10Fe3 | 10-3 铅青铜 | S<br>J<br>Li,La | | 490<br>540<br>540 | 180<br>200<br>200 | 13<br>15<br>14 | 980*<br>1 080*<br>1 080* | 要求强度高、耐磨、耐蚀的零件,如轴套、螺母、蜗轮、齿轮等 |
| ZCuAl10Fe3Mn2 | 10-3-2 铝青铜 | S<br>J | | 490<br>540 | | 15<br>20 | 1 080<br>1 175 | |
| ZCuZn38 | 38 黄铜 | S<br>J | | 295 | | 30 | 590<br>685 | 一般结构件和耐蚀件,如法兰、阀座、螺母等 |
| ZCuZn40Pb2 | 40-2 铅黄铜 | S<br>J | | 220<br>280 | 120 | 15<br>20 | 785*<br>885* | 一般用途的耐磨、耐蚀件,如轴套、齿轮等 |
| ZCuZn38Mn2Pb2 | 38-2-2 锰黄铜 | S<br>J | | 245<br>345 | | 10<br>18 | 685<br>785 | 一般用途的结构件,如套筒、衬套、轴瓦、滑块等 |
| ZCuZn16Si4 | 16-4 硅黄铜 | S<br>J | | 345<br>390 | | 15<br>20 | 885<br>980 | 接触海水工作的管配件以及水泵、叶轮等 |
| 铸造铝合金（GB/T 1173—1995 摘录） | | | | | | | | |
| ZAlSi12 | ZL102 铝硅合金 | SB,JB,RB,KB | F<br>T2 | 145<br>135 | | 4 | 50 | 汽缸活塞以及高温工作的承受冲击载荷的复杂薄壁零件 |
| | | J | F<br>T2 | 155<br>145 | | 2<br>3 | | |
| ZAlSi9Mg | ZL104 铝硅合金 | S,J,R,K,J<br>SB,RB,KB,J,JB | F<br>T1<br>T6<br>T6 | 145<br>195<br>225<br>235 | | 2<br>1.5<br>2<br>2 | 50<br>65<br>70<br>70 | 形状复杂的高温静载荷或受冲击作用的大型零件,如扇风机叶片,水冷汽缸头 |

续表

| 合金牌号 | 合金名称<br>(或代号) | 铸造<br>方法 | 合金<br>状态 | 力学性能(不低于) | | | | 应用举例 |
|---|---|---|---|---|---|---|---|---|
| | | | | 抗拉<br>强度<br>$\sigma_b$<br>/MPa | 屈服<br>强度<br>$\sigma_{0.2}$<br>/MPa | 伸长<br>率 $\delta_5$<br>/% | 布氏<br>硬度<br>/HBS | |
| ZAlMg5Si1 | ZL303<br>铝镁合金 | S,J,<br>R,K | F | 145 | | 1 | 55 | 高耐蚀性或在高温度下工作<br>的零件 |
| ZAlZn11Si7 | ZL401<br>铝锌合金 | S,R,<br>K,J | T1 | 195<br>245 | | 2<br>1.5 | 80<br>90 | 铸造性能较好,可不热处理,<br>用于形状复杂的大型薄壁零件,<br>耐蚀性差 |
| 铸造轴承合金(GB/T 1174—1992 摘录) | | | | | | | | |
| ZSnSb12Pb10Cu4<br>ZSnSb11Cu6<br>ZSnSb8Cu4 | 锡基轴承<br>合金 | J<br>J<br>J | | | | | 29<br>27<br>24 | 汽轮机、压缩机、机车、发电<br>机、球磨机、轧机减速器、发动机<br>等各种机器的滑动轴承衬 |
| ZPbSb16Sn16Cu2<br>ZPbSb15Sn10<br>ZPbSb15Sn5 | 铅基轴承<br>合金 | J<br>J<br>J | | | | | 30<br>24<br>20 | |

注:①铸造方法代号:S—砂型铸造;J—金属型铸造;Li—离心铸造;La—连续铸造;R—熔模铸造;K—壳型铸造;B—变质
处理。

②合金状态代号:F—铸态;T1—人工时效;T2—退火;T6—固溶处理加人工完全时效。

③铸造铜合金的布氏硬度试验力的单位为 N,有 * 者为参考值。

## 13.1 螺纹连接和螺纹零件结构要素

表 13.1 普通螺纹基本尺寸（GB/T 196—2003 摘录）

单位:mm

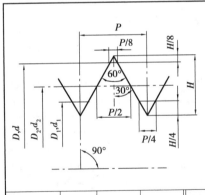

$H = 0.866P$

$d_2 = d - 0.649\,5P$

$d_1 = d - 1.082\,5P$

$D, d$——内、外螺纹基本大径（公称直径）

$D_2, d_2$——内、外螺纹基本中径

$D_1, d_1$——内、外螺纹基本小径

$P$——螺距

标记示例:

M20-6H（公称直径20 粗牙右旋内螺纹,中径和大径公差带均为6H）

M20-6g（公称直径20 粗牙右旋外螺纹,中径和大径公差带均为6g）

M20-6H/6g（上述规格的螺纹副）

M20×2 左-5g6g-S（公称直径20、螺距2 细牙左旋外螺纹,中径、大径的公差带分别为5g,6g,短旋合长度）

| 公称直径 $D$、$d$ | | 螺距 $P$ | 中径 $D_2, d_2$ | 小径 $D_1, d_1$ | 公称直径 $D, d$ | | 螺距 $P$ | 中径 $D_2, d_2$ | 小径 $D_1, d_1$ | 公称直径 $D, d$ | | 螺距 $P$ | 中径 $D_2, d_2$ | 小径 $D_1, d_1$ |
|---|---|---|---|---|---|---|---|---|---|---|---|---|---|---|
| 第一系列 | 第二系列 | | | | 第一系列 | 第二系列 | | | | 第一系列 | 第二系列 | | | |
| 3 | | **0.5** | 2.675 | 2.459 | | 18 | 1.5 | 17.026 | 16.376 | | 39 | 2 | 37.701 | 36.835 |
| | | 0.35 | 2.773 | 2.621 | | | 1 | 17.350 | 16.917 | | | 1.5 | 38.026 | 37.376 |
| | 3.5 | **(0.6)** | 3.110 | 2.850 | 20 | | **2.5** | 18.376 | 17.294 | 42 | | **4.5** | 39.077 | 37.129 |
| | | 0.35 | 3.273 | 3.121 | | | 2 | 18.701 | 17.835 | | | 3 | 40.051 | 38.752 |
| | | | | | | | 1.5 | 19.026 | 18.376 | | | 2 | 40.701 | 39.835 |
| 4 | | **0.7** | 3.545 | 3.242 | | | 1 | 19.350 | 18.917 | | | 1.5 | 41.026 | 40.376 |
| | | 0.5 | 3.675 | 3.459 | | | | | | | | | | |

续表

| 公称直径 $D$、$d$ | | 螺距 $P$ | 中径 $D_2$,$d_2$ | 小径 $D_1$,$d_1$ | 公称直径 $D$,$d$ | | 螺距 $P$ | 中径 $D_2$,$d_2$ | 小径 $D_1$,$d_1$ | 公称直径 $D$,$d$ | | 螺距 $P$ | 中径 $D_2$,$d_2$ | 小径 $D_1$,$d_1$ |
|---|---|---|---|---|---|---|---|---|---|---|---|---|---|---|
| 第一系列 | 第二系列 | | | | 第一系列 | 第二系列 | | | | 第一系列 | 第二系列 | | | |
| | 4.5 | (0.75) | 4.013 | 3.688 | | | 2.5 | 20.376 | 19.294 | | | 4.5 | 42.077 | 40.129 |
| | | 0.5 | 4.175 | 3.959 | | 22 | 2 | 20.701 | 19.835 | | 45 | 4 | 42.402 | 40.670 |
| | | | | | | | 1.5 | 21.026 | 20.376 | | | 3 | 43.051 | 41.752 |
| 5 | | 0.8 | 4.480 | 4.134 | | | 1 | 21.350 | 20.917 | | | 2 | 43.701 | 42.835 |
| | | 0.5 | 4.675 | 4.459 | | | | | | | | 1.5 | 44.026 | 43.376 |
| 6 | | 1 | 5.350 | 4.917 | | | 3 | 22.051 | 20.752 | | | 5 | 44.752 | 42.587 |
| | | 0.75 | 5.513 | 5.188 | 24 | | 2 | 22.701 | 21.835 | | | 4 | 45.402 | 43.670 |
| | 7 | 1 | 6.350 | 5.917 | | | 1.5 | 23.026 | 22.376 | 48 | | 3 | 46.051 | 44.752 |
| | | 0.75 | 6.513 | 6.188 | | | 1 | 23.350 | 22.917 | | | 2 | 46.701 | 45.835 |
| | | | | | | | | | | | | 1.5 | 47.026 | 46.376 |
| 8 | | 1.25 | 7.188 | 6.647 | | | 3 | 25.051 | 23.752 | | | 5 | 48.752 | 46.587 |
| | | 1 | 7.350 | 6.917 | 27 | | 2 | 25.701 | 24.835 | | | 4 | 49.402 | 47.670 |
| | | 0.75 | 7.513 | 7.188 | | | 1.5 | 26.026 | 25.376 | | 52 | 3 | 50.051 | 48.752 |
| | | | | | | | 1 | 26.350 | 25.917 | | | 2 | 50.701 | 49.835 |
| 10 | | 1.5 | 9.026 | 8.376 | | | | | | | | 1.5 | 51.026 | 50.376 |
| | | 1.25 | 9.188 | 8.647 | | | 3.5 | 27.727 | 26.211 | | | | | |
| | | 1 | 9.350 | 8.917 | 30 | | 3 | 28.051 | 26.752 | | | 5.5 | 52.428 | 50.046 |
| | | 0.75 | 9.513 | 9.188 | | | 2 | 28.701 | 27.853 | | | 4 | 53.402 | 51.670 |
| | | | | | | | 1.5 | 29.026 | 28.376 | 56 | | 3 | 54.051 | 52.752 |
| 12 | | 1.75 | 10.863 | 10.106 | | | 1 | 29.350 | 28.917 | | | 2 | 54.701 | 53.835 |
| | | 1.5 | 11.026 | 10.376 | | | | | | | | 1.5 | 55.026 | 54.376 |
| | | 1.25 | 11.188 | 10.647 | | | 3.5 | 30.727 | 29.211 | | | | | |
| | | 1 | 11.350 | 10.917 | 33 | | 3 | 31.051 | 29.752 | | | 5.5 | 56.428 | 54.046 |
| | | | | | | | 2 | 31.701 | 30.835 | | | 4 | 57.402 | 55.670 |
| | 14 | 2 | 12.701 | 11.835 | | | 1.5 | 32.026 | 31.376 | | 60 | 3 | 58.051 | 56.752 |
| | | 1.5 | 13.026 | 12.376 | | | | | | | | 2 | 58.701 | 57.835 |
| | | 1 | 13.350 | 12.917 | | | 4 | 33.402 | 31.670 | | | 1.5 | 59.026 | 58.376 |
| 16 | | 2 | 14.701 | 13.835 | 36 | | 3 | 34.051 | 32.752 | | | | | |
| | | 1.5 | 15.026 | 14.376 | | | 2 | 34.701 | 33.835 | | | 6 | 60.103 | 57.505 |
| | | 1 | 15.350 | 14.917 | | | 1.5 | 35.026 | 34.376 | 64 | | 4 | 61.402 | 59.670 |
| | 18 | 2.5 | 16.376 | 15.294 | | | | | | | | 3 | 62.051 | 60.752 |
| | | 2 | 16.701 | 15.835 | | 39 | 4 | 36.402 | 34.670 | | | | | |
| | | | | | | | 3 | 37.051 | 35.572 | | | | | |

注:① "螺距 $P$" 栏中第一个数值(黑体字)为粗牙螺距,其余为细牙螺距。

② 优先选用第一系列,其次第二系列,第三系列(表中未列出)尽可能不用。

③ 括号内尺寸尽可能不用。

表 13.2　普通螺纹旋合长度（GB/T 197—2003 摘录）

单位:mm

| 公称直径 $D, d$ | | 螺距 $P$ | 旋合长度 | | | | 公称直径 $D, d$ | | 螺距 $P$ | 旋合长度 | | | |
|---|---|---|---|---|---|---|---|---|---|---|---|---|---|
| | | | $S$ | $N$ | | $L$ | | | | $S$ | $N$ | | $L$ |
| > | ≤ | | ≤ | > | ≤ | > | > | ≤ | | ≤ | > | ≤ | > |
| 1.4 | 2.8 | 0.25 | 0.6 | 0.6 | 1.9 | 1.9 | 22.4 | 45 | 1 | 4 | 4 | 12 | 12 |
| | | 0.35 | 0.8 | 0.8 | 2.6 | 2.6 | | | 1.5 | 6.3 | 6.3 | 19 | 19 |
| | | 0.4 | 1 | 1 | 3 | 3 | | | 2 | 8.5 | 8.5 | 25 | 25 |
| | | 0.45 | 1.3 | 1.3 | 3.8 | 3.8 | | | 3 | 12 | 12 | 36 | 36 |
| 2.8 | 5.6 | 0.35 | 1 | 1 | 3 | 3 | | | 3.5 | 15 | 15 | 45 | 45 |
| | | 0.5 | 1.5 | 1.5 | 4.5 | 4.5 | | | 4 | 18 | 18 | 53 | 53 |
| | | 0.6 | 1.7 | 1.7 | 5 | 5 | | | 4.5 | 21 | 21 | 63 | 63 |
| | | 0.7 | 2 | 2 | 6 | 6 | 45 | 90 | 1.5 | 7.5 | 7.5 | 22 | 22 |
| | | 0.75 | 2.2 | 2.2 | 6.7 | 6.7 | | | 2 | 9.5 | 9.5 | 28 | 28 |
| | | 0.8 | 2.5 | 2.5 | 7.5 | 7.5 | | | 3 | 15 | 15 | 45 | 45 |
| 5.6 | 11.2 | 0.75 | 2.4 | 2.4 | 7.1 | 7.1 | | | 4 | 19 | 19 | 56 | 56 |
| | | 1 | 3 | 3 | 9 | 9 | | | 5 | 24 | 24 | 71 | 71 |
| | | 1.25 | 4 | 4 | 12 | 12 | | | 5.5 | 28 | 28 | 85 | 85 |
| | | 1.5 | 5 | 5 | 15 | 15 | | | 6 | 32 | 32 | 95 | 95 |
| 11.2 | 22.4 | 1 | 3.8 | 3.8 | 11 | 11 | 90 | 180 | 2 | 12 | 12 | 36 | 36 |
| | | 1.25 | 4.5 | 4.5 | 13 | 13 | | | 3 | 18 | 18 | 53 | 53 |
| | | 1.5 | 5.6 | 5.6 | 16 | 16 | | | 4 | 24 | 24 | 71 | 71 |
| | | 1.75 | 6 | 6 | 18 | 18 | 180 | 335 | 3 | 20 | 20 | 60 | 60 |
| | | 2 | 8 | 8 | 24 | 24 | | | 4 | 26 | 26 | 80 | 80 |
| | | 2.5 | 10 | 10 | 30 | 30 | | | 6 | 40 | 40 | 118 | 118 |
| | | | | | | | | | 8 | 50 | 50 | 150 | 150 |

注:$S$——短旋合长度;$N$——等旋合长度;$L$——长旋合长度。

表 13.3　梯形螺纹设计牙型尺寸(GB/T 5796.1—2005 摘录)

单位:mm

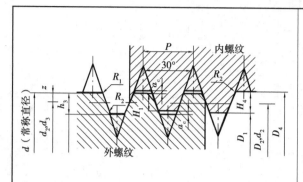

标记示例:

Tr40×7-7H(梯形内螺纹,公称直径 $d=40$、螺距 $P=7$、精度等级 7H)

Tr40×14(P7)LH-7e(多线左旋梯形外螺纹,公称直径 $d=40$,导程 $=14$,螺距 $P=7$,精度等级 7e)

Tr40×7-7H/7e(梯形螺旋副,公称直径 $d=40$,螺距 $P=7$,内螺纹精度等级 7H,外螺纹精度等级 7e)

| 螺距 $P$ | $a_c$ | $H_4=h_3$ | $R_{1max}$ | $R_{2max}$ | 螺距 $P$ | $a_c$ | $H_4=h_3$ | $R_{1max}$ | $R_{2max}$ | 螺距 $P$ | $a_c$ | $H_4=h_3$ | $R_{1max}$ | $R_{2max}$ |
|---|---|---|---|---|---|---|---|---|---|---|---|---|---|---|
| 1.5 | 0.15 | 0.9 | 0.075 | 0.15 | 9 | | 5 | | | 24 | | 13 | | |
| 2 | | 1.25 | | | 10 | 0.5 | 5.5 | 0.25 | 0.5 | 28 | | 15 | | |
| 3 | 0.25 | 1.75 | 0.125 | 0.25 | 12 | | 6.5 | | | 32 | | 17 | | |
| 4 | | 2.25 | | | 14 | | 8 | | | 36 | 1 | 19 | 0.5 | 1 |
| 5 | | 2.75 | | | 16 | | 9 | | | 40 | | 21 | | |
| 6 | | 3.5 | | | 18 | 1 | 10 | 0.5 | 1 | 44 | | 23 | | |
| 7 | 0.5 | 4 | 0.25 | 0.5 | 20 | | 11 | | | | | | | |
| 8 | | 4.5 | | | 22 | | 12 | | | | | | | |

表 13.4　梯形螺纹直径与螺距系列(GB/T 5796.2—2005 摘录)

单位:mm

| 公称直径 $d$ | | 螺距 $P$ | 公称直径 $d$ | | 螺距 $P$ | 公称直径 $d$ | | 螺距 $P$ | 公称直径 $d$ | | 螺距 $P$ |
|---|---|---|---|---|---|---|---|---|---|---|---|
| 第一系列 | 第二系列 | | 第一系列 | 第二系列 | | 第一系列 | 第二系列 | | 第一系列 | 第二系列 | |
| 8 | 9 | 1.5* | 28 | 26 | 8,5*,3 | 52 | 50 | 12,8*,3 | | 110 | 20,12*,4 |
| 10 | | 2*,1.5 | | 30 | 10,6*,3 | | 55 | 14,9*,3 | 120 | 130 | 22,14*,6 |
| | 11 | 3.2* | 32 | | 10,6*,3 | 60 | 65 | 14,9*,3 | 140 | | 22,14*,6 |
| 12 | | 3*,2 | 36 | 34 | | 70 | | 16,10*,4 | | 150 | 24,16*,6 |
| | 14 | 3*,2 | | 38 | 10,7*,3 | | 75 | 16,10*,4 | 160 | | 28,16*,6 |
| 16 | 18 | 4*,2 | 40 | 42 | 10,7*,3 | 80 | 85 | 18,12*,4 | | 170 | 28,16*,6 |
| 20 | 22 | 4*,2 | 44 | 46 | 12,7*,3 | 90 | 95 | 18,12*,4 | 180 | | 28,18*,8 |
| 24 | | 8,5*,3 | 48 | | 12,8*,3 | 100 | | 20,12*,4 | | 190 | 32,18*,8 |

注:优先选用第一系列的直径,带 * 者为对应直径优先选用的螺距。

表 13.5　梯形螺纹基本尺寸(GB/T 5796.3—2005 摘录)

单位:mm

| 螺距 $P$ | 外螺纹小径 $d_3$ | 内、外螺纹中径 $D_2$ , $d_2$ | 内螺纹大径 $D_4$ | 内螺纹小径 $D_1$ | 螺距 $P$ | 外螺纹小径 $d_3$ | 内、外螺纹中径 $D_2$ , $d_2$ | 内螺纹大径 $D_4$ | 内螺纹小径 $D_1$ |
|---|---|---|---|---|---|---|---|---|---|
| 1.5 | $d-1.8$ | $d-0.75$ | $d+0.3$ | $d-1.5$ | 8 | $d-9$ | $d-4$ | $d+1$ | $d-8$ |
| 2 | $d-2.5$ | $d-1$ | $d+0.5$ | $d-2$ | 9 | $d-10$ | $d-4.5$ | $d+1$ | $d-9$ |
| 3 | $d-3.5$ | $d-1.5$ | $d+0.5$ | $d-3$ | 10 | $d-11$ | $d-5$ | $d+1$ | $d-10$ |
| 4 | $d-4.5$ | $d-2$ | $d+0.5$ | $d-4$ | 12 | $d-13$ | $d-6$ | $d+1$ | $d-12$ |
| 5 | $d-5.5$ | $d-2.5$ | $d+0.5$ | $d-5$ | 14 | $d-16$ | $d-7$ | $d+2$ | $d-14$ |
| 6 | $d-7$ | $d-3$ | $d+1$ | $d-6$ | 16 | $d-18$ | $d-8$ | $d+2$ | $d-16$ |
| 7 | $d-8$ | $d-3.5$ | $d+1$ | $d-7$ | 18 | $d-20$ | $d-9$ | $d+2$ | $d-18$ |

注:①$d$ 为公称直径(即外螺纹大径)。

②表中所列的数值是按下式计算:$d_3 = d - 2h_3$;$D_2$ , $d_2 = d - 0.5P$;$D_4 = d + 2ac$;$D_1 = d - P$。

表 13.6　六角头螺栓——A 和 B 级(GB/T 5782—2000 摘录)、
六角头螺栓——全螺纹——A 和 B 级(GB/T 5783—2000 摘录)

单位:mm

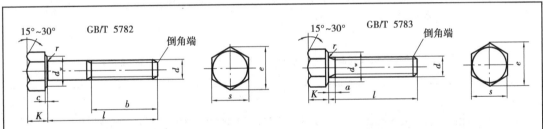

标记示例:

螺纹规格 $d$ = M12、公称长度 $l$ = 80、性能等级为 8.8 级、表面氧化、A 级的六角头螺栓的标记为

螺栓 GB/T 5782　M12×80

标记示例:

螺纹规格 $d$ = M12、公称长度 $l$ = 80、性能等级为 8.8 级、表面氧化、全螺纹、A 级的六角头螺栓的标记为

螺栓 GB/T 5783　M12×80

| 螺纹规格 $d$ | | | M3 | M4 | M5 | M6 | M8 | M10 | M12 | (M14) | M16 | (M18) | M20 | (M22) | M24 | (M27) | M30 | M36 |
|---|---|---|---|---|---|---|---|---|---|---|---|---|---|---|---|---|---|---|
| $b$ 参考 | $l \leqslant 125$ | | 12 | 14 | 16 | 18 | 22 | 26 | 30 | 34 | 38 | 42 | 46 | 50 | 54 | 60 | 66 | |
| | $125 < l \leqslant 200$ | | 18 | 20 | 22 | 24 | 28 | 32 | 36 | 40 | 44 | 48 | 52 | 56 | 60 | 66 | 72 | 84 |
| | $l > 200$ | | 31 | 33 | 33 | 37 | 41 | 45 | 49 | 53 | 57 | 61 | 65 | 69 | 73 | 79 | 85 | 97 |
| $a$ | max | | 1.5 | 2.1 | 2.4 | 3 | 3.75 | 4.5 | 5.25 | 6 | 6 | 7.5 | 7.5 | 7.5 | 9 | 9 | 10.5 | 12 |
| $c$ | max | | 0.4 | 0.4 | 0.5 | 0.5 | 0.6 | 0.6 | 0.6 | 0.6 | 0.8 | 0.8 | 0.8 | 0.8 | 0.8 | 0.8 | 0.8 | 0.8 |
| | min | | 0.15 | 0.15 | 0.15 | 0.15 | 0.15 | 0.15 | 0.15 | 0.15 | 0.2 | 0.2 | 0.2 | 0.2 | 0.2 | 0.2 | 0.2 | 0.2 |
| $d_w$ | min | A | 4.6 | 5.9 | 6.9 | 8.9 | 11.6 | 14.6 | 16.6 | 19.6 | 22.5 | 25.3 | 28.2 | 31.7 | 33.6 | | | |
| | | B | 4.5 | 5.7 | 6.7 | 8.7 | 11.5 | 14.5 | 16.5 | 19.2 | 22 | 24.9 | 27.7 | 31.4 | 33.3 | 38 | 42.8 | 51.1 |

续表

| 螺纹规格 $d$ | | | M3 | M4 | M5 | M6 | M8 | M10 | M12 | (M14) | M16 | (M18) | M20 | (M22) | M24 | (M27) | M30 | M36 |
|---|---|---|---|---|---|---|---|---|---|---|---|---|---|---|---|---|---|---|
| $e$ | min | A | 6.01 | 7.66 | 8.79 | 11.1 | 14.38 | 17.77 | 20.03 | 23.35 | 26.75 | 30.14 | 33.53 | 37.72 | 39.98 | | | |
| | | B | 5.88 | 7.5 | 8.63 | 10.9 | 14.2 | 17.59 | 19.85 | 22.78 | 26.17 | 29.56 | 32.95 | 37.29 | 39.55 | 45.2 | 50.85 | 60.79 |
| $K$ | 公称 | | 2 | 2.8 | 3.5 | 4 | 5.3 | 6.4 | 7.5 | 8.8 | 10 | 11.5 | 12.5 | 14 | 15 | 17 | 18.7 | 22.5 |
| $r$ | min | | 0.1 | 0.2 | 0.2 | 0.25 | 0.4 | 0.4 | 0.6 | 0.6 | 0.6 | 0.6 | 0.8 | 0.8 | 0.8 | 1 | 1 | 1 |
| $s$ | 公称 | | 5.5 | 7 | 8 | 10 | 13 | 16 | 18 | 21 | 24 | 27 | 30 | 34 | 36 | 41 | 46 | 55 |
| $l$ 范围 | | | 20 ~ 30 | 25 ~ 40 | 25 ~ 50 | 30 ~ 60 | 35 ~ 80 | 40 ~ 100 | 45 ~ 120 | 60 ~ 140 | 55 ~ 160 | 60 ~ 180 | 65 ~ 200 | 70 ~ 220 | 80 ~ 240 | 90 ~ 260 | 90 ~ 300 | 110 ~ 360 |
| $l$ 范围(全螺线) | | | 6 ~ 30 | 8 ~ 40 | 10 ~ 50 | 12 ~ 60 | 16 ~ 80 | 20 ~ 100 | 25 ~ 120 | 30 ~ 140 | 30 ~ 150 | 35 ~ 180 | 40 ~ 150 | 45 ~ 150 | 50 ~ 150 | 55 ~ 200 | 60 ~ 200 | 70 ~ 200 |
| $l$ 系列 | | | 6,8,10,12,16,20 ~ 70(5 进位),80 ~ 160(10 进位),180 ~ 360(20 进位) | | | | | | | | | | | | | | | |
| 技术条件 | 材料 | 力学性能等级 | 螺纹公差 | 公差产品等级 | | | 表面处理 | | | | | | | | | | |
| | 钢 | 8.8 | 6g | A 级用于 $d \leqslant 24$ 和 $l \leqslant 10d$ 或 $l \leqslant 150$ | | | 氧化或镀锌钝化 | | | | | | | | | | |
| | | | | B 级用于 $d > 24$ 或 $l > 10d$ 或 $l > 150$ | | | | | | | | | | | | | |

注:① A、B 为产品等级,A 级最精确,C 级最不准确,C 级产品详见 GB/T 5780—2000、GB/T 5781—2000。

② $l$ 系列中,M14 中的 55,65,M18 和 M20 中的 65,全螺纹中的 55,65 等规格尽量不采用。

③ 括号内为第二系列螺纹直径规格,尽量不采用。

表 13.7 六角头铰制孔用螺栓——A 和 B 级(GB/T 27—1988 摘录)

单位:mm

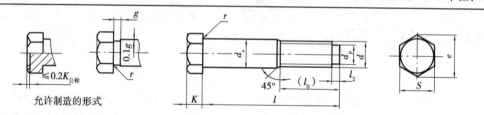

标记示例:

螺纹规格 $d$ = M12、$d_s$ 尺寸按表 Ⅱ.45 规定,公称长度 $l$ = 80,机械性能 8.8 级、表面氧化处理、A 级的六角头铰制孔用螺栓的标记为

螺栓　GB/T 27　M12 × 80

当 $d_s$ 按 m6 制造时应标记为　螺栓　GB/T 27　M12　M6 × 80

| 螺纹规格 $d$ | | M6 | M8 | M10 | M12 | (M14) | M16 | (M18) | M20 | (M22) | M24 | (M27) | M30 | M36 |
|---|---|---|---|---|---|---|---|---|---|---|---|---|---|---|
| $d_s$(h9) | max | 7 | 9 | 11 | 13 | 15 | 17 | 19 | 21 | 23 | 25 | 28 | 32 | 38 |
| $s$ | max | 10 | 13 | 16 | 18 | 21 | 24 | 27 | 30 | 34 | 36 | 41 | 46 | 55 |
| $K$ | 公称 | 4 | 5 | 6 | 7 | 8 | 9 | 10 | 11 | 12 | 13 | 15 | 17 | 20 |
| $r$ | min | 0.25 | 0.4 | 0.4 | 0.6 | 0.6 | 0.6 | 0.6 | 0.8 | 0.8 | 0.8 | 1 | 1 | 1 |
| $d_p$ | | 4 | 5.5 | 7 | 8.5 | 10 | 12 | 13 | 15 | 17 | 18 | 21 | 23 | 28 |

续表

| 螺纹规格 $d$ | | M6 | M8 | M10 | M12 | (M14) | M16 | (M18) | M20 | (M22) | M24 | (M27) | M30 | M36 |
|---|---|---|---|---|---|---|---|---|---|---|---|---|---|---|
| $l_2$ | | 1.5 | | 2 | | 3 | | | 4 | | | | 5 | 6 |
| $e_{min}$ | A | 11.1 | 14.4 | 17.77 | 20.03 | 23.35 | 26.75 | 30.14 | 33.53 | 37.72 | 39.98 | | | |
| | B | 10.9 | 14.2 | 17.59 | 19.85 | 22.78 | 26.17 | 29.56 | 32.95 | 37.29 | 39.55 | 45.2 | 50.85 | 60.79 |
| $g$ | | 2.5 | | | | 3.5 | | | | | 5 | | | |
| $l_0$ | | 12 | 15 | 18 | 22 | 25 | 28 | 30 | 32 | 35 | 38 | 42 | 50 | 55 |
| $l$ 范围 | | 25~65 | 25~80 | 30~120 | 35~180 | 40~180 | 45~200 | 50~200 | 55~200 | 60~200 | 65~200 | 75~200 | 80~230 | 90~300 |
| $l$ 系列 | | 25,(28),30,(32),35,(38),40,45,50,(55),60,(65),70,(75),80,85,90,(95),100~260(10进位),280,300 | | | | | | | | | | | | |

注:①技术条件见表Ⅱ.44。

②尽量不用括号内的规格。

③根据使用要求,螺杆上无螺纹部分杆径($d_s$)允许按 M6,u8 制造。

**表 13.8　双头螺柱** $b_m = d$(GB/T 897—1988 摘录)、$b_m = 1.25d$(GB/T 898—1988 摘录)、

$b_m = 1.5d$(GB/T 899—1988 摘录)

单位:mm

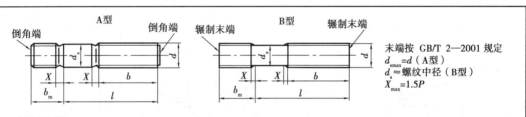

标记示例:

两端均为粗牙普通螺纹,$d = 10$,$l = 50$,性能等级为 4.8 级、不经表面处理、B 型、$b_m = 1.25d$ 的双头螺柱的标记为

螺柱 GB/T 898　M10×50

旋入机体一端为粗牙普通螺纹,旋螺母一端为螺距 $P = 1$ 的细牙普通螺纹,$d = 10$,$l = 50$,性能等级为 4.8 级、不经表面处理、A 型、$b_m = 1.25d$ 的双头螺柱的标记为　螺柱 GB/T 898　AM10-M10×1×50

旋入机体一端为过渡配合螺纹的第一种配合,旋入螺母一端为粗牙普通螺纹,$d = 10$,$l = 50$,性能等级为 8.8 级、镀锌钝化、B 型、$b_m = 1.25d$ 的双头螺柱的标记为　螺柱 GB/T 898　GM10-M10×50-8.8-Zn·D

| 螺纹规格 $d$ | | M5 | M6 | M8 | M10 | M12 | (M14) | M16 |
|---|---|---|---|---|---|---|---|---|
| $b_m$（公称） | $b_m = d$ | 5 | 6 | 8 | 10 | 12 | 14 | 16 |
| | $b_m = 1.25d$ | 6 | 8 | 10 | 12 | 15 | 18 | 20 |
| | $b_m = 1.5d$ | 8 | 10 | 12 | 15 | 18 | 21 | 24 |
| $l$(公称)/$b$ | | (16~22)/10 | (20~22)/10 | (20~22)/12 | (25~28)/14 | (25~30)/16 | (30~35)/18 | (30~38)/20 |
| | | (25~50)/16 | (25~30)/14 | (25~30)/16 | (30~38)/16 | (32~40)/20 | (38~45)/25 | (40~55)/30 |
| | | | (32~75)/18 | (32~90)/22 | (40~120)/26 | (45~120)/30 | (50~120)/34 | (60~120)/38 |
| | | | | | 130/32 | (130~180)/36 | (130~180)/40 | (130~200)/44 |

续表

| 螺纹规格 $d$ | | （M18） | M20 | （M22） | M24 | （M27） | M30 | M36 |
|---|---|---|---|---|---|---|---|---|
| $b_m$（公称） | $b_m = d$ | 18 | 20 | 22 | 24 | 27 | 30 | 36 |
| | $b_m = 1.25d$ | 22 | 25 | 28 | 30 | 35 | 38 | 45 |
| | $b_m = 1.5d$ | 27 | 30 | 33 | 36 | 40 | 45 | 54 |
| $l$（公称）/$b$ | | （35~40）/22 | （35~40）/25 | （40~45）/30 | （45~50）/30 | （50~60）/35 | （60~65）/40 | （65~75）/45 |
| | | （45~60）/35 | （45~65）/35 | （50~70）/40 | （55~75）/45 | （65~85）/50 | （70~90）/50 | （80~110）/60 |
| | | （65~120）/42 | （70~120）/46 | （75~120）/50 | （80~120）/54 | （90~120）/60 | （95~120）/66 | 120/78 |
| | | （130~200）/48 | （130~200）/52 | （130~200）/56 | （130~200）/60 | （130~200）/66 | （130~200）/72 | （130~200）/84 |
| | | | | | | | （210~250）/85 | （210~300）/97 |
| 公称长度 $l$ 的系列 | | 16,(18),20,(22),25,(28),30,(32),35,(38),40,45,50,(55),60,(65),70,(75),80,(85),90, (95),100~260(10 进位),280,300 | | | | | | |

注：①尽可能不采用括号内的规格。GB/T 897 中的 M24,M30 为括号内的规格。

②GB/T 898 为商品紧固件品种,应优先选用。

③当 $b - b_m \leqslant 5$ mm 时,旋螺母一端应制成倒圆角。

### 表 13.9　地脚螺栓（GB/T 799—1988 摘录）

单位:mm

标记示例：

$d = 20, l = 400$,性能等级为 3.6 级、不经表面处理的地脚螺栓的标为

螺栓 GB/T 799 M20×400

| 螺纹规格 $d$ | | M6 | M8 | M10 | M12 | M16 | M20 | M24 | M30 | M36 | M42 |
|---|---|---|---|---|---|---|---|---|---|---|---|
| $b$ | max | 27 | 31 | 36 | 40 | 50 | 58 | 68 | 80 | 94 | 106 |
| | min | 24 | 28 | 32 | 36 | 44 | 52 | 60 | 72 | 84 | 96 |
| $X$ | max | 2.5 | 3.2 | 3.8 | 4.2 | 5 | 6.3 | 7.5 | 8.8 | 10 | 11.3 |
| $D$ | | 10 | 10 | 15 | 20 | 20 | 30 | 30 | 45 | 60 | 60 |
| $h$ | | 41 | 46 | 65 | 82 | 93 | 127 | 139 | 192 | 244 | 261 |
| $l_1$ | | $l+37$ | $l+37$ | $l+53$ | $l+72$ | $l+72$ | $l+110$ | $l+110$ | $l+165$ | $l+217$ | $l+217$ |
| $l$ 范围 | | 80~160 | 120~220 | 160~300 | 160~400 | 220~500 | 300~630 | 300~800 | 400~1 000 | 500~1 000 | 600~1 250 |
| $l$ 系列 | | 80,120,160,220,300,400,500,630,800,1 000,1 250 | | | | | | | | | |
| 技术条件 | | 材料 | | 性能等级 | | 螺纹公差 | 产品等级 | 表面处理 | | | |
| | | 钢 | | $d<39,3.6$ 级;$d>39$,按协议 | | 8g | C | 1.不处理;2.氧化;3镀锌 | | | |

表 13.10　内六角圆柱头螺钉(GB/T 70.1—2000 摘录)

单位:mm

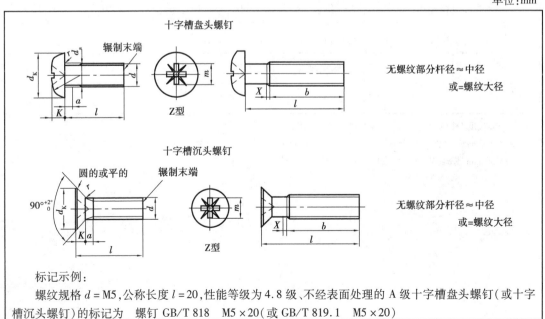

标记示例:

螺纹规格 $d$ = M8,公称长度 $l$ = 20,性能等级为 8.8 级、表面氧化的 A 级内六角圆柱头螺钉的标记为

螺钉　GB/T 70.1　M8 × 20

| 螺纹规格 $d$ | M5 | M6 | M8 | M10 | M12 | M16 | M20 | M24 | M30 | M36 |
|---|---|---|---|---|---|---|---|---|---|---|
| $b$(参考) | 22 | 24 | 28 | 32 | 36 | 44 | 52 | 60 | 72 | 84 |
| $d_K$(max) | 8.5 | 10 | 13 | 16 | 18 | 24 | 30 | 36 | 45 | 54 |
| $e$(min) | 4.58 | 5.72 | 6.86 | 9.15 | 11.43 | 16 | 19.44 | 21.73 | 25.15 | 30.85 |
| $K$(max) | 5 | 6 | 8 | 10 | 12 | 16 | 20 | 24 | 30 | 36 |
| $s$(公称) | 4 | 5 | 6 | 8 | 10 | 14 | 17 | 19 | 22 | 27 |
| $t$(min) | 2.5 | 3 | 4 | 5 | 6 | 8 | 10 | 12 | 15.5 | 19 |
| $l$ 范围(公称) | 8 ~ 50 | 10 ~ 60 | 12 ~ 80 | 16 ~ 100 | 20 ~ 120 | 25 ~ 160 | 30 ~ 200 | 40 ~ 200 | 45 ~ 200 | 55 ~ 200 |
| 制成全螺纹时 $l \leqslant$ | 25 | 30 | 35 | 40 | 50 | 60 | 70 | 80 | 100 | 110 |
| $l$ 系列(公称) | 8,10,12,16,20 ~ 50(5 进位),(55),60,(65),70 ~ 160(10 进位),180,200 | | | | | | | | | |

| 技术条件 | 材料 | 性能等级 | 螺纹公差 | | 产品等级 | 表面处理 |
|---|---|---|---|---|---|---|
| | 钢 | 8.8,10.9,12.9 | 12.9 级为 5g 或 6g,其他等级为 6g | | A | 氧化 |

注:括号内规格尽可能不采用。

表 13.11　十字槽盘头螺钉(GB/T 818—2000 摘录)、十字槽沉头螺钉(GB/T 819.1—2000 摘录)

单位:mm

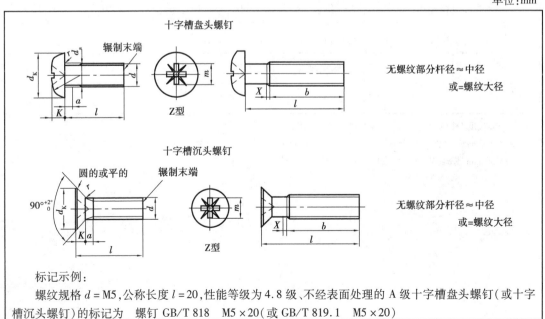

标记示例:

螺纹规格 $d$ = M5,公称长度 $l$ = 20,性能等级为 4.8 级、不经表面处理的 A 级十字槽盘头螺钉(或十字槽沉头螺钉)的标记为　螺钉 GB/T 818　M5 × 20(或 GB/T 819.1　M5 × 20)

续表

| 螺纹规格 d | | M1.6 | M2 | M2.5 | M3 | M4 | M5 | M6 | M8 | M10 |
|---|---|---|---|---|---|---|---|---|---|---|
| 螺距 P | | 0.35 | 0.4 | 0.45 | 0.5 | 0.7 | 0.8 | 1 | 1.25 | 1.5 |
| $a$ | max | 0.7 | 0.8 | 0.9 | 1 | 1.4 | 1.6 | 2 | 2.5 | 3 |
| $b$ | min | 25 | 25 | 25 | 25 | 38 | 38 | 38 | 38 | 38 |
| $X$ | max | 0.9 | 1 | 1.1 | 1.25 | 1.75 | 2 | 2.5 | 3.2 | 3.8 |
| 十字槽盘头螺钉 | $d_a$ max | 2 | 2.6 | 3.1 | 3.6 | 4.7 | 5.7 | 6.8 | 9.2 | 11.2 |
| | $d_K$ max | 3.2 | 4 | 5 | 5.6 | 8 | 9.5 | 12 | 16 | 20 |
| | $K$ max | 1.3 | 1.6 | 2.1 | 2.4 | 3.1 | 3.7 | 4.6 | 6 | 7.5 |
| | $r$ min | 0.1 | 0.1 | 0.1 | 0.1 | 0.2 | 0.2 | 0.25 | 0.4 | 0.4 |
| | $r_f$ ≈ | 2.5 | 3.2 | 4 | 5 | 6.5 | 8 | 10 | 13 | 16 |
| | $m$ 参考 | 1.6 | 2.1 | 2.6 | 2.8 | 4.3 | 4.7 | 6.7 | 8.8 | 9.9 |
| | $l$ 商品规格范围 | 3~16 | 3~20 | 3~25 | 4~30 | 5~40 | 6~45 | 8~60 | 10~60 | 12~60 |
| 十字槽沉头螺钉 | $d_k$ max | 3 | 3.8 | 4.7 | 5.5 | 8.4 | 9.3 | 11.3 | 15.8 | 18.3 |
| | $K$ max | 1 | 1.2 | 1.5 | 1.65 | 2.7 | 2.7 | 3.3 | 4.65 | 5 |
| | $r$ max | 0.4 | 0.5 | 0.6 | 0.8 | 1 | 1.3 | 1.5 | 2 | 2.5 |
| | $m$ 参考 | 1.6 | 1.9 | 2.8 | 3 | 4.4 | 4.9 | 6.6 | 8.8 | 9.8 |
| | $l$ 商品规格范围 | 3~16 | 3~20 | 3~25 | 4~30 | 5~40 | 6~50 | 8~60 | 10~60 | 12~60 |
| 公称长度 $l$ 的系列 | | 3,4,5,6,8,10,12,(14),16,20~60(5 进位) | | | | | | | | |

| 技术条件 | 材料 | 性能等级 | 螺纹公差 | 公差产品等级 | 表面处理 |
|---|---|---|---|---|---|
| | 钢 | 4.8 | 6g | A | 不经处理 |

注:①公称长度 $l$ 中的(14),(55)等规格尽可能不采用。

　　②对十字槽盘头螺钉,$d \leqslant$M3,$l \leqslant 25$ mm 或 $d >$M4,$l \leqslant 40$ mm 时,制出全螺纹($b = l - a$);对十字槽沉头螺钉,$d \leqslant$M3,
　　$l \leqslant 30$ mm 或 $d \geqslant$M4,$l \leqslant 45$ mm 时,制出全螺纹$[ b = l - (k + a)]$。

表 13.12　开槽盘头螺钉(GB/T 67—2000 摘录)、开槽沉头螺钉(GB/T 68—2000 摘录)

单位:mm

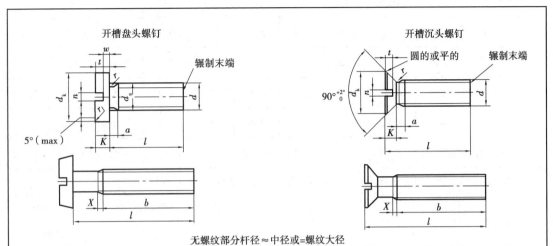

标记示例:

螺纹规格的 $d$ = M5,公称长度 $l$ = 20,性能等级为 4.8 级、不经表面处理的 A 级开槽盘头螺钉(或开槽沉头螺钉)的标记为　螺钉 GB/T 67　M5 × 20(或 GB/T 68　M5 × 20)

| 螺纹规格 $d$ | | | M1.6 | M2 | M2.5 | M3 | M4 | M5 | M6 | M8 | M10 |
|---|---|---|---|---|---|---|---|---|---|---|---|
| 螺距 $P$ | | | 0.35 | 0.4 | 0.45 | 0.5 | 0.7 | 0.8 | 1 | 1.25 | 1.5 |
| $a$ | max | | 0.7 | 0.8 | 0.9 | 1 | 1.4 | 1.6 | 2 | 2.5 | 3 |
| $b$ | min | | 25 | 25 | 25 | 25 | 38 | 38 | 38 | 38 | 38 |
| $n$ | 公称 | | 0.4 | 0.5 | 0.6 | 0.8 | 1.2 | 1.2 | 1.6 | 2 | 2.5 |
| $X$ | max | | 0.9 | 1 | 1.1 | 1.25 | 1.75 | 2 | 2.5 | 3.2 | 3.8 |
| 开槽盘头螺钉 | $d_k$ | max | 3.2 | 4 | 5 | 5.6 | 8 | 9.5 | 12 | 16 | 20 |
| | $d_a$ | max | 2 | 2.6 | 3.1 | 3.6 | 4.7 | 5.7 | 6.8 | 9.2 | 11.2 |
| | $K$ | max | 1 | 1.3 | 1.5 | 1.8 | 2.4 | 3 | 3.6 | 4.8 | 6 |
| | $r$ | min | 0.1 | 0.1 | 0.1 | 0.1 | 0.2 | 0.2 | 0.25 | 0.4 | 0.4 |
| | $r_f$ | 参考 | 0.5 | 0.6 | 0.8 | 0.9 | 1.2 | 1.5 | 1.8 | 2.4 | 3 |
| | $t$ | min | 0.35 | 0.5 | 0.6 | 0.7 | 1 | 1.2 | 1.4 | 1.9 | 2.4 |
| | $w$ | min | 0.3 | 0.4 | 0.5 | 0.7 | 1 | 1.2 | 1.4 | 1.9 | 2.4 |
| $l$ 商品规格范围 | | | 2 ~ 16 | 2.5 ~ 20 | 3 ~ 25 | 4 ~ 30 | 5 ~ 40 | 6 ~ 50 | 8 ~ 60 | 10 ~ 80 | 12 ~ 80 |

续表

| 螺纹规格 $d$ | | | M1.6 | M2 | M2.5 | M3 | M4 | M5 | M6 | M8 | M10 |
|---|---|---|---|---|---|---|---|---|---|---|---|
| 开槽沉头螺钉 | $d_k$ | max | 3 | 3.8 | 4.7 | 5.5 | 8.4 | 9.3 | 11.3 | 15.8 | 18.3 |
| | $K$ | max | 1 | 1.2 | 1.5 | 1.65 | 2.7 | 2.7 | 3.3 | 4.65 | 5 |
| | $r$ | max | 0.4 | 0.5 | 0.6 | 0.8 | 1 | 1.3 | 1.5 | 2 | 2.5 |
| | $t$ | min | 0.32 | 0.4 | 0.5 | 0.6 | 1 | 1.1 | 1.2 | 1.8 | 2 |
| $l$ 商品规格范围 | | | 2.5~16 | 3~20 | 4~25 | 5~30 | 6~40 | 8~50 | 8~60 | 10~80 | 12~80 |
| 公称长度 $l$ 的系列 | | | 2,2.5,3,4,5,6,8,10,12,(14),16,20~80(5 进位) | | | | | | | | |

| 技术条件 | 材料 | 性能等级 | 螺纹公差 | 公差产品等级 | 表面处理 |
|---|---|---|---|---|---|
| | 钢 | 4.8,5.8 | 6g | A | 不经处理 |

注:①公称长度 $l$ 中的(14),(55),(65),(75)等规格尽可能不采用。

②对开槽盘头螺钉,$d \leqslant$ M3,$l \leqslant 30$ mm 或 $d \geqslant$ M4,$l \leqslant 40$ mm 时,制出全螺纹($b = l - a$);对开槽沉头螺钉,$d \leqslant$ M3,$l \leqslant 30$ mm或 $d \geqslant$ M4,$l \leqslant 45$ mm 时,制出全螺纹 $[b = l - (k + a)]$。

**表 13.13 紧定螺钉**

单位:mm

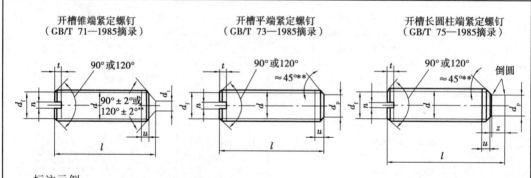

标注示例:

螺纹规格 $d =$ M5,公称长度 $l = 12$,性能等级为 14H 级、表面氧化的开槽锥端紧定螺钉(或开槽平端,或开槽长圆柱端紧定螺钉)的标记为 螺钉 GB/T 71 M5 × 12(或 GB/T 73 M5 × 12,或 GB/T 75 M5 × 12)

| 螺纹规格 $d$ | | M3 | M4 | M5 | M6 | M8 | M10 | M12 |
|---|---|---|---|---|---|---|---|---|
| 螺距 $P$ | | 0.5 | 0.7 | 0.8 | 1 | 1.25 | 1.5 | 1.75 |
| $d_f \approx$ | | 螺纹小径 | | | | | | |
| $d_t$ | max | 0.3 | 0.4 | 0.5 | 1.5 | 2 | 2.5 | 3 |
| $d_p$ | max | 2 | 2.5 | 3.5 | 4 | 5.5 | 7 | 8.5 |
| $n$ | 公称 | 0.4 | 0.6 | 0.8 | 1 | 1.2 | 1.6 | 2 |
| $t$ | min | 0.8 | 1.12 | 1.28 | 1.6 | 2 | 2.4 | 2.8 |

续表

| $z$ | max | 1.75 | 2.25 | 2.75 | 3.25 | 4.3 | 5.3 | 6.3 |
|---|---|---|---|---|---|---|---|---|
| 不完整螺纹的长度 $u$ | | $\leqslant 2P$ | | | | | | |
| $l$ 范围（商品规格） | GB 71—1985 | 4~16 | 6~20 | 8~25 | 8~30 | 10~40 | 12~50 | 14~60 |
| | GB 73—1985 | 3~16 | 4~20 | 5~25 | 6~30 | 8~40 | 10~50 | 12~60 |
| | GB 75—1985 | 5~16 | 6~20 | 8~25 | 8~30 | 10~40 | 12~50 | 14~60 |
| 短螺钉 | GB 73—1985 | 3 | 4 | 5 | 6 | — | — | — |
| | GB 75—1985 | 5 | 6 | 8 | 8,10 | 10,12,14 | 12,14,16 | 14,16,20 |
| 公称长度 $l$ 的系列 | | 3,4,5,6,8,10,12,(14),16,20,25,30,35,40,45,50,(55),60 | | | | | | |

| 技术条件 | 材料 | 性能等级 | 螺纹公差 | 公差产品等级 | 表面处理 |
|---|---|---|---|---|---|
| | 钢 | 14H,22H | 6g | A | 氧化或镀锌钝化 |

注：①尽可能不采用括号内的尺寸。

　　②＊公称长度在表中 $l$ 范围内的短螺钉应制成120°。＊＊90°或120°和45°仅适用于螺纹小径以内的末端部分。

表 13.14　吊环螺钉（GB/T 825—1988 摘录）

单位：mm

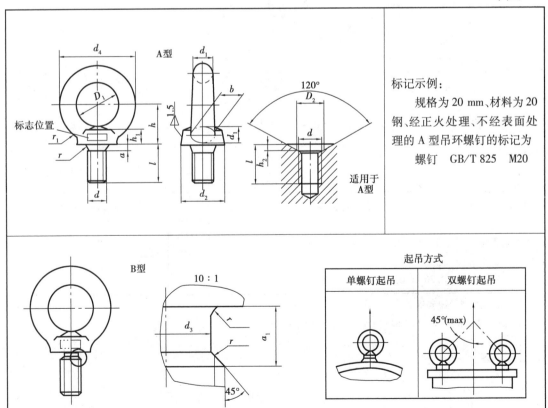

标记示例：

规格为 20 mm、材料为 20 钢、经正火处理、不经表面处理的 A 型吊环螺钉的标记为

螺钉　GB/T 825　M20

续表

| 螺纹规格 $d$ | | M8 | M10 | M12 | M16 | M20 | M24 | M30 | M36 | M42 | M48 |
|---|---|---|---|---|---|---|---|---|---|---|---|
| $d_1$ | max | 9.1 | 11.1 | 13.1 | 15.2 | 17.4 | 21.4 | 25.7 | 30 | 34.4 | 40.7 |
| $D_1$ | 公称 | 20 | 24 | 28 | 34 | 40 | 48 | 56 | 67 | 80 | 95 |
| $d_2$ | max | 21.1 | 25.1 | 29.1 | 35.2 | 41.4 | 49.4 | 57.7 | 69 | 82.4 | 97.7 |
| $h_1$ | max | 7 | 9 | 11 | 13 | 15.1 | 19.1 | 23.2 | 27.4 | 31.7 | 36.9 |
| $l$ | 公称 | 16 | 20 | 22 | 28 | 35 | 40 | 45 | 55 | 65 | 70 |
| $d_4$ | 参考 | 36 | 44 | 52 | 62 | 72 | 88 | 104 | 123 | 144 | 171 |
| $h$ | | 18 | 22 | 26 | 31 | 36 | 44 | 53 | 63 | 74 | 87 |
| $r_1$ | | 4 | 4 | 6 | 6 | 8 | 12 | 15 | 18 | 20 | 22 |
| $r$ | min | 1 | 1 | 1 | 1 | 1 | 2 | 2 | 3 | 3 | 3 |
| $a_1$ | max | 3.75 | 4.5 | 5.25 | 6 | 7.5 | 9 | 10.5 | 12 | 13.5 | 15 |
| $d_3$ | 公称(max) | 6 | 7.7 | 9.4 | 13 | 16.4 | 19.6 | 25 | 30.8 | 35.6 | 41 |
| $a$ | max | 2.5 | 3 | 3.5 | 4 | 5 | 6 | 7 | 8 | 9 | 10 |
| $b$ | | 10 | 12 | 14 | 16 | 19 | 24 | 28 | 32 | 38 | 46 |
| $D_2$ | 公称(min) | 13 | 15 | 17 | 22 | 28 | 32 | 38 | 45 | 52 | 60 |
| $h_2$ | 公称(min) | 2.5 | 3 | 3.5 | 4.5 | 5 | 7 | 8 | 9.5 | 10.5 | 11.5 |
| 最大起吊质量 /t | 单螺钉起吊 | 0.16 | 0.25 | 0.4 | 0.63 | 1 | 1.6 | 2.5 | 4 | 6.3 | 8 |
| | 双螺钉起吊 | 0.08 | 0.13 | 0.2 | 0.32 | 0.5 | 0.8 | 1.25 | 2 | 3.2 | 4 |
| 减速器类型 | | 一级圆柱齿轮减速器 | | | | | | 二级圆柱齿轮减速器 | | | |
| 中心距 $a$ | | 100 | 125 | 160 | 200 | 250 | 315 | 100 × 140 | 140 × 200 | 180 × 250 | 200 × 280 | 250 × 355 |
| 质量 $W$/kN | | 0.26 | 0.52 | 1.05 | 2.1 | 4 | 8 | 1 | 2.6 | 4.8 | 6.8 | 12.5 |

注:① M8 ~ M36 为商品规格。

②"减速器质量 $W$"非 GB/T 825 内容,仅供课程设计参考用。

表 13.15　Ⅰ型六角螺母——A 和 B 级（GB/T 6170—2000 摘录）、
六角薄螺母——A 和 B 级——倒角（GB/T 6172.1—2000 摘录）

单位:mm

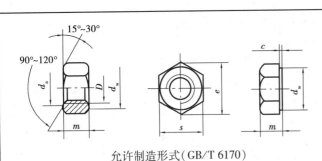

允许制造形式（GB/T 6170）

标记示例:

螺纹规格 D＝M12,性能等级为 8 级,不经表面处理、A 级的Ⅰ型六角螺母的标记为

螺母　GB/T 6170　M12

螺纹规格 D＝M12,性能等级为 04 级,不经表面处理、A 级的六角薄螺母的标记为

螺母　GB/T 6172.1　M12

| 螺纹规格 D | | M3 | M4 | M5 | M6 | M8 | M10 | M12 | (M14) | M16 | (M18) | M20 | (M22) | M24 | (M27) | M30 | M36 |
|---|---|---|---|---|---|---|---|---|---|---|---|---|---|---|---|---|---|
| $d_a$ | max | 3.45 | 4.6 | 5.75 | 6.75 | 8.75 | 10.8 | 13 | 15.1 | 17.30 | 19.5 | 21.6 | 23.7 | 25.9 | 29.1 | 32.4 | 38.9 |
| $d_w$ | min | 4.6 | 5.9 | 6.9 | 8.9 | 11.6 | 14.6 | 16.6 | 19.6 | 22.5 | 24.8 | 27.7 | 31.4 | 33.2 | 38 | 42.8 | 51.1 |
| $e$ | min | 6.01 | 7.66 | 8.79 | 11.05 | 14.38 | 17.77 | 20.03 | 23.35 | 26.75 | 29.56 | 32.95 | 37.29 | 39.55 | 45.2 | 50.85 | 60.79 |
| $s$ | max | 5.5 | 7 | 8 | 10 | 13 | 16 | 18 | 21 | 24 | 27 | 30 | 34 | 36 | 41 | 46 | 55 |
| $c$ | max | 0.4 | 0.4 | 0.5 | 0.5 | 0.6 | 0.6 | 0.6 | 0.6 | 0.8 | 0.8 | 0.8 | 0.8 | 0.8 | 0.8 | 0.8 | 0.8 |
| $m$（max） | 六角螺母 | 2.4 | 3.2 | 4.7 | 5.2 | 6.8 | 8.4 | 10.8 | 12.8 | 14.8 | 15.8 | 18 | 19.4 | 21.5 | 23.5 | 25.6 | 31 |
| | 薄螺母 | 1.8 | 2.2 | 2.7 | 3.2 | 4 | 5 | 6 | 7 | 8 | 9 | 10 | 11 | 12 | 13.5 | 15 | 18 |

| 技术条件 | 材料 | 力学性能等级 | 螺纹公差 | 表面处理 | 公差产品等级 |
|---|---|---|---|---|---|
| | 钢 | 6,8,10 | 6H | 不经处理或镀锌钝化 | A 级用于 $D \leqslant$ M16<br>B 级用于 $D >$ M16 |

注:尽可能不采用括号内的规格。

表 13.16　小垫圈、平垫圈

单位:mm

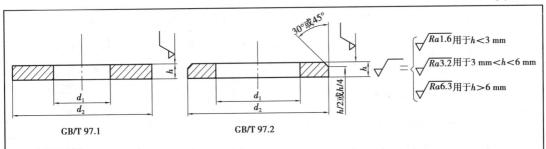

GB/T 97.1　　　　　　　GB/T 97.2

标记示例

标准系列、公称规格 8 mm、由钢制造的硬度等级为 200HV 级、不经表面处理、产品等级为 A 级的平垫圈的标记

垫圈　GB/T 97.1　8

由 A2 不锈钢制造,其余同上,标记为

垫圈 GB/T97.1　8　A2

161

续表

| 公称尺寸（螺纹规格 $d$） | | 1.6 | 2 | 2.5 | 3 | 4 | 5 | 6 | 8 | 10 | 12 | 14 | 16 | 20 | 24 | 30 | 36 |
|---|---|---|---|---|---|---|---|---|---|---|---|---|---|---|---|---|---|
| $d_1$ | GB 848—2002 | 1.7 | 2.2 | 2.7 | 3.2 | 4.3 | 5.3 | 6.4 | 8.4 | 10.5 | 13 | 15 | 17 | 21 | 25 | 31 | 37 |
| | GB 97.1—2002 | 1.7 | 2.2 | 2.7 | 3.2 | 4.3 | 5.3 | 6.4 | 8.4 | 10.5 | 13 | 15 | 17 | 21 | 25 | 31 | 37 |
| | GB 97.2—2002 | — | — | — | — | — | 5.3 | 6.4 | 8.4 | 10.5 | 13 | 15 | 17 | 21 | 25 | 31 | 37 |
| $d_2$ | GB 848—2002 | 3.5 | 4.5 | 5 | 6 | 8 | 9 | 11 | 15 | 18 | 20 | 24 | 28 | 34 | 39 | 50 | 60 |
| | GB 97.1—2002 | 4 | 5 | 6 | 7 | 9 | 10 | 12 | 16 | 20 | 24 | 28 | 30 | 37 | 44 | 56 | 66 |
| | GB 97.2—2002 | — | — | — | — | — | 10 | 12 | 16 | 20 | 24 | 28 | 30 | 37 | 44 | 56 | 66 |
| $h$ | GB 848—2002 | 0.3 | 0.3 | 0.5 | 0.5 | 0.5 | 1 | 1.6 | 1.6 | 1.6 | 2 | 2.5 | 2.5 | 3 | 4 | 4 | 5 |
| | GB 97.1—2002 | 0.3 | 0.3 | 0.5 | 0.5 | 0.8 | 1 | 1.6 | 1.6 | 2 | 2.5 | 2.5 | 3 | 3 | 4 | 4 | 5 |
| | GB 97.2—2002 | — | — | — | — | — | 1 | 1.6 | 1.6 | 2 | 2.5 | 2.5 | 3 | 3 | 4 | 4 | 5 |

表 13.17　标准型弹簧垫圈（GB/T 93—1987 摘录）、轻型弹簧垫圈（GB/T 859—1987 摘录）

单位：mm

标记示例：

规格为 16、材料为 65Mn、表面氧化的标准型（或轻型）弹簧垫圈的标记为

垫圈　GB/T 93　16

（或 GB/T 859　16）

| 规格（螺纹大径） | | | 3 | 4 | 5 | 6 | 8 | 10 | 12 | (14) | 16 | (18) | 20 | (22) | 24 | (27) | 30 | (33) | 36 |
|---|---|---|---|---|---|---|---|---|---|---|---|---|---|---|---|---|---|---|---|
| GB/T 93—1987 | $s(b)$ | 公称 | 0.8 | 1.1 | 1.3 | 1.6 | 2.1 | 2.6 | 3.1 | 3.6 | 4.1 | 4.5 | 5 | 5.5 | 6 | 6.8 | 7.5 | 8.5 | 9 |
| | $H$ | min | 1.6 | 2.2 | 2.6 | 3.2 | 4.2 | 5.2 | 6.2 | 7.2 | 8.2 | 9 | 10 | 11 | 12 | 13.6 | 15 | 17 | 18 |
| | | max | 2 | 2.75 | 3.25 | 4 | 5.25 | 6.5 | 7.75 | 9 | 10.25 | 11.25 | 12.5 | 13.75 | 15 | 17 | 18.75 | 21.25 | 22.5 |
| | $m$ | ≤ | 0.4 | 0.55 | 0.65 | 0.8 | 1.05 | 1.3 | 1.55 | 1.8 | 2.05 | 2.25 | 2.5 | 2.75 | 3 | 3.4 | 3.75 | 4.25 | 4.5 |
| GB/T 859—1987 | $s$ | 公称 | 0.6 | 0.8 | 1.1 | 1.3 | 1.6 | 2 | 2.5 | 3 | 3.2 | 3.6 | 4 | 4.5 | 5 | 5.5 | 6 | — | — |
| | $b$ | 公称 | 1 | 1.2 | 1.5 | 2 | 2.5 | 3 | 3.5 | 4 | 4.5 | 5 | 5.5 | 6 | 7 | 8 | 9 | — | — |
| | $H$ | min | 1.2 | 1.6 | 2.2 | 2.6 | 3.2 | 4 | 5 | 6 | 6.4 | 7.2 | 8 | 9 | 10 | 11 | 12 | — | — |
| | | max | 1.5 | 2 | 2.75 | 3.25 | 4 | 5 | 6.25 | 7.5 | 8 | 9 | 10 | 11.25 | 12.5 | 13.75 | 15 | — | — |
| | $m$ | ≤ | 0.3 | 0.4 | 0.55 | 0.65 | 0.8 | 1 | 1.25 | 1.5 | 1.6 | 1.8 | 2 | 2.25 | 2.5 | 2.75 | 3 | — | — |

注：尽可能不采用括号内的规格。

**表 13.18　普通螺纹收尾、肩距、退刀槽、倒角**（GB/T 3—1997 摘录）

单位:mm

| 螺距 $P$ | 外螺纹 | | | | | | | | | 内螺纹 | | | | | | | |
|---|---|---|---|---|---|---|---|---|---|---|---|---|---|---|---|---|---|
| | 收尾 $X$ (max) | | 肩距 $a$ (max) | | | 退刀槽 | | | | 收尾 $X$ (max) | | 肩距 $A$ | | 退刀槽 | | | |
| | | | | | | $g_2$ (max) | $g_1$ (max) | $r\approx$ | $D_g$ | | | | | $G_1$ | | $R\approx$ | $D_g$ |
| | 一般 | 短的 | 一般 | 长的 | 短的 | | | | | 一般 | 短的 | 一般 | 长的 | 一般 | 短的 | | |
| 0.5 | 1.25 | 0.7 | 1.5 | 2 | 1 | 1.5 | 0.8 | 0.2 | $d-0.8$ | 2 | 1 | 3 | 4 | 2 | 1 | 0.2 | |
| 0.6 | 1.5 | 0.75 | 1.8 | 2.4 | 1.2 | 1.8 | 0.9 | | $d-1$ | 2.4 | 1.2 | 3.2 | 4.8 | 2.4 | 1.2 | 0.3 | |
| 0.7 | 1.75 | 0.9 | 2.1 | 2.8 | 1.4 | 2.1 | 1.1 | 0.4 | $d-1.1$ | 2.8 | 1.4 | 3.5 | 5.6 | 2.8 | 1.4 | 0.4 | $D+0.3$ |
| 0.75 | 1.9 | 1 | 2.25 | 3 | 1.5 | 2.25 | 1.2 | | $d-1.2$ | 3 | 1.5 | 3.8 | 6 | 3 | 1.5 | 0.4 | |
| 0.8 | 2 | 1 | 2.4 | 3.2 | 1.6 | 2.4 | 1.3 | | $d-1.3$ | 3.2 | 1.6 | 4 | 6.4 | 3.2 | 1.6 | 0.4 | |
| 1 | 2.5 | 1.25 | 3 | 4 | 2 | 3 | 1.6 | 0.6 | $d-1.6$ | 4 | 2 | 5 | 8 | 4 | 2 | 0.5 | |
| 1.25 | 3.2 | 1.6 | 4 | 5 | 2.5 | 3.75 | 2 | | $d-2$ | 5 | 2.5 | 6 | 10 | 5 | 2.5 | 0.6 | |
| 1.5 | 3.8 | 1.9 | 4.5 | 6 | 3 | 4.5 | 2.5 | 0.8 | $d-2.3$ | 6 | 3 | 7 | 12 | 6 | 3 | 0.8 | |
| 1.75 | 4.3 | 2.2 | 5.3 | 7 | 3.5 | 5.25 | 3 | 1 | $d-2.6$ | 7 | 3.5 | 9 | 14 | 7 | 3.5 | 0.9 | |
| 2 | 5 | 2.5 | 6 | 8 | 4 | 6 | 3.4 | | $d-3$ | 8 | 4 | 10 | 16 | 8 | 4 | 1 | |
| 2.5 | 6.3 | 3.2 | 7.5 | 10 | 5 | 7.5 | 4.4 | 1.2 | $d-3.6$ | 10 | 5 | 12 | 18 | 10 | 5 | 1.2 | |
| 3 | 7.5 | 3.8 | 9 | 12 | 6 | 9 | 5.2 | 1.6 | $d-4.4$ | 12 | 6 | 14 | 22 | 12 | 6 | 1.5 | $D+0.5$ |
| 3.5 | 9 | 4.5 | 10.5 | 14 | 7 | 10.5 | 6.2 | | $d-5$ | 14 | 7 | 16 | 24 | 14 | 7 | 1.8 | |
| 4 | 10 | 5 | 12 | 16 | 8 | 12 | 7 | 2 | $d-5.7$ | 16 | 8 | 18 | 26 | 16 | 8 | 2 | |
| 4.5 | 11 | 5.5 | 13.5 | 18 | 9 | 13.5 | 8 | 2.5 | $d-6.4$ | 18 | 9 | 21 | 29 | 18 | 9 | 2.2 | |
| 5 | 12.5 | 6.3 | 15 | 20 | 10 | 15 | 9 | | $d-7$ | 20 | 10 | 23 | 32 | 20 | 10 | 2.5 | |
| 5.5 | 14 | 7 | 16.5 | 22 | 11 | 17.5 | 11 | 3.2 | $d-7.7$ | 22 | 11 | 25 | 35 | 22 | 11 | 2.8 | |
| 6 | 15 | 7.5 | 18 | 24 | 12 | 18 | 11 | | $d-8.3$ | 24 | 12 | 28 | 38 | 24 | 12 | 3 | |

注:①外螺纹倒角一般是 45°,也可采用 60° 或 30° 倒角;倒角深度应大于或等于牙型高度,过渡角 α 应不小于 30°。内螺纹入口端面的倒角一般应为 120°,也可采用 90° 倒角。端面倒角直径为 $(1.05\sim 1)D$($D$ 为螺纹公称直径)。

②应优先选用"一般"长度的收尾和肩距。

表 13.19  螺栓和螺钉通孔及沉孔尺寸

单位:mm

| 螺纹规格 | 螺栓和螺钉通孔直径 $d_h$（GB/T 5277—1985 摘录） | | | 沉头螺钉及半沉头螺钉的沉孔（GB/T 152.2—1988 摘录） | | | | 内六角圆柱头螺钉的圆柱头沉孔（GB/T 152.3—1988 摘录） | | | | 六角头螺栓和六角螺母的沉孔（GB/T 152.4—1988 摘录） | | | |
|---|---|---|---|---|---|---|---|---|---|---|---|---|---|---|---|
| $d$ | 精装配 | 中等装配 | 粗装配 | $d_2$ | $\tau \approx$ | $d_1$ | $\alpha$ | $d_2$ | $\tau$ | $d_3$ | $d_1$ | $d_2$ | $d_3$ | $d_1$ | $\tau$ |
| M3 | 3.2 | 3.4 | 3.6 | 6.4 | 1.6 | 3.4 | | 6.0 | 3.4 | | 3.4 | 9 | | 3.4 | 只要能制出与通孔轴线垂直的圆平面即可 |
| M4 | 4.3 | 4.5 | 4.8 | 9.6 | 2.7 | 4.5 | | 8.0 | 4.6 | | 4.5 | 10 | | 4.5 | |
| M5 | 5.3 | 5.5 | 5.8 | 10.6 | 2.7 | 5.5 | | 10.0 | 5.7 | | 5.5 | 11 | | 5.5 | |
| M6 | 6.4 | 6.6 | 7 | 12.8 | 3.3 | 6.6 | | 11.0 | 6.8 | — | 6.6 | 13 | — | 6.6 | |
| M8 | 8.4 | 9 | 10 | 17.6 | 4.6 | 9 | | 15.0 | 9.0 | | 9.0 | 18 | | 9.0 | |
| M10 | 10.5 | 11 | 12 | 20.3 | 5.0 | 11 | | 18.0 | 11.0 | | 11.0 | 22 | | 11.0 | |
| M12 | 13 | 13.5 | 14.5 | 24.4 | 6.0 | 13.5 | | 20.0 | 13.0 | 16 | 13.5 | 26 | 16 | 13.5 | |
| M14 | 15 | 15.5 | 16.5 | 28.4 | 7.0 | 15.5 | $90°^{-2°}_{-1°}$ | 24.0 | 15.0 | 18 | 15.5 | 30 | 18 | 13.5 | |
| M16 | 17 | 17.5 | 18.5 | 32.4 | 8.0 | 17.5 | | 26.0 | 17.5 | 20 | 17.5 | 33 | 20 | 17.5 | |
| M18 | 19 | 20 | 21 | — | — | — | | — | — | — | — | 36 | 22 | 20.0 | |
| M20 | 21 | 22 | 24 | 40.4 | 10.0 | 22 | | 33.0 | 21.5 | 24 | 22.0 | 40 | 24 | 22.0 | |
| M22 | 23 | 24 | 26 | | | | | — | — | — | — | 43 | 26 | 24 | |
| M24 | 25 | 26 | 28 | | | | | 40.0 | 25.5 | 28 | 26.0 | 48 | 28 | 26 | |
| M27 | 28 | 30 | 32 | — | — | — | | — | — | — | — | 53 | 33 | 30 | |
| M30 | 31 | 33 | 35 | | | | | 48.0 | 32.0 | 36 | 33.0 | 61 | 36 | 33 | |
| M36 | 37 | 39 | 42 | | | | | 57.0 | 38.0 | 42 | 39.0 | 71 | 42 | 39 | |

表 13.20 普通粗牙螺纹的余留长度、钻孔余留长度(JB/ZQ 4247—1997 摘录)

单位:mm

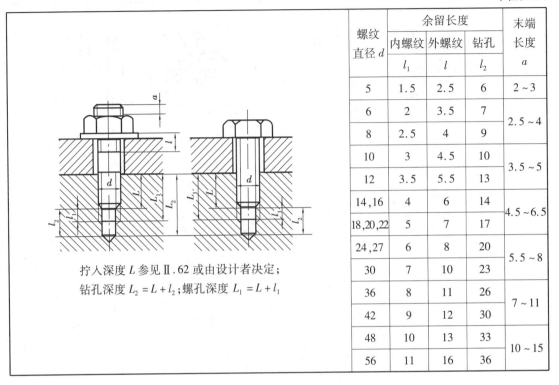

拧入深度 L 参见 Ⅱ.62 或由设计者决定;
钻孔深度 $L_2 = L + l_2$;螺孔深度 $L_1 = L + l_1$

| 螺纹直径 d | 余留长度 | | | 末端长度 a |
|---|---|---|---|---|
| | 内螺纹 $l_1$ | 外螺纹 $l$ | 钻孔 $l_2$ | |
| 5 | 1.5 | 2.5 | 6 | 2 ~ 3 |
| 6 | 2 | 3.5 | 7 | 2.5 ~ 4 |
| 8 | 2.5 | 4 | 9 | |
| 10 | 3 | 4.5 | 10 | 3.5 ~ 5 |
| 12 | 3.5 | 5.5 | 13 | |
| 14,16 | 4 | 6 | 14 | 4.5 ~ 6.5 |
| 18,20,22 | 5 | 7 | 17 | |
| 24,27 | 6 | 8 | 20 | 5.5 ~ 8 |
| 30 | 7 | 10 | 23 | |
| 36 | 8 | 11 | 26 | 7 ~ 11 |
| 42 | 9 | 12 | 30 | |
| 48 | 10 | 13 | 33 | 10 ~ 15 |
| 56 | 11 | 16 | 36 | |

表 13.21 粗牙螺栓、螺钉的拧入深度和螺纹孔尺寸(参考)

单位:mm

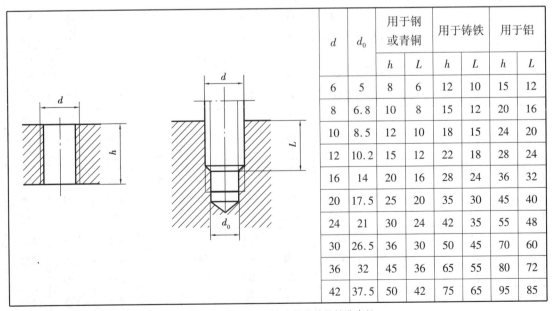

| d | $d_0$ | 用于钢或青铜 | | 用于铸铁 | | 用于铝 | |
|---|---|---|---|---|---|---|---|
| | | h | L | h | L | h | L |
| 6 | 5 | 8 | 6 | 12 | 10 | 15 | 12 |
| 8 | 6.8 | 10 | 8 | 15 | 12 | 20 | 16 |
| 10 | 8.5 | 12 | 10 | 18 | 15 | 24 | 20 |
| 12 | 10.2 | 15 | 12 | 22 | 18 | 28 | 24 |
| 16 | 14 | 20 | 16 | 28 | 24 | 36 | 32 |
| 20 | 17.5 | 25 | 20 | 35 | 30 | 45 | 40 |
| 24 | 21 | 30 | 24 | 42 | 35 | 55 | 48 |
| 30 | 26.5 | 36 | 30 | 50 | 45 | 70 | 60 |
| 36 | 32 | 45 | 36 | 65 | 55 | 80 | 72 |
| 42 | 37.5 | 50 | 42 | 75 | 65 | 95 | 85 |

注:h 为内螺纹通孔长度;L 为双头螺栓或螺钉拧入深度;$d_0$ 为攻螺纹前的钻孔直径。

表 13.22　扳手空间(JB/ZQ 4005—1997 摘录)

单位:mm

| 螺纹直径 $d$ | $s$ | $A$ | $A_1$ | $E = K$ | $M$ | $L$ | $L_1$ | $R$ | $D$ |
|---|---|---|---|---|---|---|---|---|---|
| 6 | 10 | 26 | 18 | 8 | 15 | 46 | 38 | 20 | 24 |
| 8 | 13 | 32 | 24 | 11 | 18 | 55 | 44 | 25 | 38 |
| 10 | 16 | 38 | 28 | 13 | 22 | 62 | 50 | 30 | 30 |
| 12 | 18 | 42 | — | 14 | 24 | 70 | 55 | 32 | — |
| 14 | 21 | 48 | 36 | 15 | 26 | 80 | 65 | 36 | 40 |
| 16 | 24 | 55 | 38 | 16 | 30 | 85 | 70 | 42 | — |
| 18 | 27 | 62 | 45 | 19 | 32 | 95 | 75 | 46 | 52 |
| 20 | 30 | 68 | 48 | 20 | 35 | 105 | 85 | 50 | 56 |
| 22 | 34 | 76 | 55 | 24 | 40 | 120 | 95 | 58 | 60 |
| 24 | 36 | 80 | 58 | 24 | 42 | 125 | 100 | 60 | 70 |
| 27 | 41 | 90 | 65 | 26 | 46 | 135 | 110 | 65 | 76 |
| 30 | 46 | 100 | 72 | 30 | 50 | 155 | 125 | 75 | 82 |
| 33 | 50 | 108 | 76 | 32 | 55 | 165 | 130 | 80 | 88 |
| 36 | 55 | 118 | 85 | 36 | 60 | 180 | 145 | 88 | 95 |
| 39 | 80 | 125 | 90 | 38 | 65 | 190 | 155 | 92 | 100 |
| 42 | 65 | 135 | 96 | 42 | 70 | 205 | 165 | 100 | 106 |
| 45 | 70 | 145 | 105 | 45 | 75 | 220 | 175 | 105 | 112 |
| 48 | 75 | 160 | 115 | 48 | 80 | 235 | 185 | 115 | 126 |
| 52 | 80 | 170 | 120 | 48 | 84 | 245 | 195 | 125 | 132 |
| 56 | 85 | 180 | 126 | 52 | 90 | 260 | 205 | 130 | 138 |
| 60 | 90 | 185 | 134 | 58 | 95 | 275 | 215 | 135 | 145 |
| 64 | 95 | 195 | 140 | 58 | 100 | 285 | 225 | 140 | 152 |
| 68 | 100 | 205 | 145 | 65 | 105 | 300 | 235 | 150 | 158 |

## 13.2  轴系零件的紧固件

**表** 13.23  **轴肩挡圈**（GB/T 886—1986 摘录）

单位:mm

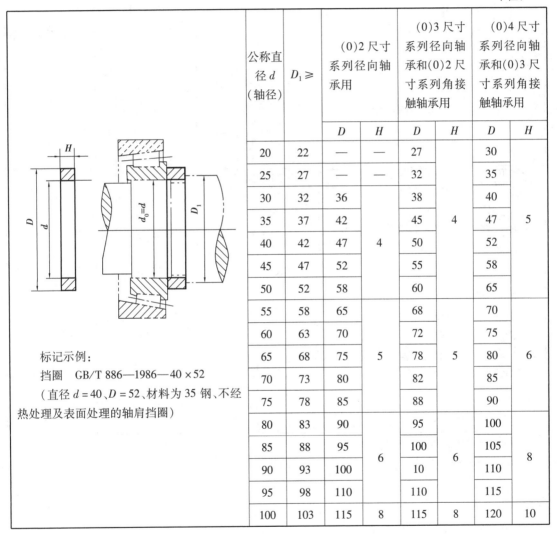

标记示例:

挡圈　GB/T 886—1986—40×52

（直径 $d=40$、$D=52$、材料为 35 钢、不经热处理及表面处理的轴肩挡圈）

| 公称直径 $d$（轴径） | $D_1 \geqslant$ | (0)2 尺寸系列径向轴承用 | | (0)3 尺寸系列径向轴承和(0)2 尺寸系列角接触轴承用 | | (0)4 尺寸系列径向轴承和(0)3 尺寸系列角接触轴承用 | |
|---|---|---|---|---|---|---|---|
| | | $D$ | $H$ | $D$ | $H$ | $D$ | $H$ |
| 20 | 22 | — | — | 27 | 4 | 30 | 5 |
| 25 | 27 | — | — | 32 | | 35 | |
| 30 | 32 | 36 | 4 | 38 | | 40 | |
| 35 | 37 | 42 | | 45 | | 47 | |
| 40 | 42 | 47 | | 50 | | 52 | |
| 45 | 47 | 52 | | 55 | | 58 | |
| 50 | 52 | 58 | | 60 | | 65 | |
| 55 | 58 | 65 | 5 | 68 | 5 | 70 | 6 |
| 60 | 63 | 70 | | 72 | | 75 | |
| 65 | 68 | 75 | | 78 | | 80 | |
| 70 | 73 | 80 | | 82 | | 85 | |
| 75 | 78 | 85 | | 88 | | 90 | |
| 80 | 83 | 90 | 6 | 95 | 6 | 100 | 8 |
| 85 | 88 | 95 | | 100 | | 105 | |
| 90 | 93 | 100 | | 10 | | 110 | |
| 95 | 98 | 110 | | 110 | | 115 | |
| 100 | 103 | 115 | 8 | 115 | 8 | 120 | 10 |

**表 13.24　锥销锁紧挡圈**(GB 883—1986 摘录)、**螺钉锁紧挡圈**(GB 884—1986 摘录)

锥销锁紧挡圈

螺钉锁紧挡圈

$d \leqslant 30$　　　$d > 30$

标记示例:

挡圈　GB/T 883　20

挡圈　GB/T 884　20

(直径 $d=20$、材料为 Q235-A、不经表面处理的锥销锁紧挡圈和螺钉锁紧挡圈)

| d | D | 锥销锁紧挡圈 | | | | 螺钉锁紧挡圈 | | | |
|---|---|---|---|---|---|---|---|---|---|
| | | H | $d_1$ | c | 圆锥销 GB/T 117—2000(推荐) | H | $d_0$ | c | 螺钉 GB/T 71—1985(推荐) |
| 16 | 30 | 12 | 4 | 0.5 | 4×32 | 12 | M6 | 1 | M6×10 |
| (17) | 32 | | | | | | | | |
| 18 | | | | | | | | | |
| (19) | 35 | | | | 4×35 | | | | |
| 20 | | | | | | | | | |
| 22 | 38 | 14 | 5 | 1 | 5×40 | 14 | M8 | | M8×12 |
| 25 | 42 | | | | 4×45 | | | | |
| 28 | 45 | | | | | | | | |
| 30 | 48 | | | | 6×50 | | | | |
| 32 | 52 | | 6 | | | | | | |
| 35 | 56 | 16 | | | 6×55 | 16 | M10 | | M10×16 |
| 40 | 62 | | | | 6×60 | | | | |
| 45 | 70 | | | | 6×70 | | | | |
| 50 | 80 | 18 | 8 | | 8×80 | 18 | | | M10×20 |
| 55 | 85 | | | | 8×90 | | | | |
| 60 | 90 | | | | | | | | |
| 65 | 95 | 20 | 10 | | 10×100 | 20 | | | |
| 70 | 100 | | | | | | | | |
| 75 | 110 | 22 | | | 10×100 | 22 | M12 | | M12×25 |
| 80 | 115 | | | | 10×120 | | | | |
| 85 | 120 | | | | | | | | |
| 90 | 125 | | | | | | | | |
| 95 | 130 | 25 | | 1.5 | 10×130 | 25 | | 1.5 | |
| 100 | 135 | | | | 10×140 | | | | |

注:①括号内的尺寸,尽可能不采用。

②加工锥销锁紧挡圈的 $d_1$ 孔时,只钻一面;装配时钻透并铰孔。

表 13.25　轴端挡圈

单位:mm

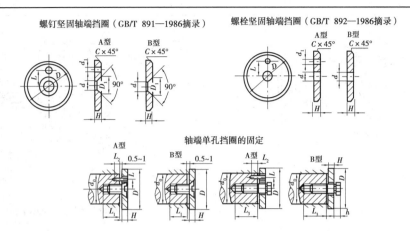

标记示例:

挡圈　GB/T 891　45(公称直径 D = 45、材料为 Q235-A、不经表面处理的 A 型螺钉紧固轴端挡圈)

挡圈　GB/T 891　B45(公称直径 D = 45、材料为 Q235-A、不经表面处理的 B 型螺钉紧固轴端挡圈)

| 轴径 ≤ | 公称直径 D | H | L | d | $d_1$ | c | $D_1$ | 螺钉紧固轴端挡圈 | | 螺栓紧固轴端挡圈 | | | 安装尺寸(参考) | | | |
|---|---|---|---|---|---|---|---|---|---|---|---|---|---|---|---|---|
| | | | | | | | | 螺钉 GB/T 819.1— 2000 (推荐) | 圆柱销 GB/T 119.1— 2000 (推荐) | 螺栓 GB/T 5783— 2000 (推荐) | 圆柱销 GB/T 119.1— 2000 (推荐) | 垫圈 GB/T 93— 1987 (推荐) | $L_1$ | $L_2$ | $L_3$ | h |
| 14 | 20 | 4 | — | | | | | | | | | | | | | |
| 16 | 22 | 4 | — | | | | | | | | | | | | | |
| 18 | 25 | 4 | — | 5.5 | 2.1 | 0.5 | 11 | M5 × 12 | A2 × 10 | M5 × 16 | A2 × 10 | 5 | 14 | 6 | 16 | 4.8 |
| 20 | 28 | 4 | 7.5 | | | | | | | | | | | | | |
| 22 | 30 | 4 | 7.5 | | | | | | | | | | | | | |
| 25 | 32 | 5 | 10 | | | | | | | | | | | | | |
| 28 | 35 | 5 | 10 | | | | | | | | | | | | | |
| 30 | 38 | 5 | 10 | 6.6 | 3.2 | 1 | 13 | M6 × 16 | A3 × 12 | M6 × 20 | A3 × 12 | 6 | 18 | 7 | 20 | 5.6 |
| 32 | 40 | 5 | 12 | | | | | | | | | | | | | |
| 35 | 45 | 5 | 12 | | | | | | | | | | | | | |
| 40 | 50 | 5 | 12 | | | | | | | | | | | | | |
| 45 | 55 | 6 | 16 | | | | | | | | | | | | | |
| 50 | 60 | 6 | 16 | | | | | | | | | | | | | |
| 55 | 65 | 6 | 16 | 9 | 4.2 | 1.5 | 17 | M8 × 20 | A4 × 14 | M8 × 25 | A4 × 14 | 8 | 22 | 8 | 24 | 7.4 |
| 60 | 70 | 6 | 20 | | | | | | | | | | | | | |
| 65 | 75 | 6 | 20 | | | | | | | | | | | | | |
| 70 | 80 | 6 | 20 | | | | | | | | | | | | | |
| 75 | 90 | 8 | 25 | 13 | 5.2 | 2 | 25 | M12 × 25 | A5 × 16 | M12 × 30 | A5 × 16 | 12 | 26 | 12 | 28 | 10.6 |
| 85 | 100 | 8 | 25 | | | | | | | | | | | | | |

注:①当挡圈装在带螺纹孔的轴端时,紧固用螺钉允许加长。

　　②材料:Q235-A,35 钢,45 钢。

　　③"轴端单孔挡圈的固定"不属于 GB/T 891—1986,GB/T 892—1986,仅供参考。

**表 13.26　孔用弹性挡圈—A 型（GB/T 893.1—1986 摘录）**

单位:mm

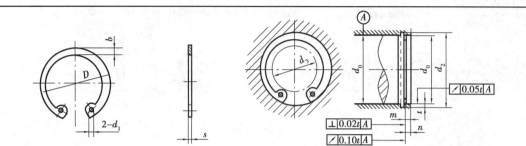

标记示例:　　　　　　　　　　$d_3$—允许套入的最大轴径

挡圈 GB/T 893.1—1986　50

（孔径 $d_0$ =50、材料 65Mn、热处理硬度 44 ~ 51HRC、经表面氧化处理的 A 型孔用弹性挡圈）

| 孔径 $d_0$ | 挡圈 $D$ | 挡圈 $s$ | 挡圈 $b\approx$ | 挡圈 $d_1$ | 沟槽 $d_2$ 基本尺寸 | 沟槽 $d_2$ 极限偏差 | 沟槽 $m$ 基本尺寸 | 沟槽 $m$ 极限偏差 | $n\geq$ | 轴 $d_3\leq$ |
|---|---|---|---|---|---|---|---|---|---|---|
| 8 | 8.7 | 0.6 | 1 | 1 | 8.4 | +0.09, 0 | 0.7 | +0.14, 0 | 0.6 | 2 |
| 9 | 9.8 | 0.6 | 1.2 | 1 | 9.4 | +0.09, 0 | 0.7 | +0.14, 0 | 0.6 | 2 |
| 10 | 10.8 | 0.8 | 1.2 | 1 | 10.4 | +0.09, 0 | 0.9 | +0.14, 0 | 0.6 | 2 |
| 11 | 11.8 | 0.8 | 1.7 | 1.5 | 11.4 | +0.11, 0 | 0.9 | +0.14, 0 | 0.9 | 3 |
| 12 | 13 | 0.8 | 1.7 | 1.5 | 12.5 | +0.11, 0 | 0.9 | +0.14, 0 | 0.9 | 4 |
| 13 | 14.1 | 0.8 | 1.7 | 1.5 | 13.6 | +0.11, 0 | 0.9 | +0.14, 0 | 0.9 | 4 |
| 14 | 15.1 | 0.8 | 1.7 | 1.5 | 14.6 | +0.11, 0 | 0.9 | +0.14, 0 | 0.9 | 5 |
| 15 | 16.2 | 0.8 | 2.1 | 1.7 | 15.7 | +0.11, 0 | 0.9 | +0.14, 0 | 1.2 | 6 |
| 16 | 17.3 | 0.8 | 2.1 | 1.7 | 16.8 | +0.11, 0 | 0.9 | +0.14, 0 | 1.2 | 7 |
| 17 | 18.3 | 0.8 | 2.1 | 1.7 | 17.8 | +0.11, 0 | 0.9 | +0.14, 0 | 1.2 | 8 |
| 18 | 19.5 | 1 | 2.1 | 1.7 | 19 | +0.13, 0 | 1.1 | +0.14, 0 | 1.5 | 9 |
| 19 | 20.5 | 1 | 2.1 | 1.7 | 20 | +0.13, 0 | 1.1 | +0.14, 0 | 1.5 | 10 |
| 20 | 21.5 | 1 | 2.5 | 2 | 21 | +0.13, 0 | 1.1 | +0.14, 0 | 1.5 | 10 |
| 21 | 22.5 | 1 | 2.5 | 2 | 22 | +0.13, 0 | 1.1 | +0.14, 0 | 1.5 | 11 |
| 22 | 23.5 | 1 | 2.5 | 2 | 23 | +0.13, 0 | 1.1 | +0.14, 0 | 1.5 | 12 |
| 24 | 25.9 | 1 | 2.5 | 2 | 25.2 | +0.21, 0 | 1.3 | +0.14, 0 | 1.8 | 13 |
| 25 | 26.9 | 1 | 2.8 | 2 | 26.2 | +0.21, 0 | 1.3 | +0.14, 0 | 1.8 | 14 |
| 26 | 27.9 | 1 | 2.8 | 2 | 27.2 | +0.21, 0 | 1.3 | +0.14, 0 | 1.8 | 15 |
| 28 | 30.1 | 1.2 | 2.8 | 2 | 29.4 | +0.21, 0 | 1.3 | +0.14, 0 | 2.1 | 17 |
| 30 | 32.1 | 1.2 | 3.2 | 2 | 31.4 | +0.21, 0 | 1.3 | +0.14, 0 | 2.1 | 18 |
| 31 | 33.4 | 1.2 | 3.2 | 2 | 32.7 | +0.21, 0 | 1.3 | +0.14, 0 | 2.1 | 19 |
| 32 | 34.4 | 1.2 | 3.2 | 2 | 33.7 | +0.21, 0 | 1.3 | +0.14, 0 | 2.6 | 20 |
| 34 | 36.5 | 1.2 | 3.2 | 2 | 35.7 | +0.21, 0 | 1.3 | +0.14, 0 | 2.6 | 22 |
| 35 | 37.8 | 1.2 | 3.6 | 2.5 | 37 | +0.25, 0 | 1.7 | +0.14, 0 | 3 | 23 |
| 36 | 38.8 | 1.2 | 3.6 | 2.5 | 38 | +0.25, 0 | 1.7 | +0.14, 0 | 3 | 24 |
| 37 | 39.8 | 1.2 | 3.6 | 2.5 | 39 | +0.25, 0 | 1.7 | +0.14, 0 | 3 | 25 |
| 38 | 40.8 | 1.5 | 3.6 | 2.5 | 40 | +0.25, 0 | 1.7 | +0.14, 0 | 3 | 26 |
| 40 | 43.5 | 1.5 | 4 | 2.5 | 42.5 | +0.25, 0 | 1.7 | +0.14, 0 | 3.8 | 27 |
| 42 | 45.5 | 1.5 | 4 | 2.5 | 44.5 | +0.25, 0 | 1.7 | +0.14, 0 | 3.8 | 29 |
| 45 | 48.5 | 1.5 | 4.7 | 3 | 47.5 | +0.25, 0 | 1.7 | +0.14, 0 | 3.8 | 31 |
| 47 | 50.5 | 1.5 | 4.7 | 3 | 49.5 | +0.25, 0 | 1.7 | +0.14, 0 | 3.8 | 32 |
| 48 | 51.5 | 1.5 | 4.7 | 3 | 50.5 | +0.03, 0 | 1.7 | +0.14, 0 | 3.8 | 33 |
| 50 | 54.2 | 1.5 | 4.7 | 3 | 53 | +0.03, 0 | 1.7 | +0.14, 0 | 3.8 | 36 |
| 52 | 56.2 | 1.5 | 4.7 | 3 | 55 | +0.03, 0 | 1.7 | +0.14, 0 | 3.8 | 38 |
| 55 | 59.2 | 1.5 | 4.7 | 3 | 58 | +0.03, 0 | 1.7 | +0.14, 0 | 3.8 | 40 |
| 56 | 60.2 | 2 | 4.7 | 3 | 59 | +0.03, 0 | 2.2 | +0.14, 0 | 3.8 | 41 |
| 58 | 62.2 | 2 | 4.7 | 3 | 61 | +0.03, 0 | 2.2 | +0.14, 0 | 3.8 | 43 |
| 60 | 64.2 | 2 | 5.2 | 3 | 63 | +0.03, 0 | 2.2 | +0.14, 0 | 3.8 | 44 |
| 62 | 66.2 | 2 | 5.2 | 3 | 65 | +0.03, 0 | 2.2 | +0.14, 0 | 4.5 | 45 |
| 63 | 67.2 | 2 | 5.2 | 3 | 66 | +0.03, 0 | 2.2 | +0.14, 0 | 4.5 | 46 |
| 65 | 69.2 | 2 | 5.2 | 3 | 68 | +0.03, 0 | 2.2 | +0.14, 0 | 4.5 | 48 |
| 68 | 72.5 | 2 | 5.7 | 3 | 71 | +0.03, 0 | 2.2 | +0.14, 0 | 4.5 | 50 |
| 70 | 74.5 | 2 | 5.7 | 3 | 73 | +0.03, 0 | 2.2 | +0.14, 0 | 4.5 | 53 |
| 72 | 76.5 | 2 | 5.7 | 3 | 75 | +0.03, 0 | 2.2 | +0.14, 0 | 4.5 | 55 |
| 75 | 79.5 | 2 | 6.3 | 3 | 78 | +0.03, 0 | 2.2 | +0.14, 0 | 4.5 | 56 |
| 78 | 82.5 | 2 | 6.3 | 3 | 81 | +0.03, 0 | 2.2 | +0.14, 0 | 4.5 | 60 |
| 80 | 85.5 | 2 | 6.3 | 3 | 83.5 | +0.03, 0 | 2.2 | +0.14, 0 | 4.5 | 63 |
| 82 | 87.5 | 2.5 | 6.8 | 3 | 85.5 | +0.03, 0 | 2.7 | +0.14, 0 | 4.5 | 65 |
| 85 | 90.5 | 2.5 | 6.8 | 3 | 88.5 | +0.03, 0 | 2.7 | +0.14, 0 | 4.5 | 68 |
| 88 | 93.5 | 2.5 | 7.3 | 3 | 91.5 | +0.035, 0 | 2.7 | +0.14, 0 | 5.3 | 70 |
| 90 | 95.5 | 2.5 | 7.3 | 3 | 93.5 | +0.035, 0 | 2.7 | +0.14, 0 | 5.3 | 72 |
| 92 | 97.5 | 2.5 | 7.3 | 3 | 95.5 | +0.035, 0 | 2.7 | +0.14, 0 | 5.3 | 73 |
| 95 | 100.5 | 2.5 | 7.7 | 3 | 98.5 | +0.035, 0 | 2.7 | +0.14, 0 | 5.3 | 75 |
| 98 | 103.5 | 2.5 | 7.7 | 3 | 101.5 | +0.035, 0 | 2.7 | +0.14, 0 | 5.3 | 78 |
| 100 | 105.5 | 2.5 | 7.7 | 3 | 103.5 | +0.035, 0 | 2.7 | +0.14, 0 | 5.3 | 80 |
| 102 | 108 | 2.5 | 7.7 | 3 | 106 | +0.035, 0 | 2.7 | +0.14, 0 | 5.3 | 82 |
| 105 | 112 | 2.5 | 8.1 | 3 | 109 | +0.54, 0 | 2.7 | +0.14, 0 | 5.3 | 83 |
| 108 | 115 | 3 | 8.8 | 4 | 112 | +0.54, 0 | 3.2 | +0.18, 0 | 6 | 86 |
| 110 | 117 | 3 | 8.8 | 4 | 114 | +0.54, 0 | 3.2 | +0.18, 0 | 6 | 88 |
| 112 | 119 | 3 | 9.3 | 4 | 116 | +0.54, 0 | 3.2 | +0.18, 0 | 6 | 89 |
| 115 | 122 | 3 | 9.3 | 4 | 119 | +0.54, 0 | 3.2 | +0.18, 0 | 6 | 90 |
| 120 | 127 | 3 | 10 | 4 | 124 | +0.63, 0 | 3.2 | +0.18, 0 | 6 | 95 |

**表 13.27 轴用弹性挡圈—A 型（GB/T 894.1—1986 摘录）**

单位:mm

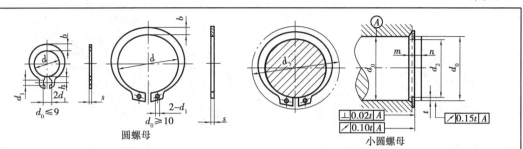

圆螺母　　　　　小圆螺母

标记示例：　　　　　　　　　$d_3$—允许套入的最大孔径

挡圈 GB/T 894.1—1986　50

（轴径 $d_0 = 50$、材料 65Mn、热处理 44～51HRC、经表面氧化处理的 A 型轴用弹性挡圈）

| 轴径 $d_0$ | 挡圈 | | | | 沟槽（推荐） | | | | 孔 $d_3$ ≥ | 轴径 $d_0$ | 挡圈 | | | | 沟槽（推荐） | | | | 孔 $d_3$ ≤ |
|---|---|---|---|---|---|---|---|---|---|---|---|---|---|---|---|---|---|---|---|
| | $d$ | $s$ | $b≈$ | $d_1$ | $d_2$ 基本尺寸 | $d_2$ 极限偏差 | $m$ 基本尺寸 | $m$ 极限偏差 | $n≥$ | | $d$ | $s$ | $b≈$ | $d_1$ | $d_2$ 基本尺寸 | $d_2$ 极限偏差 | $m$ 基本尺寸 | $m$ 极限偏差 | $n≥$ | |
| 3 | 2.7 | 0.4 | 0.8 | 1 | 2.8 | −0.04 | 0.5 | | 0.3 | 38 | 35.2 | 1.5 | 5.0 | 2.5 | 36 | 0 −0.25 | 1.7 | | 3 | 51 |
| 4 | 3.7 | | 0.88 | | 3.8 | 0 −0.048 | | | | 40 | 36.5 | | | | 37.5 | | | | 3.8 | 53 |
| 5 | 4.7 | | 1.12 | | 4.8 | | | | 0.5 | 42 | 38.5 | | | | 39.5 | | | | | 56 |
| 6 | 5.6 | 0.6 | 1.32 | 0.7 | 5.7 | | 0.7 | | | 45 | 41.5 | | | | 42.5 | | | | | 59.4 |
| 7 | 6.5 | | | | 6.7 | | | | 0.5 | 48 | 44.5 | | | | 45.5 | | | | | 62.8 |
| 8 | 7.4 | 0.8 | | 1.2 | 7.6 | 0 −0.058 | 0.9 | | | 50 | 45.8 | | 5.48 | | 47 | | | | | 64.8 |
| 9 | 8.4 | | 1.44 | | 8.6 | | | | 0.6 | 52 | 47.8 | | | | 49 | | | | | 67 |
| 10 | 9.3 | | | | 9.6 | | | | | 55 | 50.8 | | | | 52 | | | | | 70.4 |
| 11 | 10.2 | | 1.52 | 1.5 | 10.5 | | | | 0.8 | 56 | 51.8 | 2 | | | 53 | | 2.2 | | | 71.7 |
| 12 | 11 | | 1.72 | | 11.5 | | | | | 58 | 53.8 | | | | 55 | | | | | 73.6 |
| 13 | 11.9 | | 1.88 | | 12.4 | | | | 0.9 | 60 | 55.8 | | 6.12 | | 57 | | | | | 75.8 |
| 14 | 12.9 | | | | 13.4 | | | | | 62 | 57.8 | | | | 59 | | | | | 79 |
| 15 | 13.8 | | 2.00 | 1.7 | 14.3 | 0 −0.11 | | | 1.1 | 63 | 58.8 | | | | 60 | | +0.14 0 | | 79.6 |
| 16 | 14.7 | 1 | 2.32 | | 15.2 | | 1.1 | | 1.2 | 65 | 60.8 | | | | 62 | 0 −0.30 | | 4.5 | 81.6 |
| 17 | 15.7 | | | | 16.2 | | | | | 68 | 63.5 | | | 3 | 65 | | | | 85 |
| 18 | 16.5 | | 2.48 | | 17 | | | +0.14 0 | | 70 | 65.5 | | | | 67 | | | | 87.2 |
| 19 | 17.5 | | | | 18 | | | | | 72 | 67.5 | | 6.32 | | 69 | | | | 89.4 |
| 20 | 18.5 | | | | 19 | 0 −0.13 | | | 1.5 | 75 | 70.5 | | | | 72 | | | | 92.8 |
| 21 | 19.5 | | 2.68 | | 20 | | | | | 78 | 73.5 | 2.5 | | | 75 | | | | 96.2 |
| 22 | 20.5 | | | | 21 | | | | | 80 | 74.5 | | | | 76.5 | | 2.7 | | 98.2 |
| 24 | 22.2 | | 3.32 | 2 | 22.9 | | | | | 82 | 76.5 | | 7.0 | | 78.5 | | | | 101 |
| 25 | 23.2 | | | | 23.9 | | | | 1.7 | 85 | 79.5 | | | | 81.5 | | | | 104 |
| 26 | 24.2 | 1.2 | | | 24.9 | | 1.3 | | | 88 | 82.5 | | | | 84.5 | 0 −0.35 | | 5.3 | 107.3 |
| 28 | 25.9 | | 3.60 | | 26.6 | 0 −0.21 | | | | 90 | 84.5 | | 7.6 | | 86.5 | | | | 110 |
| 29 | 26.9 | | 3.72 | | 27.6 | | | | 2.1 | 95 | 89.5 | | 9.2 | | 91.5 | | | | 115 |
| 30 | 27.9 | | | | 28.6 | | | | | 100 | 94.5 | | | | 96.5 | | | | 121 |
| 32 | 29.6 | | 3.92 | | 30.3 | | | | | 105 | 98 | | 10.7 | | 101 | | | | 132 |
| 34 | 31.5 | | 4.32 | | 32.3 | | | | 2.6 | 110 | 103 | | 11.3 | | 106 | 0 | | | 136 |
| 35 | 32.2 | 1.5 | | 2.5 | 33 | 0 −0.25 | 1.7 | | | 115 | 108 | 3 | 12 | 4 | 111 | −0.54 | 3.2 | +0.18 0 | 6 | 142 |
| 36 | 33.2 | | 4.52 | | 34 | | | | 3 | 120 | 113 | | | | 116 | | | | 145 |
| 37 | 34.2 | | | | 35 | | | | | 125 | 118 | | 12.6 | | 121 | −0.63 | | | 151 |

表 13.28 圆螺母（GB/T 812—1988 摘录）、小圆螺母（GB/T 810—1988 摘录）

单位:mm

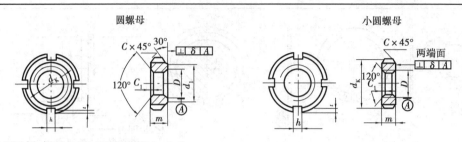

标记示例:螺母 GB/T 812 M16×1.5

螺母 GB/T 810 M16×1.5

（螺纹规格 $D$ = M16×1.5、材料为 45 钢、槽或全部热处理硬度 35～45HRC、表面氧化的圆螺母和小圆螺母）

| 圆螺母（GB/T 812—1988） | | | | | | | | | | 小圆螺母（GB/T 810—1988） | | | | | | | | |
|---|---|---|---|---|---|---|---|---|---|---|---|---|---|---|---|---|---|---|
| 螺纹规格 $D×P$ | $d_k$ | $d_1$ | $m$ | $h$ | | $t$ | | $C$ | $C_1$ | 螺纹规格 $D×P$ | $d_k$ | $m$ | $h$ | | $t$ | | $C$ | $C_1$ |
| | | | | max | min | max | min | | | | | | max | min | max | min | | |
| M10×1 | 22 | 16 | 8 | 4.3 | 4 | 2.6 | 2 | 0.5 | | M10×1 | 20 | 6 | 4.3 | 4 | 2.6 | 2 | 0.5 | |
| M12×1.25 | 25 | 19 | | | | | | | | M12×1.25 | 22 | | | | | | | |
| M14×1.5 | 28 | 20 | | | | | | | | M14×1.5 | 25 | | | | | | | |
| M16×1.5 | 30 | 22 | | | | | | | | M16×1.5 | 28 | | | | | | | |
| M18×1.5 | 32 | 24 | | | | | | | | M18×1.5 | 30 | | | | | | | |
| M20×1.5 | 35 | 27 | | | | | | | | M20×1.5 | 32 | | | | | | | |
| M22×1.5 | 38 | 30 | | 5.3 | 5 | 3.1 | 2.5 | | | M22×1.5 | 35 | | 5.3 | 5 | 3.1 | 2.5 | | 0.5 |
| M24×1.5 | 42 | 34 | | | | | | | | M24×1.5 | 38 | | | | | | | |
| M25×1.5* | | | | | | | | | | M27×1.5 | 42 | 8 | | | | | | |
| M27×1.5 | 45 | 37 | | | | | | 1 | 0.5 | M30×1.5 | 45 | | | | | | | |
| M30×1.5 | 48 | 40 | | | | | | | | M33×1.5 | 48 | | | | | | | |
| M33×1.5 | 52 | 43 | 10 | | | | | | | M36×1.5 | 52 | | | | | | | |
| M35×1.5* | | | | | | | | | | M39×1.5 | 55 | | | | | | | |
| M36×1.5 | 55 | 46 | | | | | | | | M42×1.5 | 58 | | 6.3 | 6 | 3.6 | 3 | | |
| M39×1.5 | 58 | 49 | | 6.3 | 6 | 3.6 | 3 | | | M45×1.5 | 62 | | | | | | | |
| M40×1.5* | | | | | | | | | | M48×1.5 | 68 | | | | | | 1 | |
| M42×1.5 | 62 | 53 | | | | | | | | M52×1.5 | 72 | | | | | | | |
| M45×1.5 | 68 | 59 | | | | | | | | M56×2 | 78 | | | | | | | |
| M48×1.5 | 72 | 61 | | | | | | | | M60×2 | 80 | 10 | 8.36 | 8 | 4.25 | 3.5 | | |
| M50×1.5* | | | | | | | | | | M64×2 | 85 | | | | | | | |
| M52×1.5 | 78 | 67 | | | | | | | | M68×2 | 90 | | | | | | | |
| M55×2* | | | | | | | | | | M72×2 | 95 | | | | | | | |
| M56×2 | 85 | 74 | 12 | 8.36 | 8 | 4.25 | 3.5 | 1.5 | | M76×2 | 100 | | | | | | | 1 |
| M60×2 | 90 | 79 | | | | | | | | M80×2 | 105 | | | | | | | |
| M64×2 | 95 | 84 | | | | | | | | M85×2 | 110 | 12 | 10.36 | 10 | 4.75 | 4 | | |
| M65×2* | | | | | | | | | | | | | | | | | | |
| M68×2 | 100 | 88 | | | | | | | 1 | M90×2 | 115 | | | | | | | |
| M72×2 | 105 | 93 | | | | | | | | M95×2 | 120 | | | | | | 1.5 | |
| M75×2 | | | | | | | | | | M100×2 | 125 | | | | | | | |
| M76×2 | 110 | 98 | 15 | 10.36 | 10 | 4.75 | 4 | | | M105×2 | 130 | 15 | 12.43 | 12 | 5.75 | 5 | | |
| M80×2 | 115 | 103 | | | | | | | | | | | | | | | | |
| M85×2 | 120 | 108 | | | | | | | | | | | | | | | | |
| M90×2 | 125 | 112 | 18 | 12.43 | 12 | 5.75 | 5 | | | | | | | | | | | |
| M95×2 | 130 | 117 | | | | | | | | | | | | | | | | |
| M100×2 | 135 | 122 | | | | | | | | | | | | | | | | |
| M105×2 | 140 | 127 | | | | | | | | | | | | | | | | |

注:①槽数 $n$:当 $D≤$M100×2, $n=4$;当 $D≥$M105×2, $n=6$。

②*仅用于滚动轴承锁紧装置。

表 13.29 圆螺母用止动垫圈(GB/T 858—1988 摘录)

单位:mm

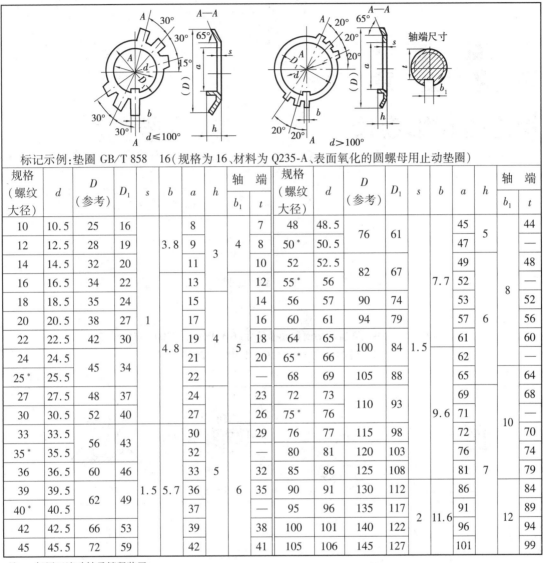

标记示例:垫圈 GB/T 858 16(规格为 16、材料为 Q235-A、表面氧化的圆螺母用止动垫圈)

| 规格(螺纹大径) | $d$ | $D$(参考) | $D_1$ | $s$ | $b$ | $a$ | $h$ | 轴端 $b_1$ | 轴端 $t$ | 规格(螺纹大径) | $d$ | $D$(参考) | $D_1$ | $s$ | $b$ | $a$ | $h$ | 轴端 $b_1$ | 轴端 $t$ |
|---|---|---|---|---|---|---|---|---|---|---|---|---|---|---|---|---|---|---|---|
| 10 | 10.5 | 25 | 16 | | | 8 | | | 7 | 48 | 48.5 | 76 | 61 | | | 45 | 5 | | 44 |
| 12 | 12.5 | 28 | 19 | 3.8 | | 9 | 3 | 4 | 8 | 50 * | 50.5 | | | | | 47 | | | — |
| 14 | 14.5 | 32 | 20 | | | 11 | | | 10 | 52 | 52.5 | 82 | 67 | | | 49 | | | 48 |
| 16 | 16.5 | 34 | 22 | | | 13 | | | 12 | 55 * | 56 | | | 7.7 | | 52 | 8 | | — |
| 18 | 18.5 | 35 | 24 | | | 15 | | | 14 | 56 | 57 | 90 | 74 | | | 53 | | | 52 |
| 20 | 20.5 | 38 | 27 | 1 | | 17 | | | 16 | 60 | 61 | 94 | 79 | | | 57 | 6 | | 56 |
| 22 | 22.5 | 42 | 30 | | 4.8 | 19 | 4 | 5 | 18 | 64 | 65 | 100 | 84 | | | 61 | | | 60 |
| 24 | 24.5 | 45 | 34 | | | 21 | | | 20 | 65 * | 66 | | | | | 62 | | | — |
| 25 * | 25.5 | | | | | 22 | | | — | 68 | 69 | 105 | 88 | 1.5 | | 65 | | | 64 |
| 27 | 27.5 | 48 | 37 | | | 24 | | | 23 | 72 | 73 | 110 | 93 | | | 69 | | | 68 |
| 30 | 30.5 | 52 | 40 | | | 27 | | | 26 | 75 * | 76 | | | | | 71 | 10 | | — |
| 33 | 33.5 | 56 | 43 | | | 30 | | | 29 | 76 | 77 | 115 | 98 | | | 72 | | | 70 |
| 35 * | 35.5 | | | | | 32 | | | — | 80 | 81 | 120 | 103 | | | 76 | | | 74 |
| 36 | 36.5 | 60 | 46 | | | 33 | 5 | | 32 | 85 | 86 | 125 | 108 | | | 81 | 7 | | 79 |
| 39 | 39.5 | 62 | 49 | 1.5 | 5.7 | 36 | | 6 | 35 | 90 | 91 | 130 | 112 | 9.6 | | 86 | | | 84 |
| 40 * | 40.5 | | | | | 37 | | | — | 95 | 96 | 135 | 117 | | | 91 | | | 89 |
| 42 | 42.5 | 66 | 53 | | | 39 | | | 38 | 100 | 101 | 140 | 122 | 2 | 11.6 | 96 | 12 | | 94 |
| 45 | 45.5 | 72 | 59 | | | 42 | | | 41 | 105 | 106 | 145 | 127 | | | 101 | | | 99 |

注: * 仅用于滚动轴承锁紧装置。

表 13.30 轴上固定螺钉用的孔(JB/ZQ 4251—1997 摘录)

单位:mm

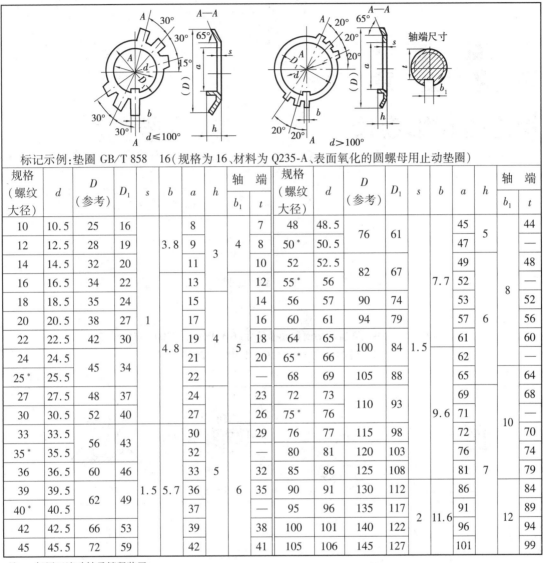

| $d$ | 3 | 4 | 6 | 8 | 10 | 12 | 16 | 20 | 24 |
|---|---|---|---|---|---|---|---|---|---|
| $d_1$ | | | 4.5 | 6 | 7 | 9 | 12 | 15 | 18 |
| $c_1$ | | | 4 | 5 | 6 | 7 | 8 | 10 | 12 |
| $c_2$ | 1.5 | 2 | 3 | 3 | 3.5 | 4 | 5 | 6 | |
| $h_1 \geqslant$ | | | 4 | 5 | 6 | 7 | 8 | 10 | 12 |
| $h_2$ | 1.5 | 2 | 3 | 3 | 3.5 | 4 | 5 | 6 | |

注:①工作图上除 $c_1$、$c_2$ 外,其他尺寸应全部注出。

②$d$ 为螺纹规格。

# 第14章
# 键连接和销连接

## 14.1 键连接

表 14.1 平键连接的剖面和键槽尺寸（GB/T 1095—2003 摘录）、
普通平键的形式和尺寸（GB/T 1096—2003 摘录）

单位：mm

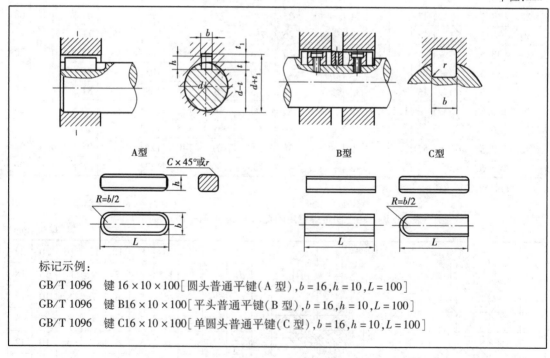

标记示例：

GB/T 1096　键 $16 \times 10 \times 100$［圆头普通平键（A 型），$b = 16, h = 10, L = 100$］

GB/T 1096　键 B$16 \times 10 \times 100$［平头普通平键（B 型），$b = 16, h = 10, L = 100$］

GB/T 1096　键 C$16 \times 10 \times 100$［单圆头普通平键（C 型），$b = 16, h = 10, L = 100$］

续表

| 轴 | 键 | 键槽 | | | | | | | | | | | |
| --- | --- | --- | --- | --- | --- | --- | --- | --- | --- | --- | --- | --- | --- |
| | | 宽度 $b$ | | | | | | 深 度 | | | | 半 径 $r$ | |
| 公称直径 $d$ | 公称尺寸 $b \times h$ | 公称尺寸 $b$ | 极限偏差 | | | | | 轴 $t$ | | 毂 $t_1$ | | | |
| | | | 松连接 | | 正常连接 | | 紧密连接 | | | | | | |
| | | | 轴 H9 | 毂 D10 | 轴 N9 | 毂 JS9 | 轴和毂 P9 | 公称尺寸 | 极限偏差 | 公称尺寸 | 极限偏差 | 最小 | 最大 |
| 自 6~8 | 2×2 | 2 | +0.025 / 0 | +0.060 / +0.020 | −0.004 / −0.029 | ±0.012 5 | −0.006 / −0.031 | 1.2 | +0.10 | 1.0 | +0.10 | 0.08 | 0.16 |
| >8~10 | 3×3 | 3 | | | | | | 1.8 | | 1.4 | | | |
| >10~12 | 4×4 | 4 | +0.030 / 0 | +0.078 / +0.030 | 0 / −0.030 | ±0.015 | −0.012 / −0.042 | 2.5 | | 1.8 | | 0.16 | 0.25 |
| >12~17 | 5×5 | 5 | | | | | | 3.0 | | 2.3 | | | |
| >17~22 | 6×6 | 6 | | | | | | 3.5 | | 2.8 | | | |
| >22~30 | 8×7 | 8 | +0.036 / 0 | +0.098 / +0.040 | 0 / −0.036 | ±0.018 | −0.015 / −0.051 | 4.0 | +0.20 | 3.3 | +0.20 | 0.25 | 0.40 |
| >30~38 | 10×8 | 10 | | | | | | 5.0 | | 3.3 | | | |
| >38~44 | 12×8 | 12 | +0.043 / 0 | +0.120 / +0.050 | 0 / −0.043 | ±0.021 5 | −0.018 / −0.061 | 5.0 | | 3.3 | | | |
| >44~50 | 14×9 | 14 | | | | | | 5.5 | | 3.8 | | | |
| >50~58 | 16×10 | 16 | | | | | | 6.0 | | 4.3 | | | |
| >58~65 | 18×11 | 18 | | | | | | 7.0 | | 4.4 | | | |
| >65~75 | 20×12 | 20 | +0.052 / 0 | +0.149 / +0.065 | 0 / −0.052 | ±0.026 | −0.022 / −0.074 | 7.5 | | 4.9 | | 0.40 | 0.60 |
| >75~85 | 22×14 | 22 | | | | | | 9.0 | | 5.4 | | | |
| >85~95 | 25×14 | 25 | | | | | | 9.0 | | 5.4 | | | |
| >95~110 | 28×16 | 28 | | | | | | 10.0 | | 6.4 | | | |
| 键的长度系列 | 6,8,10,12,14,16,18,20,22,25,28,32,36,40,45,50,56,63,70,80,90,100,110,125,140,160,180,200,220,250,280,320,360 | | | | | | | | | | | | |

注：①在工作图中，轴槽深用 $t$ 或 $(d+t_1)$ 标注，轮毂槽深用 $(d+t_1)$ 标注。

②$(d-t)$ 和 $(d+t_1)$ 两组合尺寸的极限偏差按相应的 $t$ 和 $t_1$ 极限偏差选取，但 $(d-t)$ 极限偏差应取负号（−）。

③键尺寸的极限偏差 $b$ 为 h8，$h$ 为 h11，$L$ 为 h14。

④键材料的抗拉强度应不小于 590 MPa。

表 14.2　导向平键的形式和尺寸（GB/T 1097—2003 摘录）

标记示例：

GB/T 1097 键　　16×100［A 型导向平键（圆头），$b=16,h=10,L=100$］

GB/T 1097 键　　B16×100［B 型导向平键（平头），$b=16,h=10,L=100$］

| $b$ | 8 | 10 | 12 | 14 | 16 | 18 | 20 | 22 | 25 | 28 | 32 |
|---|---|---|---|---|---|---|---|---|---|---|---|
| $h$ | 7 | 8 | 8 | 9 | 10 | 11 | 12 | 14 | 14 | 16 | 18 |
| $C$ 或 $r$ | 0.25~0.4 | | 0.40~0.60 | | | | | 0.60~0.80 | | | |
| $h_1$ | 2.4 | | 3 | 3.5 | | 4.5 | | | 6 | | 7 |
| $d$ | M3 | | M4 | M5 | | M6 | | | M8 | | M10 |
| $d_1$ | 3.4 | | 4.5 | 5.5 | | 6.6 | | | 9 | | 11 |
| $D$ | 6 | | 8.5 | 10 | | 12 | | | 15 | | 18 |
| $C_1$ | 0.3 | | | | | 0.5 | | | | | |
| $L_0$ | 7 | 8 | | 10 | | | 12 | | 15 | | 18 |
| 螺钉 $(d_0×L_4)$ | M3×8 | M3×10 | M4×10 | M5×10 | | M6×12 | | M6×16 | M8×16 | | M10×20 |
| $L$ | 25~90 | 25~110 | 28~140 | 36~160 | 45~180 | 50~200 | 56~220 | 63~250 | 70~280 | 80~320 | 90~360 |

| | $L,L_1,L_2,L_3$ 对应长度系列 |
|---|---|
| $L$ | 25　28　32　36　40　45　50　56　63　70　80　90　100　110　125　140　160　180　200　220　250　280　320　360 |
| $L_1$ | 13　14　16　18　20　23　26　30　35　40　48　54　60　66　75　80　90　100　110　120　140　160　180　200 |
| $L_2$ | 12.5 14　16　18　20　22.5　25　28　31.5　35　40　45　50　55　62　70　80　90　100　110　125　140　160　180 |
| $L_3$ | 6　7　8　9　10　11　12　13　14　15　16　18　20　22　25　30　35　40　45　50　55　60　70　80 |

注：①固定用螺钉应符合 GB/T 822 或 GB/T 65 的规定。

②键的截面尺寸（$b×h$）的选取及键槽尺寸见表Ⅱ.64。

③导向平键常用材料为 45 钢。

表 14.3　矩形花键的尺寸、公差（GB/T 1144—2001 摘录）

单位:mm

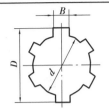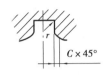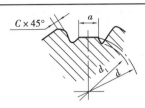

标记示例:

花键,$N=6$,$d=23\dfrac{\mathrm{h7}}{\mathrm{f7}}$,$D=26\dfrac{\mathrm{h10}}{\mathrm{a11}}$,$B=6\dfrac{\mathrm{h11}}{\mathrm{d10}}$的标记为

花键规格:$N\times d\times D\times B$

　　　　$6\times23\times26\times6$

花键副:$6\times23\dfrac{\mathrm{h7}}{\mathrm{f7}}\times26\dfrac{\mathrm{h10}}{\mathrm{a11}}\times6\dfrac{\mathrm{h11}}{\mathrm{d10}}$　GB/T 1144—2001

内花键:$6\times23\mathrm{H7}\times26\mathrm{H10}\times6\mathrm{H11}$　GB/T 1144—2001

外花键:$6\times23\mathrm{f7}\times26\mathrm{a11}\times6\mathrm{d10}$　GB/T 1144—2001

| 基本尺寸系列和键槽截面尺寸 | | | | | | | | | | |
|---|---|---|---|---|---|---|---|---|---|---|
| 小径 $d$ | 轻系列 | | | | | 中系列 | | | | |
| | 规格 $N\times d\times D\times B$ | $C$ | $r$ | 参考 | | 规格 $N\times d\times D\times B$ | $C$ | $r$ | 参考 | |
| | | | | $d_{1\min}$ | $a_{\min}$ | | | | $d_{1\min}$ | $a_{\min}$ |
| 18 | | | | | | $6\times18\times22\times5$ | 0.3 | 0.2 | 16.6 | 1.0 |
| 21 | | | | | | $6\times21\times25\times5$ | | | 19.5 | 2.0 |
| 23 | $6\times23\times26\times6$ | 0.2 | 0.1 | 22 | 3.5 | $6\times23\times28\times6$ | | | 21.2 | 1.2 |
| 26 | $6\times18\times22\times5$ | | | 24.5 | 3.8 | $6\times26\times32\times6$ | | | 23.6 | 1.2 |
| 28 | $6\times28\times32\times7$ | | | 26.6 | 4.0 | $6\times28\times34\times7$ | 0.4 | 0.3 | 25.8 | 1.4 |
| 32 | $8\times32\times36\times6$ | 0.3 | 0.2 | 30.3 | 2.7 | $8\times32\times38\times6$ | | | 29.4 | 1.0 |
| 36 | $8\times36\times40\times7$ | | | 34.4 | 3.5 | $8\times36\times42\times7$ | | | 33.4 | 1.0 |
| 42 | $8\times42\times46\times8$ | | | 40.5 | 5.0 | $8\times42\times48\times8$ | | | 39.4 | 2.5 |
| 46 | $8\times46\times50\times9$ | | | 44.6 | 5.7 | $8\times46\times54\times9$ | | | 42.6 | 1.4 |
| 52 | $8\times52\times58\times10$ | | | 49.6 | 4.8 | $8\times52\times60\times10$ | 0.5 | 0.4 | 48.6 | 2.5 |
| 56 | $8\times56\times62\times10$ | | | 53.5 | 6.5 | $8\times56\times65\times10$ | | | 52.0 | 2.5 |
| 62 | $8\times62\times68\times12$ | | | 59.7 | 7.3 | $8\times62\times72\times12$ | | | 57.7 | 2.4 |
| 72 | $10\times72\times78\times12$ | 0.4 | 0.3 | 69.6 | 5.4 | $10\times72\times82\times12$ | | | 67.7 | 1.0 |
| 82 | $10\times82\times88\times12$ | | | 79.3 | 8.5 | $10\times82\times92\times12$ | 0.6 | 0.5 | 77.0 | 2.9 |
| 92 | $10\times92\times98\times14$ | | | 89.6 | 9.9 | $10\times92\times102\times14$ | | | 87.3 | 4.5 |
| 102 | $10\times102\times108\times16$ | | | 99.6 | 11.3 | $10\times102\times112\times16$ | | | 97.7 | 6.2 |

| 内、外花键尺寸公差带 | | | | | | |
|---|---|---|---|---|---|---|
| 内花键 | | | 外花键 | | | 装配形式 |
| $d$ | $D$ | $B$ | | $d$ | $D$ | $B$ | |
| | | 拉削后不热处理 | 拉削后热处理 | | | | |
| 一般用公差带 | | | | | | |
| H7 | H10 | H9 | H11 | f7 | d10 | 滑　动 |
| | | | | g7 | a11 | f9 | 紧滑动 |
| | | | | h7 | | h10 | 固　定 |

续表

| 精密传动用公差带 | | | | | | |
|---|---|---|---|---|---|---|
| H5 | H10 | H7、H9 | f5 | a11 | d8 | 滑　动 |
| | | | g5 | | f7 | 紧滑动 |
| | | | h5 | | h8 | 固　定 |
| H6 | | | f6 | | d8 | 滑　动 |
| | | | g6 | | f7 | 紧滑动 |
| | | | h6 | | d8 | 固　定 |

注：①精密传动用的内花键，当需要控制键侧配合间隙时，槽宽可选用 H7，一般情况下可选用 H9。

②$d$ 为 H6 和 H7 的内花键，允许与提高一级的外花键配合。

# 14.2　销连接

**表 14.4　圆柱销**（GB/T 119.1—2000 摘录）**、圆锥销**（GB/T 117—2000 摘录）

单位：mm

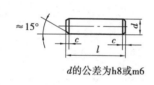
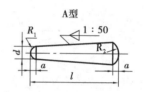

$d$ 的公差为 h8 或 m6

公差 m6：表面粗糙度 $Ra \leqslant 0.8$ $\mu$m

公差 h8：表面粗糙度 $Ra \leqslant 1.6$ $\mu$m

标记示例：

公称直径 $d = 6$、公差为 m6、公称长度 $l = 30$、材料为钢、不经淬火、不经表面处理的圆柱销的标记为销 GB/T 119.1　6 m6×30

公称直径 $d = 6$、公差为 m6、长度 $l = 30$、材料为 35 钢、热处理硬度 28～38HRC、表面氧化处理的 A 型圆锥销的标记为销 GB/T 117 6×30

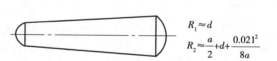

$R_1 \approx d$

$R_2 \approx \dfrac{a}{2} + d + \dfrac{0.021^2}{8a}$

| 公称直径 $d$ | | | 3 | 4 | 5 | 6 | 8 | 10 | 12 | 16 | 20 | 25 |
|---|---|---|---|---|---|---|---|---|---|---|---|---|
| 圆柱销 | $d$　h8 或 m6 | | 3 | 4 | 5 | 6 | 8 | 10 | 12 | 16 | 20 | 25 |
| | $c \approx$ | | 0.5 | 0.63 | 0.8 | 1.2 | 1.6 | 2.0 | 2.5 | 3.0 | 3.5 | 4.0 |
| | $l$（公称） | | 8～30 | 8～40 | 10～50 | 12～60 | 14～80 | 18～95 | 22～140 | 26～180 | 35～200 | 50～200 |
| 圆锥销 | $d$　h10 | min | 2.96 | 3.95 | 4.95 | 5.95 | 7.94 | 9.94 | 11.93 | 15.93 | 19.92 | 24.92 |
| | | max | 3 | 4 | 5 | 6 | 8 | 10 | 12 | 16 | 20 | 25 |
| | $a \approx$ | | 0.4 | 0.5 | 0.63 | 0.8 | 1.0 | 1.2 | 1.6 | 2.0 | 2.5 | 3.0 |
| | $l$（公称） | | 12～45 | 14～55 | 18～60 | 22～90 | 22～120 | 26～160 | 32～180 | 40～200 | 45～200 | 50～200 |
| $l$（公称）的系列 | | | 12～33（2 进位），35～100（5 进位），100～200（20 进位） | | | | | | | | | |

表 14.5　螺尾锥销（GB/T 881—2000 摘录）

单位:mm

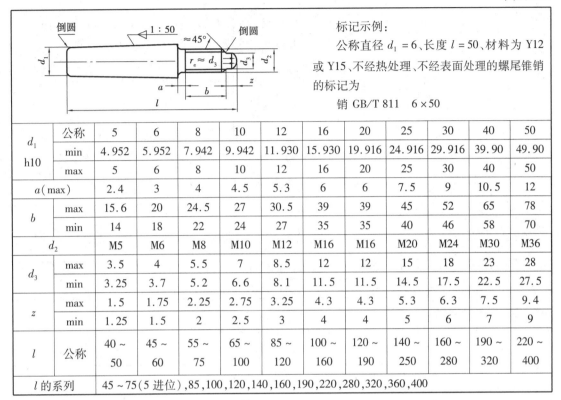

标记示例:

公称直径 $d_1 = 6$、长度 $l = 50$、材料为 Y12 或 Y15、不经热处理、不经表面处理的螺尾锥销的标记为

销 GB/T 811　$6 \times 50$

| $d_1$ h10 | 公称 | 5 | 6 | 8 | 10 | 12 | 16 | 20 | 25 | 30 | 40 | 50 |
|---|---|---|---|---|---|---|---|---|---|---|---|---|
| | min | 4.952 | 5.952 | 7.942 | 9.942 | 11.930 | 15.930 | 19.916 | 24.916 | 29.916 | 39.90 | 49.90 |
| | max | 5 | 6 | 8 | 10 | 12 | 16 | 20 | 25 | 30 | 40 | 50 |
| $a$(max) | | 2.4 | 3 | 4 | 4.5 | 5.3 | 6 | 6 | 7.5 | 9 | 10.5 | 12 |
| $b$ | max | 15.6 | 20 | 24.5 | 27 | 30.5 | 39 | 39 | 45 | 52 | 65 | 78 |
| | min | 14 | 18 | 22 | 24 | 27 | 35 | 35 | 40 | 46 | 58 | 70 |
| $d_2$ | | M5 | M6 | M8 | M10 | M12 | M16 | M16 | M20 | M24 | M30 | M36 |
| $d_3$ | max | 3.5 | 4 | 5.5 | 7 | 8.5 | 12 | 12 | 15 | 18 | 23 | 28 |
| | min | 3.25 | 3.7 | 5.2 | 6.6 | 8.1 | 11.5 | 11.5 | 14.5 | 17.5 | 22.5 | 27.5 |
| $z$ | max | 1.5 | 1.75 | 2.25 | 2.75 | 3.25 | 4.3 | 4.3 | 5.3 | 6.3 | 7.5 | 9.4 |
| | min | 1.25 | 1.5 | 2 | 2.5 | 3 | 4 | 4 | 5 | 6 | 7 | 9 |
| $l$ | 公称 | 40 ~ 50 | 45 ~ 60 | 55 ~ 75 | 65 ~ 100 | 85 ~ 120 | 100 ~ 160 | 120 ~ 190 | 140 ~ 250 | 160 ~ 280 | 190 ~ 320 | 220 ~ 400 |
| $l$ 的系列 | | 45 ~ 75（5 进位）,85,100,120,140,160,190,220,280,320,360,400 | | | | | | | | | | |

表 14.6　内螺纹圆柱销（GB/T 120.1—2000 摘录）、内螺纹圆锥销（GB/T 118—2000 摘录）

单位:mm

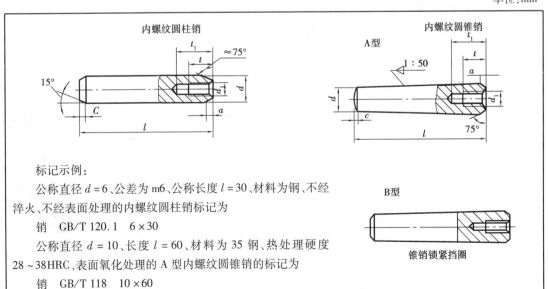

标记示例:

公称直径 $d = 6$、公差为 m6、公称长度 $l = 30$、材料为钢、不经淬火、不经表面处理的内螺纹圆柱销标记为

销　GB/T 120.1　$6 \times 30$

公称直径 $d = 10$、长度 $l = 60$、材料为 35 钢、热处理硬度 28 ~ 38HRC、表面氧化处理的 A 型内螺纹圆锥销的标记为

销　GB/T 118　$10 \times 60$

续表

| 公称直径 d | | | 6 | 8 | 10 | 12 | 16 | 20 | 25 | 30 | 40 | 50 |
|---|---|---|---|---|---|---|---|---|---|---|---|---|
| a≈ | | | 0.8 | 1 | 1.2 | 1.6 | 2 | 2.5 | 3 | 4 | 5 | 6.3 |
| 内螺纹圆柱销 | d m6 | min | 6.004 | 8.006 | 10.006 | 12.007 | 16.007 | 20.008 | 25.008 | 30.008 | 40.009 | 50.009 |
| | | max | 6.012 | 8.015 | 10.015 | 12.018 | 16.018 | 20.021 | 25.021 | 30.021 | 40.025 | 50.025 |
| | c≈ | | 1.2 | 1.6 | 2 | 2.5 | 3 | 3.5 | 4 | 5 | 6.3 | 8 |
| | $d_1$ | | M4 | M5 | M6 | M6 | M8 | M10 | M16 | M20 | M20 | M24 |
| | t | min | 6 | 8 | 10 | 12 | 16 | 18 | 24 | 30 | 30 | 36 |
| | $t_1$ | | 10 | 12 | 16 | 20 | 25 | 28 | 35 | 40 | 40 | 50 |
| | l(公称) | | 16~60 | 18~80 | 22~100 | 26~120 | 32~160 | 40~200 | 50~200 | 60~200 | 80~200 | 100~200 |
| 内螺纹圆锥销 | d h10 | min | 5.952 | 7.942 | 9.942 | 11.93 | 15.93 | 19.916 | 24.916 | 29.916 | 39.9 | 49.9 |
| | | max | 6 | 8 | 10 | 12 | 16 | 20 | 25 | 30 | 40 | 50 |
| | $d_1$ | | M4 | M5 | M6 | M8 | M10 | M12 | M16 | M20 | M20 | M24 |
| | t | | 6 | 8 | 10 | 12 | 16 | 18 | 24 | 30 | 30 | 36 |
| | $t_1$ | min | 10 | 12 | 16 | 20 | 25 | 28 | 35 | 40 | 40 | 50 |
| | C≈ | | 0.8 | 1 | 1.2 | 1.6 | 2 | 2.5 | 3 | 4 | 5 | 6.3 |
| | l(公称) | | 16~60 | 18~80 | 22~100 | 26~120 | 32~160 | 40~200 | 50~200 | 60~200 | 80~200 | 100~200 |
| l(公称)的系列 | | | 16~32(2进位),35~100(5进位),100~200(20进位) | | | | | | | | | |

表 14.7 开口销(GB/T 91—2000 摘录)

单位:mm

允许制造的形式

标记示例:

公称直径 d=5、长度 l=50、材料为低碳钢、不经表面处理的开口销记为

销 GB/T 91 5×50

| 公称直径 d | | 0.6 | 0.8 | 1 | 1.2 | 1.6 | 2 | 2.5 | 3.2 | 4 | 5 | 6.3 | 8 | 10 | 13 |
|---|---|---|---|---|---|---|---|---|---|---|---|---|---|---|---|
| a | max | 1.6 | | | 2.5 | | | 3.2 | | 4 | | | 6.3 | | |
| c | max | 1 | 1.4 | 1.8 | 2 | 2.8 | 3.6 | 4.6 | 5.8 | 7.4 | 9.2 | 11.8 | 15 | 19 | 24.8 |
| | min | 0.9 | 1.2 | 1.6 | 1.7 | 2.4 | 3.2 | 4 | 5.1 | 6.5 | 8 | 10.3 | 13.1 | 16.6 | 21.7 |
| b≈ | | 2 | 2.4 | 3 | 3 | 3.2 | 4 | 5 | 6.4 | 8 | 10 | 12.6 | 16 | 20 | 26 |
| l(公称) | | 4~12 | 5~16 | 6~20 | 8~25 | 8~32 | 10~40 | 12~50 | 14~63 | 18~80 | 22~100 | 32~125 | 40~160 | 45~200 | 71~250 |
| l(公称)的系列 | | 4,5,6~22(2进位),25,28,32,36,40,45,50,56,63,71,80,90,100,112,125,140,160,180,200,224,250 | | | | | | | | | | | | | |

注:销孔的公称直径等于销的公称直径 d。

# 第**15**章
## 滚动轴承

## 15.1 常用滚动轴承

表 15.1 **深沟球轴承**(GB/T 276—1994 摘录)

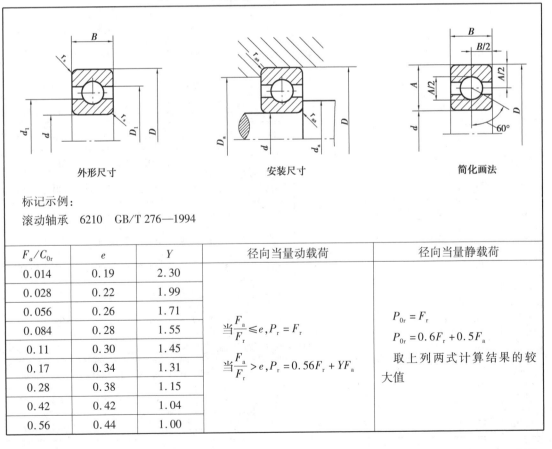

外形尺寸          安装尺寸          简化画法

标记示例:

滚动轴承　6210　GB/T 276—1994

| $F_a/C_{0r}$ | $e$ | $Y$ | 径向当量动载荷 | 径向当量静载荷 |
|---|---|---|---|---|
| 0.014 | 0.19 | 2.30 | | |
| 0.028 | 0.22 | 1.99 | | |
| 0.056 | 0.26 | 1.71 | | $P_{0r} = F_r$ |
| 0.084 | 0.28 | 1.55 | 当 $\dfrac{F_a}{F_r} \leq e$, $P_r = F_r$ | $P_{0r} = 0.6F_r + 0.5F_a$ |
| 0.11 | 0.30 | 1.45 | | 取上列两式计算结果的较 |
| 0.17 | 0.34 | 1.31 | 当 $\dfrac{F_a}{F_r} > e$, $P_r = 0.56F_r + YF_a$ | 大值 |
| 0.28 | 0.38 | 1.15 | | |
| 0.42 | 0.42 | 1.04 | | |
| 0.56 | 0.44 | 1.00 | | |

续表

| 轴承代号 | 基本尺寸/mm | | | | 安装尺寸/mm | | | 基本额定动载荷 $C_r$ | 基本额定静载荷 $C_{0r}$ | 极限转速 /(r·min$^{-1}$) | | 原轴承代号 |
|---|---|---|---|---|---|---|---|---|---|---|---|---|
| | $d$ | $D$ | $B$ | $r_s$ min | $d_a$ min | $D_a$ max | $r_{as}$ max | kN | | 脂润滑 | 油润滑 | |
| (1)0 尺寸系列 | | | | | | | | | | | | |
| 6000 | 10 | 26 | 8 | 0.3 | 12.4 | 23.6 | 0.3 | 4.58 | 1.98 | 20 000 | 28 000 | 100 |
| 6001 | 12 | 28 | 8 | 0.3 | 14.4 | 25.6 | 0.3 | 5.10 | 2.38 | 19 000 | 26 000 | 101 |
| 6002 | 15 | 32 | 9 | 0.3 | 17.4 | 29.6 | 0.3 | 5.58 | 2.85 | 18 000 | 24 000 | 102 |
| 6003 | 17 | 35 | 10 | 0.3 | 19.4 | 32.6 | 0.3 | 6.00 | 3.25 | 17 000 | 22 000 | 103 |
| 6004 | 20 | 42 | 12 | 0.6 | 25 | 37 | 0.6 | 9.38 | 5.02 | 15 000 | 19 000 | 104 |
| 6005 | 25 | 47 | 12 | 0.6 | 30 | 42 | 0.6 | 10.0 | 5.85 | 13 000 | 17 000 | 105 |
| 6006 | 30 | 55 | 13 | 1 | 36 | 49 | 1 | 13.2 | 8.30 | 10 000 | 14 000 | 106 |
| 6007 | 35 | 62 | 14 | 1 | 41 | 56 | 1 | 16.2 | 10.5 | 9 000 | 12 000 | 107 |
| 6008 | 40 | 68 | 15 | 1 | 46 | 62 | 1 | 17.0 | 11.8 | 8 500 | 11 000 | 108 |
| 6009 | 45 | 75 | 16 | 1 | 51 | 69 | 1 | 21.0 | 14.8 | 8 000 | 10 000 | 109 |
| 6010 | 50 | 80 | 16 | 1 | 56 | 74 | 1 | 22.0 | 16.2 | 7 000 | 9 000 | 110 |
| 6011 | 55 | 90 | 18 | 1.1 | 62 | 83 | 1 | 30.2 | 21.8 | 6 300 | 8 000 | 111 |
| 6012 | 60 | 95 | 18 | 1.1 | 67 | 88 | 1 | 31.5 | 24.2 | 6 000 | 7 500 | 112 |
| 6013 | 65 | 100 | 18 | 1.1 | 72 | 93 | 1 | 32.0 | 24.8 | 5 600 | 7 000 | 113 |
| 6014 | 70 | 110 | 20 | 1.1 | 77 | 103 | 1 | 38.5 | 30.5 | 5 300 | 6 700 | 114 |
| 6015 | 75 | 115 | 20 | 1.1 | 82 | 108 | 1 | 40.2 | 33.2 | 5 000 | 6 300 | 115 |
| 6016 | 80 | 125 | 22 | 1.1 | 87 | 118 | 1 | 47.5 | 39.8 | 4 800 | 6 000 | 116 |
| 6017 | 85 | 130 | 22 | 1.1 | 92 | 123 | 1 | 50.8 | 42.8 | 4 500 | 5 600 | 117 |
| 6018 | 90 | 140 | 24 | 1.5 | 99 | 131 | 1.5 | 58.0 | 49.8 | 4 300 | 5 300 | 118 |
| 6019 | 95 | 145 | 24 | 1.5 | 104 | 136 | 1.5 | 57.8 | 50.0 | 4 000 | 5 000 | 119 |
| 6020 | 100 | 150 | 24 | 1.5 | 109 | 141 | 1.5 | 64.5 | 56.2 | 3 800 | 4 800 | 120 |
| (0)2 尺寸系列 | | | | | | | | | | | | |
| 6200 | 10 | 30 | 9 | 0.6 | 15 | 25 | 0.6 | 5.10 | 2.38 | 19 000 | 26 000 | 200 |
| 6201 | 12 | 32 | 10 | 0.6 | 17 | 27 | 0.6 | 6.82 | 3.05 | 18 000 | 24 000 | 201 |
| 6202 | 15 | 35 | 11 | 0.6 | 20 | 30 | 0.6 | 7.65 | 3.72 | 17 000 | 22 000 | 202 |

续表

| 轴承代号 | 基本尺寸/mm | | | | 安装尺寸/mm | | | 基本额定动载荷 $C_r$ | 基本额定静载荷 $C_{0r}$ | 极限转速 /(r·min⁻¹) | | 原轴承代号 |
|---|---|---|---|---|---|---|---|---|---|---|---|---|
| | $d$ | $D$ | $B$ | $r_s$ min | $d_a$ min | $D_a$ max | $r_{as}$ max | kN | | 脂润滑 | 油润滑 | |
| (0)2 尺寸系列 | | | | | | | | | | | | |
| 6203 | 17 | 40 | 12 | 0.6 | 22 | 35 | 0.6 | 9.58 | 4.78 | 16 000 | 20 000 | 203 |
| 6204 | 20 | 47 | 14 | 1 | 26 | 41 | 1 | 12.8 | 6.65 | 14 000 | 18 000 | 204 |
| 6205 | 25 | 52 | 15 | 1 | 31 | 46 | 1 | 14.0 | 7.88 | 12 000 | 16 000 | 205 |
| 6206 | 30 | 62 | 16 | 1 | 36 | 56 | 1 | 19.5 | 11.5 | 9 500 | 13 000 | 206 |
| 6207 | 35 | 72 | 17 | 1.1 | 42 | 65 | 1 | 25.5 | 15.2 | 8 500 | 11 000 | 207 |
| 6208 | 40 | 80 | 18 | 1.1 | 47 | 73 | 1 | 29.5 | 18.0 | 8 000 | 10 000 | 208 |
| 6209 | 45 | 85 | 19 | 1.1 | 52 | 78 | 1 | 31.5 | 20.5 | 7 000 | 9 000 | 209 |
| 6210 | 50 | 90 | 20 | 1.1 | 57 | 83 | 1 | 35.0 | 23.2 | 6 700 | 8 500 | 210 |
| 6211 | 55 | 100 | 21 | 1.5 | 64 | 91 | 1.5 | 43.2 | 29.2 | 6 000 | 7 500 | 211 |
| 6212 | 60 | 110 | 22 | 1.5 | 69 | 101 | 1.5 | 47.8 | 32.8 | 5 600 | 7 000 | 212 |
| 6213 | 65 | 120 | 23 | 1.5 | 74 | 111 | 1.5 | 57.2 | 40.0 | 5 000 | 6 300 | 213 |
| 6214 | 70 | 125 | 24 | 1.5 | 79 | 116 | 1.5 | 60.8 | 45.0 | 4 800 | 6 000 | 214 |
| 6215 | 75 | 130 | 25 | 1.5 | 84 | 121 | 1.5 | 66.0 | 49.5 | 4 500 | 5 600 | 215 |
| 6216 | 80 | 140 | 26 | 2 | 90 | 130 | 2 | 71.5 | 54.2 | 4 300 | 5 300 | 216 |
| 6217 | 85 | 150 | 28 | 2 | 95 | 140 | 2 | 83.2 | 63.8 | 4 000 | 5 000 | 217 |
| 6218 | 90 | 160 | 30 | 2 | 100 | 150 | 2 | 95.8 | 71.5 | 3 800 | 4 800 | 218 |
| 6219 | 95 | 170 | 32 | 2.1 | 107 | 158 | 2.1 | 110 | 82.8 | 3 600 | 4 500 | 219 |
| 6220 | 100 | 180 | 34 | 2.1 | 112 | 168 | 2.1 | 122 | 92.8 | 3 400 | 4 300 | 220 |
| (0)3 尺寸系列 | | | | | | | | | | | | |
| 6300 | 10 | 35 | 11 | 0.6 | 15 | 30 | 0.6 | 7.65 | 3.48 | 18 000 | 24 000 | 300 |
| 6301 | 12 | 37 | 12 | 1 | 18 | 31 | 1 | 9.72 | 5.08 | 17 000 | 22 000 | 301 |
| 6302 | 15 | 42 | 13 | 1 | 21 | 36 | 1 | 11.5 | 5.42 | 16 000 | 20 000 | 302 |
| 6303 | 17 | 47 | 14 | 1 | 23 | 41 | 1 | 13.5 | 6.58 | 15 000 | 19 000 | 303 |
| 6304 | 20 | 52 | 15 | 1.1 | 27 | 45 | 1 | 15.8 | 7.88 | 13 000 | 17 000 | 304 |
| 6305 | 25 | 62 | 17 | 1.1 | 32 | 55 | 1 | 22.2 | 11.5 | 10 000 | 14 000 | 305 |

续表

| 轴承代号 | 基本尺寸/mm | | | | 安装尺寸/mm | | | 基本额定动载荷 $C_r$ | 基本额定静载荷 $C_{0r}$ | 极限转速 /(r·min⁻¹) | | 原轴承代号 |
|---|---|---|---|---|---|---|---|---|---|---|---|---|
| | $d$ | $D$ | $B$ | $r_s$ min | $d_a$ min | $D_a$ max | $r_{as}$ max | kN | | 脂润滑 | 油润滑 | |
| (0)3 尺寸系列 | | | | | | | | | | | | |
| 6306 | 30 | 72 | 19 | 1.1 | 37 | 65 | 1 | 27.0 | 15.2 | 9 000 | 12 000 | 306 |
| 6307 | 35 | 80 | 21 | 1.5 | 44 | 71 | 1.5 | 33.2 | 19.2 | 8 000 | 10 000 | 307 |
| 6308 | 40 | 90 | 23 | 1.5 | 49 | 81 | 1.5 | 40.8 | 24.0 | 7 000 | 9 000 | 308 |
| 6309 | 45 | 100 | 25 | 1.5 | 54 | 91 | 1.5 | 52.8 | 31.8 | 6 300 | 8 000 | 309 |
| 6310 | 50 | 110 | 27 | 2 | 60 | 100 | 2 | 61.8 | 38.0 | 6 000 | 7 500 | 310 |
| 6311 | 55 | 120 | 29 | 2 | 65 | 110 | 2 | 71.5 | 44.8 | 5 300 | 6 700 | 311 |
| 6312 | 60 | 130 | 31 | 2.1 | 72 | 118 | 2.1 | 81.8 | 51.8 | 5 000 | 6 300 | 312 |
| 6313 | 65 | 140 | 33 | 2.1 | 77 | 128 | 2.1 | 93.8 | 60.5 | 4 500 | 5 600 | 313 |
| 6314 | 70 | 150 | 35 | 2.1 | 82 | 138 | 2.1 | 105 | 68.0 | 4 300 | 5 300 | 314 |
| 6315 | 75 | 160 | 37 | 2.1 | 87 | 148 | 2.1 | 112 | 76.8 | 4 000 | 5 000 | 315 |
| 6316 | 80 | 170 | 39 | 2.1 | 92 | 158 | 2.1 | 122 | 86.5 | 3 800 | 4 800 | 316 |
| 6317 | 85 | 180 | 41 | 3 | 99 | 166 | 2.5 | 132 | 96.5 | 3 600 | 4 500 | 317 |
| 6318 | 90 | 190 | 43 | 3 | 104 | 176 | 2.5 | 145 | 108 | 3 400 | 4 300 | 318 |
| 6319 | 95 | 200 | 45 | 3 | 109 | 186 | 2.5 | 155 | 122 | 3 200 | 4 000 | 319 |
| 6320 | 100 | 215 | 47 | 3 | 114 | 201 | 2.5 | 172 | 140 | 2 800 | 3 600 | 320 |
| (0)4 尺寸系列 | | | | | | | | | | | | |
| 6403 | 17 | 62 | 17 | 1.1 | 24 | 55 | 1 | 22.5 | 10.8 | 11 000 | 15 000 | 403 |
| 6404 | 20 | 72 | 19 | 1.1 | 27 | 65 | 1 | 31.0 | 15.2 | 9 500 | 13 000 | 404 |
| 6405 | 25 | 80 | 21 | 1.5 | 34 | 71 | 1.5 | 38.2 | 19.2 | 8 500 | 11 000 | 405 |
| 6406 | 30 | 90 | 23 | 1.5 | 39 | 81 | 1.5 | 47.5 | 24.5 | 8 000 | 10 000 | 406 |
| 6407 | 35 | 100 | 25 | 1.5 | 44 | 91 | 1.5 | 56.8 | 29.5 | 6 700 | 8 500 | 407 |
| 6408 | 40 | 110 | 27 | 2 | 50 | 100 | 2 | 65.5 | 37.5 | 6 300 | 8 000 | 408 |
| 6409 | 45 | 120 | 29 | 2 | 55 | 110 | 2 | 77.5 | 45.5 | 5 600 | 7 000 | 409 |
| 6410 | 50 | 130 | 31 | 2.1 | 62 | 118 | 2.1 | 92.2 | 55.2 | 5 300 | 6 700 | 410 |
| 6411 | 55 | 140 | 33 | 2.1 | 67 | 128 | 2.1 | 100 | 62.5 | 4 800 | 6 000 | 411 |

续表

| 轴承代号 | 基本尺寸/mm | | | | 安装尺寸/mm | | | 基本额定动载荷 $C_r$ | 基本额定静载荷 $C_{0r}$ | 极限转速 /(r·min$^{-1}$) | | 原轴承代号 |
|---|---|---|---|---|---|---|---|---|---|---|---|---|
| | $d$ | $D$ | $B$ | $r_s$ min | $d_a$ min | $D_a$ max | $r_{as}$ max | kN | | 脂润滑 | 油润滑 | |
| (0)4 尺寸系列 | | | | | | | | | | | | |
| 6412 | 60 | 150 | 35 | 2.1 | 72 | 138 | 2.1 | 108 | 70.0 | 4 500 | 5 600 | 412 |
| 6413 | 65 | 160 | 37 | 2.1 | 77 | 148 | 2.1 | 118 | 78.5 | 4 300 | 5 300 | 413 |
| 6414 | 70 | 180 | 42 | 3 | 84 | 166 | 2.5 | 140 | 99.5 | 3 800 | 4 800 | 414 |
| 6415 | 75 | 190 | 45 | 3 | 89 | 176 | 2.5 | 155 | 115 | 3 600 | 4 500 | 415 |
| 6416 | 80 | 200 | 48 | 3 | 94 | 186 | 2.5 | 162 | 125 | 3 400 | 4 300 | 416 |
| 6417 | 85 | 210 | 52 | 4 | 103 | 192 | 3 | 175 | 138 | 3 200 | 4 000 | 417 |
| 6418 | 90 | 225 | 54 | 4 | 108 | 207 | 3 | 192 | 158 | 2 800 | 3 600 | 418 |
| 6420 | 100 | 250 | 58 | 4 | 118 | 232 | 3 | 222 | 195 | 2 400 | 3 200 | 420 |

注:①表中 $C_r$ 值适用于轴承为真空脱气轴承钢材料。如为普通电炉钢,$C_r$ 值降低;如为真空重熔或电渣重熔轴承钢,$C_r$ 值提高。

②$r_{s\min}$ 为 $r$ 的单向最小倒角尺寸;$r_{as\max}$ 为 $r_{as}$ 的单向最大倒角尺寸。

③原轴承标准为 GB 276—1989,GB 277—1989,GB 278—1989,GB 279—1988,GB 4221—1984。

表 15.2　圆柱滚子轴承(GB/T 283—2007 摘录)

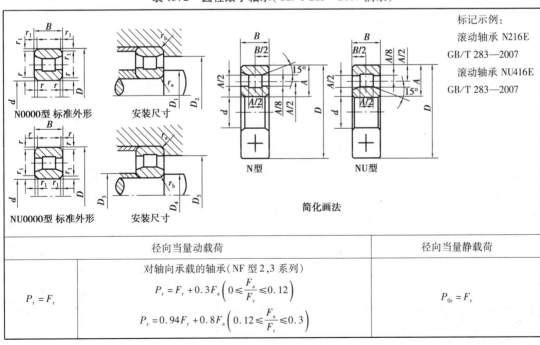

| 径向当量动载荷 | | 径向当量静载荷 |
|---|---|---|
| $P_r = F_r$ | 对轴向承载的轴承(NF 型 2,3 系列)<br><br>$P_r = F_r + 0.3F_a \left(0 \leqslant \dfrac{F_a}{F_r} \leqslant 0.12\right)$<br><br>$P_r = 0.94F_r + 0.8F_a \left(0.12 \leqslant \dfrac{F_a}{F_r} \leqslant 0.3\right)$ | $P_{0r} = F_r$ |

续表

| 轴承代号 | | $d$ | $D$ | $B$ | $r_s$ | $r_{1s}$ | $E_w$ | | $d_a$ | $D_a$ | $r_{as}$ | $r_{bs}$ | 基本额定动载荷$C_r$/kN | | 基本额定静载荷$C_0$/kN | | 极限转速/(r·min$^{-1}$) | | 原轴承代号 | |
|---|---|---|---|---|---|---|---|---|---|---|---|---|---|---|---|---|---|---|---|---|
| | | | | | min | | N型 | NF型 | min | | max | | N型 | NF型 | N型 | NF型 | 脂润滑 | 油润滑 | | |
| (0)2 尺寸系列 | | | | | | | | | | | | | | | | | | | | |
| N204E | NF204 | 20 | 47 | 14 | 1 | 0.6 | 41.5 | 40 | 25 | 42 | 1 | 0.6 | 25.8 | 12.5 | 24.0 | 11.0 | 12 000 | 16 000 | 2204E | 12204 |
| N205E | NF205 | 25 | 52 | 15 | 1 | 0.6 | 46.5 | 45 | 30 | 47 | 1 | 0.6 | 27.5 | 14.2 | 26.8 | 12.8 | 11 000 | 14 000 | 2205E | 12205 |
| N206E | NF206 | 30 | 62 | 16 | 1 | 0.6 | 55.5 | 53.5 | 36 | 56 | 1 | 0.6 | 36.0 | 19.5 | 35.5 | 18.2 | 8 500 | 11 000 | 2206E | 12206 |
| N207E | NF207 | 35 | 72 | 17 | 1.1 | 0.6 | 64 | 61.8 | 42 | 64 | 1 | 0.6 | 46.5 | 28.5 | 48.0 | 28.0 | 7 500 | 9 500 | 2207E | 12207 |
| N208E | NF208 | 40 | 80 | 18 | 1.1 | 1.1 | 71.5 | 70 | 47 | 72 | 1 | 1 | 51.5 | 37.5 | 53.0 | 38.2 | 7 000 | 9 000 | 2208E | 12208 |
| N209E | NF209 | 45 | 85 | 19 | 1.1 | 1.1 | 76.5 | 75 | 52 | 77 | 1 | 1 | 58.5 | 39.8 | 63.8 | 41.0 | 6 300 | 8 000 | 2209E | 12209 |
| N210E | NF210 | 50 | 90 | 20 | 1.1 | 1.1 | 81.5 | 80.4 | 57 | 83 | 1 | 1 | 61.2 | 43.2 | 69.2 | 48.5 | 6 000 | 7 500 | 2210E | 12210 |
| N211E | NF211 | 55 | 100 | 21 | 1.5 | 1.1 | 90 | 88.5 | 64 | 91 | 1.5 | 1 | 80.2 | 52.8 | 95.5 | 60.2 | 5 300 | 6 700 | 2211E | 12211 |
| N212E | NF212 | 60 | 110 | 22 | 1.5 | 1.5 | 100 | 97 | 69 | 100 | 1.5 | 1.5 | 89.8 | 60.8 | 102 | 73.5 | 5 000 | 6 300 | 2212E | 12212 |
| N213E | NF213 | 65 | 120 | 23 | 1.5 | 1.5 | 108.5 | 105.5 | 74 | 108 | 1.5 | 1.5 | 102 | 73.2 | 118 | 87.5 | 4 500 | 5 600 | 2213E | 12213 |
| N214E | NF214 | 70 | 125 | 24 | 1.5 | 1.5 | 113.5 | 110.5 | 79 | 114 | 1.5 | 1.5 | 112 | 73.2 | 135 | 87.5 | 4 300 | 5 300 | 2214E | 12214 |
| N215E | NF215 | 75 | 130 | 25 | 1.5 | 1.5 | 118.5 | 118.3 | 84 | 120 | 1.5 | 1.5 | 125 | 89.0 | 155 | 110 | 4 000 | 5 000 | 2215E | 12215 |
| N216E | NF216 | 80 | 140 | 26 | 2 | 2 | 127.3 | 125 | 90 | 128 | 2 | 2 | 132 | 102 | 165 | 125 | 3 800 | 4 800 | 2216E | 12216 |
| N217E | NF217 | 85 | 150 | 28 | 2 | 2 | 136.5 | 135.5 | 95 | 137 | 2 | 2 | 158 | 115 | 192 | 145 | 3 600 | 4 500 | 2217E | 12217 |
| N218E | NF218 | 90 | 160 | 30 | 2 | 2 | 145 | 143 | 100 | 146 | 2 | 2 | 172 | 142 | 215 | 178 | 3 400 | 4 300 | 2218E | 12218 |
| N219E | NF219 | 95 | 170 | 32 | 2.1 | 2.1 | 154.5 | 151.5 | 107 | 155 | 2.1 | 2.1 | 208 | 152 | 262 | 190 | 3 200 | 4 000 | 2219E | 12219 |
| N220E | NF220 | 100 | 180 | 34 | 2.1 | 2.1 | 163 | 160 | 112 | 164 | 2.1 | 2.1 | 235 | 168 | 302 | 212 | 3 000 | 3 800 | 2220E | 12220 |
| (0)3 尺寸系列 | | | | | | | | | | | | | | | | | | | | |
| N304E | NF304 | 20 | 52 | 15 | 1.1 | 0.6 | 45.5 | 44.5 | 26.5 | 47 | 1 | 0.6 | 29.0 | 18.0 | 25.5 | 15.0 | 11 000 | 15 000 | 2304E | 12304 |
| N305E | NF305 | 25 | 62 | 17 | 1.1 | 1.1 | 54 | 53 | 31.5 | 55 | 1 | 1 | 38.5 | 25.5 | 35.8 | 22.5 | 9 000 | 12 000 | 2305E | 12305 |
| N306E | NF306 | 30 | 72 | 19 | 1.1 | 1.1 | 62.5 | 62 | 37 | 64 | 1 | 1 | 49.2 | 33.5 | 48.2 | 31.5 | 8 000 | 10 000 | 2306E | 12306 |
| N307E | NF307 | 35 | 80 | 21 | 1.5 | 1.1 | 70.2 | 68.2 | 44 | 71 | 1.5 | 1 | 62.0 | 41.0 | 63.2 | 39.2 | 7 000 | 9 000 | 2307E | 12307 |
| N308E | NF308 | 40 | 90 | 23 | 1.5 | 1.5 | 80 | 77.5 | 49 | 80 | 1.5 | 1.5 | 76.8 | 48.8 | 77.8 | 47.5 | 6 300 | 8 000 | 2308E | 12308 |
| N309E | NF309 | 45 | 100 | 25 | 1.5 | 1.5 | 88.5 | 86.5 | 54 | 89 | 1.5 | 1.5 | 93.0 | 66.8 | 98.0 | 66.8 | 5 600 | 7 000 | 2309E | 12309 |
| N310E | NF310 | 50 | 110 | 27 | 2 | 2 | 97 | 95 | 60 | 98 | 2 | 2 | 105 | 76.0 | 112 | 79.5 | 5 300 | 6 700 | 2310E | 12310 |
| N311E | NF311 | 55 | 120 | 29 | 2 | 2 | 106.5 | 104.5 | 65 | 107 | 2 | 2 | 128 | 97.8 | 138 | 105 | 4 800 | 6 000 | 2311E | 12311 |
| N312E | NF312 | 60 | 130 | 31 | 2.1 | 2.1 | 115 | 113 | 72 | 116 | 2.1 | 2.1 | 142 | 118 | 155 | 128 | 4 500 | 5 600 | 2312E | 12312 |
| N313E | NF313 | 65 | 140 | 33 | 2.1 | | 124.5 | 121.5 | 77 | 125 | 2.1 | | 170 | 125 | 188 | 135 | 4 000 | 5 000 | 2313E | 12313 |
| N314E | NF314 | 70 | 150 | 35 | 2.1 | | 133 | 130 | 82 | 134 | 2.1 | | 195 | 145 | 220 | 162 | 3 800 | 4 800 | 2314E | 12314 |
| N315E | NF315 | 75 | 160 | 37 | 2.1 | | 143 | 139.5 | 87 | 143 | 2.1 | | 228 | 165 | 260 | 188 | 3 600 | 4 500 | 2315E | 12315 |
| N316E | NF316 | 80 | 170 | 39 | 2.1 | | 151 | 147 | 92 | 151 | 2.1 | | 245 | 175 | 282 | 200 | 3 400 | 4 300 | 2316E | 12316 |
| N317E | NF317 | 85 | 180 | 41 | 3 | | 160 | 156 | 99 | 160 | 2.5 | | 280 | 212 | 332 | 242 | 3 200 | 4 000 | 2317E | 12317 |
| N318E | NF318 | 90 | 190 | 43 | 3 | | 169.5 | 165 | 104 | 169 | 2.5 | | 298 | 228 | 348 | 265 | 3 000 | 3 800 | 2318E | 12318 |
| N319E | NF319 | 95 | 200 | 45 | 3 | | 177.5 | 173.5 | 109 | 178 | 2.5 | | 315 | 245 | 380 | 288 | 2 800 | 3 600 | 2319E | 12319 |
| N320E | NF320 | 100 | 215 | 47 | 3 | | 191.5 | 185.5 | 114 | 190 | 2.5 | | 365 | 282 | 425 | 340 | 2 600 | 3 200 | 2320E | 12320 |
| (0)4 尺寸系列 | | | | | | | | | | | | | | | | | | | | |
| N406 | | 30 | 90 | 23 | 1.5 | | 73 | | 39 | — | 1.5 | | 57.2 | | 53.0 | | 7 000 | 9 000 | 2406 | |

续表

| 轴承代号 | 尺寸/mm | | | | | | | 安装尺寸/mm | | | | 基本额定动载荷 $C_r$/kN | | 基本额定静载荷 $C_0$/kN | 极限转速/(r·min⁻¹) | | 原轴承代号 |
|---|---|---|---|---|---|---|---|---|---|---|---|---|---|---|---|---|---|
| | $d$ | $D$ | $B$ | $r_s$ | $r_{1s}$ | $E_w$ | | $d_a$ | $D_a$ | $r_{as}$ | $r_{bs}$ | N 型 | NF 型 | N 型　NF 型 | 脂润滑 | 油润滑 | |
| | | | | min | | N 型 | NF 型 | min | | max | | | | | | | |
| (0)4 尺寸系列 | | | | | | | | | | | | | | | | | |
| N407 | 35 | 100 | 25 | 1.5 | | 83 | | 44 | — | 1.5 | | 70.8 | | 68.2 | 6 000 | 7 500 | 2407 |
| N408 | 40 | 110 | 27 | 2 | | 92 | | 50 | — | 2 | | 90.5 | | 89.8 | 5 600 | 7 000 | 2408 |
| N409 | 45 | 120 | 29 | 2 | | 100.5 | | 55 | — | 2 | | 102 | | 100 | 5 000 | 6 300 | 2409 |
| N410 | 50 | 130 | 31 | 2.1 | | 110.8 | | 62 | — | 2.1 | | 120 | | 120 | 4 800 | 6 000 | 2410 |
| N411 | 55 | 140 | 33 | 2.1 | | 117.2 | | 67 | — | 2.1 | | 128 | | 132 | 4 300 | 5 300 | 2411 |
| N412 | 60 | 150 | 35 | 2.1 | | 127 | | 72 | — | 2.1 | | 155 | | 162 | 4 000 | 5 000 | 2412 |
| N413 | 65 | 160 | 37 | 2.1 | | 135.3 | | 77 | — | 2.1 | | 170 | | 178 | 3 800 | 4 800 | 2413 |
| N414 | 70 | 180 | 42 | 3 | | 152 | | 84 | — | 2.5 | | 215 | | 232 | 3 400 | 4 300 | 2414 |
| N415 | 75 | 190 | 45 | 3 | | 160.5 | | 89 | — | 2.5 | | 250 | | 272 | 3 200 | 4 000 | 2415 |
| N416 | 80 | 200 | 48 | 3 | | 170 | | 94 | — | 2.5 | | 285 | | 315 | 3 000 | 3 800 | 2416 |
| N417 | 85 | 210 | 52 | 4 | | 179.5 | | 103 | — | 3 | | 312 | | 345 | 2 800 | 3 600 | 2417 |
| N418 | 90 | 225 | 54 | 4 | | 191.5 | | 108 | — | 3 | | 352 | | 392 | 2 400 | 3 200 | 2418 |
| N419 | 95 | 240 | 55 | 4 | | 201.5 | | 113 | — | 3 | | 378 | | 428 | 2 200 | 3 000 | 2419 |
| N420 | 100 | 250 | 58 | 4 | | 211 | | 118 | — | 3 | | 418 | | 480 | 2 000 | 2 800 | 2420 |
| 22 尺寸系列 | | | | | | | | | | | | | | | | | |
| N2204E | 20 | 47 | 18 | 1 | 0.6 | 41.5 | | 25 | 42 | 1 | 0.6 | 30.8 | | 30.0 | 12 000 | 16 000 | 2504E |
| N2205E | 25 | 52 | 18 | 1 | 0.6 | 46.5 | | 30 | 47 | 1 | 0.6 | 32.8 | | 33.8 | 11 000 | 14 000 | 2505E |
| N2206E | 30 | 62 | 20 | 1 | 0.6 | 55.5 | | 36 | 56 | 1 | 0.6 | 45.5 | | 48.0 | 8 500 | 11 000 | 2506E |
| N2207E | 35 | 72 | 23 | 1.1 | 0.6 | 64 | | 42 | 64 | 1 | 0.6 | 57.5 | | 63.0 | 7 500 | 9 500 | 2507E |
| N2208E | 40 | 80 | 23 | 1.1 | 1.1 | 71.5 | | 47 | 72 | 1 | 1 | 67.5 | | 75.2 | 7 000 | 9 000 | 2508E |
| N2209E | 45 | 85 | 23 | 1.1 | 1.1 | 76.5 | | 52 | 77 | 1 | 1 | 71.0 | | 82.0 | 6 300 | 8 000 | 2509E |
| N2210E | 50 | 90 | 23 | 1.1 | 1.1 | 81.5 | | 57 | 83 | 1 | 1 | 74.2 | | 88.8 | 6 000 | 7 500 | 2510E |
| N2211E | 55 | 100 | 25 | 1.5 | 1.1 | 90 | | 64 | 91 | 1.5 | 1.1 | 94.8 | | 118 | 5 300 | 6 700 | 2511E |
| N2212E | 60 | 110 | 28 | 1.5 | 1.5 | 100 | | 69 | 100 | 1.5 | 1.5 | 122 | | 152 | 5 000 | 6 300 | 2512E |
| N2213E | 65 | 120 | 31 | 1.5 | 1.5 | 108.5 | | 74 | 108 | 1.5 | 1.5 | 142 | | 180 | 4 500 | 5 600 | 2513E |
| N2214E | 70 | 125 | 31 | 1.5 | 1.5 | 113.5 | | 79 | 114 | 1.5 | 1.5 | 148 | | 192 | 4 300 | 5 300 | 2514E |
| N2215E | 75 | 130 | 31 | 1.5 | 1.5 | 118.5 | | 84 | 120 | 1.5 | 1.5 | 155 | | 205 | 4 000 | 5 000 | 2515E |
| N2216E | 80 | 140 | 33 | 2 | 2 | 127.3 | | 90 | 128 | 2 | 2 | 178 | | 242 | 3 800 | 4 800 | 2516E |
| N2217E | 85 | 150 | 36 | 2 | 2 | 136.5 | | 95 | 137 | 2 | 2 | 205 | | 272 | 3 600 | 4 500 | 2517E |
| N2218E | 90 | 160 | 40 | 2 | 2 | 145 | | 100 | 146 | 2 | 2 | 230 | | 312 | 3 400 | 4 300 | 2518E |
| N2219E | 95 | 170 | 43 | 2.1 | 2.1 | 154.5 | | 107 | 155 | 2.1 | 2.1 | 275 | | 368 | 3 200 | 4 000 | 2519E |
| N2220E | 100 | 180 | 46 | 2.1 | 2.1 | 163 | | 112 | 164 | 2.1 | 2.1 | 318 | | 440 | 3 000 | 3 800 | 2520E |

注：①同表 Ⅱ.79 中注①。

②$r_{smin}$，$r_{1smin}$ 分别为 $r$，$r_1$ 的单向最小倒角尺寸；$r_{asmax}$，$r_{bsmax}$ 分别为 $r_{as}$，$r_{bs}$ 的单向最大倒角尺寸。

③后缀带 E 为加强型圆柱滚子轴承、应优先选用。

④原轴承标准为 GB 283—1987，GB 284—1987。

表 15.3　调心球轴承(GB/T 281—1994 摘录)

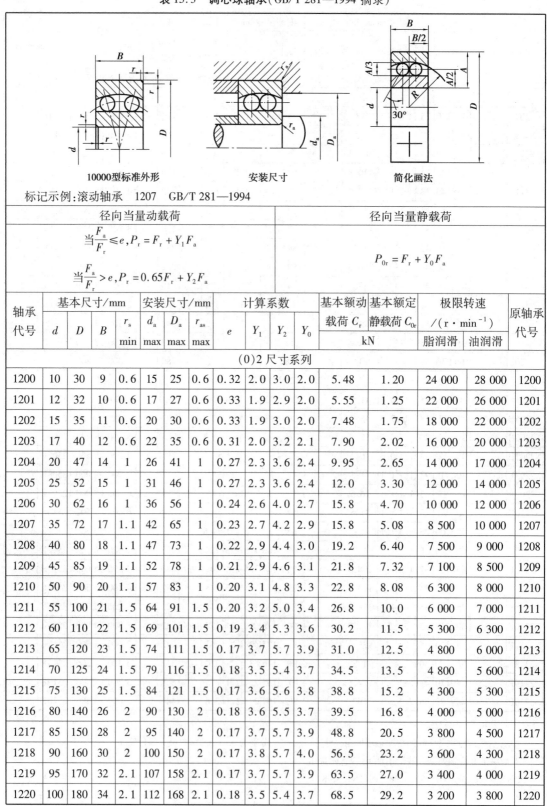

10000型标准外形　　　　安装尺寸　　　　简化画法

标记示例:滚动轴承　1207　GB/T 281—1994

| 径向当量动载荷 | 径向当量静载荷 |
|---|---|
| 当 $\dfrac{F_a}{F_r} \leqslant e, P_r = F_r + Y_1 F_a$<br><br>当 $\dfrac{F_a}{F_r} > e, P_r = 0.65 F_r + Y_2 F_a$ | $P_{0r} = F_r + Y_0 F_a$ |

| 轴承代号 | 基本尺寸/mm | | | | 安装尺寸/mm | | | 计算系数 | | | | 基本额定动载荷 $C_r$ | 基本额定静载荷 $C_{0r}$ | 极限转速 /(r·min$^{-1}$) | | 原轴承代号 |
|---|---|---|---|---|---|---|---|---|---|---|---|---|---|---|---|---|
| | $d$ | $D$ | $B$ | $r_s$ min | $d_a$ max | $D_a$ max | $r_{as}$ max | $e$ | $Y_1$ | $Y_2$ | $Y_0$ | kN | | 脂润滑 | 油润滑 | |
| (0)2 尺寸系列 | | | | | | | | | | | | | | | | |
| 1200 | 10 | 30 | 9 | 0.6 | 15 | 25 | 0.6 | 0.32 | 2.0 | 3.0 | 2.0 | 5.48 | 1.20 | 24 000 | 28 000 | 1200 |
| 1201 | 12 | 32 | 10 | 0.6 | 17 | 27 | 0.6 | 0.33 | 1.9 | 2.9 | 2.0 | 5.55 | 1.25 | 22 000 | 26 000 | 1201 |
| 1202 | 15 | 35 | 11 | 0.6 | 20 | 30 | 0.6 | 0.33 | 1.9 | 3.0 | 2.0 | 7.48 | 1.75 | 18 000 | 22 000 | 1202 |
| 1203 | 17 | 40 | 12 | 0.6 | 22 | 35 | 0.6 | 0.31 | 2.0 | 3.2 | 2.1 | 7.90 | 2.02 | 16 000 | 20 000 | 1203 |
| 1204 | 20 | 47 | 14 | 1 | 26 | 41 | 1 | 0.27 | 2.3 | 3.6 | 2.4 | 9.95 | 2.65 | 14 000 | 17 000 | 1204 |
| 1205 | 25 | 52 | 15 | 1 | 31 | 46 | 1 | 0.27 | 2.3 | 3.6 | 2.4 | 12.0 | 3.30 | 12 000 | 14 000 | 1205 |
| 1206 | 30 | 62 | 16 | 1 | 36 | 56 | 1 | 0.24 | 2.6 | 4.0 | 2.7 | 15.8 | 4.70 | 10 000 | 12 000 | 1206 |
| 1207 | 35 | 72 | 17 | 1.1 | 42 | 65 | 1 | 0.23 | 2.7 | 4.2 | 2.9 | 15.8 | 5.08 | 8 500 | 10 000 | 1207 |
| 1208 | 40 | 80 | 18 | 1.1 | 47 | 73 | 1 | 0.22 | 2.9 | 4.4 | 3.0 | 19.2 | 6.40 | 7 500 | 9 000 | 1208 |
| 1209 | 45 | 85 | 19 | 1.1 | 52 | 78 | 1 | 0.21 | 2.9 | 4.6 | 3.1 | 21.8 | 7.32 | 7 100 | 8 500 | 1209 |
| 1210 | 50 | 90 | 20 | 1.1 | 57 | 83 | 1 | 0.20 | 3.1 | 4.8 | 3.3 | 22.8 | 8.08 | 6 300 | 8 000 | 1210 |
| 1211 | 55 | 100 | 21 | 1.5 | 64 | 91 | 1.5 | 0.20 | 3.2 | 5.0 | 3.4 | 26.8 | 10.0 | 6 000 | 7 000 | 1211 |
| 1212 | 60 | 110 | 22 | 1.5 | 69 | 101 | 1.5 | 0.19 | 3.4 | 5.3 | 3.6 | 30.2 | 11.5 | 5 300 | 6 300 | 1212 |
| 1213 | 65 | 120 | 23 | 1.5 | 74 | 111 | 1.5 | 0.17 | 3.7 | 5.7 | 3.9 | 31.0 | 12.5 | 4 800 | 6 000 | 1213 |
| 1214 | 70 | 125 | 24 | 1.5 | 79 | 116 | 1.5 | 0.18 | 3.5 | 5.4 | 3.7 | 34.5 | 13.5 | 4 800 | 5 600 | 1214 |
| 1215 | 75 | 130 | 25 | 1.5 | 84 | 121 | 1.5 | 0.17 | 3.6 | 5.6 | 3.8 | 38.8 | 15.2 | 4 300 | 5 300 | 1215 |
| 1216 | 80 | 140 | 26 | 2 | 90 | 130 | 2 | 0.18 | 3.6 | 5.5 | 3.7 | 39.5 | 16.8 | 4 000 | 5 000 | 1216 |
| 1217 | 85 | 150 | 28 | 2 | 95 | 140 | 2 | 0.17 | 3.7 | 5.7 | 3.9 | 48.8 | 20.5 | 3 800 | 4 500 | 1217 |
| 1218 | 90 | 160 | 30 | 2 | 100 | 150 | 2 | 0.17 | 3.8 | 5.7 | 4.0 | 56.5 | 23.2 | 3 600 | 4 300 | 1218 |
| 1219 | 95 | 170 | 32 | 2.1 | 107 | 158 | 2.1 | 0.17 | 3.7 | 5.7 | 3.9 | 63.5 | 27.0 | 3 400 | 4 000 | 1219 |
| 1220 | 100 | 180 | 34 | 2.1 | 112 | 168 | 2.1 | 0.18 | 3.5 | 5.4 | 3.7 | 68.5 | 29.2 | 3 200 | 3 800 | 1220 |

| 轴承代号 | 基本尺寸/mm | | | | 安装尺寸/mm | | | 计算系数 | | | | 基本额动载荷 $C_r$ | 基本额定静载荷 $C_{0r}$ | 极限转速/(r·min⁻¹) | | 原轴承代号 |
|---|---|---|---|---|---|---|---|---|---|---|---|---|---|---|---|---|
| | $d$ | $D$ | $B$ | $r_s$ min | $d_a$ max | $D_a$ max | $r_{as}$ max | $e$ | $Y_1$ | $Y_2$ | $Y_0$ | kN | | 脂润滑 | 油润滑 | |
| (0)3 尺寸系列 | | | | | | | | | | | | | | | | |
| 1300 | 10 | 35 | 11 | 0.6 | 15 | 30 | 0.6 | 0.33 | 1.9 | 3.0 | 2.0 | 7.22 | 1.62 | 20 000 | 24 000 | 1300 |
| 1301 | 12 | 37 | 12 | 1 | 18 | 31 | 1 | 0.35 | 1.8 | 2.8 | 1.9 | 9.42 | 2.12 | 18 000 | 22 000 | 1301 |
| 1302 | 15 | 42 | 13 | 1 | 21 | 36 | 1 | 0.33 | 1.9 | 2.9 | 2.0 | 9.50 | 2.28 | 16 000 | 20 000 | 1302 |
| 1303 | 17 | 47 | 14 | 1 | 23 | 41 | 1 | 0.33 | 1.9 | 3.0 | 2.0 | 12.5 | 3.18 | 14 000 | 17 000 | 1303 |
| 1304 | 20 | 52 | 15 | 1.1 | 27 | 45 | 1 | 0.29 | 2.2 | 3.4 | 2.3 | 12.5 | 3.38 | 12 000 | 15 000 | 1304 |
| 1305 | 25 | 62 | 17 | 1.1 | 32 | 55 | 1 | 0.27 | 2.3 | 3.5 | 2.4 | 17.8 | 5.05 | 10 000 | 13 000 | 1305 |
| 1306 | 30 | 72 | 19 | 1.1 | 37 | 65 | 1 | 0.26 | 2.4 | 3.8 | 2.6 | 21.5 | 6.28 | 8 500 | 11 000 | 1306 |
| 1307 | 35 | 80 | 21 | 1.5 | 44 | 71 | 1.5 | 0.25 | 2.6 | 4.0 | 2.7 | 25.0 | 7.95 | 7 500 | 9 500 | 1307 |
| 1308 | 40 | 90 | 23 | 1.5 | 49 | 81 | 1.5 | 0.24 | 2.6 | 4.0 | 2.7 | 29.5 | 9.50 | 6 700 | 8 500 | 1308 |
| 1309 | 45 | 100 | 25 | 1.5 | 54 | 91 | 1.5 | 0.25 | 2.5 | 3.9 | 2.6 | 38.0 | 12.8 | 6 000 | 7 500 | 1309 |
| 1310 | 50 | 110 | 27 | 2 | 60 | 100 | 2 | 0.24 | 2.7 | 4.1 | 2.8 | 43.2 | 14.2 | 5 600 | 6 700 | 1310 |
| 1311 | 55 | 120 | 29 | 2 | 65 | 110 | 2 | 0.23 | 2.7 | 4.2 | 2.8 | 51.5 | 18.2 | 5 000 | 6 300 | 1311 |
| 1312 | 60 | 130 | 31 | 2.1 | 72 | 118 | 2.1 | 0.23 | 2.8 | 4.3 | 2.9 | 57.2 | 20.8 | 4 500 | 5 600 | 1312 |
| 1313 | 65 | 140 | 33 | 2.1 | 77 | 128 | 2.1 | 0.23 | 2.8 | 4.3 | 2.9 | 61.8 | 22.8 | 4 300 | 5 300 | 1313 |
| 1314 | 70 | 150 | 35 | 2.1 | 82 | 138 | 2.1 | 0.22 | 2.8 | 4.4 | 2.9 | 74.5 | 27.5 | 4 000 | 5 000 | 1314 |
| 1315 | 75 | 160 | 37 | 2.1 | 87 | 148 | 2.1 | 0.22 | 2.8 | 4.4 | 3.0 | 79.0 | 29.8 | 3 800 | 4 500 | 1315 |
| 1316 | 80 | 170 | 39 | 2.1 | 92 | 158 | 2.1 | 0.22 | 2.9 | 4.5 | 3.1 | 88.5 | 32.8 | 3 600 | 4 300 | 1316 |
| 1317 | 85 | 180 | 41 | 3 | 99 | 166 | 2.5 | 0.22 | 2.9 | 4.5 | 3.0 | 97.8 | 37.8 | 3 400 | 4 000 | 1317 |
| 1318 | 90 | 190 | 43 | 3 | 104 | 176 | 2.5 | 0.22 | 2.8 | 4.4 | 2.9 | 115 | 44.5 | 3 200 | 3 800 | 1318 |
| 1319 | 95 | 200 | 45 | 3 | 109 | 186 | 2.5 | 0.23 | 2.8 | 4.3 | 2.9 | 132 | 50.8 | 3 000 | 3 600 | 1319 |
| 1320 | 100 | 215 | 47 | 3 | 114 | 201 | 2.5 | 0.24 | 2.7 | 4.1 | 2.8 | 142 | 57.2 | 2 800 | 3 400 | 1320 |
| 22 尺寸系列 | | | | | | | | | | | | | | | | |
| 2200 | 10 | 30 | 14 | 0.6 | 15 | 25 | 0.6 | 0.62 | 1.0 | 1.6 | 1.1 | 7.12 | 1.58 | 24 000 | 28 000 | 1500 |
| 2201 | 12 | 32 | 14 | 0.6 | 17 | 27 | 0.6 | — | — | — | — | 8.80 | 1.80 | 22 000 | 26 000 | 1501 |
| 2202 | 15 | 35 | 14 | 0.6 | 20 | 30 | 0.6 | 0.50 | 1.3 | 2.0 | 1.3 | 7.65 | 1.80 | 18 000 | 22 000 | 1502 |
| 2203 | 17 | 40 | 16 | 0.6 | 22 | 35 | 0.6 | 0.50 | 1.2 | 1.9 | 1.3 | 9.00 | 2.45 | 16 000 | 20 000 | 1503 |
| 2204 | 20 | 47 | 18 | 1 | 26 | 41 | 1 | 0.48 | 1.3 | 2.0 | 1.4 | 12.5 | 3.28 | 14 000 | 17 000 | 1504 |
| 2205 | 25 | 52 | 18 | 1 | 31 | 46 | 1 | 0.41 | 1.5 | 2.3 | 1.5 | 12.5 | 3.40 | 12 000 | 14 000 | 1505 |
| 2206 | 30 | 62 | 20 | 1 | 36 | 56 | 1 | 0.39 | 1.6 | 2.4 | 1.7 | 15.2 | 4.60 | 10 000 | 12 000 | 1506 |
| 2207 | 35 | 72 | 23 | 1.1 | 42 | 65 | 1 | 0.38 | 1.7 | 2.6 | 1.8 | 21.8 | 6.65 | 8 500 | 10 000 | 1507 |
| 2208 | 40 | 80 | 23 | 1.1 | 47 | 73 | 1 | 0.24 | 1.9 | 2.9 | 2.0 | 22.5 | 7.38 | 7 500 | 9 000 | 1508 |
| 2209 | 45 | 85 | 23 | 1.1 | 52 | 78 | 1 | 0.24 | 1.9 | 2.9 | 2.0 | 22.5 | 7.38 | 7 500 | 9 000 | 1508 |
| 2210 | 50 | 90 | 23 | 1.1 | 57 | 83 | 1 | 0.29 | 2.2 | 3.4 | 2.3 | 23.2 | 8.45 | 6 300 | 8 000 | 1510 |
| 2211 | 55 | 100 | 25 | 1.5 | 64 | 91 | 1.5 | 0.288 | 2.3 | 3.5 | 2.4 | 26.8 | 9.95 | 6 000 | 7 100 | 1511 |
| 2212 | 60 | 110 | 28 | 1.5 | 69 | 101 | 1.5 | 0.28 | 2.3 | 3.5 | 2.4 | 34.0 | 12.5 | 5 300 | 6 300 | 1512 |
| 2213 | 65 | 120 | 31 | 1.5 | 74 | 111 | 1.5 | 0.28 | 2.3 | 3.5 | 2.4 | 43.5 | 16.2 | 4 800 | 6 000 | 1513 |
| 2214 | 70 | 125 | 31 | 1.5 | 79 | 116 | 1.5 | 0.27 | 2.4 | 3.7 | 2.5 | 44.0 | 17.0 | 4 500 | 5 600 | 1514 |

续表

| 轴承代号 | 基本尺寸/mm | | | | 安装尺寸/mm | | | 计算系数 | | | | 基本额动载荷 $C_r$ | 基本额定静载荷 $C_{0r}$ | 极限转速/(r·min$^{-1}$) | | 原轴承代号 |
|---|---|---|---|---|---|---|---|---|---|---|---|---|---|---|---|---|
| | $d$ | $D$ | $B$ | $r_s$ min | $d_a$ max | $D_a$ max | $r_{as}$ max | $e$ | $Y_1$ | $Y_2$ | $Y_0$ | kN | | 脂润滑 | 油润滑 | |
| 22 尺寸系列 | | | | | | | | | | | | | | | | |
| 2215 | 75 | 130 | 31 | 1.5 | 84 | 121 | 1.5 | 0.25 | 2.5 | 3.9 | 2.6 | 44.2 | 18.0 | 4 300 | 5 300 | 1515 |
| 2216 | 80 | 140 | 33 | 2 | 90 | 130 | 2 | 0.25 | 2.5 | 3.9 | 2.6 | 48.8 | 20.2 | 4 000 | 5 000 | 1516 |
| 2217 | 85 | 150 | 36 | 2 | 95 | 140 | 2 | 0.25 | 2.5 | 3.8 | 2.6 | 58.2 | 23.5 | 3 800 | 4 500 | 1517 |
| 2218 | 90 | 160 | 40 | 2 | 100 | 150 | 2 | 0.27 | 2.4 | 3.7 | 2.5 | 70.0 | 28.5 | 3 600 | 4 300 | 1518 |
| 2219 | 95 | 170 | 43 | 2.1 | 107 | 158 | 2.1 | 0.26 | 2.4 | 3.7 | 2.5 | 82.8 | 33.8 | 3 400 | 4 000 | 1519 |
| 2220 | 100 | 180 | 46 | 2.1 | 112 | 168 | 2.1 | 0.27 | 2.3 | 3.6 | 2.5 | 97.2 | 40.5 | 3 200 | 3 800 | 1520 |
| 23 尺寸系列 | | | | | | | | | | | | | | | | |
| 2300 | 10 | 35 | 17 | 0.6 | 15 | 30 | 0.6 | 0.66 | 0.95 | 1.5 | 1.0 | 11.0 | 2.45 | 18 000 | 22 000 | 1600 |
| 2301 | 12 | 37 | 17 | 1 | 18 | 31 | 1 | — | — | — | — | 12.55 | 2.72 | 17 000 | 22 000 | 1601 |
| 2302 | 15 | 42 | 17 | 1 | 21 | 36 | 1 | 0.51 | 1.2 | 1.9 | 1.3 | 12.0 | 2.88 | 14 000 | 18 000 | 1602 |
| 2303 | 17 | 47 | 19 | 1 | 23 | 41 | 1 | 0.52 | 1.2 | 1.9 | 1.3 | 14.5 | 3.58 | 13 000 | 16 000 | 1603 |
| 2304 | 20 | 52 | 21 | 1.1 | 27 | 45 | 1 | 0.51 | 1.2 | 1.9 | 1.3 | 17.8 | 4.75 | 11 000 | 14 000 | 1604 |
| 2305 | 25 | 62 | 24 | 1.1 | 32 | 55 | 1 | 0.47 | 1.3 | 2.1 | 1.4 | 24.5 | 6.48 | 9 500 | 12 000 | 1605 |
| 2306 | 30 | 72 | 27 | 1.1 | 37 | 65 | 1 | 0.44 | 1.4 | 2.2 | 1.5 | 31.5 | 8.68 | 8 000 | 10 000 | 1606 |
| 2307 | 35 | 80 | 31 | 1.5 | 44 | 71 | 1.5 | 0.46 | 1.4 | 2.1 | 1.4 | 39.2 | 11.0 | 7 100 | 9 000 | 1607 |
| 2308 | 40 | 90 | 33 | 1.5 | 49 | 81 | 1.5 | 0.43 | 1.5 | 2.3 | 1.5 | 44.8 | 13.2 | 6 300 | 8 000 | 1608 |
| 2309 | 45 | 100 | 36 | 1.5 | 54 | 91 | 1.5 | 0.42 | 1.5 | 2.3 | 1.6 | 55.0 | 16.2 | 5 600 | 7 100 | 1609 |
| 2310 | 50 | 110 | 40 | 2 | 60 | 100 | 2 | 0.43 | 1.5 | 2.3 | 1.6 | 64.5 | 19.8 | 5 000 | 6 300 | 1610 |
| 2311 | 55 | 120 | 43 | 2 | 65 | 110 | 2 | 0.41 | 1.5 | 2.4 | 1.6 | 75.2 | 23.5 | 4 800 | 6 000 | 1611 |
| 2312 | 60 | 130 | 46 | 2.1 | 72 | 118 | 2.1 | 0.41 | 1.6 | 2.5 | 1.6 | 86.8 | 27.5 | 4 300 | 5 300 | 1612 |
| 2313 | 65 | 140 | 48 | 2.1 | 77 | 128 | 2.1 | 0.38 | 1.6 | 2.6 | 1.7 | 96.0 | 32.5 | 3 800 | 4 800 | 1613 |
| 2314 | 70 | 150 | 51 | 2.1 | 82 | 138 | 2.1 | 0.38 | 1.7 | 2.6 | 1.8 | 110 | 37.5 | 3 600 | 4 500 | 1614 |
| 2315 | 75 | 160 | 55 | 2.1 | 87 | 148 | 2.1 | 0.38 | 1.7 | 2.6 | 1.7 | 122 | 42.8 | 3 400 | 4 300 | 1615 |
| 2316 | 80 | 170 | 58 | 2.1 | 92 | 158 | 2.1 | 0.39 | 1.6 | 2.5 | 1.7 | 128 | 45.5 | 3 200 | 4 000 | 1616 |
| 2317 | 85 | 180 | 60 | 3 | 99 | 166 | 2.5 | 0.38 | 1.7 | 2.6 | 1.7 | 140 | 51.0 | 3 000 | 3 800 | 1617 |
| 2318 | 90 | 190 | 64 | 3 | 104 | 176 | 2.5 | 0.39 | 1.6 | 2.5 | 1.7 | 142 | 57.2 | 2 800 | 3 600 | 1618 |
| 2319 | 95 | 200 | 67 | 3 | 109 | 186 | 2.5 | 0.38 | 1.7 | 2.6 | 1.8 | 162 | 64.2 | 2 800 | 3 400 | 1619 |
| 2320 | 100 | 215 | 73 | 3 | 114 | 201 | 2.5 | 0.37 | 1.7 | 2.6 | 1.8 | 192 | 78.5 | 2 400 | 3 200 | 1620 |

注：①同表Ⅱ.79 中注①、②。

②原轴承标准为 GB 281—1984,GB 282—1987。

表 15.4　角接触球轴承(GB/T 292—2007 摘录)

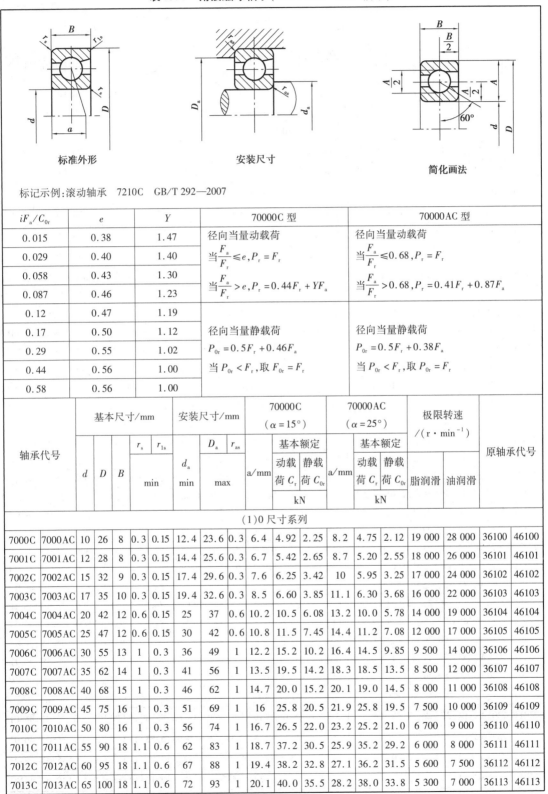

标准外形　　　　　　　　安装尺寸　　　　　　　　简化画法

标记示例:滚动轴承　7210C　GB/T 292—2007

| $iF_a/C_{0r}$ | $e$ | $Y$ | 70000C 型 | 70000AC 型 |
|---|---|---|---|---|
| 0.015 | 0.38 | 1.47 | 径向当量动载荷 | 径向当量动载荷 |
| 0.029 | 0.40 | 1.40 | 当 $\frac{F_a}{F_r}\leqslant e$,$P_r=F_r$ | 当 $\frac{F_a}{F_r}\leqslant 0.68$,$P_r=F_r$ |
| 0.058 | 0.43 | 1.30 | | |
| 0.087 | 0.46 | 1.23 | 当 $\frac{F_a}{F_r}>e$,$P_r=0.44F_r+YF_a$ | 当 $\frac{F_a}{F_r}>0.68$,$P_r=0.41F_r+0.87F_a$ |
| 0.12 | 0.47 | 1.19 | | |
| 0.17 | 0.50 | 1.12 | 径向当量静载荷 | 径向当量静载荷 |
| 0.29 | 0.55 | 1.02 | $P_{0r}=0.5F_r+0.46F_a$ | $P_{0r}=0.5F_r+0.38F_a$ |
| 0.44 | 0.56 | 1.00 | 当 $P_{0r}<F_r$,取 $F_{0r}=F_r$ | 当 $P_{0r}<F_r$,取 $P_{0r}=F_r$ |
| 0.58 | 0.56 | 1.00 | | |

| 轴承代号 | | 基本尺寸/mm | | | | | 安装尺寸/mm | | | 70000C ($\alpha=15°$) | | | 70000AC ($\alpha=25°$) | | | 极限转速 /(r·min⁻¹) | | 原轴承代号 | |
|---|---|---|---|---|---|---|---|---|---|---|---|---|---|---|---|---|---|---|---|
| | | | | | $r_s$ | $r_{1s}$ | | $D_a$ | $r_{as}$ | | 基本额定 | | | 基本额定 | | | | | |
| | | $d$ | $D$ | $B$ | min | | $d_a$ min | max | | $a$/mm | 动载荷 $C_r$ | 静载荷 $C_{0r}$ | $a$/mm | 动载荷 $C_r$ | 静载荷 $C_{0r}$ | 脂润滑 | 油润滑 | | |
| | | | | | | | | | | | kN | | | kN | | | | | |
| (1)0 尺寸系列 | | | | | | | | | | | | | | | | | | | |
| 7000C | 7000AC | 10 | 26 | 8 | 0.3 | 0.15 | 12.4 | 23.6 | 0.3 | 6.4 | 4.92 | 2.25 | 8.2 | 4.75 | 2.12 | 19 000 | 28 000 | 36100 | 46100 |
| 7001C | 7001AC | 12 | 28 | 8 | 0.3 | 0.15 | 14.4 | 25.6 | 0.3 | 6.7 | 5.42 | 2.65 | 8.7 | 5.20 | 2.55 | 18 000 | 26 000 | 36101 | 46101 |
| 7002C | 7002AC | 15 | 32 | 9 | 0.3 | 0.15 | 17.4 | 29.6 | 0.3 | 7.6 | 6.25 | 3.42 | 10 | 5.95 | 3.25 | 17 000 | 24 000 | 36102 | 46102 |
| 7003C | 7003AC | 17 | 35 | 10 | 0.3 | 0.15 | 19.4 | 32.6 | 0.3 | 8.5 | 6.60 | 3.85 | 11.1 | 6.30 | 3.68 | 16 000 | 22 000 | 36103 | 46103 |
| 7004C | 7004AC | 20 | 42 | 12 | 0.6 | 0.15 | 25 | 37 | 0.6 | 10.2 | 10.5 | 6.08 | 13.2 | 10.0 | 5.78 | 14 000 | 19 000 | 36104 | 46104 |
| 7005C | 7005AC | 25 | 47 | 12 | 0.6 | 0.15 | 30 | 42 | 0.6 | 10.8 | 11.5 | 7.45 | 14.4 | 11.2 | 7.08 | 12 000 | 17 000 | 36105 | 46105 |
| 7006C | 7006AC | 30 | 55 | 13 | 1 | 0.3 | 36 | 49 | 1 | 12.2 | 15.2 | 10.2 | 16.4 | 14.5 | 9.85 | 9 500 | 14 000 | 36106 | 46106 |
| 7007C | 7007AC | 35 | 62 | 14 | 1 | 0.3 | 41 | 56 | 1 | 13.5 | 19.5 | 14.2 | 18.3 | 18.5 | 13.5 | 8 500 | 12 000 | 36107 | 46107 |
| 7008C | 7008AC | 40 | 68 | 15 | 1 | 0.3 | 46 | 62 | 1 | 14.7 | 20.0 | 15.2 | 20.1 | 19.0 | 14.5 | 8 000 | 11 000 | 36108 | 46108 |
| 7009C | 7009AC | 45 | 75 | 16 | 1 | 0.3 | 51 | 69 | 1 | 16 | 25.8 | 20.5 | 21.9 | 25.8 | 19.5 | 7 500 | 10 000 | 36109 | 46109 |
| 7010C | 7010AC | 50 | 80 | 16 | 1 | 0.3 | 56 | 74 | 1 | 16.7 | 26.5 | 22.0 | 23.2 | 25.2 | 21.0 | 6 700 | 9 000 | 36110 | 46110 |
| 7011C | 7011AC | 55 | 90 | 18 | 1.1 | 0.6 | 62 | 83 | 1 | 18.7 | 37.2 | 30.5 | 25.9 | 35.2 | 29.2 | 6 000 | 8 000 | 36111 | 46111 |
| 7012C | 7012AC | 60 | 95 | 18 | 1.1 | 0.6 | 67 | 88 | 1 | 19.4 | 38.2 | 32.8 | 27.1 | 36.2 | 31.5 | 5 600 | 7 500 | 36112 | 46112 |
| 7013C | 7013AC | 65 | 100 | 18 | 1.1 | 0.6 | 72 | 93 | 1 | 20.1 | 40.0 | 35.5 | 28.2 | 38.0 | 33.8 | 5 300 | 7 000 | 36113 | 46113 |

续表

| 轴承代号 | | 基本尺寸/mm | | | $r_s$ | $r_{1s}$ | 安装尺寸/mm | $D_a$ | $r_{as}$ | 70000C ($\alpha=15°$) | 基本额定 | | 70000AC ($\alpha=25°$) | 基本额定 | | 极限转速 /($r \cdot min^{-1}$) | | 原轴承代号 | |
|---|---|---|---|---|---|---|---|---|---|---|---|---|---|---|---|---|---|---|---|
| | | $d$ | $D$ | $B$ | min | min | $d_a$ min | max | max | $a$/mm | 动载荷 $C_r$ kN | 静载荷 $C_{0r}$ kN | $a$/mm | 动载荷 $C_r$ kN | 静载荷 $C_{0r}$ kN | 脂润滑 | 油润滑 | | |
| (1)0 尺寸系列 | | | | | | | | | | | | | | | | | | | |
| 7014C | 7014AC | 70 | 110 | 20 | 1.1 | 0.6 | 77 | 103 | 1 | 22.1 | 48.2 | 43.5 | 30.9 | 45.8 | 41.5 | 5 000 | 6 700 | 36114 | 46114 |
| 7015C | 7015AC | 75 | 115 | 20 | 1.1 | 0.6 | 82 | 108 | 1 | 22.7 | 49.5 | 46.3 | 32.2 | 46.8 | 44.2 | 4 800 | 6 300 | 36115 | 46115 |
| 7016C | 7016AC | 80 | 125 | 22 | 1.5 | 0.6 | 89 | 116 | 1.5 | 24.7 | 58.5 | 55.8 | 34.9 | 55.5 | 53.2 | 4 500 | 6 000 | 36116 | 46116 |
| 7017C | 7017AC | 85 | 130 | 22 | 1.5 | 0.6 | 94 | 121 | 1.5 | 25.4 | 62.5 | 60.2 | 36.1 | 59.2 | 57.2 | 4 300 | 5 600 | 36117 | 46117 |
| 7018C | 7018AC | 90 | 140 | 24 | 1.5 | 0.6 | 99 | 131 | 1.5 | 27.4 | 71.5 | 69.8 | 38.8 | 67.5 | 66.5 | 4 000 | 5 300 | 36118 | 46118 |
| 7019C | 7019AC | 95 | 145 | 24 | 1.5 | 0.6 | 104 | 136 | 1.5 | 28.1 | 73.5 | 73.2 | 40 | 69.5 | 69.8 | 3 800 | 5 000 | 36119 | 46119 |
| 7020C | 7020AC | 100 | 150 | 24 | 1.5 | 0.6 | 109 | 141 | 1.5 | 28.7 | 79.2 | 78.5 | 41.2 | 75 | 74.8 | 3 800 | 5 000 | 36120 | 46120 |
| (0)2 尺寸系列 | | | | | | | | | | | | | | | | | | | |
| 7200C | 7200AC | 10 | 30 | 9 | 0.6 | 0.15 | 15 | 25 | 0.6 | 7.2 | 5.82 | 2.99 | 9.2 | 5.58 | 2.82 | 18 000 | 26 000 | 36200 | 46200 |
| 7201C | 7201AC | 12 | 32 | 10 | 0.6 | 0.15 | 17 | 27 | 0.6 | 8 | 7.35 | 3.52 | 10.2 | 7.10 | 3.35 | 17 000 | 24 000 | 36201 | 46201 |
| 7202C | 7202AC | 15 | 35 | 11 | 0.6 | 0.15 | 20 | 30 | 0.6 | 8.9 | 8.68 | 4.62 | 11.4 | 8.35 | 4.40 | 16 000 | 22 000 | 36202 | 46202 |
| 7203C | 7203AC | 17 | 40 | 12 | 0.6 | 0.3 | 22 | 35 | 0.6 | 9.9 | 10.8 | 5.95 | 12.8 | 10.5 | 5.65 | 15 000 | 20 000 | 36203 | 46203 |
| 7204C | 7204AC | 20 | 47 | 14 | 1 | 0.3 | 26 | 41 | 1 | 11.5 | 14.5 | 8.22 | 14.9 | 14.0 | 7.82 | 13 000 | 18 000 | 36204 | 46204 |
| 7205C | 7205AC | 25 | 52 | 15 | 1 | 0.3 | 31 | 46 | 1 | 12.7 | 16.5 | 10.5 | 16.4 | 15.8 | 9.88 | 11 000 | 16 000 | 36205 | 46205 |
| 7206C | 7206AC | 30 | 62 | 16 | 1 | 0.3 | 36 | 56 | 1 | 14.2 | 23.0 | 15.0 | 18.7 | 22.0 | 14.2 | 9 000 | 13 000 | 36206 | 46206 |
| 7207C | 7207AC | 35 | 72 | 17 | 1.1 | 0.6 | 42 | 65 | 1 | 15.7 | 30.5 | 20.0 | 21 | 29.0 | 19.2 | 8 000 | 11 000 | 36207 | 46207 |
| 7208C | 7208AC | 40 | 80 | 18 | 1.1 | 0.6 | 47 | 73 | 1 | 17 | 36.8 | 25.8 | 23 | 35.2 | 24.5 | 7 500 | 10 000 | 36208 | 46208 |
| 7209C | 7209AC | 45 | 85 | 19 | 1.1 | 0.6 | 52 | 78 | 1 | 18.2 | 38.5 | 28.5 | 24.7 | 36.8 | 27.2 | 6 700 | 9 000 | 36209 | 46209 |
| 7210C | 7210AC | 50 | 90 | 20 | 1.1 | 0.6 | 57 | 83 | 1 | 19.4 | 42.8 | 32.0 | 26.3 | 40.8 | 30.5 | 6 300 | 8 500 | 36210 | 46210 |
| 7211C | 7211AC | 55 | 100 | 21 | 1.5 | 0.6 | 64 | 91 | 1.5 | 20.9 | 52.8 | 40.5 | 28.6 | 50.5 | 38.5 | 5 600 | 7 500 | 36211 | 46211 |
| 7212C | 7212AC | 60 | 110 | 22 | 1.5 | 0.6 | 69 | 101 | 1.5 | 22.4 | 61.0 | 48.5 | 30.8 | 58.2 | 46.2 | 5 300 | 7 000 | 36212 | 46212 |
| 7213C | 7213AC | 65 | 120 | 23 | 1.5 | 0.6 | 74 | 111 | 1.5 | 24.2 | 69.8 | 55.2 | 33.5 | 66.5 | 52.5 | 4 800 | 6 300 | 36213 | 46213 |
| 7214C | 7214AC | 70 | 125 | 24 | 1.5 | 0.6 | 79 | 116 | 1.5 | 25.3 | 70.2 | 60.0 | 35.1 | 69.2 | 57.5 | 4 500 | 6 000 | 36214 | 46214 |
| 7215C | 7215AC | 75 | 130 | 25 | 1.5 | 0.6 | 84 | 121 | 1.5 | 26.4 | 79.2 | 65.8 | 36.6 | 75.2 | 63.0 | 4 300 | 5 600 | 36215 | 46215 |
| 7216C | 7216AC | 80 | 140 | 26 | 2 | 1 | 90 | 130 | 2 | 27.7 | 89.5 | 78.2 | 38.9 | 85.0 | 74.5 | 4 000 | 5 300 | 36216 | 46216 |
| 7217C | 7217AC | 85 | 150 | 28 | 2 | 1 | 95 | 140 | 2 | 29.9 | 99.8 | 85.0 | 41.6 | 94.8 | 81.5 | 3 800 | 5 000 | 36217 | 46217 |
| 7218C | 7218AC | 90 | 160 | 30 | 2 | 1 | 100 | 150 | 2 | 31.7 | 122 | 105 | 44.2 | 118 | 100 | 3 600 | 4 800 | 36218 | 46218 |
| 7219C | 7219AC | 95 | 170 | 32 | 2.1 | 1.1 | 107 | 158 | 2.1 | 33.8 | 135 | 115 | 46.9 | 128 | 108 | 3 400 | 4 500 | 36219 | 46219 |
| 7220C | 7220AC | 100 | 180 | 34 | 2.1 | 1.1 | 112 | 168 | 2.1 | 35.8 | 148 | 128 | 49.7 | 142 | 122 | 3 200 | 4 300 | 36220 | 46220 |
| (0)3 尺寸系列 | | | | | | | | | | | | | | | | | | | |
| 7301C | 7301AC | 12 | 37 | 12 | 1 | 0.3 | 18 | 31 | 1 | 8.6 | 8.10 | 5.22 | 12 | 8.08 | 4.88 | 16 000 | 22 000 | 36301 | 46301 |
| 7302C | 7302AC | 15 | 42 | 13 | 1 | 0.3 | 21 | 36 | 1 | 9.6 | 9.38 | 5.95 | 13.5 | 9.08 | 5.58 | 15 000 | 20 000 | 36302 | 46302 |
| 7303C | 7303AC | 17 | 47 | 14 | 1 | 0.3 | 23 | 41 | 1 | 10.4 | 12.8 | 8.62 | 14.8 | 11.5 | 7.08 | 14 000 | 19 000 | 36303 | 46303 |
| 7304C | 7304AC | 20 | 52 | 15 | 1.1 | 0.6 | 27 | 45 | 1 | 11.3 | 14.2 | 9.68 | 16.8 | 13.8 | 9.10 | 12 000 | 17 000 | 36304 | 46304 |

续表

| 轴承代号 | | 基本尺寸/mm | | | | | 安装尺寸/mm | | | 70000C ($\alpha = 15°$) | | | 70000AC ($\alpha = 25°$) | | | 极限转速 /(r·min⁻¹) | | 原轴承代号 | |
|---|---|---|---|---|---|---|---|---|---|---|---|---|---|---|---|---|---|---|---|
| | | $d$ | $D$ | $B$ | $r_s$ min | $r_{1s}$ min | $d_a$ min | $D_a$ max | $r_{as}$ | a/mm | 基本额定 动载荷 $C_r$ kN | 静载荷 $C_{0r}$ | a/mm | 基本额定 动载荷 $C_r$ kN | 静载荷 $C_{0r}$ | 脂润滑 | 油润滑 | | |
| (0)3 尺寸系列 | | | | | | | | | | | | | | | | | | | |
| 7305C | 7305AC | 25 | 62 | 17 | 1.1 | 0.6 | 32 | 55 | 1 | 13.1 | 21.5 | 15.8 | 19.1 | 20.8 | 14.8 | 9 500 | 14 000 | 36305 | 46305 |
| 7306C | 7306AC | 30 | 72 | 19 | 1.1 | 0.6 | 37 | 65 | 1 | 15 | 26.5 | 19.8 | 22.2 | 25.2 | 18.5 | 8 500 | 12 000 | 36306 | 46306 |
| 7307C | 7307AC | 35 | 80 | 21 | 1.5 | 0.6 | 44 | 71 | 1.5 | 16.6 | 34.2 | 26.8 | 24.5 | 32.8 | 24.8 | 7 500 | 10 000 | 36307 | 46307 |
| 7308C | 7308AC | 40 | 90 | 23 | 1.5 | 0.6 | 49 | 81 | 1.5 | 18.5 | 40.2 | 32.3 | 27.5 | 38.5 | 30.5 | 6 700 | 9 000 | 36308 | 46308 |
| 7309C | 7309AC | 45 | 100 | 25 | 1.5 | 0.6 | 54 | 91 | 1.5 | 20.2 | 49.2 | 39.8 | 30.2 | 47.5 | 37.2 | 6 000 | 8 000 | 36309 | 46309 |
| 7310C | 7310AC | 50 | 110 | 27 | 2 | 1 | 60 | 100 | 2 | 22 | 53.5 | 47.2 | 33 | 55.5 | 44.5 | 5 600 | 7 500 | 36310 | 46310 |
| 7311C | 7311AC | 55 | 120 | 29 | 2 | 1 | 65 | 110 | 2 | 23.8 | 70.5 | 60.5 | 35.8 | 67.2 | 56.8 | 5 000 | 6 700 | 36311 | 46311 |
| 7312C | 7312AC | 60 | 130 | 31 | 2.1 | 1.1 | 72 | 118 | 2.1 | 25.6 | 80.5 | 70.2 | 38.7 | 77.8 | 65.8 | 4 800 | 6 300 | 36312 | 46312 |
| 7313C | 7313AC | 65 | 140 | 33 | 2.1 | 1.1 | 77 | 128 | 2.1 | 27.4 | 91.5 | 80.5 | 41.5 | 89.8 | 75.5 | 4 000 | 5 600 | 36313 | 46313 |
| 7314C | 7314AC | 70 | 150 | 35 | 2.1 | 1.1 | 82 | 138 | 2.1 | 29.2 | 102 | 91.5 | 44.3 | 98.5 | 86.0 | 4 000 | 5 300 | 36314 | 46314 |
| 7315C | 7315AC | 75 | 160 | 37 | 2.1 | 1.1 | 87 | 148 | 2.1 | 31 | 112 | 105 | 47.2 | 108 | 97.0 | 3 800 | 5 000 | 36315 | 46315 |
| 7316C | 7316AC | 80 | 170 | 39 | 2.1 | 1.1 | 92 | 158 | 2.1 | 32.8 | 122 | 118 | 50 | 118 | 108 | 3 600 | 4 800 | 36316 | 46316 |
| 7317C | 7317AC | 85 | 180 | 41 | 3 | 1.1 | 99 | 166 | 2.5 | 34.6 | 132 | 128 | 52.8 | 125 | 122 | 3 400 | 4 500 | 36317 | 46317 |
| 7318C | 7318AC | 90 | 190 | 43 | 3 | 1.1 | 104 | 176 | 2.5 | 36.4 | 142 | 142 | 55.6 | 135 | 135 | 3 200 | 4 300 | 36318 | 46318 |
| 7319C | 7319AC | 95 | 200 | 45 | 3 | 1.1 | 109 | 186 | 2.5 | 38.2 | 152 | 158 | 58.5 | 145 | 148 | 3 000 | 4 000 | 36319 | 46319 |
| 7320C | 7320AC | 100 | 215 | 47 | 3 | 1.1 | 114 | 201 | 2.5 | 40.2 | 162 | 175 | 61.9 | 165 | 178 | 2 600 | 3 600 | 36320 | 46320 |

注:①表中 $C_r$ 值,对(1)0,(0)2 系列为真空脱氧轴承钢的负荷能力,对(0)3 系列为电炉轴承钢的负荷能力。

②原轴承标准为 GB 292—1983,GB 293—1984,GB 295—1983。

## 表15.5 圆锥滚子轴承（GB/T 297—1994 摘录）

**30000型标准外形** **安装尺寸** **简化画法**

径向当量动载荷

$$\text{当}\ \frac{F_a}{F_r} \le e,\ P_r = F_r$$

$$\text{当}\ \frac{F_a}{F_r} > e,\ P_r = 0.4F_r + YF_a$$

径向当量静载荷

$$P_{0r} = F_r$$

$$P_{0r} = 0.5F_r + Y_0 F_a$$

取上列两式计算结果的较大值

标记示例：滚动轴承 30310 GB/T 297—1994

02 尺寸系列

| 轴承代号 | 尺寸/mm | | | | | | | | 安装尺寸/mm | | | | | | | | | 计算系数 | | | 基本额定 | | 极限转速/(r·min⁻¹) | | 原轴承代号 |
|---|---|---|---|---|---|---|---|---|---|---|---|---|---|---|---|---|---|---|---|---|---|---|---|---|---|
| | $d$ | $D$ | $T$ | $B$ | $C$ | $r_s$ min | $r_{1s}$ min | $a\approx$ | $d_a$ min | $d_b$ max | $D_a$ min | $D_a$ max | $D_b$ min | $a_1$ min | $a_2$ min | $r_{as}$ max | $r_{bs}$ max | $e$ | $Y$ | $Y_0$ | 动载荷 $C_r$ kN | 静载荷 $C_{0r}$ kN | 脂润滑 | 油润滑 | |
| 30203 | 17 | 40 | 13.25 | 12 | 11 | 1 | 1 | 9.9 | 23 | 23 | 34 | 34 | 37 | 2 | 2.5 | 1 | 1 | 0.35 | 1.7 | 1 | 20.8 | 21.8 | 9 000 | 12 000 | 7203E |
| 30204 | 20 | 47 | 15.25 | 14 | 12 | 1 | 1 | 11.2 | 26 | 27 | 40 | 41 | 43 | 2 | 3.5 | 1 | 1 | 0.35 | 1.7 | 1 | 28.2 | 30.5 | 8 000 | 10 000 | 7204E |
| 30205 | 25 | 52 | 16.25 | 15 | 13 | 1 | 1 | 12.5 | 31 | 31 | 44 | 46 | 48 | 2 | 3.5 | 1 | 1 | 0.37 | 1.6 | 0.9 | 32.2 | 37.0 | 7 000 | 9 000 | 7205E |
| 30206 | 30 | 62 | 17.25 | 16 | 14 | 1 | 1 | 13.8 | 36 | 37 | 53 | 56 | 58 | 2 | 3.5 | 1 | 1 | 0.37 | 1.6 | 0.9 | 43.2 | 50.5 | 6 000 | 7 500 | 7206E |
| 30207 | 35 | 72 | 18.25 | 17 | 15 | 1.5 | 1.5 | 15.3 | 42 | 44 | 62 | 65 | 67 | 3 | 3.5 | 1.5 | 1.5 | 0.37 | 1.6 | 0.9 | 54.2 | 63.5 | 5 300 | 6 700 | 7207E |
| 30208 | 40 | 80 | 19.75 | 18 | 16 | 1.5 | 1.5 | 16.9 | 47 | 49 | 69 | 73 | 75 | 3 | 4 | 1.5 | 1.5 | 0.37 | 1.6 | 0.9 | 63.0 | 74.0 | 5 000 | 6 300 | 7208E |
| 30209 | 45 | 85 | 20.75 | 19 | 16 | 1.5 | 1.5 | 18.6 | 52 | 53 | 74 | 78 | 80 | 3 | 5 | 1.5 | 1.5 | 0.4 | 1.5 | 0.8 | 67.8 | 83.5 | 4 500 | 5 600 | 7209E |
| 30210 | 50 | 90 | 21.75 | 20 | 17 | 1.5 | 1.5 | 20 | 57 | 58 | 79 | 83 | 86 | 3 | 5 | 1.5 | 1.5 | 0.42 | 1.4 | 0.8 | 73.2 | 92.0 | 4 300 | 5 300 | 7210E |
| 30212 | 60 | 110 | 23.75 | 22 | 19 | 2 | 1.5 | 22.3 | 69 | 69 | 96 | 101 | 103 | 4 | 5 | 2 | 1.5 | 0.4 | 1.5 | 0.8 | 102 | 130 | 3 600 | 4 500 | 7212E |
| 30213 | 65 | 120 | 24.75 | 23 | 20 | 2 | 1.5 | 23.8 | 74 | 77 | 106 | 111 | 114 | 4 | 5 | 2 | 1.5 | 0.4 | 1.5 | 0.8 | 120 | 152 | 3 200 | 4 000 | 7213E |
| 30214 | 70 | 125 | 26.25 | 24 | 21 | 2 | 1.5 | 25.8 | 79 | 81 | 110 | 116 | 119 | 4 | 5.5 | 2 | 1.5 | 0.42 | 1.4 | 0.8 | 132 | 175 | 3 000 | 3 800 | 7214E |
| 30215 | 75 | 130 | 27.25 | 25 | 22 | 2 | 1.5 | 27.4 | 84 | 85 | 115 | 121 | 125 | 4 | 5.5 | 2 | 1.5 | 0.44 | 1.4 | 0.8 | 138 | 185 | 2 800 | 3 600 | 7215E |
| 30216 | 80 | 140 | 28.25 | 26 | 22 | 2.5 | 2 | 28.1 | 90 | 90 | 124 | 130 | 133 | 4 | 6 | 2.1 | 2 | 0.42 | 1.4 | 0.8 | 160 | 212 | 2 600 | 3 400 | 7216E |

| 30xxx | | | | | | | | | | | | | | | | | | | | | | | | | 7xxx |
|---|---|---|---|---|---|---|---|---|---|---|---|---|---|---|---|---|---|---|---|---|---|---|---|---|---|
| 30217 | 85 | 150 | 30.5 | 28 | 24 | 2.5 | 2 | 30.3 | 95 | 96 | 132 | 140 | 142 | 5 | 6.5 | 2.1 | 2 | 0.42 | 1.4 | 0.8 | 178 | 238 | 2 400 | 3 200 | 7217E |
| 30218 | 90 | 160 | 32.5 | 30 | 26 | 2.5 | 2 | 32.3 | 100 | 102 | 140 | 150 | 151 | 5 | 6.5 | 2.1 | 2 | 0.42 | 1.4 | 0.8 | 200 | 270 | 2 200 | 3 000 | 7218E |
| 30219 | 95 | 170 | 34.5 | 32 | 27 | 3 | 2.5 | 34.2 | 107 | 108 | 149 | 158 | 160 | 5 | 7.5 | 2.5 | 2.1 | 0.42 | 1.4 | 0.8 | 228 | 308 | 2 000 | 2 800 | 7219E |
| 30220 | 100 | 180 | 37 | 34 | 29 | 3 | 2.5 | 36.4 | 112 | 114 | 157 | 168 | 169 | 5 | 8 | 2.5 | 2.1 | 0.42 | 1.4 | 0.8 | 255 | 350 | 1 900 | 2 600 | 7220E |
| **03 尺寸系列** | | | | | | | | | | | | | | | | | | | | | | | | | |
| 30302 | 15 | 42 | 14.25 | 13 | 11 | 1 | 1 | 9.6 | 21 | 22 | 36 | 36 | 38 | 2 | 3.5 | 1 | 1 | 0.29 | 2.1 | 1.2 | 22.8 | 21.5 | 9 000 | 12 000 | 7302E |
| 30303 | 17 | 47 | 15.25 | 14 | 12 | 1 | 1 | 10.4 | 23 | 25 | 40 | 41 | 43 | 3 | 3.5 | 1 | 1 | 0.29 | 2.1 | 1.2 | 28.2 | 27.2 | 8 500 | 11 000 | 7303E |
| 30304 | 20 | 52 | 16.25 | 15 | 13 | 1.5 | 1.5 | 11.1 | 27 | 28 | 44 | 45 | 48 | 3 | 3.5 | 1.5 | 1.5 | 0.3 | 2 | 1.1 | 33.0 | 33.2 | 7 500 | 9 500 | 7304E |
| 30305 | 25 | 62 | 18.25 | 17 | 15 | 1.5 | 1.5 | 13 | 32 | 34 | 54 | 55 | 58 | 3 | 3.5 | 1.5 | 1.5 | 0.3 | 2 | 1.1 | 46.8 | 48.0 | 6 300 | 8 000 | 7305E |
| 30306 | 30 | 72 | 20.75 | 19 | 16 | 1.5 | 1.5 | 15.3 | 37 | 40 | 62 | 65 | 66 | 3 | 5 | 1.5 | 1.5 | 0.31 | 1.9 | 1.1 | 59.0 | 63.0 | 5 600 | 7 000 | 7306E |
| 30307 | 35 | 80 | 22.75 | 21 | 18 | 2 | 1.5 | 16.8 | 44 | 45 | 70 | 71 | 74 | 3 | 5 | 2 | 1.5 | 0.31 | 1.9 | 1.1 | 75.2 | 82.5 | 5 000 | 6 300 | 7307E |
| 30308 | 40 | 90 | 25.25 | 23 | 20 | 2 | 1.5 | 19.5 | 49 | 52 | 77 | 81 | 84 | 3 | 5.5 | 2 | 1.5 | 0.35 | 1.7 | 1 | 90.8 | 108 | 4 500 | 5 600 | 7308E |
| 30309 | 45 | 100 | 27.25 | 25 | 22 | 2 | 1.5 | 21.3 | 54 | 59 | 86 | 91 | 94 | 3 | 5.3 | 2 | 1.5 | 0.35 | 1.7 | 1 | 108 | 130 | 4 000 | 5 000 | 7309E |
| 30310 | 50 | 110 | 29.25 | 27 | 23 | 2.5 | 2 | 23 | 60 | 65 | 95 | 100 | 103 | 4 | 6.5 | 2 | 2 | 0.35 | 1.7 | 1 | 130 | 158 | 3 800 | 4 800 | 7310E |
| 30311 | 55 | 120 | 31.5 | 29 | 25 | 2.5 | 2 | 24.9 | 65 | 70 | 104 | 110 | 112 | 4 | 6.5 | 2.5 | 2 | 0.35 | 1.7 | 1 | 152 | 188 | 3 400 | 4 300 | 7311E |
| 30312 | 60 | 130 | 33.5 | 31 | 26 | 3 | 2.5 | 26.6 | 72 | 76 | 112 | 118 | 121 | 5 | 7.5 | 2.5 | 2.1 | 0.35 | 1.7 | 1 | 170 | 210 | 3 200 | 4 000 | 7312E |
| 30313 | 65 | 140 | 36 | 33 | 28 | 3 | 2.5 | 28.7 | 77 | 83 | 122 | 128 | 131 | 5 | 8 | 2.5 | 2.1 | 0.35 | 1.7 | 1 | 195 | 242 | 2 800 | 3 600 | 7313E |
| 30314 | 70 | 150 | 38 | 35 | 30 | 3 | 2.5 | 30.7 | 82 | 89 | 130 | 138 | 141 | 5 | 8 | 2.5 | 2.1 | 0.35 | 1.7 | 1 | 218 | 272 | 2 600 | 3 400 | 7314E |
| 30315 | 75 | 160 | 40 | 37 | 31 | 3 | 2.5 | 32 | 87 | 95 | 139 | 148 | 150 | 5 | 9 | 2.5 | 2.1 | 0.35 | 1.7 | 1 | 252 | 318 | 2 400 | 3 200 | 7315E |
| 30316 | 80 | 170 | 42.5 | 39 | 33 | 3 | 2.5 | 34.4 | 92 | 102 | 148 | 158 | 160 | 5 | 9.5 | 2.5 | 2.1 | 0.35 | 1.7 | 1 | 278 | 352 | 2 200 | 3 000 | 7316E |
| 30317 | 85 | 180 | 44.5 | 41 | 34 | 4 | 3 | 35.9 | 99 | 107 | 156 | 166 | 168 | 6 | 10.5 | 3 | 2.5 | 0.35 | 1.7 | 1 | 305 | 388 | 2 000 | 2 800 | 7317E |
| 30318 | 90 | 190 | 46.5 | 43 | 36 | 4 | 3 | 37.5 | 104 | 113 | 165 | 176 | 178 | 6 | 10.5 | 3 | 2.5 | 0.35 | 1.7 | 1 | 342 | 440 | 1 900 | 2 600 | 7318E |
| 30319 | 95 | 200 | 49.5 | 45 | 38 | 4 | 3 | 40.1 | 109 | 118 | 172 | 186 | 185 | 6 | 11.5 | 3 | 2.5 | 0.35 | 1.7 | 1 | 370 | 478 | 1 800 | 2 400 | 7319E |
| 30320 | 100 | 215 | 51.5 | 47 | 39 | 4 | 3 | 42.2 | 114 | 127 | 184 | 201 | 199 | 6 | 12.5 | 3 | 2.5 | 0.35 | 1.7 | 1 | 405 | 525 | 1 600 | 2 000 | 7320E |

续表

| 轴承代号 | 尺寸/mm | | | | | | | | 安装尺寸/mm | | | | | | | | | 计算系数 | | | 基本额定 | | 极限转速/(r·min$^{-1}$) | | 原轴承代号 |
|---|---|---|---|---|---|---|---|---|---|---|---|---|---|---|---|---|---|---|---|---|---|---|---|---|---|
| | $d$ | $D$ | $T$ | $B$ | $C$ | $r_s$ min | $r_{1s}$ min | $a$ ≈ | $d_a$ min | $d_b$ max | $D_a$ min | $D_a$ max | $D_b$ min | $a_1$ | $a_2$ min | $r_{as}$ max | $r_{bs}$ max | $e$ | $Y$ | $Y_0$ | 动载荷 $C_r$ kN | 静载荷 $C_{0r}$ kN | 脂润滑 | 油润滑 | |
| 22 尺寸系列 | | | | | | | | | | | | | | | | | | | | | | | | | |
| 32206 | 30 | 62 | 21.25 | 20 | 17 | 1 | 1 | 15.6 | 36 | 36 | 52 | 56 | 58 | 3 | 4.5 | 1 | 1 | 0.37 | 1.6 | 0.9 | 51.8 | 63.8 | 6 000 | 7 500 | 7506E |
| 32207 | 35 | 72 | 24.25 | 23 | 19 | 1.5 | 1.5 | 17.9 | 42 | 42 | 61 | 65 | 68 | 3 | 5.5 | 1.5 | 1.5 | 0.37 | 1.6 | 0.9 | 70.5 | 89.5 | 5 300 | 6 700 | 7507E |
| 32208 | 40 | 80 | 24.75 | 23 | 19 | 1.5 | 1.5 | 18.9 | 47 | 48 | 68 | 73 | 75 | 3 | 6 | 1.5 | 1.5 | 0.37 | 1.6 | 0.9 | 77.8 | 97.2 | 5 000 | 6 300 | 7508E |
| 32209 | 45 | 85 | 24.75 | 23 | 19 | 1.5 | 1.5 | 20.1 | 52 | 53 | 73 | 78 | 81 | 3 | 6 | 1.5 | 1.5 | 0.4 | 1.5 | 0.8 | 80.8 | 105 | 4 500 | 5 600 | 7509E |
| 32210 | 50 | 90 | 24.75 | 23 | 19 | 1.5 | 1.5 | 21 | 57 | 57 | 78 | 83 | 86 | 3 | 6 | 1.5 | 1.5 | 0.42 | 1.4 | 0.8 | 82.8 | 108 | 4 300 | 5 300 | 7510E |
| 32211 | 55 | 100 | 26.75 | 25 | 21 | 2 | 1.5 | 22.8 | 64 | 62 | 87 | 91 | 96 | 4 | 6 | 2 | 1.5 | 0.4 | 1.5 | 0.8 | 108 | 142 | 3 800 | 4 800 | 7511E |
| 32212 | 60 | 110 | 29.75 | 28 | 24 | 2 | 1.5 | 25 | 69 | 68 | 95 | 101 | 105 | 4 | 6 | 2 | 1.5 | 0.4 | 1.5 | 0.8 | 132 | 180 | 3 600 | 4 500 | 7512E |
| 32213 | 65 | 120 | 32.75 | 31 | 27 | 2 | 1.5 | 27.3 | 74 | 75 | 104 | 111 | 115 | 4 | 6 | 2 | 1.5 | 0.4 | 1.5 | 0.8 | 160 | 222 | 3 200 | 4 000 | 7513E |
| 32214 | 70 | 125 | 33.25 | 31 | 27 | 2 | 1.5 | 28.8 | 79 | 79 | 108 | 116 | 120 | 4 | 6.5 | 2 | 1.5 | 0.42 | 1.4 | 0.8 | 168 | 238 | 3 000 | 380 | 7514E |
| 32215 | 75 | 130 | 33.25 | 31 | 27 | 2 | 1.5 | 30 | 84 | 84 | 115 | 121 | 126 | 4 | 6.5 | 2 | 1.5 | 0.44 | 1.4 | 0.8 | 170 | 242 | 2 800 | 3 600 | 7515E |
| 32216 | 80 | 140 | 35.25 | 33 | 28 | 2.5 | 2 | 31.4 | 90 | 89 | 122 | 130 | 135 | 5 | 7.5 | 2.1 | 2 | 0.42 | 1.4 | 0.8 | 198 | 278 | 2 600 | 3 400 | 7516E |
| 32217 | 85 | 150 | 38.5 | 36 | 30 | 2.5 | 2 | 33.9 | 95 | 95 | 130 | 140 | 143 | 5 | 8.5 | 2.1 | 2 | 0.42 | 1.4 | 0.8 | 228 | 325 | 2 400 | 3 200 | 7517E |
| 32218 | 90 | 160 | 42.5 | 40 | 34 | 2.5 | 2 | 36.8 | 100 | 101 | 138 | 150 | 153 | 5 | 8.5 | 2.1 | 2 | 0.42 | 1.4 | 0.8 | 270 | 395 | 2 200 | 3 000 | 7518E |
| 32219 | 95 | 170 | 45.5 | 43 | 37 | 3 | 2.5 | 39.2 | 107 | 106 | 145 | 158 | 163 | 5 | 8.5 | 2.5 | 2.1 | 0.42 | 1.4 | 0.8 | 302 | 448 | 2 000 | 2 800 | 7519E |
| 32220 | 100 | 180 | 49 | 46 | 39 | 3 | 2.5 | 41.9 | 112 | 113 | 154 | 168 | 172 | 5 | 10 | 2.5 | 2.1 | 0.42 | 1.4 | 0.8 | 340 | 512 | 1 900 | 2 600 | 7520E |
| 23 尺寸系列 | | | | | | | | | | | | | | | | | | | | | | | | | |
| 32303 | 17 | 47 | 20.25 | 19 | 16 | 1 | 1 | 12.3 | 23 | 24 | 39 | 41 | 43 | 3 | 4.5 | 1 | 1 | 0.29 | 2.1 | 1.2 | 35.2 | 36.2 | 8 500 | 11 000 | 7603E |
| 32304 | 20 | 52 | 22.25 | 21 | 18 | 1.5 | 1.5 | 13.6 | 27 | 26 | 43 | 45 | 48 | 3 | 4.5 | 1.5 | 1.5 | 0.3 | 2 | 1.1 | 42.8 | 46.2 | 7 500 | 9 500 | 7604E |
| 32305 | 25 | 62 | 25.25 | 24 | 20 | 1.5 | 1.5 | 15.9 | 32 | 32 | 52 | 55 | 58 | 3 | 5.5 | 1.5 | 1.5 | 0.3 | 2 | 1.1 | 61.5 | 68.8 | 6 300 | 8 000 | 7605E |
| 32306 | 30 | 72 | 28.75 | 27 | 23 | 1.5 | 1.5 | 18.9 | 37 | 38 | 59 | 65 | 66 | 4 | 6 | 1.5 | 1.5 | 0.31 | 1.9 | 1.1 | 81.5 | 96.5 | 5 600 | 7 000 | 7606E |
| 32307 | 35 | 80 | 32.75 | 31 | 25 | 2 | 1.5 | 20.4 | 44 | 43 | 66 | 71 | 74 | 4 | 8.5 | 2 | 1.5 | 0.31 | 1.9 | 1.1 | 99.0 | 118 | 5 000 | 6 300 | 7607E |
| 32308 | 40 | 90 | 35.25 | 33 | 27 | 2 | 1.5 | 23.3 | 49 | 49 | 73 | 81 | 83 | 4 | 8.5 | 2 | 1.5 | 0.35 | 1.7 | 1 | 115 | 148 | 4 500 | 5 600 | 7608E |

| 轴承代号 | | | | | | | | | | | | | | | | | | | | | | | | | |
|---|---|---|---|---|---|---|---|---|---|---|---|---|---|---|---|---|---|---|---|---|---|---|---|---|---|
| 32309 | 45 | 100 | 38.25 | 36 | 30 | 2 | 1.5 | 25.6 | 54 | 56 | 82 | 91 | 93 | 4 | 8.5 | 2 | 1.5 | 0.35 | 1.7 | 1 | 145 | 188 | 4 000 | 5 000 | 7609E |
| 32310 | 50 | 110 | 42.25 | 40 | 33 | 2.5 | 2 | 28.2 | 60 | 61 | 90 | 100 | 102 | 5 | 9.5 | 2 | 2 | 0.35 | 1.7 | 1 | 178 | 235 | 3 800 | 4 800 | 7610E |
| 32311 | 55 | 120 | 45.5 | 43 | 35 | 2.5 | 2 | 30.4 | 65 | 66 | 99 | 110 | 111 | 5 | 10 | 2.5 | 2 | 0.35 | 1.7 | 1 | 202 | 270 | 3 400 | 4 300 | 7611E |
| 32312 | 60 | 130 | 48.5 | 46 | 37 | 3 | 2.5 | 32 | 72 | 72 | 107 | 118 | 122 | 6 | 11.5 | 2.5 | 2.1 | 0.35 | 1.7 | 1 | 228 | 302 | 3 200 | 4 000 | 7612E |
| 32313 | 65 | 140 | 51 | 48 | 39 | 3 | 2.5 | 34.3 | 77 | 79 | 117 | 128 | 131 | 6 | 12 | 2.5 | 2.1 | 0.35 | 1.7 | 1 | 260 | 350 | 2 800 | 3 600 | 7613E |
| 32314 | 70 | 150 | 54 | 51 | 42 | 3 | 2.5 | 36.5 | 82 | 84 | 125 | 138 | 141 | 6 | 12 | 2.5 | 2.1 | 0.35 | 1.7 | 1 | 298 | 408 | 2 600 | 3 400 | 7614E |
| 32315 | 75 | 160 | 58 | 55 | 45 | 3 | 2.5 | 39.4 | 87 | 91 | 133 | 148 | 150 | 7 | 13 | 2.5 | 2.1 | 0.35 | 1.7 | 1 | 348 | 482 | 2 400 | 3 200 | 7615E |
| 32316 | 80 | 170 | 61.5 | 58 | 48 | 3 | 2.5 | 42.1 | 92 | 97 | 142 | 158 | 160 | 7 | 13.5 | 2.5 | 2.1 | 0.35 | 1.7 | 1 | 388 | 542 | 2 200 | 3 000 | 7616E |
| 32317 | 85 | 180 | 63.5 | 60 | 49 | 4 | 3 | 43.5 | 99 | 102 | 150 | 166 | 168 | 8 | 14.5 | 3 | 2.5 | 0.35 | 1.7 | 1 | 422 | 592 | 2 000 | 2 800 | 7617E |
| 32318 | 90 | 190 | 67.5 | 64 | 53 | 4 | 3 | 46.2 | 104 | 107 | 157 | 176 | 178 | 8 | 14.5 | 3 | 2.5 | 0.35 | 1.7 | 1 | 478 | 682 | 1 900 | 2 600 | 7618E |
| 32319 | 95 | 200 | 71.5 | 67 | 55 | 4 | 3 | 49 | 109 | 114 | 166 | 186 | 187 | 8 | 16.5 | 3 | 2.5 | 0.35 | 1.7 | 1 | 515 | 738 | 1 800 | 2 400 | 7619E |
| 32320 | 100 | 215 | 77.5 | 73 | 60 | 4 | 3 | 52.9 | 114 | 122 | 177 | 201 | 201 | 8 | 17.5 | 3 | 2.5 | 0.35 | 1.7 | 1 | 600 | 872 | 1 600 | 2 000 | 7620E |

注：①同表Ⅱ.79 中注①。

②同表Ⅱ.80 中注②。

③原轴承标准为 GB 297—1984。

表15.6 推力球轴承（GB/T 301—1995 摘录）

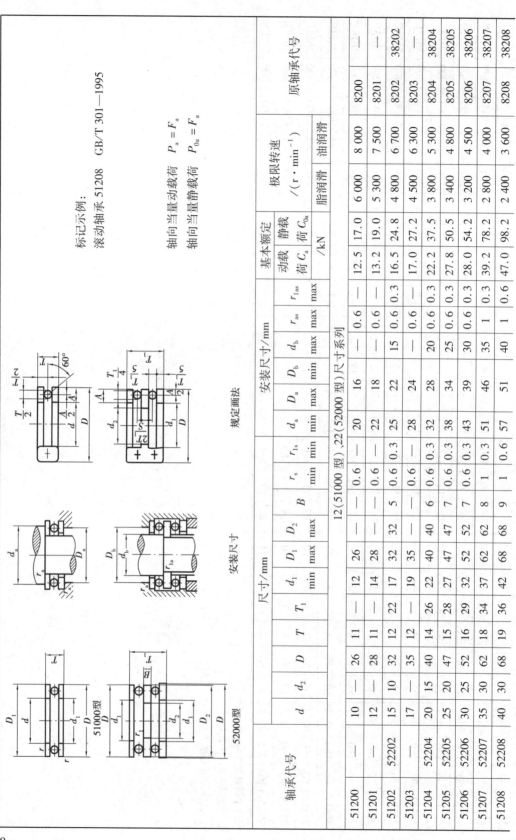

标记示例：

滚动轴承 51208　GB/T 301—1995

轴向当量动载荷　$P_a = F_a$

轴向当量静载荷　$P_{0a} = F_a$

规定画法　　安装尺寸

| 轴承代号 51000型 | 轴承代号 52000型 | 尺寸/mm $d$ | $d_2$ | $D$ | $T$ | $T_1$ | $d_1$ min | $D_1$ max | $D_2$ max | $B$ | $r_s$ min | $r_{1s}$ min | 安装尺寸/mm $d_a$ min | $D_a$ max | $D_b$ max | $d_b$ max | $r_{as}$ max | $r_{1as}$ max | 基本额定 动载荷 $C_a$ /kN | 静载荷 $C_{0a}$ /kN | 极限转速 脂润滑 | 油润滑 /(r·min⁻¹) | 原轴承代号 | 原轴承代号 |
|---|---|---|---|---|---|---|---|---|---|---|---|---|---|---|---|---|---|---|---|---|---|---|---|---|
| 51200 | — | 10 | — | 26 | 11 | — | 12 | 26 | — | — | 0.6 | — | 20 | 16 | — | — | 0.6 | — | 12.5 | 17.0 | 6 000 | 8 000 | 8200 | — |
| 51201 | — | 12 | — | 28 | 11 | — | 14 | 28 | — | — | 0.6 | — | 22 | 18 | — | — | 0.6 | — | 13.2 | 19.0 | 5 300 | 7 500 | 8201 | — |
| 51202 | 52202 | 15 | 10 | 32 | 12 | 22 | 17 | 32 | 32 | 5 | 0.6 | 0.3 | 25 | 22 | 22 | 15 | 0.6 | 0.3 | 16.5 | 24.8 | 4 800 | 6 700 | 8202 | 38202 |
| 51203 | — | 17 | — | 35 | 12 | — | 19 | 35 | — | — | 0.6 | — | 28 | 24 | — | — | 0.6 | — | 17.0 | 27.2 | 4 500 | 6 300 | 8203 | — |
| 51204 | 52204 | 20 | 15 | 40 | 14 | 26 | 22 | 40 | 40 | 6 | 0.6 | 0.3 | 32 | 28 | 28 | 20 | 0.6 | 0.3 | 22.2 | 37.5 | 3 800 | 5 300 | 8204 | 38204 |
| 51205 | 52205 | 25 | 20 | 47 | 15 | 28 | 27 | 47 | 47 | 7 | 0.6 | 0.3 | 38 | 34 | 34 | 25 | 0.6 | 0.3 | 27.8 | 50.5 | 3 400 | 4 800 | 8205 | 38205 |
| 51206 | 52206 | 30 | 25 | 52 | 16 | 29 | 32 | 52 | 52 | 7 | 0.6 | 0.3 | 43 | 39 | 39 | 30 | 0.6 | 0.3 | 28.0 | 54.2 | 3 200 | 4 500 | 8206 | 38206 |
| 51207 | 52207 | 35 | 30 | 62 | 18 | 34 | 37 | 62 | 62 | 8 | 1 | 0.3 | 51 | 46 | 46 | 35 | 1 | 0.3 | 39.2 | 78.2 | 2 800 | 4 000 | 8207 | 38207 |
| 51208 | 52208 | 40 | 30 | 68 | 19 | 36 | 42 | 68 | 68 | 9 | 1 | 0.6 | 57 | 51 | 51 | 40 | 1 | 0.6 | 47.0 | 98.2 | 2 400 | 3 600 | 8208 | 38208 |

12（51000型）、22（52000型）尺寸系列

| 51000型 | 52000型 | $d$ | $d_2$ | $D$ | $T$ | $T_1$ | $B$ | $D_1$ | $B_1$ | $r_{min}$ | $r_{1min}$ | $d_a$ | $D_a$ | $C_r$/kN | $C_{0r}$/kN | 脂 | 油 | 8000型 | 38000型 |
|---|---|---|---|---|---|---|---|---|---|---|---|---|---|---|---|---|---|---|---|
| 51209 | 52209 | 45 | 35 | 73 | 20 | 37 | 47 | 73 | 9 | 1 | 0.6 | 56 | 62 | 105 | 47.8 | 2 200 | 3 400 | 8209 | 38209 |
| 51210 | 52210 | 50 | 40 | 78 | 22 | 39 | 52 | 78 | 9 | 1 | 0.6 | 61 | 67 | 112 | 48.5 | 2 000 | 3 200 | 8210 | 38210 |
| 51211 | 52211 | 55 | 45 | 90 | 25 | 45 | 57 | 90 | 10 | 1 | 0.6 | 69 | 76 | 158 | 67.5 | 1 900 | 3 000 | 8211 | 38211 |
| 51212 | 52212 | 60 | 50 | 95 | 26 | 46 | 62 | 95 | 10 | 1 | 0.6 | 74 | 81 | 178 | 73.5 | 1 800 | 2 800 | 8212 | 38212 |
| 51213 | 52213 | 65 | 55 | 100 | 27 | 47 | 67 | 100 | 10 | 1 | 0.6 | 79 | 86 | 188 | 74.8 | 1 700 | 2 600 | 8213 | 38213 |
| 51214 | 52214 | 70 | 55 | 105 | 27 | 47 | 72 | 105 | 10 | 1 | 1 | 84 | 91 | 188 | 73.5 | 1 600 | 2 400 | 8214 | 38214 |
| 51215 | 52215 | 75 | 60 | 110 | 27 | 47 | 77 | 110 | 10 | 1 | 1 | 89 | 96 | 198 | 74.8 | 1 500 | 2 200 | 8215 | 38215 |
| 51216 | 52216 | 80 | 65 | 115 | 28 | 48 | 82 | 115 | 10 | 1 | 1 | 94 | 101 | 222 | 83.8 | 1 400 | 2 000 | 8216 | 38216 |
| 51217 | 52217 | 85 | 70 | 125 | 31 | 55 | 88 | 125 | 12 | 1 | 1 | 101 | 109 | 280 | 102 | 1 300 | 1 900 | 8217 | 38217 |
| 51218 | 52218 | 90 | 75 | 135 | 35 | 62 | 93 | 135 | 14 | 1.1 | 1 | 108 | 117 | 315 | 115 | 1 200 | 1 800 | 8218 | 38218 |
| 51220 | 52220 | 100 | 85 | 150 | 38 | 67 | 103 | 150 | 15 | 1.1 | 1 | 120 | 130 | 375 | 132 | 1 100 | 1 700 | 8220 | 38220 |
| 13（51000型）、23（52000型）尺寸系列 | | | | | | | | | | | | | | | | | | | |
| 51304 | — | 20 | — | 47 | 18 | — | 22 | 47 | — | 1 | — | 31 | 36 | 55.8 | 35.0 | 3 600 | 4 500 | 8304 | — |
| 51305 | 52305 | 25 | 20 | 52 | 18 | 34 | 27 | 52 | 8 | 1 | 0.3 | 36 | 41 | 61.5 | 35.5 | 3 000 | 4 300 | 8305 | 38305 |
| 51306 | 52306 | 30 | 25 | 60 | 21 | 38 | 32 | 60 | 9 | 1 | 0.3 | 42 | 48 | 78.5 | 42.8 | 2 400 | 3 600 | 8306 | 38306 |
| 51307 | 52307 | 35 | 30 | 68 | 24 | 44 | 37 | 68 | 10 | 1 | 0.3 | 48 | 55 | 105 | 55.2 | 2 000 | 3 200 | 8307 | 38307 |
| 51308 | 52308 | 40 | 30 | 78 | 26 | 49 | 42 | 78 | 12 | 1 | 0.6 | 55 | 63 | 135 | 69.2 | 1 900 | 3 000 | 8308 | 38308 |
| 51309 | 52309 | 45 | 35 | 85 | 28 | 52 | 47 | 85 | 12 | 1 | 0.6 | 61 | 69 | 150 | 75.8 | 1 700 | 2 600 | 8309 | 38309 |
| 51310 | 52310 | 50 | 40 | 95 | 31 | 58 | 52 | 95 | 14 | 1 | 0.6 | 68 | 77 | 202 | 96.5 | 1 600 | 2 400 | 8310 | 38310 |
| 51311 | 52311 | 55 | 45 | 105 | 35 | 64 | 57 | 105 | 15 | 1 | 0.6 | 75 | 85 | 242 | 115 | 1 500 | 2 200 | 8311 | 38311 |
| 51312 | 52312 | 60 | 50 | 110 | 35 | 64 | 62 | 110 | 15 | 1.1 | 0.6 | 80 | 90 | 262 | 118 | 1 400 | 2 000 | 8312 | 38312 |
| 51313 | 52313 | 65 | 55 | 115 | 36 | 65 | 67 | 115 | 15 | 1.1 | 0.6 | 85 | 95 | 262 | 115 | 1 300 | 1 900 | 8313 | 38313 |
| 51314 | 52314 | 70 | 55 | 125 | 40 | 72 | 72 | 125 | 16 | 1.1 | 1 | 92 | 103 | 340 | 148 | 1 200 | 1 800 | 8314 | 38314 |

续表

| 轴承代号 (51000型) | 轴承代号 (52000型) | $d$ | $d_2$ | $D$ | $T$ | $T_1$ | $d_1$ min | $D_1$ max | $D_2$ max | $B$ | $r_s$ min | $r_{1s}$ min | $d_a$ min | $D_a$ max | $D_b$ min | $d_b$ max | $r_{as}$ max | $r_{1as}$ max | 动载荷 $C_a$ /kN | 静载荷 $C_{0a}$ /kN | 脂润滑 | 油润滑 | 原轴承代号 | 原轴承代号 |
|---|---|---|---|---|---|---|---|---|---|---|---|---|---|---|---|---|---|---|---|---|---|---|---|---|
| | | | | | | | | | | | | | | | | | | | | | 极限转速 /(r·min⁻¹) | 极限转速 /(r·min⁻¹) | | |
| 13(51000 型),23(52000 型)尺寸系列 | | | | | | | | | | | | | | | | | | | | | | | | |
| 51315 | 52315 | 75 | 60 | 135 | 44 | 79 | 77 | 135 | | 18 | 1.5 | 1 | 111 | 99 | 99 | 75 | 1.5 | 1 | 162 | 380 | 1 100 | 1 700 | 8315 | 38315 |
| 51316 | 52316 | 80 | 65 | 140 | 44 | 79 | 82 | 140 | | 18 | 1.5 | 1 | 116 | 104 | 104 | 80 | 1.5 | 1 | 160 | 380 | 1 000 | 1 600 | 8316 | 38316 |
| 51317 | 52317 | 85 | 70 | 150 | 49 | 87 | 88 | 150 | | 19 | 1.5 | 1 | 124 | 111 | 114 | 85 | 1.5 | 1 | 208 | 495 | 950 | 1 500 | 8317 | 38317 |
| 51318 | 52318 | 90 | 75 | 155 | 50 | 88 | 93 | 155 | | 19 | 1.5 | 1 | 129 | 116 | 116 | 90 | 1.5 | 1 | 205 | 495 | 900 | 1 400 | 8318 | 38318 |
| 51320 | 52320 | 100 | 85 | 170 | 55 | 97 | 103 | 170 | | 21 | 1.5 | 1 | 142 | 128 | 128 | 100 | 1.5 | 1 | 235 | 595 | 800 | 1 200 | 8320 | 38320 |
| 14(51000 型),24(52000 型)尺寸系列 | | | | | | | | | | | | | | | | | | | | | | | | |
| 51405 | 52405 | 25 | 15 | 60 | 24 | 45 | 27 | 60 | | 11 | 1 | 0.6 | 46 | 39 | 39 | 25 | 1 | 0.6 | 55.5 | 89.2 | 2 200 | 3 400 | 8405 | 38405 |
| 51406 | 52406 | 30 | 20 | 70 | 28 | 52 | 32 | 70 | | 12 | 1 | 0.6 | 54 | 46 | 46 | 30 | 1 | 0.6 | 72.5 | 125 | 1 900 | 3 000 | 8406 | 38406 |
| 51407 | 52407 | 35 | 25 | 80 | 32 | 59 | 37 | 80 | | 14 | 1.1 | 0.6 | 62 | 53 | 53 | 35 | 1 | 0.6 | 86.8 | 155 | 1 700 | 2 600 | 8407 | 38407 |
| 51408 | 52408 | 40 | 30 | 90 | 36 | 65 | 42 | 90 | | 15 | 1.1 | 0.6 | 70 | 60 | 60 | 40 | 1 | 0.6 | 112 | 205 | 1 500 | 2 000 | 8408 | 38408 |
| 51409 | 52409 | 45 | 35 | 100 | 39 | 72 | 47 | 100 | | 17 | 1.1 | 0.6 | 78 | 67 | 67 | 45 | 1 | 0.6 | 140 | 262 | 1 400 | 2 000 | 8409 | 38409 |
| 51410 | 52410 | 50 | 40 | 110 | 43 | 78 | 52 | 110 | | 18 | 1.5 | 0.6 | 86 | 74 | 74 | 50 | 1.5 | 0.6 | 160 | 302 | 1 300 | 1 900 | 8410 | 38410 |
| 51411 | 52411 | 55 | 45 | 120 | 48 | 87 | 57 | 120 | | 20 | 1.5 | 0.6 | 94 | 81 | 81 | 55 | 1.5 | 0.6 | 182 | 355 | 1 100 | 1 700 | 8411 | 38411 |
| 51412 | 52412 | 60 | 50 | 130 | 51 | 93 | 62 | 130 | | 21 | 1.5 | 0.6 | 102 | 88 | 88 | 60 | 1.5 | 0.6 | 200 | 395 | 1 000 | 1 600 | 8412 | 38412 |
| 51413 | 52413 | 65 | 50 | 140 | 56 | 101 | 68 | 140 | | 23 | 2 | 1 | 110 | 95 | 95 | 65 | 2.0 | 1 | 215 | 448 | 900 | 1 400 | 8413 | 38413 |
| 51414 | 52414 | 70 | 55 | 150 | 60 | 107 | 73 | 150 | | 24 | 2 | 1 | 118 | 102 | 102 | 70 | 2.0 | 1 | 255 | 560 | 850 | 1 300 | 8414 | 38414 |
| 51415 | 52415 | 75 | 60 | 160 | 65 | 115 | 78 | 160 | 160 | 26 | 2 | 1 | 125 | 110 | 110 | 75 | 2.0 | 1 | 268 | 615 | 800 | 1 200 | 8415 | 38415 |
| 51416 | — | 80 | — | 170 | 68 | — | 83 | 170 | — | — | 2.1 | — | 133 | 117 | 117 | — | 2.1 | — | 292 | 692 | 750 | 1 100 | 8416 | — |
| 51417 | 52417 | 85 | 65 | 180 | 72 | 128 | 88 | 177 | 179.5 | 29 | 2.1 | 1.1 | 141 | 124 | 124 | 85 | 2.1 | 1 | 318 | 782 | 700 | 1 000 | 8417 | 38417 |
| 51418 | 52418 | 90 | 70 | 190 | 77 | 135 | 93 | 187 | 189.5 | 30 | 2.1 | 1.1 | 149 | 131 | 131 | 90 | 2.1 | 1 | 325 | 825 | 670 | 950 | 8418 | 38418 |
| 51420 | 52420 | 100 | 80 | 210 | 85 | 150 | 103 | 205 | 209.5 | 33 | 3 | 1.1 | 165 | 145 | 145 | 100 | 2.5 | 1 | 400 | 1080 | 600 | 850 | 8420 | 38420 |

注：①同表Ⅱ.79 中注①。

② $r_{s\text{min}}$,$r_{1s\text{min}}$ 为 $r$,$r_1$ 的最小单向倒角尺寸；$r_{as\text{max}}$,$r_{1as\text{max}}$ 为 $r_{as}$,$r_{as1}$ 的最大单向倒角尺寸。

③原轴承标准为 GB 301—1984。

# 15.2　滚动轴承的配合

**表 15.7　向心轴承载荷的区分**（GB/T 275—1993 摘录）

| 载荷大小 | 轻载荷 | 正常载荷 | 重载荷 |
|---|---|---|---|
| $P_{\mathrm{r}}$（径向当量动载荷） | | | |
| $C_{\mathrm{r}}$（径向额定动载荷） | ≤0.07 | >0.07～0.15 | >0.15 |

**表 15.8　安装向心轴承的轴公差带代号**（GB/T 275—1993 摘录）

| 运转状态 | | 载荷状态 | 深沟球轴承、调心球轴承和角接触球轴承 | 圆柱滚子轴承和圆锥滚子轴承 | 调心滚子轴承 | 公差带 |
|---|---|---|---|---|---|---|
| 说　明 | 举　例 | | 轴承公称内径/mm | | | |
| 旋转的内圈载荷及摆动载荷 | 一般通用机械、电动机、机床主轴、泵、内燃机、直齿轮传动装置、铁路机车车辆轴箱、破碎机等 | 轻载荷 | ≤18<br>>80～100<br>>100～200 | —<br>≤40<br>>40～100 | —<br>≤40<br>>40～100 | h5<br>j6[①]<br>k6[①] |
| | | 正常载荷 | ≤18<br>>80～100<br>>100～140<br>>140～200 | —<br>≤40<br>>40～100<br>>100～140 | —<br>≤40<br>>40～65<br>>65～100 | j5,js5<br>k5[②]<br>m5[②]<br>m6 |
| | | 重载荷 | —<br>— | >50～140<br>>140～200 | >50～100<br>>100～140 | n6<br>p6[③] |
| 固定的内圈载荷 | 静止于轴上的各种轮子,张紧轮、绳轮、振动筛、惯性振动器 | 所有载荷 | 所有尺寸 | | | f6<br>g6[①]<br>h6<br>j6 |
| 仅有轴向载荷 | | | 所有尺寸 | | | j6,js6 |

注：①凡对精度有较高要求场合,应用 j5,k5,…代替 j6,k6,…。

②圆锥滚子轴承、角接触球轴承配合对游隙影响不大,可用 k6,m6 代替 k5,m5。

③重载荷下轴承游隙应选大于 0 组。

表 15.9　安装向心轴承的孔公差带代号（GB/T 275—1993 摘录）

| 运转状态 | | 载荷状态 | 其他状况 | 公差带[①] | |
|---|---|---|---|---|---|
| 说明 | 举例 | | | 球轴承 | 滚子轴承 |
| 固定的外圈载荷 | 一般机械、铁路机车车辆轴箱、电动机、泵、曲轴主轴承 | 轻、正常、重 | 轴向易移动，可采用剖分式外壳 | H7,G7[②] | |
| | | 冲击 | 轴向能移动。可采用整体或剖分式外壳 | J7,JS7 | |
| 摆动载荷 | | 轻、正常 | | | |
| | | 正常、重 | 轴向不移动，采用整体式外壳 | K7 | |
| | | 冲击 | | M7 | |
| 旋转的外圈载荷 | 张紧滑轮，轮毂轴承 | 轻 | | J7 | K7 |
| | | 正常 | | K7,M7 | M7,N7 |
| | | 重 | | — | N7,P7 |

注：①并列公差带随尺寸的增大从左至右选择，对旋转精度有较高要求时，可相应提高一个公差等级。

　　②不适用于剖分式外壳。

表 15.10　安装推力轴承的轴和孔公差带代号（GB/T 275—1993 摘录）

| 运转状态 | 载荷状态 | 安装推力轴承的轴公差带 | | 安装推力轴承的外壳孔公差带 | |
|---|---|---|---|---|---|
| | | 轴承类型 | 公差带 | 轴承类型 | 公差带 |
| 仅有轴向载荷 | | 推力球轴承和推力滚子轴承 | j6,js6 | 推力球轴承 | H8 |
| | | | | 推力圆柱、圆锥滚子轴承 | H7 |

表 15.11　轴和外壳的形位公差（GB/T 275—1993 摘录）

| | | 圆柱度 $t$ | | | | 端面圆跳动 $t_1$ | | | |
|---|---|---|---|---|---|---|---|---|---|
| | | 轴颈 | | 外壳孔 | | 轴肩 | | 外壳孔肩 | |
| 基本尺寸/mm | | 轴承公差等级 | | | | | | | |
| | | /P0 | /P6 (P6x) | /P0 | /P6 (P6x) | /P0 | /P6 (P6x) | /P0 | /P6 (P6x) |
| 大于 | 至 | 公差值/μm | | | | | | | |
| | 6 | 2.5 | 1.5 | 4 | 2.5 | 5 | 3 | 8 | 5 |
| 6 | 10 | 2.5 | 1.5 | 4 | 2.5 | 6 | 4 | 10 | 6 |
| 10 | 18 | 3.0 | 2.0 | 5 | 10 | 8 | 5 | 12 | 8 |
| 18 | 30 | 4.0 | 2.5 | 6 | 4.0 | 10 | 6 | 15 | 10 |
| 30 | 50 | 4.0 | 2.5 | 7 | 4.0 | 12 | 8 | 20 | 12 |
| 50 | 80 | 5.0 | 3.0 | 8 | 5.0 | 15 | 10 | 25 | 15 |
| 80 | 120 | 6.0 | 4.0 | 10 | 6.0 | 15 | 10 | 25 | 15 |
| 120 | 180 | 8.0 | 5.0 | 12 | 8.0 | 20 | 12 | 30 | 20 |
| 180 | 250 | 10.0 | 7.0 | 14 | 10.0 | 20 | 12 | 30 | 20 |
| 250 | 315 | 12.0 | 8.0 | 16 | 12.0 | 25 | 15 | 40 | 25 |

注：轴承公差等级新、旧标准代号对照：/P0—G 级；/P6—E 级；/P6x—Ex 级。

表 15.12　配合面的表面粗糙度（GB/T 275—1993 摘录）

| 轴或轴承座直径 /mm | | 轴或外壳配合表面直径公差等级 | | | | | | | | |
|---|---|---|---|---|---|---|---|---|---|---|
| | | IT7 | | | IT6 | | | IT5 | | |
| | | 表面粗糙度/μm | | | | | | | | |
| 超过 | 到 | Rz | Ra | | Rz | Ra | | Rz | Ra | |
| | | | 磨 | 车 | | 磨 | 车 | | 磨 | 车 |
| | 80 | 10 | 1.6 | 3.2 | 6.3 | 0.8 | 1.6 | 4 | 0.4 | 0.8 |
| 80 | 500 | 16 | 1.6 | 3.2 | 10 | 1.6 | 3.2 | 6.3 | 0.8 | 1.6 |
| 端面 | | 25 | 3.2 | 6.3 | 25 | 3.2 | 6.3 | 10 | 1.6 | 3.2 |

注：与/P0，/P6(/P6x)级公差轴承配合的轴，其公差等级一般为 IT6，外壳孔一般为 IT7。

# 第16章
# 润滑与密封

## 16.1 润滑剂

表 16.1 常用润滑油的主要性质和用途

| 名　称 | 代　号 | 运动黏度 /(mm² · s⁻¹) | | 倾点 ≤℃ | 闪点 (开口) ≥℃ | 主要用途 |
|---|---|---|---|---|---|---|
| | | 40/℃ | 100/℃ | | | |
| 全损耗系统用油 (GB 443 —1989) | L-AN5 | 4.14~5.06 | | | 80 | 用于各种高速轻载机械轴承的润滑和冷却(循环式或油箱式),如转速在 10 000 r/min 以上的精密机械、机床及纺织纱锭的润滑和冷却 |
| | L-AN7 | 6.12~7.48 | | | 110 | |
| | L-AN10 | 9.00~11.0 | | | 130 | |
| | L-AN15 | 13.5~16.5 | | −5 | 150 | 用于小型机床齿轮箱、中小型电机,风动工具等 |
| | L-AN22 | 19.8~24.2 | | | | |
| | L-AN32 | 28.8~35.2 | | | | 用于一般机床齿轮变速箱、中小型机床导轨及 100 kW 以上电机轴承 |
| | L-AN46 | 41.4~50.6 | | | 160 | 主要用在大型机床、大型刨床上 |
| | L-AN68 | 61.2~74.8 | | | | |
| | L-AN100 | 90.0~110 | | | 180 | 主要用在低速重载的纺织机械及重型机床,锻压、铸造设备上 |
| | L-AN150 | 135~165 | | | | |
| 工业闭式齿轮油 (GB 5903 —1995) | L-CKC68 | 61.2~74.8 | | −8 | 180 | 适用于煤炭、水泥、冶金工业部门大型封闭式齿轮传动装置的润滑 |
| | L-CKC100 | 90.0~110 | | | | |
| | L-CKC150 | 135~165 | | | | |
| | L-CKC220 | 198~242 | | | 200 | |
| | L-CKC320 | 288~352 | | | | |
| | L-CKC460 | 414~506 | | | | |
| | L-CKC680 | 612~748 | | −5 | 200 | |

续表

| 名　　称 | 代　号 | 运动黏度 /(mm² · s⁻¹) | | 倾点 ≤℃ | 闪点 （开口） ≥℃ | 主要用途 |
|---|---|---|---|---|---|---|
| | | 40/℃ | 100/℃ | | | |
| 液压油 （GB 11118.1— 1994） | L-HL15 | 13.5 ~ 16.5 | — | −12 | 140 | 适用于机床和其他设备的低压齿轮泵，也可用于使用其他抗氧防锈型润滑油的机械设备（如轴承和齿轮等） |
| | L-HL22 | 19.8 ~ 24.2 | | −9 | | |
| | L-HL32 | 28.8 ~ 35.2 | | | 160 | |
| | L-HL46 | 41.4 ~ 50.6 | | −6 | | |
| | L-HL68 | 61.2 ~ 74.8 | | | 180 | |
| | L-HL100 | 90.0 ~ 110 | | | | |
| 汽轮机油 （GB/T 11120— 1989） | L-TSA32 | 28.8 ~ 35.2 | — | −7 | 180 | |
| | L-TSA46 | 41.4 ~ 50.6 | | | | |
| | L-TSA68 | 61.2 ~ 74.8 | | | 195 | |
| | L-TSA100 | 90.0 ~ 110 | | | | |
| SC 汽油机油 （GB 11121— 1995） | 5W/20 | | 5.6 ~ < 9.3 | −35 | 200 | |
| | 10W/30 | | 9.3 ~ < 12.5 | −30 | 205 | |
| | 15W/40 | | 12.5 ~ < 16.3 | −23 | 215 | |
| L-CKE/P 蜗轮蜗杆油 （SH/T 0094—1991） | 220 | 198 ~ 242 | | −12 | | 用于铜-钢配对的圆柱形、承受重负荷、传动中有振动和冲击的蜗轮蜗杆副 |
| | 320 | 288 ~ 352 | | | | |
| | 460 | 414 ~ 506 | | | | |
| | 680 | 612 ~ 748 | | | | |
| | 1 000 | 900 ~ 1 100 | | | | |
| 仪表油 （SH/T 0318—1992） | | 9 ~ 11 | | −60 （凝点） | 125 | 适用于各种仪表（包括低温下操作）的润滑 |

表 16.2　常用润滑脂的主要性质和用途

| 名　　称 | 代　号 | 滴点/℃ 不低于 | 工作锥入度 （25 ℃,150 g） /0.1 mm | 主要用途 |
|---|---|---|---|---|
| 钙基润滑脂 （GB 491—1987） | L-XAAMHA1 | 80 | 310 ~ 340 | 有耐水性能。用于工作温度低于 55 ~ 60 ℃的各种工农业、交通运输机械设备的轴承润滑,特别是有水或潮湿处 |
| | L-XAAMHA2 | 85 | 265 ~ 295 | |
| | L-XAAMHA3 | 90 | 220 ~ 250 | |
| | L-XAAMHA4 | 95 | 175 ~ 205 | |
| 钠基润滑脂 （GB/T 492—1989） | L-XACMGA2 | 160 | 265 ~ 295 | 不耐水（或潮湿）。用于工作温度在 −10 ~ 110 ℃的一般中负载机械设备轴承润滑 |
| | L-XACMGA3 | | 220 ~ 250 | |
| 通用锂基润滑脂 （GB 7324—1994） | ZL-1 | 170 | 310 ~ 340 | 有良好的耐水性和耐热性。适用于温度在 −20 ~ 120 ℃ 范围内各种机械的滚动轴承、滑动轴承及其他摩擦部位的润滑 |
| | ZL-2 | 175 | 265 ~ 295 | |
| | ZL-3 | 180 | 220 ~ 250 | |

续表

| 名 称 | 代 号 | 滴点/℃ 不低于 | 工作锥入度 (25 ℃,150 g) /0.1 mm | 主要用途 |
|---|---|---|---|---|
| 钙钠基润滑脂 (SH/T 0360—1992) | 2 号 | 120 | 250~290 | 用于工作温度在 80~100 ℃、有水分或较潮湿环境中工作的机械润滑,多用于铁路机车、列车、小电动机、发电机滚动轴承(温度较高者)的润滑。不适于低温工作 |
| | 3 号 | 135 | 200~240 | |
| 铝基润滑脂 (ZBE 36004—1988) | | 75 | 235~280 | 有高度的耐水性,用于航空机器的摩擦部位及金属表面防腐剂 |
| 滚珠轴承脂 (SH 0386—1992) | | 120 | 250~290 | 用于机车、汽车、电机及其他机械的滚动轴承润滑 |
| 7407 号齿轮润滑脂 (SY 4036—1984) | | 160 | 70~90 | 适用于各种低速,中、重载荷齿轮、链和联轴器等的润滑,使用温度≤120 ℃,可承受冲击载荷 |
| 高温润滑脂 (GB/T 11124—1989) | 7014-1 号 | 280 | 62~75 | 适用于高温下各种滚动轴承的润滑,也可用于一般滑动轴承和齿轮的润滑。使用温度为 -40~+200 ℃ |
| 精密机床主轴润滑脂 (SH 0382—1992) | 2 3 | 180 | 265~295 220~250 | 用于精密机床主轴润滑 |

# 16.2　润滑装置

表 16.3　直通式压注油杯(JB/T 7940.1—1995)

单位:mm

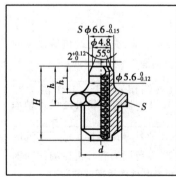

| $d$ | $H$ | $h$ | $h_1$ | $S$ | 钢球 (按 GB/T 308) |
|---|---|---|---|---|---|
| M6 | 13 | 8 | 6 | 8 | |
| M8 | 16 | 9 | 6.5 | 10 | 3 |
| M10×1 | 18 | 10 | 7 | 11 | |

标记示例:

连接螺纹 M10×1、直通式压注油杯的标记:油杯 M10×1　JB/T 7940.1—1995

表 16.4　接头式压注油杯（JB/T 7940.2—1995）

单位:mm

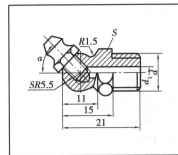

| $d$ | $d_1$ | $\alpha$ | $S$ | 直通式压注油杯（按 JB/T 7940.1） |
|---|---|---|---|---|
| M6 | 3 | 45°,90° | 11 | M6 |
| M8×1 | 4 | | | |
| M10×1 | 5 | | | |

标记示例:

连接螺纹 M10×1、45°接头式压注油杯的标记为

油杯 45° M10×1　JB/T 7940.2—1995

表 16.5　压配式压注油杯（JB/T 7940.4—1995）

单位:mm

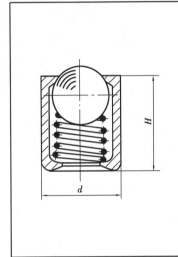

| $d$ | | $H$ | 钢球（按 GB/T 308） |
|---|---|---|---|
| 基本尺寸 | 极限偏差 | | |
| 6 | +0.040<br>+0.028 | 6 | 4 |
| 8 | +0.049<br>+0.034 | 10 | 5 |
| 10 | +0.058<br>+0.040 | 12 | 6 |
| 16 | +0.063<br>+0.045 | 20 | 11 |
| 25 | +0.085<br>+0.064 | 30 | 12 |

标记示例:

$d=6$、压配式压注油杯的标记:油杯　6　JB/T 7940.4—1995

表 16.6　旋盖式油杯（JB/T 7940.3—1995 摘录）

单位:mm

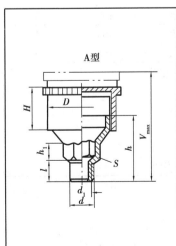

A型

| 最小容量/$cm^3$ | $d$ | $l$ | $H$ | $h$ | $h_1$ | $d_1$ | $D$ | $L$<br>max | $S$ |
|---|---|---|---|---|---|---|---|---|---|
| 1.5 | M8×1 | 8 | 14 | 22 | 7 | 3 | 16 | 33 | 10 |
| 3 | M10×1 | | 15 | 23 | 8 | 4 | 20 | 35 | 13 |
| 6 | | | 17 | 26 | | | 26 | 40 | |
| 12 | M14×1.5 | 12 | 20 | 30 | 10 | 5 | 32 | 47 | 18 |
| 18 | | | 22 | 32 | | | 36 | 50 | |
| 25 | | | 24 | 34 | | | 41 | 55 | |
| 50 | M16×1.5 | | 30 | 44 | | | 51 | 70 | 21 |
| 100 | | | 38 | 52 | | | 68 | 85 | |

标记示例:

最小容量 25 $cm^3$、A 型旋盖式油杯的标记:油杯　A25　JB/T 7940.3—1995

注:B 型旋盖式油杯见 JB/T 7940.3—1995。

表 16.7　压配式圆形油标（JB/T 7941.1—1995 摘录）

单位：mm

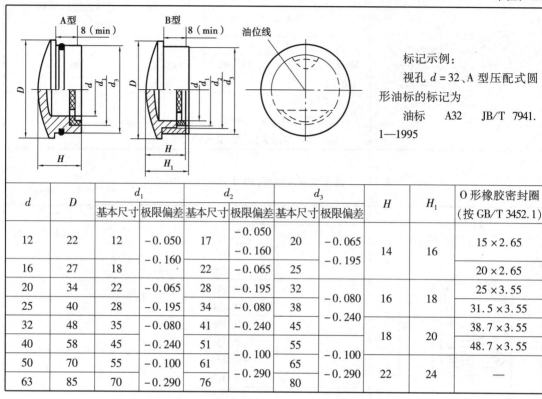

标记示例：

视孔 $d = 32$、A 型压配式圆形油标的标记为

油标　A32　JB/T 7941.1—1995

| $d$ | $D$ | $d_1$ | | $d_2$ | | $d_3$ | | $H$ | $H_1$ | O 形橡胶密封圈（按 GB/T 3452.1） |
|---|---|---|---|---|---|---|---|---|---|---|
| | | 基本尺寸 | 极限偏差 | 基本尺寸 | 极限偏差 | 基本尺寸 | 极限偏差 | | | |
| 12 | 22 | 12 | $-0.050$ $-0.160$ | 17 | $-0.050$ $-0.160$ | 20 | $-0.065$ $-0.195$ | 14 | 16 | $15 \times 2.65$ |
| 16 | 27 | 18 | | 22 | $-0.065$ | 25 | | | | $20 \times 2.65$ |
| 20 | 34 | 22 | $-0.065$ $-0.195$ | 28 | $-0.195$ | 32 | $-0.080$ $-0.240$ | 16 | 18 | $25 \times 3.55$ |
| 25 | 40 | 28 | | 34 | $-0.080$ $-0.240$ | 38 | | | | $31.5 \times 3.55$ |
| 32 | 48 | 35 | $-0.080$ $-0.240$ | 41 | | 45 | | 18 | 20 | $38.7 \times 3.55$ |
| 40 | 58 | 45 | | 51 | | 55 | $-0.100$ $-0.290$ | | | $48.7 \times 3.55$ |
| 50 | 70 | 55 | $-0.100$ $-0.290$ | 61 | $-0.100$ $-0.290$ | 65 | | 22 | 24 | — |
| 63 | 85 | 70 | | 76 | | 80 | | | | |

表 16.8　长形油标（JB/T 7941.3—1995 摘录）

单位：mm

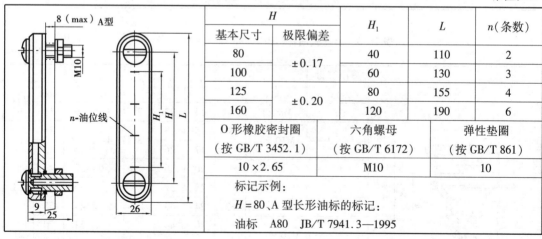

| $H$ | | $H_1$ | $L$ | $n$（条数） |
|---|---|---|---|---|
| 基本尺寸 | 极限偏差 | | | |
| 80 | $\pm 0.17$ | 40 | 110 | 2 |
| 100 | | 60 | 130 | 3 |
| 125 | $\pm 0.20$ | 80 | 155 | 4 |
| 160 | | 120 | 190 | 6 |

| O 形橡胶密封圈（按 GB/T 3452.1） | 六角螺母（按 GB/T 6172） | 弹性垫圈（按 GB/T 861） |
|---|---|---|
| $10 \times 2.65$ | M10 | 10 |

标记示例：

$H = 80$、A 型长形油标的标记：

油标　A80　JB/T 7941.3—1995

注：B 型长形油标见 JB/T 7941.3—1995。

表 16.9　管状油标(JB/T 7941.4—1995 摘录)

单位:mm

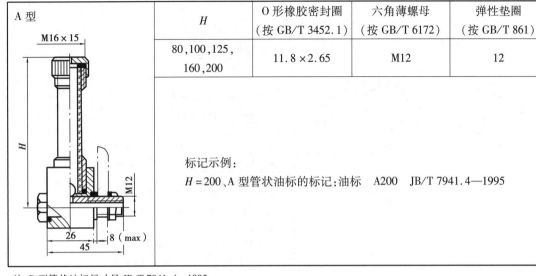

| A 型 | H | O 形橡胶密封圈<br>(按 GB/T 3452.1) | 六角薄螺母<br>(按 GB/T 6172) | 弹性垫圈<br>(按 GB/T 861) |
|---|---|---|---|---|
| | 80,100,125,<br>160,200 | 11.8×2.65 | M12 | 12 |

标记示例:

$H$ = 200、A 型管状油标的标记:油标　A200　JB/T 7941.4—1995

注:B 型管状油标尺寸见 JB/T 7941.4—1995。

表 16.10　杆式油标

单位:mm

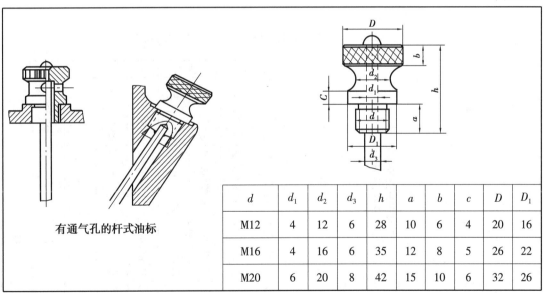

有通气孔的杆式油标

| $d$ | $d_1$ | $d_2$ | $d_3$ | $h$ | $a$ | $b$ | $c$ | $D$ | $D_1$ |
|---|---|---|---|---|---|---|---|---|---|
| M12 | 4 | 12 | 6 | 28 | 10 | 6 | 4 | 20 | 16 |
| M16 | 4 | 16 | 6 | 35 | 12 | 8 | 5 | 26 | 22 |
| M20 | 6 | 20 | 8 | 42 | 15 | 10 | 6 | 32 | 26 |

表 16.11　外六角螺塞(JB/ZQ 4450—1997)、纸封油圈、皮封油圈

单位:mm

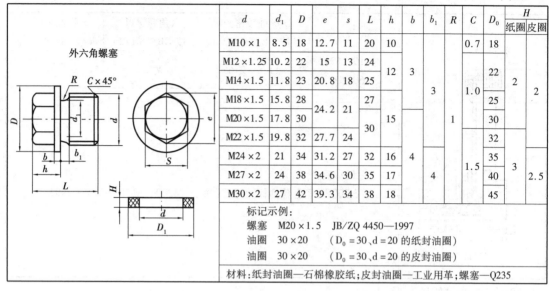

| $d$ | $d_1$ | $D$ | $e$ | $s$ | $L$ | $h$ | $b$ | $b_1$ | $R$ | $C$ | $D_0$ | $H$ 纸圈 | $H$ 皮圈 |
|---|---|---|---|---|---|---|---|---|---|---|---|---|---|
| M10×1 | 8.5 | 18 | 12.7 | 11 | 20 | 10 | | | | 0.7 | 18 | | |
| M12×1.25 | 10.2 | 22 | 15 | 13 | 24 | | 3 | | | | | | |
| M14×1.5 | 11.8 | 23 | 20.8 | 18 | 25 | 12 | | 3 | | 1.0 | 22 | 2 | 2 |
| M18×1.5 | 15.8 | 28 | 24.2 | 21 | 27 | | | | | | 25 | | |
| M20×1.5 | 17.8 | 30 | | | 30 | 15 | | | 1 | | 30 | | |
| M22×1.5 | 19.8 | 32 | 27.7 | 24 | | | | | | | 32 | | |
| M24×2 | 21 | 34 | 31.2 | 27 | 32 | 16 | 4 | | | 1.5 | 35 | 3 | |
| M27×2 | 24 | 38 | 34.6 | 30 | 35 | 17 | | 4 | | | 40 | | 2.5 |
| M30×2 | 27 | 42 | 39.3 | 34 | 38 | 18 | | | | | 45 | | |

标记示例:
螺塞　M20×1.5　JB/ZQ 4450—1997
油圈　30×20　(D₀ =30、d =20 的纸封油圈)
油圈　30×20　(D₀ =30、d =20 的皮封油圈)

材料:纸封油圈—石棉橡胶纸;皮封油圈—工业用革;螺塞—Q235

# 16.3　密封件

表 16.12　毡圈油封及槽(JB/ZQ 4606—1997 摘录)

单位:mm

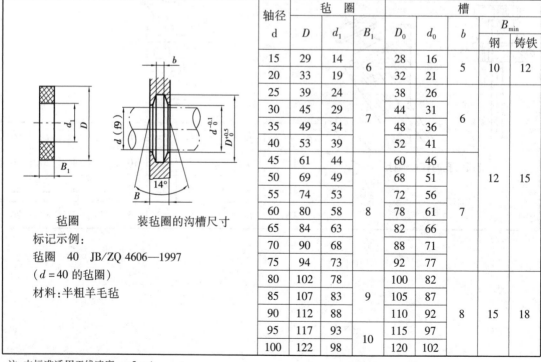

| 轴径 $d$ | 毡圈 $D$ | 毡圈 $d_1$ | 毡圈 $B_1$ | 槽 $D_0$ | 槽 $d_0$ | 槽 $b$ | $B_{min}$ 钢 | $B_{min}$ 铸铁 |
|---|---|---|---|---|---|---|---|---|
| 15 | 29 | 14 | 6 | 28 | 16 | 5 | 10 | 12 |
| 20 | 33 | 19 | | 32 | 21 | | | |
| 25 | 39 | 24 | 7 | 38 | 26 | 6 | | |
| 30 | 45 | 29 | | 44 | 31 | | | |
| 35 | 49 | 34 | | 48 | 36 | | | |
| 40 | 53 | 39 | | 52 | 41 | | | |
| 45 | 61 | 44 | | 60 | 46 | | 12 | 15 |
| 50 | 69 | 49 | | 68 | 51 | | | |
| 55 | 74 | 53 | | 72 | 56 | | | |
| 60 | 80 | 58 | 8 | 78 | 61 | 7 | | |
| 65 | 84 | 63 | | 82 | 66 | | | |
| 70 | 90 | 68 | | 88 | 71 | | | |
| 75 | 94 | 73 | | 92 | 77 | | | |
| 80 | 102 | 78 | | 100 | 82 | | 15 | 18 |
| 85 | 107 | 83 | 9 | 105 | 87 | | | |
| 90 | 112 | 88 | | 110 | 92 | 8 | | |
| 95 | 117 | 93 | 10 | 115 | 97 | | | |
| 100 | 122 | 98 | | 120 | 102 | | | |

毡圈
装毡圈的沟槽尺寸
标记示例:
毡圈　40　JB/ZQ 4606—1997
( d =40 的毡圈)
材料:半粗羊毛毡

注:本标准适用于线速度 v <5 m/s。

### 表16.13　液压气动用O形橡胶密封圈(GB/T 3452.1—2005)

单位:mm

标记示例:

O形圈 32.5×2.65-A-N GB/T 3452.1—2005

(内径 $d_1$ = 32.5 mm,截面直径 $d_2$ = 2.65 mm,G 系列 N 级 O 形密封圈)

| 沟槽尺寸(GB/T 3452.3—2005) | | | | | |
|---|---|---|---|---|---|
| $d_2$ | $b^{+0.25}_{0}$ | $h^{+0.10}_{0}$ | $d_3$ 偏差值 | $r_1$ | $r_2$ |
| 1.8 | 2.4 | 1.38 | 0 −0.04 | 0.2~0.4 | 0.1~0.3 |
| 2.65 | 3.6 | 2.07 | 0 −0.05 | 0.4~0.8 | 0.1~0.3 |
| 3.55 | 4.8 | 2.74 | 0 −0.06 | 0.4~0.8 | 0.1~0.3 |
| 5.3 | 7.1 | 4.19 | 0 −0.07 | 0.8~1.2 | 0.1~0.3 |
| 7.0 | 9.5 | 5.67 | 0 −0.09 | 0.8~1.2 | 0.1~0.3 |

| $d_1$ 尺寸 | 公差± | 1.8 ±0.08 | 2.65 ±0.09 | 3.55 ±0.10 | $d_1$ 尺寸 | 公差± | 1.8 ±0.08 | 2.65 ±0.09 | 3.55 ±0.10 | 5.3 ±0.13 | $d_1$ 尺寸 | 公差± | 2.65 ±0.09 | 3.55 ±0.10 | 5.3 ±0.13 | $d_1$ 尺寸 | 公差± | 2.65 ±0.09 | 3.55 ±0.10 | 5.3 ±0.13 | 7 ±0.15 |
|---|---|---|---|---|---|---|---|---|---|---|---|---|---|---|---|---|---|---|---|---|---|
| 13.2 | 0.21 | * | * |  | 33.5 | 0.36 | * | * | * |  | 56 | 0.52 | * | * | * | 95 | 0.79 | * | * | * |  |
| 14 | 0.22 | * | * |  | 34.5 | 0.37 | * | * | * |  | 58 | 0.54 | * | * | * | 97.5 | 0.81 | * | * | * |  |
| 15 | 0.22 | * | * |  | 35.5 | 0.38 | * | * | * |  | 60 | 0.55 | * | * | * | 100 | 0.82 | * | * | * |  |
| 16 | 0.23 | * | * |  | 36.5 | 0.38 | * | * | * |  | 61.5 | 0.56 | * | * | * | 103 | 0.85 | * | * | * |  |
| 17 | 0.24 | * | * |  | 37.5 | 0.39 | * | * | * |  | 63 | 0.57 | * | * | * | 106 | 0.87 | * | * | * |  |
| 18 | 0.25 | * | * | * | 38.7 | 0.40 | * | * | * |  | 65 | 0.58 | * | * | * | 109 | 0.89 | * | * | * | * |
| 19 | 0.25 | * | * | * | 40 | 0.41 | * | * | * |  | 67 | 0.60 | * | * | * | 112 | 0.81 | * | * | * | * |
| 20 | 0.26 | * | * | * | 41.2 | 0.42 | * | * | * |  | 69 | 0.61 | * | * | * | 115 | 0.93 | * | * | * | * |
| 21.2 | 0.27 | * | * | * | 42.5 | 0.43 | * | * | * |  | 71 | 0.63 | * | * | * | 118 | 0.95 | * | * | * | * |
| 22.4 | 0.28 | * | * | * | 43.7 | 0.44 | * | * | * |  | 73 | 0.64 | * | * | * | 122 | 0.97 | * | * | * | * |
| 23.6 | 0.29 | * | * | * | 45 | 0.44 | * | * | * |  | 75 | 0.65 | * | * | * | 125 | 0.99 | * | * | * | * |
| 25 | 0.30 | * | * | * | 46.2 | 0.45 | * | * | * |  | 77.5 | 0.67 | * | * | * | 128 | 1.01 | * | * | * | * |
| 25.8 | 0.31 | * | * | * | 47.5 | 0.46 | * | * | * |  | 80 | 0.69 | * | * | * | 132 | 10.4 | * | * | * | * |
| 26.5 | 0.31 | * | * | * | 48.7 | 0.47 | * | * | * |  | 82.5 | 0.71 | * | * | * | 136 | 1.07 | * | * | * | * |
| 28.0 | 0.32 | * | * | * | 50 | 0.48 | * | * | * |  | 85 | 0.72 | * | * | * | 140 | 1.09 | * | * | * | * |
| 30.0 | 0.34 | * | * | * | 51.5 | 0.49 |  | * | * | * | 87.5 | 0.74 | * | * | * | 145 | 1.13 | * | * | * | * |
| 31.5 | 0.35 | * | * | * | 53 | 0.50 |  | * | * | * | 90 | 0.76 | * | * | * | 150 | 1.16 | * | * | * | * |
| 32.5 | 0.36 | * | * | * | 54.5 | 0.51 |  | * | * | * | 92.5 | 0.77 | * | * | * | 155 | 1.19 | * | * | * | * |

注:＊为可选规格。

211

# 第**17**章

# 联轴器

## 17.1 联轴器轴孔和键槽形式

表 17.1 **轴孔和键槽的形式、代号及系列尺寸**（GB/T 3852—2008 摘录）

| | 长圆柱形轴孔<br>（Y 型） | 有沉孔的短圆柱形轴孔<br>（J 型） | 无沉孔的短圆柱形轴孔<br>（J₁ 型） | 有沉孔的长圆锥形轴孔<br>（Z 型） |
|---|---|---|---|---|
| 轴孔 | | | | |
| 键槽 | | A 型   B 型 | $b,t$ 尺寸见<br>GB/T 1095—2003<br>（表Ⅱ.64） | C 型 |

表 17.2　轴孔和 C 型键槽尺寸

单位:mm

| 直径 | 轴孔长度 | | | 沉孔 | | C 型键槽 | | | 直径 | 轴孔长度 | | | 沉孔 | | C 型键槽 | | |
|---|---|---|---|---|---|---|---|---|---|---|---|---|---|---|---|---|---|
| | $L$ | | $L_1$ | $d_1$ | $R$ | $b$ | $t_2$ | | | $L$ | | $L_1$ | $d_1$ | $R$ | $b$ | $t_2$(长系列) | |
| $d,d_z$ | 长系列 | 短系列 | | | | | 公称尺寸 | 极限偏差 | $d,d_z$ | Y 型 | J,J$_1$,Z 型 | | | | | 公称尺寸 | 极限偏差 |
| 16 | | | | | | 3 | 8.7 | | 55 | 112 | 84 | 112 | 95 | | 14 | 29.2 | |
| 18 | 42 | 30 | 42 | | | | 10.1 | | 56 | | | | | | | 29.7 | |
| 19 | | | | 38 | 1.5 | 4 | 10.6 | | 60 | 142 | 107 | 142 | 105 | | 16 | 31.7 | |
| 20 | | | | | | | 10.9 | | 63 | | | | | | | 32.2 | |
| 22 | 52 | 38 | 52 | | | | 11.9 | | 65 | | | | | 2.5 | | 34.2 | |
| 24 | | | | | | | 13.4 | ±0.1 | 70 | | | | | | | 36.8 | |
| 25 | 62 | 44 | 62 | 48 | | 5 | 13.7 | | 71 | | | | 120 | | 18 | 37.3 | |
| 28 | | | | | | | 15.2 | | 75 | | | | | | | 39.3 | |
| 30 | | | | | | | 15.8 | | 80 | 172 | 132 | 172 | 140 | | 20 | 41.6 | ±0.2 |
| 32 | 82 | 60 | 82 | 55 | | | 17.3 | | 85 | | | | | | | 44.1 | |
| 35 | | | | | | 6 | 18.8 | | 90 | | | | 160 | | 22 | 47.1 | |
| 38 | | | | | | | 20.3 | | 95 | | | | | | | 49.6 | |
| 40 | | | | 65 | | 10 | 21.2 | | 100 | 212 | 167 | 212 | 180 | 3 | 25 | 51.3 | |
| 42 | | | | | 2 | | 22.2 | | 110 | | | | | | | 56.3 | |
| 45 | 112 | 84 | 112 | 80 | | | 23.7 | ±0.2 | 120 | | | | 210 | | | 62.3 | |
| 48 | | | | | | 12 | 25.2 | | 125 | | | | | | 28 | 64.8 | |
| 50 | | | | 95 | | | 26.2 | | 130 | 252 | 202 | 252 | 235 | 4 | | 66.4 | |

表 17.3　轴孔和轴伸的配合、键槽宽度 b 的极限偏差

| $d,d_z$/mm | 圆柱形轴孔与轴伸的配合 | 圆锥形轴孔的直径偏差 | 键槽宽度 b 的极限偏差 |
|---|---|---|---|
| 6 ~ 30 | H7/j6 | H8<br>(圆锥角度及圆锥形状公差应小于直径公差) | P9<br>(或 JS9) |
| >30 ~ 50 | H7/k6 | | |
| >50 | H7/m6 | | |

注:无沉孔的圆锥形轴孔(Z$_1$型)和 B$_1$ 型、D 型键槽尺寸,详见 GB/T 3852—1997。

## 17.2 联轴器

**表 17.4 凸缘联轴器（GB/T 5843—2003 摘录）**

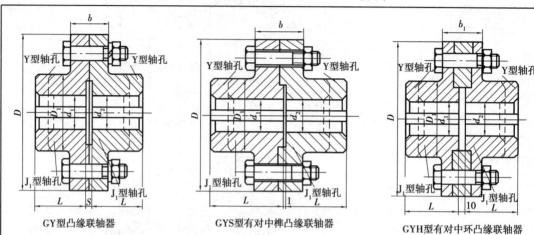

GY型凸缘联轴器　　　GYS型有对中榫凸缘联轴器　　　GYH型有对中环凸缘联轴器

标记示例：GY5 凸缘联轴器$\dfrac{Y30 \times 82}{J_1 30 \times 60}$ GB/T 5843—2003

主动端：Y 型轴孔，A 型键槽，$d_1 = 30$ mm，$L = 82$ mm

从动端：$J_1$ 型轴孔，A 型键槽，$d_1 = 30$ mm，$L = 60$ mm

| 型号 | 公称转矩 /(N·m) | 许用转速 /(r·min$^{-1}$) | 轴孔直径 $d_1, d_2$/mm | 轴孔长度 | | $D$ /mm | $D_1$ /mm | $b$ /mm | $b_1$ /mm | $s$ /mm | 转动惯量 /(kg·m$^2$) | 质量 /kg |
|---|---|---|---|---|---|---|---|---|---|---|---|---|
| | | | | Y 型 | $J_1$型 | | | | | | | |
| GY1 | | | 12,14 | 32 | 27 | | | | | | | |
| GYS1 | 25 | 12 000 | | | | 80 | 30 | 26 | 42 | 6 | 0.000 8 | 1.16 |
| GYH1 | | | 16,18,19 | 42 | 30 | | | | | | | |
| GY2 | | | 16,18,19 | 42 | 30 | | | | | | | |
| GYS2 | 63 | 10 000 | 20,22,24 | 52 | 38 | 90 | 40 | 28 | 44 | 6 | 0.001 5 | 1.72 |
| GYH2 | | | 25 | 62 | 44 | | | | | | | |
| GY3 | | | 20,22,24 | 52 | 38 | | | | | | | |
| GYS3 | 112 | 9 500 | | | | 100 | 45 | 30 | 46 | 6 | 0.002 5 | 2.38 |
| GYH3 | | | 25,28 | 62 | 44 | | | | | | | |
| GY4 | | | 25,28 | 62 | 44 | | | | | | | |
| GYS4 | 224 | 9 000 | | | | 105 | 55 | 32 | 48 | 6 | 0.003 | 3.15 |
| GYH4 | | | 30,32,35 | 82 | 60 | | | | | | | |
| GY5 | | | 30,32,35,38 | 82 | 60 | | | | | | | |
| GYS5 | 400 | 8 000 | | | | 120 | 68 | 36 | 52 | 8 | 0.007 | 5.43 |
| GYH5 | | | 40,42 | 112 | 84 | | | | | | | |
| GY6 | | | 38 | 82 | 60 | | | | | | | |
| GYS6 | 900 | 6 800 | | | | 140 | 80 | 40 | 56 | 8 | 0.015 | 7.59 |
| GYH | | | 40,42,45,48,50 | 112 | 84 | | | | | | | |

续表

| 型号 | 公称转矩 /(N·m) | 许用转速 /(r·min⁻¹) | 轴孔直径 $d_1,d_2$/mm | 轴孔长度 Y型 | 轴孔长度 J₁型 | $D$ /mm | $D_1$ /mm | $b$ /mm | $b_1$ /mm | $s$ /mm | 转动惯量 /(kg·m²) | 质量 /kg |
|---|---|---|---|---|---|---|---|---|---|---|---|---|
| GY7 | 1 600 | 6 000 | 48,50,55,56 | 112 | 84 | 160 | 100 | 40 | 56 | 8 | 0.031 | 13.1 |
| GYS7 |  |  |  |  |  |  |  |  |  |  |  |  |
| GYH7 |  |  | 60,63 | 142 | 107 |  |  |  |  |  |  |  |
| GY8 | 3 150 | 4 800 | 60,63,65,70,71,75 | 142 | 107 | 200 | 130 | 50 | 68 | 10 | 0.103 | 27.5 |
| GYS8 |  |  |  |  |  |  |  |  |  |  |  |  |
| GYH8 |  |  | 80 | 172 | 132 |  |  |  |  |  |  |  |
| GY9 | 6 300 | 3 600 | 75 | 142 | 107 | 260 | 160 | 66 | 84 | 10 | 0.319 | 47.8 |
| GYS9 |  |  | 80,85,90,95 | 172 | 132 |  |  |  |  |  |  |  |
| GYH9 |  |  | 100 | 212 | 167 |  |  |  |  |  |  |  |

注:本联轴器不具备径向、轴向和角向的补偿性能,刚性好,传递转矩大,结构简单,工作可靠,维护简便,适用于两轴对中精度良好的一般轴系转动。

### 表 17.5 滚子链联轴器(GB/T 6069—2002 摘录)

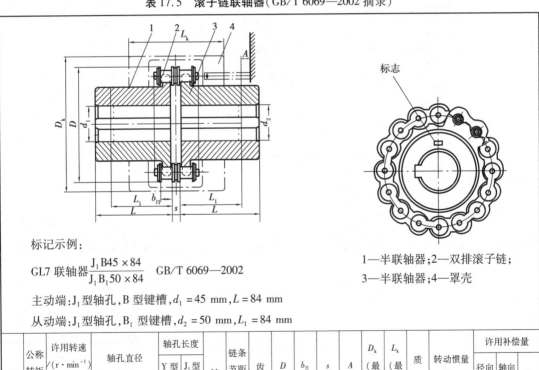

标记示例:

GL7 联轴器 $\dfrac{J_1 B45 \times 84}{J_1 B_1 50 \times 84}$ GB/T 6069—2002

主动端:J₁ 型轴孔,B 型键槽,$d_1 = 45$ mm,$L = 84$ mm

从动端:J₁ 型轴孔,B₁ 型键槽,$d_2 = 50$ mm,$L_1 = 84$ mm

1—半联轴器;2—双排滚子链;

3—半联轴器;4—罩壳

| 型号 | 公称转矩 /(N·m) | 许用转速 /(r·min⁻¹) 不装罩壳 | 许用转速 /(r·min⁻¹) 装罩壳 | 轴孔直径 $d_1,d_2$ mm | 轴孔长度 Y型 $L$ | 轴孔长度 J₁型 $L_1$ | 链号 | 链条节距 $p$/ mm | 齿数 $z$ | $D$ | $b_{f1}$ | $s$ | $A$ | $D_k$ (最大) | $L_k$ (最大) | 质量 /kg | 转动惯量 /(kg·m²) | 许用补偿量 径向 $\Delta Y$ | 许用补偿量 轴向 $\Delta X$ | 许用补偿量 角向 $\Delta\alpha$ |
|---|---|---|---|---|---|---|---|---|---|---|---|---|---|---|---|---|---|---|---|---|
| GL1 | 40 | 1 400 | 4 500 | 16,18,19 | 42 | — | 06B | 9.525 | 14 | 51.06 | 5.3 | 4.9 | — | 70 | 70 | 0.4 | 0.000 10 | 0.19 | 1.4 | 1° |
|  |  |  |  | 20 | 52 | 38 |  |  |  |  |  |  | 4 |  |  |  |  |  |  |  |
| GL2 | 63 | 1 250 | 4 500 | 19 | 42 | — |  |  | 16 | 57.08 |  |  | — | 75 | 75 | 0.7 | 0.000 20 |  |  |  |
|  |  |  |  | 20,22,24 | 52 | 38 |  |  |  |  |  |  | 4 |  |  |  |  |  |  |  |

续表

| 型号 | 公称转矩/(N·m) | 许用转速/(r·min⁻¹) 不装罩壳 | 许用转速/(r·min⁻¹) 装罩壳 | 轴孔直径 $d_1,d_2$/mm | 轴孔长度 Y型 $L$/mm | 轴孔长度 $J_1$型 $L_1$/mm | 链号 | 链条节距 $p$/mm | 齿数 $z$ | $D$/mm | $b_{f1}$/mm | $s$/mm | $A$/mm | $D_k$(最大)/mm | $L_k$(最大)/mm | 质量/kg | 转动惯量/(kg·m²) | 径向 $\Delta Y$/mm | 轴向 $\Delta X$/mm | 角向 $\Delta\alpha$ |
|---|---|---|---|---|---|---|---|---|---|---|---|---|---|---|---|---|---|---|---|---|
| GL3 | 100 | 1 000 | 4 000 | 20,22,24 | 52 | 38 | | | 14 | 68.88 | | | 12 | 85 | 85 | 1.1 | 0.000 38 | | | |
| | | | | 25 | 62 | 44 | | | | | | | 6 | | | | | | | |
| GL4 | 160 | 1 000 | 4 000 | 24 | 52 | — | 08B | 12.7 | 16 | 76.91 | 7.2 | 6.7 | — | 95 | 88 | 1.8 | 0.000 86 | 0.25 | 1.9 | |
| | | | | 25,28 | 62 | 44 | | | | | | | 6 | | | | | | | |
| | | | | 30,32 | 82 | 60 | | | | | | | — | | | | | | | |
| GL5 | 250 | 800 | 3 150 | 28 | 62 | — | | | 16 | 94.46 | | | | 112 | 100 | 3.2 | 0.000 25 | | | |
| | | | | 30,32,35,38 | 82 | 60 | | | | | | | | | | | | | | |
| | | | | 40 | 112 | 84 | 10A | 15.875 | | | 8.9 | 9.2 | | | | | | 0.32 | 2.3 | |
| GL6 | 400 | 630 | 2 500 | 32,35,38 | 82 | 60 | | | 20 | 116.57 | | | — | 140 | 105 | 5.0 | 0.000 58 | | | |
| | | | | 41,42,45,48,50 | 112 | 84 | | | | | | | | | | | | | | |
| GL7 | 630 | 630 | 2 500 | 40,42,45,48 | 112 | 84 | 12A | 19.05 | 18 | 127.78 | 11.9 | 10.9 | | 150 | 122 | 7.4 | 0.012 | 0.38 | 2.8 | 1° |
| | | | | 50.55 | | | | | | | | | | | | | | | | |
| | | | | 60 | 142 | 107 | | | | | | | | | | | | | | |
| GL8 | 1 000 | 500 | 2 240 | 45,48,50,55 | 112 | 84 | | | 16 | 154.33 | | | 12 | 180 | 135 | 11.1 | 0.025 | | | |
| | | | | 60,65,70 | 142 | 107 | | | | | | | — | | | | | | | |
| GL9 | 1 600 | 400 | 2 000 | 50,55 | 112 | 84 | 16A | 25.40 | | | 15 | 14,3 | 12 | | | | | 0.50 | 3.8 | |
| | | | | 60,65,70,75 | 142 | 107 | | | 20 | 186.50 | | | — | 215 | 145 | 20 | 0.016 | | | |
| | | | | 80 | 172 | 132 | | | | | | | | | | | | | | |
| GL10 | 2 500 | 315 | 1 600 | 60,65,70,75 | 142 | 107 | 20A | 31.75 | 18 | 213.02 | 18 | 17.8 | 6 | 245 | 165 | 26.1 | 0.079 | 0.63 | 4.7 | |
| | | | | 80,85,90 | 172 | 132 | | | | | | | — | | | | | | | |

注:①有罩壳时,在型号后加"F",如 GL5 型联轴器,有罩壳时改为 GL5F。

②本联轴器可补偿两轴线相对径向位移和角位移,结构简单,质量较轻,装拆维护方便,可用于高温、潮湿和多灰尘环境,但不宜用于立轴的连接。

### 表17.6 弹性套柱销联轴器（GB/T 4323—2002）

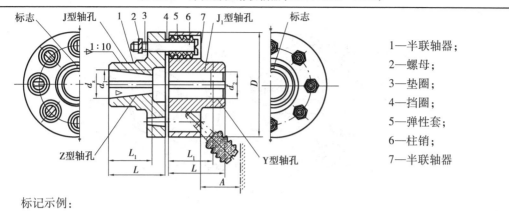

1—半联轴器；
2—螺母；
3—垫圈；
4—挡圈；
5—弹性套；
6—柱销；
7—半联轴器

标记示例：

$$LT5\ 联轴器\ \dfrac{J_1 30 \times 50}{J_1 35 \times 50}\ GB/T\ 4323-2002$$

主动端：$J_1$ 型轴孔，A 型键槽，$d = 30$ mm，$L = 50$
从动端：$J_1$ 型轴孔，A 型键槽，$d = 35$ mm，$L = 50$

| 型号 | 公称转矩 /(N·m) | 许用转速 /(r·min⁻¹) | 轴孔直径 $d_1,d_2,d_z$ /mm | Y型 L /mm | J,$J_1$,Z型 $L_1$ /mm | Z型 L /mm | D /mm | A /mm | 质量 /kg | 转动惯量 /(kg·m²) | 径向 $\Delta Y$/mm | 角向 $\Delta\alpha$ |
|---|---|---|---|---|---|---|---|---|---|---|---|---|
| LT1 | 6.3 | 8 800 | 9 | 20 | 14 | — | 71 | 18 | 0.82 | 0.000 5 | 0.2 | 1°30′ |
|  |  |  | 10,11 | 25 | 17 |  |  |  |  |  |  |  |
|  |  |  | 12,14 | 32 | 20 |  |  |  |  |  |  |  |
| LT2 | 16 | 7 600 | 12,14 | 32 | 20 | 42 | 80 |  | 1.20 | 0.000 8 |  |  |
|  |  |  | 16,18,19 | 42 | 30 |  |  |  |  |  |  |  |
| LT3 | 31.5 | 6 300 | 16,18,19 | 42 | 30 | 42 | 95 | 35 | 2.2 | 0.002 3 |  |  |
|  |  |  | 20,22 | 52 | 38 | 52 |  |  |  |  |  |  |
| LT4 | 63 | 5 700 | 20,22,24 | 52 | 38 | 52 | 106 |  | 2.84 | 0.003 7 | 0.3 |  |
|  |  |  | 25,28 | 62 | 44 | 62 |  |  |  |  |  |  |
| LT5 | 125 | 4 600 | 25,28 | 62 | 44 | 62 | 130 | 45 | 6.05 | 0.012 |  |  |
|  |  |  | 30,32,35 | 82 | 60 | 82 |  |  |  |  |  |  |
| LT6 | 250 | 3 800 | 32,35,38 | 82 | 60 | 82 | 160 |  | 9.57 | 0.028 |  |  |
|  |  |  | 40,42 | 112 | 84 | 112 |  |  |  |  |  |  |
| LT7 | 500 | 3 600 | 40,42,45,48 | 112 | 84 | 112 | 190 |  | 14.01 | 0.055 |  | 1° |
| LT8 | 710 | 3 000 | 45,48,50,55,56 | 112 | 84 | 112 | 224 | 65 | 23.12 | 0.134 | 0.4 |  |
|  |  |  | 60,63 | 142 | 107 | 142 |  |  |  |  |  |  |
| LT9 | 1 000 | 2 850 | 50,55,56 | 112 | 84 | 112 | 250 |  | 30.69 | 0.213 |  |  |
|  |  |  | 60,63,65,70,71 | 142 | 107 | 142 |  |  |  |  |  |  |
| LT10 | 2 000 | 2 300 | 63,65,70,71,75 | 142 | 107 | 142 | 315 | 80 | 61.4 | 0.66 |  |  |
|  |  |  | 80,85,90,95 | 172 | 132 | 172 |  |  |  |  |  |  |
| LT11 | 4 000 | 1 800 | 80,85,90,95 | 172 | 132 | 172 | 400 | 100 | 120.7 | 2.112 | 0.5 | 0°30′ |
|  |  |  | 100,110 | 212 | 167 | 212 |  |  |  |  |  |  |
| LT12 | 8 000 | 1 450 | 100,110,120,125 | 212 | 167 | 212 | 475 | 130 | 210.34 | 5.39 |  |  |
|  |  |  | 130 | 252 | 202 | 252 |  |  |  |  |  |  |
| LT13 | 16 000 | 1 150 | 120,125 | 212 | 167 | 212 | 600 | 180 | 419.36 | 17.58 | 0.3 |  |
|  |  |  | 130,140,150 | 252 | 202 | 252 |  |  |  |  |  |  |
|  |  |  | 160,170 | 302 | 242 | 302 |  |  |  |  |  |  |

注：①质量、转动惯量按材料为铸钢。

②本联轴器具有一定补偿两轴线相对偏移和减振缓冲能力，适用于安装底座刚性好，冲击载荷不大的中、小功率轴系传动，可用于经常正反转、启动频繁的场合，工作温度为 −20 ～ +70 ℃。

表 17.7  弹性柱销联轴器（GB/T 5014—2003）

标记示例:

LX7 联轴器 $\dfrac{\text{ZC75}\times107}{\text{JB70}\times107}$  GB/T 5014—2003

主动端:Z 型轴孔,C 型键槽,$d_z = 75$ mm,$L_1 = 107$ mm

从动端:J 型轴孔,B 型键槽,$d_z = 70$ mm,$L_1 = 107$ mm

| 型号 | 公称转矩 /(N·m) | 许用转速 /(r·min⁻¹) | 轴孔直径 $d_1,d_2,d_z$ /mm | 轴孔长度/mm Y 型 $L$ | J,J₁,Z 型 $L$ | $L_1$ | $D$ /mm | $D_1$ /mm | $B$ /mm | $S$ /mm | 转动惯量 /(kg·m²) | 质量 /kg |
|---|---|---|---|---|---|---|---|---|---|---|---|---|
| LX1 | 250 | 8 500 | 12,14 | 32 | 27 | — | 90 | 40 | 20 | 2.5 | 0.002 | 2 |
|  |  |  | 16,18,19 | 42 | 30 | 42 |  |  |  |  |  |  |
|  |  |  | 20,22,24 | 52 | 38 | 52 |  |  |  |  |  |  |
| LX2 | 560 | 6 300 | 20,22,24 | 52 | 38 | 52 | 120 | 55 | 28 | 2.5 | 0.009 | 5 |
|  |  |  | 25,28 | 62 | 44 | 62 |  |  |  |  |  |  |
|  |  |  | 30,32,35 | 82 | 60 | 82 |  |  |  |  |  |  |
| LX3 | 1 250 | 4 700 | 30,32,35,38 | 82 | 60 | 82 | 160 | 75 | 36 | 2.5 | 0.026 | 8 |
|  |  |  | 40,42,45,48 | 112 | 84 | 112 |  |  |  |  |  |  |
| LX4 | 2 500 | 3 870 | 40,42,45,50,55,56 | 112 | 84 | 112 | 195 | 100 | 45 | 3 | 0.109 | 22 |
|  |  |  | 60,63 | 142 | 107 | 142 |  |  |  |  |  |  |
| LX5 | 3 150 | 3 450 | 50,55,56 | 112 | 84 | 112 | 220 | 120 | 45 | 3 | 0.191 | 30 |
|  |  |  | 60,63,65,70,71,75 | 142 | 107 | 142 |  |  |  |  |  |  |
| LX6 | 6 300 | 2 720 | 60,63,65,70,71,75 | 142 | 107 | 142 | 280 | 140 | 56 | 4 | 0.543 | 53 |
|  |  |  | 80,85 | 172 | 132 | 172 |  |  |  |  |  |  |
| LX7 | 11 200 | 2 360 | 70,71,75 | 142 | 107 | 142 | 320 | 170 | 56 | 4 | 1.314 | 98 |
|  |  |  | 80,85,90,95 | 172 | 132 | 172 |  |  |  |  |  |  |
|  |  |  | 100,110 | 212 | 167 | 212 |  |  |  |  |  |  |
| LX8 | 16 000 | 2 120 | 80,85,90,95 | 172 | 132 | 172 | 360 | 200 | 56 | 5 | 2.023 | 119 |
|  |  |  | 100,110,120,125 | 212 | 167 | 212 |  |  |  |  |  |  |
| LX9 | 22 500 | 1 850 | 100,110,120,125 | 212 | 167 | 212 | 410 | 230 | 63 | 5 | 4.386 | 197 |
|  |  |  | 130,140 | 252 | 202 | 252 |  |  |  |  |  |  |
| LX10 | 35 500 | 1 600 | 110,12,125 | 212 | 167 | 212 | 480 | 280 | 75 | 6 | 9.760 | 322 |
|  |  |  | 130,140,150 | 252 | 202 | 252 |  |  |  |  |  |  |
|  |  |  | 160,170,180 | 302 | 242 | 302 |  |  |  |  |  |  |

注:本联轴器适用于连接两同轴线的传动轴系,并具有补偿两轴相对位移和一般减振性能。工作温度 −20 ~ +70 ℃。

表 17.8 滑块联轴器(摘自 JB/ZQ 4384—2006)

标记示例:

KL6 联轴器 $\dfrac{35 \times 82}{J_1 38 \times 60}$

JB/ZQ 4384—2006

主动端:Y 型轴孔,A 型键槽,$d_1 = 35$ mm,$L = 82$ mm

从动端:$J_1$ 型轴孔,A 型键槽,$d_2 = 38$ mm,$L = 60$ mm

1、3—半联轴器,材料为 HT200,35 钢等;

2—滑块、材料为尼龙 6;

4—紧定螺钉

| 型号 | 公称转矩 /(N·m) | 许用转速 /(r·min⁻¹) | 轴孔直径 $d_1$,$d_2$ /mm | 轴孔长度 L Y 型 /mm | 轴孔长度 L $J_1$ 型 /mm | D | $D_1$ | $L_2$ | $l$ | 质量 /kg | 转动惯量 /(kg·m²) |
|---|---|---|---|---|---|---|---|---|---|---|---|
| WH1 | 16 | 10 000 | 10,11 | 25 | 22 | 40 | 30 | 52 | 5 | 0.6 | 0.000 7 |
| | | | 12,14 | 32 | 27 | | | | | | |
| WH2 | 31.5 | 8 200 | 12,14 | 32 | 27 | 50 | 32 | 56 | 5 | 1.5 | 0.003 8 |
| | | | 16,(17),18 | 42 | 30 | | | | | | |
| WH3 | 63 | 7 000 | (17),18,19 | 42 | 30 | 70 | 40 | 60 | 5 | 1.8 | 0.006 3 |
| | | | 20,22 | 52 | 38 | | | | | | |
| WH4 | 160 | 5 700 | 20,22,24 | 52 | 38 | 80 | 50 | 64 | 8 | 2.5 | 0.013 |
| | | | 25,28 | 62 | 44 | | | | | | |
| WH5 | 280 | 4 700 | 25,28 | 62 | 44 | 100 | 70 | 75 | 10 | 5.8 | 0.045 |
| | | | 30,32,35 | 82 | 60 | | | | | | |
| WH6 | 500 | 3 800 | 30,32,35,38 | 82 | 60 | 120 | 80 | 90 | 15 | 9.5 | 0.12 |
| | | | 40,42,45 | | | | | | | | |
| WH7 | 900 | 3 200 | 40,42,45,48 | 112 | 84 | 150 | 100 | 120 | 25 | 25 | 0.43 |
| | | | 50,55 | | | | | | | | |
| WH8 | 1 800 | 2 400 | 50,55 | 112 | 84 | 190 | 120 | 150 | 25 | 55 | 1.98 |
| | | | 60,63,65,70 | 142 | 107 | | | | | | |
| WH9 | 3 550 | 1 800 | 65,70,75 | 142 | 107 | 250 | 150 | 180 | 25 | 85 | 4.9 |
| | | | 80,85 | 172 | 132 | | | | | | |
| WH10 | 5 000 | 1 500 | 80,85,90,95 | 172 | 132 | 330 | 190 | 180 | 40 | 120 | 7.5 |
| | | | 100 | 212 | 167 | | | | | | |

注:①装配时两轴的需用补偿量:轴向 $\Delta X = 1 \sim 2$ mm;径向 $\Delta Y \leqslant 0.2$ mm;角向 $\Delta \alpha \leqslant 0°40'$。

②括号内的数值尽量不用。

③本联轴器具有一定补偿两轴相对偏移量、减振和缓冲性能,适用于中、小功率,转速较高,转矩较小的轴系传动,如控制器、油泵装置等,工作温度为 -20 ~ +70 ℃。

# 第 **18** 章
# 极限与配合、形状与位置公差和表面粗糙度

## 18.1 极限与配合

GB/T 1800 中,孔(或轴)的基本尺寸、最大极限尺寸和最小极限尺寸的关系如图18.1(a)所示。在实际使用中,为简化起见常不画出孔(或轴),仅用公差带图来表示其基本尺寸、尺寸公差及偏差的关系,如图18.1(b)所示。

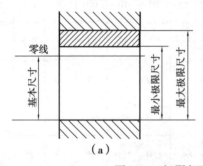
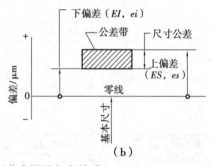

图 18.1 极限与配合部分术语及相应关系

基本偏差是确定公差带相对零线位置的那个极限偏差,它可以是上偏差或下偏差,一般为靠近零线的那个偏差,如图18.1(b)的基本偏差为下偏差。基本偏差代号,对孔用大写字母 A,$\cdots$,ZC 表示,对轴用小写字母 a,$\cdots$,zc 表示(见图18.2)。其中,基本偏差 H 代表基准孔,h 代表基准轴。极限偏差即上偏差和下偏差。上偏差的代号,对孔用大写字母"ES"表示,对轴用小写字母"es"表示。下偏差的代号,对孔用大写字母"EI"表示,对轴用小写字母"ei"表示。

标准公差等级代号由符号 IT 和数字组成,如 IT7。当其与代表基本偏差的字母一起组成公差带时,省略 IT 字母,即公差带用基本偏差的字母和公差等级数字表示。例如,H7 表示孔公差带;h7 表示轴公差带。标准公差等级分 IT01,IT0,IT1 至 IT18 共 20 级。标注公差的尺寸用基本尺寸后跟所要求的公差带或(和)对应的偏差值表示。例如,$\phi$32H7,$\phi$100g6,$\phi$100$^{-0.012}_{-0.034}$,$\phi$100g6($^{-0.012}_{-0.034}$)。基本尺寸至800 mm的各级的标准公差数值见表18.1。

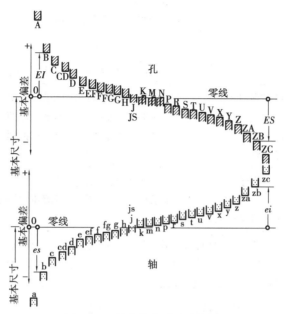

图 18.2  基本偏差系列示意图

**表 18.1  基本尺寸至 800 mm 的标准公差数值**（GB/T 1800.3—2009 摘录）

单位：μm

| 基本尺寸 /mm | 标准公差等级 | | | | | | | | | | | | | | | | | |
|---|---|---|---|---|---|---|---|---|---|---|---|---|---|---|---|---|---|---|
| | IT1 | IT2 | IT3 | IT4 | IT5 | IT6 | IT7 | IT8 | IT9 | IT10 | IT11 | IT12 | IT13 | IT14 | IT15 | IT16 | IT17 | IT18 |
| ≤3 | 0.8 | 1.2 | 2 | 3 | 4 | 6 | 10 | 14 | 25 | 40 | 60 | 100 | 140 | 250 | 400 | 600 | 1 000 | 1 400 |
| >3~6 | 1 | 1.5 | 2.5 | 4 | 5 | 8 | 12 | 18 | 30 | 48 | 75 | 120 | 180 | 300 | 480 | 750 | 1 200 | 1 800 |
| >6~10 | 1 | 1.5 | 2.5 | 4 | 6 | 9 | 15 | 22 | 36 | 58 | 90 | 150 | 220 | 360 | 580 | 900 | 1 500 | 2 200 |
| >10~18 | 1.2 | 2 | 3 | 5 | 8 | 11 | 18 | 27 | 43 | 70 | 110 | 180 | 270 | 430 | 700 | 1 100 | 1 800 | 2 700 |
| >18~30 | 1.5 | 2.5 | 4 | 6 | 9 | 13 | 21 | 33 | 52 | 84 | 130 | 210 | 330 | 520 | 840 | 1 300 | 2 100 | 3 300 |
| >30~50 | 1.5 | 2.5 | 4 | 7 | 11 | 16 | 25 | 39 | 62 | 100 | 160 | 250 | 390 | 620 | 1 000 | 1 600 | 2 500 | 3 900 |
| >50~80 | 2 | 3 | 5 | 8 | 13 | 19 | 30 | 46 | 74 | 120 | 190 | 300 | 460 | 740 | 1 200 | 1 900 | 3 000 | 4 600 |
| >80~120 | 2.5 | 4 | 6 | 10 | 15 | 22 | 35 | 54 | 87 | 140 | 220 | 350 | 540 | 870 | 1 400 | 2 200 | 3 500 | 5 400 |
| >120~180 | 3.5 | 5 | 8 | 12 | 18 | 25 | 40 | 63 | 100 | 160 | 250 | 400 | 630 | 1 000 | 1 600 | 2 500 | 4 000 | 6 300 |
| >180~250 | 4.5 | 7 | 10 | 14 | 20 | 29 | 46 | 72 | 115 | 185 | 290 | 460 | 720 | 1 150 | 1 850 | 2 900 | 4 600 | 7 200 |
| >250~315 | 6 | 8 | 12 | 16 | 23 | 32 | 52 | 81 | 130 | 210 | 320 | 520 | 810 | 1 300 | 2 100 | 3 200 | 5 200 | 8 100 |
| >315~400 | 7 | 9 | 13 | 18 | 25 | 36 | 57 | 89 | 140 | 230 | 360 | 570 | 890 | 1 400 | 2 300 | 3 600 | 5 700 | 8 900 |
| >400~500 | 8 | 10 | 15 | 20 | 27 | 40 | 63 | 97 | 155 | 250 | 400 | 630 | 970 | 1 550 | 2 500 | 4 000 | 6 300 | 9 700 |
| >500~630 | 9 | 11 | 16 | 22 | 32 | 44 | 70 | 110 | 175 | 280 | 440 | 700 | 1 100 | 1 750 | 2 800 | 4 400 | 7 000 | 11 000 |
| >630~800 | 10 | 13 | 18 | 25 | 36 | 50 | 80 | 125 | 200 | 320 | 500 | 800 | 1 250 | 2 000 | 3 200 | 5 000 | 8 000 | 12 500 |

注：①基本尺寸大于 500 mm 的 IT1—IT5 的数值为试行的。

②基本尺寸小于或等于 1 mm 时，无 IT14—IT18。

配合用相同的基本尺寸后跟孔、轴公差带表示。孔轴公差带写成分数形式，分子为孔公差带，分母为轴公差带。例如，$\phi$52H7/g6 或 $\phi$52$\dfrac{H7}{g6}$。

配合分基孔制配合和基轴制配合。在一般情况下，优先选用基孔制配合。如有特殊需求，允许将任一孔、轴公差带组合成配合。配合有间隙配合、过渡配合和过盈配合。属于哪一种配合取决于孔、轴公差带的相互关系。基孔制（基轴制）配合中，基本偏差 a—h（A—H）用于间隙配合；基本偏差 j—zc（J—ZC）用于过渡配合和过盈配合。各种偏差的应用及具体数值见表 18.2—表 18.7。

221

表 18.2 轴的各种基本偏差的应用

| 配合种类 | 基本偏差 | 配合特性及应用 |
|---|---|---|
| 间隙配合 | a,b | 可得到特别大的间隙,很少应用 |
| | c | 可得到很大的间隙,一般适用于缓慢、较松的动配合。用于工作条件较差(如农业机械)、受力变形,或为了便于装配而必须保证有较大的间隙时。推荐配合为 H11/c11,其较高级的配合,如 H8/c7 适用于轴在高温工作的紧密动配合,如内燃机排气阀和导管 |
| | d | 一般用于 IT7—IT11,适用于松的转动配合,如密封盖、滑轮、空转带轮等与轴的配合,也适用于大直径滑动轴承配合,如透平机、球磨机、轧滚成形和重型弯曲机及其他重型机械中的一些滑动支承 |
| | e | 多用于 IT7—IT9,通常适用于要求有明显间隙、易于转动的支承配合,如大跨距、多支点支承等。高等级的轴适用于大型、高速、重载支承配合,如涡轮发动机、大型电动机、内燃机、凸轮轴及摇臂支承等 |
| | f | 多用于 IT6—IT8 的一般转动配合。当温度影响不大时,广泛用于普通润滑油(或润滑脂)润滑的支承,如齿轮箱、小电动机、泵等的转轴与滑动支承的配合 |
| | g | 配合间隙很小,制造成本高,除很轻负荷的精密装置外,不推荐用于转动配合。多用于 IT5—IT7,最适合不回转的精密滑动配合,也用于插销等定位配合,如精密连杆轴承、活塞、滑阀及连杆销等 |
| | h | 多用于 IT4—IT11。广泛用于无相对转动的零件,作为一般的定位配合。若没有温度、变形影响,也用于精密滑动配合 |
| 过渡配合 | js | 为完全对称偏差( ±IT/2)平均为稍有间隙的配合,多用于 IT4—IT7,要求间隙比 h 轴小,并允许略有过盈的定位配合,如联轴器,可用手或木锤装配 |
| | k | 平均为没有间隙的配合,适用于 IT4—IT7。推荐用于稍有过盈的定位配合,如为了消除振动用的定位配合,一般用木锤装配 |
| | m | 平均为具有小过盈的过渡配合,适用于 IT4—IT7,一般用木锤装配,但在最大过盈时,要求相当的压入力 |
| | n | 平均过盈比 m 轴稍大,很少得到间隙,适用 IT4—IT7,用锤或压力机装配,通常推荐用于紧密的组件配合。H6/n5 配合为过盈配合 |
| 过盈配合 | p | 与 H6 孔或 H7 孔配合时是过盈配合,与 H8 孔配合时则为过渡配合。对非铁类零件,为较轻的压入配合,易于拆卸;对钢、铸铁或钢、钢组件装配是标准压入配合 |
| | r | 对铁类零件为中等打入配合;对非铁类零件,为轻打入配合,可拆卸。与 H8 孔配合,直径在 100 mm 以上时为过盈配合,直径小时为过渡配合 |
| | s | 用于钢和铁类零件永久性和半永久装配,可产生相当的接合力。当用弹性材料,如轻合金时,配合性质与铁类零件的 p 轴相当,如用于套环压装在轴上、阀座与机体等配合。尺寸较大时,为了避免损伤配合表面,需用热胀或冷缩法装配 |
| | t,u,v x,y,z | 过盈量依次增大,一般不推荐采用 |

表 18.3　公差等级与加工方法的关系

| 加工方法 | 公差等级（IT） | | | | | | | | | | | | | | | | | |
|---|---|---|---|---|---|---|---|---|---|---|---|---|---|---|---|---|---|---|
| | 01 | 0 | 1 | 2 | 3 | 4 | 5 | 6 | 7 | 8 | 9 | 10 | 11 | 12 | 13 | 14 | 15 | 16 |
| 研磨 | ─ | ─ | ─ | ─ | ─ | ─ | ─ | | | | | | | | | | | |
| 珩 | | | | | | ─ | ─ | ─ | ─ | | | | | | | | | |
| 圆磨、平磨 | | | | | | | ─ | ─ | ─ | ─ | | | | | | | | |
| 金刚石车、金刚石镗 | | | | | | | ─ | ─ | ─ | | | | | | | | | |
| 拉削 | | | | | | | ─ | ─ | ─ | ─ | | | | | | | | |
| 铰孔 | | | | | | | | ─ | ─ | ─ | ─ | | | | | | | |
| 车、镗 | | | | | | | | | ─ | ─ | ─ | ─ | ─ | | | | | |
| 铣 | | | | | | | | | | ─ | ─ | ─ | ─ | | | | | |
| 刨、插 | | | | | | | | | | | | ─ | ─ | | | | | |
| 钻孔 | | | | | | | | | | | | ─ | ─ | ─ | | | | |
| 滚压、挤压 | | | | | | | | | | | | ─ | ─ | | | | | |
| 冲压 | | | | | | | | | | | | ─ | ─ | ─ | ─ | ─ | | |
| 压铸 | | | | | | | | | | | | | ─ | ─ | ─ | ─ | | |
| 粉末冶金成型 | | | | | | | | ─ | ─ | ─ | | | | | | | | |
| 粉末冶金烧结 | | | | | | | | | ─ | ─ | ─ | | | | | | | |
| 砂型铸造、气割 | | | | | | | | | | | | | | | | | | ─ |
| 锻造 | | | | | | | | | | | | | | | | | ─ | |

表 18.4　优先配合特性及应用举例

| 基孔制 | 基轴制 | 优先配合特性及应用举例 |
|---|---|---|
| $\dfrac{H11}{c11}$ | $\dfrac{C11}{h11}$ | 间隙非常大,用于很松的、转动很慢的动配合,或要求大公差与大间隙的外露组件,或要求装配方便的很松的配合 |
| $\dfrac{H9}{d9}$ | $\dfrac{D9}{h9}$ | 间隙很大的自由转动配合,用于精度非主要要求时,或有大的温度变动、高转速或大的轴颈压力时 |
| $\dfrac{H8}{f7}$ | $\dfrac{F8}{h7}$ | 间隙不大的转动配合,用于中等转速与中等轴颈压力的精确转动,也用于装配较易的中等定位配合 |
| $\dfrac{H7}{g6}$ | $\dfrac{G7}{h6}$ | 间隙很小的滑动配合,用于不希望自由转动,但可自由移动和滑动并精密定位时,也可用于要求明确的定位配合 |
| $\dfrac{H7}{h6}$　$\dfrac{H8}{h7}$　$\dfrac{H9}{h9}$　$\dfrac{H11}{h11}$ | $\dfrac{H7}{h8}$　$\dfrac{H8}{h7}$　$\dfrac{H9}{h9}$　$\dfrac{H11}{h11}$ | 均为间隙定位配合,零件可自由装拆,而工作时一般相对静止不动。在最大实体条件下的间隙为零,在最小实体条件下的间隙由公差等级决定 |
| $\dfrac{H7}{k6}$ | $\dfrac{K7}{h6}$ | 过渡配合,用于精密定位 |
| $\dfrac{H7}{n6}$ | $\dfrac{N7}{h6}$ | 过渡配合,允许有较大过盈的更精密定位 |
| $\dfrac{H7^{*}}{p6}$ | $\dfrac{P7}{h6}$ | 过盈定位配合,即小过盈配合,用于定位精度特别重要时,能以最好的定位精度达到部件的刚性及对中性要求,而对内孔承受压力无特殊要求,不依靠配合的紧固性传递摩擦负荷 |
| $\dfrac{H7}{s6}$ | $\dfrac{S7}{h6}$ | 中等压入配合,适用于一般钢件,或用于薄壁件的冷缩配合,用于铸铁件可得到最紧的配合 |
| $\dfrac{H7}{u6}$ | $\dfrac{U7}{h6}$ | 压入配合,适用于可承受大压入力的零件或不宜承受大压入力的冷缩配合 |

注：＊基本尺寸小于或等于 3 mm 为过渡配合。

表 18.5　轴的极限偏差（GB/T 1800.4—2009 摘录）

| 基本尺寸/mm 大于 | 至 | a 10 | a 11* | b 10 | b 11* | b 12* | c 8 | c 9* | c 10* | c ▲11 | c 12 | d 7 | d 8* | d ▲9 | d 10* | d 11* |
|---|---|---|---|---|---|---|---|---|---|---|---|---|---|---|---|---|
| — | 3 | -270<br>-310 | -270<br>-330 | -140<br>-180 | -140<br>-200 | -140<br>-240 | -60<br>-74 | -60<br>-85 | -60<br>-100 | -60<br>-120 | -60<br>-160 | -20<br>-30 | -20<br>-34 | -20<br>-45 | -20<br>-60 | -20<br>-80 |
| 3 | 6 | -270<br>-318 | -270<br>-345 | -140<br>-188 | -140<br>-215 | -140<br>-260 | -70<br>-88 | -70<br>-100 | -70<br>-118 | -70<br>-145 | -70<br>-190 | -30<br>-42 | -30<br>-48 | -30<br>-60 | -30<br>-78 | -30<br>-105 |
| 6 | 10 | -280<br>-338 | -280<br>-370 | -150<br>-208 | -150<br>-240 | -150<br>-300 | -80<br>-102 | -80<br>-116 | -80<br>-138 | -80<br>-170 | -80<br>-230 | -40<br>-55 | -40<br>-62 | -40<br>-76 | -40<br>-98 | -40<br>-130 |
| 10 | 14 | -290<br>-360 | -290<br>-400 | -150<br>-220 | -150<br>-260 | -150<br>-330 | -95<br>-122 | -95<br>-138 | -95<br>-165 | -95<br>-205 | -95<br>-275 | -50<br>-68 | -50<br>-77 | -50<br>-93 | -50<br>-120 | -50<br>-160 |
| 14 | 18 | -290<br>-360 | -290<br>-400 | -150<br>-220 | -150<br>-260 | -150<br>-330 | -95<br>-122 | -95<br>-138 | -95<br>-165 | -95<br>-205 | -95<br>-275 | -50<br>-68 | -50<br>-77 | -50<br>-93 | -50<br>-120 | -50<br>-160 |
| 18 | 24 | -300<br>-384 | -300<br>-430 | -160<br>-244 | -160<br>-290 | -160<br>-370 | -110<br>-143 | -110<br>-162 | -110<br>-194 | -110<br>-240 | -110<br>-320 | -65<br>-86 | -65<br>-98 | -65<br>-117 | -65<br>-149 | -65<br>-195 |
| 24 | 30 | -300<br>-384 | -300<br>-430 | -160<br>-244 | -160<br>-290 | -160<br>-370 | -110<br>-143 | -110<br>-162 | -110<br>-194 | -110<br>-240 | -110<br>-320 | -65<br>-86 | -65<br>-98 | -65<br>-117 | -65<br>-149 | -65<br>-195 |
| 30 | 40 | -310<br>-410 | -310<br>-470 | -170<br>-270 | -170<br>-330 | -170<br>-420 | -120<br>-159 | -120<br>-182 | -120<br>-220 | -120<br>-280 | -120<br>-370 | -80<br>-105 | -80<br>-119 | -80<br>-142 | -80<br>-180 | -80<br>-240 |
| 40 | 50 | -320<br>-420 | -320<br>-480 | -180<br>-280 | -180<br>-340 | -180<br>-430 | -130<br>-169 | -130<br>-192 | -130<br>-230 | -130<br>-290 | -130<br>-380 | -80<br>-105 | -80<br>-119 | -80<br>-142 | -80<br>-180 | -80<br>-240 |
| 50 | 65 | -340<br>-460 | -340<br>-530 | -190<br>-310 | -190<br>-380 | -190<br>-490 | -140<br>-186 | -140<br>-214 | -140<br>-260 | -140<br>-330 | -140<br>-440 | -100<br>-130 | -100<br>-146 | -100<br>-174 | -100<br>-220 | -100<br>-290 |
| 65 | 80 | -360<br>-480 | -360<br>-550 | -200<br>-320 | -200<br>-390 | -200<br>-500 | -150<br>-196 | -150<br>-224 | -150<br>-270 | -150<br>-340 | -150<br>-450 | -100<br>-130 | -100<br>-146 | -100<br>-174 | -100<br>-220 | -100<br>-290 |
| 80 | 100 | -380<br>-520 | -380<br>-600 | -220<br>-360 | -220<br>-440 | -220<br>-570 | -170<br>-224 | -170<br>-257 | -170<br>-310 | -170<br>-390 | -170<br>-520 | -120<br>-155 | -120<br>-174 | -120<br>-207 | -120<br>-260 | -120<br>-340 |
| 100 | 120 | -410<br>-550 | -410<br>-630 | -240<br>-380 | -240<br>-460 | -240<br>-590 | -180<br>-234 | -180<br>-267 | -180<br>-320 | -180<br>-400 | -180<br>-530 | -120<br>-155 | -120<br>-174 | -120<br>-207 | -120<br>-260 | -120<br>-340 |
| 120 | 140 | -460<br>-620 | -460<br>-710 | -260<br>-420 | -260<br>-510 | -260<br>-660 | -200<br>-263 | -200<br>-300 | -200<br>-360 | -200<br>-450 | -200<br>-600 | -145<br>-185 | -145<br>-208 | -145<br>-245 | -145<br>-305 | -145<br>-395 |
| 140 | 160 | -520<br>-680 | -520<br>-770 | -280<br>-440 | -280<br>-530 | -280<br>-680 | -210<br>-273 | -210<br>-310 | -210<br>-370 | -210<br>-460 | -210<br>-610 | -145<br>-185 | -145<br>-208 | -145<br>-245 | -145<br>-305 | -145<br>-395 |
| 160 | 180 | -580<br>-740 | -580<br>-830 | -310<br>-470 | -310<br>-560 | -310<br>-710 | -230<br>-293 | -230<br>-330 | -230<br>-390 | -230<br>-480 | -230<br>-630 | -145<br>-185 | -145<br>-208 | -145<br>-245 | -145<br>-305 | -145<br>-395 |
| 180 | 200 | -660<br>-845 | -660<br>-950 | -340<br>-525 | -340<br>-630 | -340<br>-800 | -240<br>-312 | -240<br>-355 | -240<br>-425 | -240<br>-530 | -240<br>-700 | -170<br>-216 | -170<br>-242 | -170<br>-285 | -170<br>-355 | -170<br>-460 |
| 200 | 225 | -740<br>-925 | -740<br>-1 030 | -380<br>-565 | -380<br>-670 | -380<br>-840 | -260<br>-332 | -260<br>-375 | -260<br>-445 | -260<br>-550 | -260<br>-720 | -170<br>-216 | -170<br>-242 | -170<br>-285 | -170<br>-355 | -170<br>-460 |
| 225 | 250 | -820<br>-1 005 | -820<br>-1 110 | -420<br>-605 | -420<br>-710 | -420<br>-880 | -280<br>-352 | -280<br>-395 | -280<br>-465 | -280<br>-570 | -280<br>-740 | -170<br>-216 | -170<br>-242 | -170<br>-285 | -170<br>-355 | -170<br>-460 |
| 250 | 280 | -920<br>-1 130 | -920<br>-1 240 | -480<br>-690 | -480<br>-800 | -480<br>-1 000 | -300<br>-381 | -300<br>-430 | -300<br>-510 | -300<br>-620 | -300<br>-820 | -190<br>-242 | -190<br>-271 | -190<br>-320 | -190<br>-400 | -190<br>-510 |
| 280 | 315 | -1 050<br>-1 260 | -1 050<br>-1 370 | -540<br>-750 | -540<br>-860 | -540<br>-1 060 | -330<br>-411 | -330<br>-460 | -330<br>-540 | -330<br>-650 | -330<br>-850 | -190<br>-242 | -190<br>-271 | -190<br>-320 | -190<br>-400 | -190<br>-510 |
| 315 | 255 | -1 200<br>-1 430 | -1 200<br>-1 560 | -600<br>-830 | -600<br>-960 | -600<br>-1 170 | -360<br>-449 | -350<br>-500 | -350<br>-590 | -350<br>-720 | -350<br>-930 | -210<br>-267 | -210<br>-299 | -210<br>-350 | -210<br>-440 | -210<br>-570 |
| 355 | 400 | -1 350<br>-1 580 | -1 350<br>-1 710 | -680<br>-910 | -680<br>-1 040 | -680<br>-1 250 | -400<br>-489 | -400<br>-540 | -400<br>-630 | -400<br>-760 | -400<br>-970 | -210<br>-267 | -210<br>-299 | -210<br>-350 | -210<br>-440 | -210<br>-570 |
| 400 | 450 | -1 500<br>-1 750 | -1 500<br>-1 900 | -760<br>-1 010 | -760<br>-1 160 | -760<br>-1 390 | -440<br>-537 | -440<br>-595 | -440<br>-690 | -440<br>-840 | -440<br>-1 070 | -230<br>-293 | -230<br>-327 | -230<br>-385 | -230<br>-480 | -230<br>-630 |
| 450 | 500 | -1 650<br>-1 900 | -1 650<br>-2 050 | -840<br>-1 090 | -840<br>-1 240 | -840<br>-1 470 | -480<br>-577 | -480<br>-635 | -480<br>-730 | -480<br>-880 | -480<br>-1 110 | -230<br>-293 | -230<br>-327 | -230<br>-385 | -230<br>-480 | -230<br>-630 |

注：①基本尺寸小于 1 mm 时，各级的 a 和 b 均不采用。
　　②"▲"为优先公差带，"＊"为常用公差带，其余为一般用途公差带。

单位:μm

| 带 | | | | | | | | | | | | | | | | | | | |
|---|---|---|---|---|---|---|---|---|---|---|---|---|---|---|---|---|---|---|---|
| e | | | | f | | | | | g | | | h | | | | | | | |
| 6 | 7* | 8* | 9* | 5* | 6* | ▲7 | 8* | 9* | 5* | ▲6 | 7* | 4 | 5* | ▲6 | ▲7 | 8* | ▲9 | 10* | ▲11 | 12* | 13 |
| −14 | −14 | −14 | −14 | −6 | −6 | −6 | −6 | −6 | −2 | −2 | −2 | 0 | 0 | 0 | 0 | 0 | 0 | 0 | 0 | 0 | 0 |
| −20 | −24 | −28 | −39 | −10 | −12 | −16 | −20 | −31 | −6 | −8 | −12 | −3 | −4 | −6 | −10 | −14 | −25 | −40 | −60 | −100 | −140 |
| −20 | −20 | −20 | −20 | −10 | −10 | −10 | −10 | −10 | −4 | −4 | −4 | 0 | 0 | 0 | 0 | 0 | 0 | 0 | 0 | 0 | 0 |
| −28 | −32 | −38 | −50 | −15 | −18 | −22 | −28 | −40 | −9 | −12 | −16 | −4 | −5 | −8 | −12 | −18 | −30 | −48 | −75 | −120 | −180 |
| −25 | −25 | −25 | −25 | −13 | −13 | −13 | −13 | −13 | −5 | −5 | −5 | 0 | 0 | 0 | 0 | 0 | 0 | 0 | 0 | 0 | 0 |
| −34 | −40 | −47 | −61 | −19 | −22 | −28 | −35 | −49 | −11 | −14 | −20 | −4 | −6 | −9 | −15 | −22 | −36 | −58 | −90 | −150 | −220 |
| −32 | −32 | −32 | −32 | −16 | −16 | −16 | −16 | −16 | −6 | −6 | −6 | 0 | 0 | 0 | 0 | 0 | 0 | 0 | 0 | 0 | 0 |
| −43 | −50 | −59 | −75 | −24 | −27 | −34 | −43 | −59 | −14 | −17 | −24 | −5 | −8 | −11 | −18 | −27 | −43 | −70 | −110 | −180 | −270 |
| −40 | −40 | −40 | −40 | −20 | −20 | −20 | −20 | −20 | −7 | −7 | −7 | 0 | 0 | 0 | 0 | 0 | 0 | 0 | 0 | 0 | 0 |
| −53 | −61 | −73 | −92 | −29 | −33 | −41 | −53 | −72 | −16 | −20 | −28 | −6 | −9 | −13 | −21 | −33 | −52 | −84 | −130 | −210 | −330 |
| −50 | −50 | −50 | −50 | −25 | −25 | −25 | −25 | −25 | −9 | −9 | −9 | 0 | 0 | 0 | 0 | 0 | 0 | 0 | 0 | 0 | 0 |
| −66 | −75 | −89 | −112 | −36 | −41 | −50 | −64 | −87 | −20 | −25 | −34 | −7 | −11 | −16 | −25 | −39 | −62 | −100 | −160 | −250 | −390 |
| −60 | −60 | −60 | −60 | −30 | −30 | −30 | −30 | −30 | −10 | −10 | −10 | 0 | 0 | 0 | 0 | 0 | 0 | 0 | 0 | 0 | 0 |
| −79 | −90 | −106 | −134 | −43 | −49 | −60 | −76 | −104 | −23 | −29 | −40 | −8 | −13 | −19 | −30 | −46 | −74 | −120 | −190 | −300 | −460 |
| −72 | −72 | −72 | −72 | −36 | −36 | −36 | −36 | −36 | −12 | −12 | −12 | 0 | 0 | 0 | 0 | 0 | 0 | 0 | 0 | 0 | 0 |
| −94 | −107 | −126 | −159 | −51 | −58 | −71 | −90 | −123 | −27 | −34 | −47 | −10 | −15 | −22 | −35 | −54 | −87 | −140 | −220 | −350 | −540 |
| −85 | −85 | −85 | −85 | −43 | −43 | −43 | −43 | −43 | −14 | −14 | −14 | 0 | 0 | 0 | 0 | 0 | 0 | 0 | 0 | 0 | 0 |
| −110 | −125 | −148 | −185 | −61 | −68 | −83 | −106 | −143 | −32 | −39 | −54 | −12 | −18 | −25 | −40 | −63 | −100 | −160 | −250 | −400 | −630 |
| −100 | −100 | −100 | −100 | −100 | −50 | −50 | −50 | −50 | −15 | −15 | −15 | 0 | 0 | 0 | 0 | 0 | 0 | 0 | 0 | 0 | 0 |
| −129 | −146 | −172 | −215 | −70 | −79 | −96 | −122 | −165 | −35 | −44 | −61 | −14 | −20 | −29 | −46 | −72 | −115 | −185 | −290 | −460 | −720 |
| −110 | −110 | −110 | −110 | −56 | −56 | −56 | −56 | −56 | −17 | −17 | −17 | 0 | 0 | 0 | 0 | 0 | 0 | 0 | 0 | 0 | 0 |
| −142 | −162 | −191 | −240 | −79 | −88 | −108 | −137 | −185 | −40 | −49 | −69 | −16 | −23 | −32 | −52 | −81 | −130 | −210 | −320 | −520 | −810 |
| −125 | −125 | −125 | −125 | −62 | −62 | −62 | −62 | −62 | −18 | −18 | −18 | 0 | 0 | 0 | 0 | 0 | 0 | 0 | 0 | 0 | 0 |
| −161 | −182 | −214 | −265 | −87 | −98 | −119 | −151 | −202 | −43 | −54 | −75 | −18 | −25 | −36 | −57 | −89 | −140 | −230 | −360 | −570 | −890 |
| −135 | −135 | −135 | −135 | −68 | −68 | −68 | −68 | −68 | −20 | −20 | −20 | 0 | 0 | 0 | 0 | 0 | 0 | 0 | 0 | 0 | 0 |
| −175 | −198 | −232 | −290 | −95 | −108 | −131 | −165 | −223 | −47 | −60 | −83 | −20 | −27 | −40 | −63 | −97 | −115 | −250 | −400 | −630 | −970 |

续表

| 基本尺寸/mm 大于 | 至 | j 5 | j 6 | j 7 | js 5* | js 6* | js 7* | js 8 | js 9 | js 10 | k 5* | k ▲6* | k 7* | m 5* | m 6* | m 7* | n 5* | n ▲6* | n 7* |
|---|---|---|---|---|---|---|---|---|---|---|---|---|---|---|---|---|---|---|---|
| — | 3 | ±2 | +4<br>-2 | +6<br>-4 | ±2 | ±3 | ±5 | ±7 | ±12 | ±20 | +4<br>0 | +6<br>0 | +10<br>0 | +6<br>+2 | +8<br>+2 | +12<br>+2 | +8<br>+4 | +10<br>+4 | +14<br>+4 |
| 3 | 6 | +3<br>-2 | +6<br>-2 | +8<br>-4 | ±2.5 | ±4 | ±6 | ±9 | ±15 | ±24 | +6<br>+1 | +9<br>+1 | +13<br>+1 | +9<br>+4 | +12<br>+4 | +16<br>+4 | +13<br>+8 | +16<br>+8 | +20<br>+8 |
| 6 | 10 | +4<br>-2 | +7<br>-2 | +10<br>-5 | ±3 | ±4.5 | ±7 | ±11 | ±18 | ±29 | +7<br>+1 | +10<br>+1 | +16<br>+1 | +12<br>+6 | +15<br>+6 | +21<br>+6 | +16<br>+10 | +19<br>+10 | +25<br>+10 |
| 10 | 14 | +5<br>-3 | +8<br>-3 | +12<br>-6 | ±4 | ±5.5 | ±9 | ±13 | ±21 | ±35 | +9<br>+1 | +12<br>+1 | +19<br>+1 | +15<br>+7 | +18<br>+7 | +25<br>+7 | +20<br>+12 | +23<br>+12 | +30<br>+12 |
| 14 | 18 | +5<br>-3 | +8<br>-3 | +12<br>-6 | ±4 | ±5.5 | ±9 | ±13 | ±21 | ±35 | +9<br>+1 | +12<br>+1 | +19<br>+1 | +15<br>+7 | +18<br>+7 | +25<br>+7 | +20<br>+12 | +23<br>+12 | +30<br>+12 |
| 18 | 24 | +5<br>-4 | +9<br>-4 | +13<br>-8 | ±4.5 | ±6.5 | ±10 | ±16 | ±26 | ±42 | +11<br>+2 | +15<br>+2 | +23<br>+2 | +17<br>+8 | +21<br>+8 | +29<br>+8 | +24<br>+15 | +28<br>+15 | +36<br>+15 |
| 24 | 30 | +5<br>-4 | +9<br>-4 | +13<br>-8 | ±4.5 | ±6.5 | ±10 | ±16 | ±26 | ±42 | +11<br>+2 | +15<br>+2 | +23<br>+2 | +17<br>+8 | +21<br>+8 | +29<br>+8 | +24<br>+15 | +28<br>+15 | +36<br>+15 |
| 30 | 40 | +6<br>-5 | +11<br>-5 | +15<br>-10 | ±5.5 | ±8 | ±12 | ±19 | ±31 | ±50 | +13<br>+2 | +18<br>+2 | +27<br>+2 | +20<br>+9 | +25<br>+9 | +34<br>+9 | +28<br>+17 | +33<br>+17 | +42<br>+17 |
| 40 | 50 | +6<br>-5 | +11<br>-5 | +15<br>-10 | ±5.5 | ±8 | ±12 | ±19 | ±31 | ±50 | +13<br>+2 | +18<br>+2 | +27<br>+2 | +20<br>+9 | +25<br>+9 | +34<br>+9 | +28<br>+17 | +33<br>+17 | +42<br>+17 |
| 50 | 65 | +6<br>-7 | +12<br>-7 | +18<br>-12 | ±6.5 | ±9.5 | ±15 | ±23 | ±37 | ±60 | +15<br>+2 | +21<br>+2 | +32<br>+2 | +24<br>+11 | +30<br>+11 | +41<br>+11 | +33<br>+20 | +39<br>+20 | +50<br>+20 |
| 65 | 80 | +6<br>-7 | +12<br>-7 | +18<br>-12 | ±6.5 | ±9.5 | ±15 | ±23 | ±37 | ±60 | +15<br>+2 | +21<br>+2 | +32<br>+2 | +24<br>+11 | +30<br>+11 | +41<br>+11 | +33<br>+20 | +39<br>+20 | +50<br>+20 |
| 80 | 100 | +6<br>-9 | +13<br>-9 | +20<br>-15 | ±7.5 | ±11 | ±17 | ±27 | ±43 | ±70 | +18<br>+3 | +25<br>+3 | +38<br>+3 | +35<br>+13 | +35<br>+13 | +48<br>+13 | +38<br>+23 | +45<br>+23 | +58<br>+23 |
| 100 | 120 | +6<br>-9 | +13<br>-9 | +20<br>-15 | ±7.5 | ±11 | ±17 | ±27 | ±43 | ±70 | +18<br>+3 | +25<br>+3 | +38<br>+3 | +35<br>+13 | +35<br>+13 | +48<br>+13 | +38<br>+23 | +45<br>+23 | +58<br>+23 |
| 120 | 140 | +7<br>-11 | +14<br>-11 | +22<br>-18 | ±9 | ±12.5 | ±20 | ±31 | ±50 | ±80 | +21<br>+3 | +28<br>+3 | +43<br>+3 | +33<br>+15 | +40<br>+15 | +55<br>+15 | +45<br>+27 | +52<br>+27 | +67<br>+27 |
| 140 | 160 | +7<br>-11 | +14<br>-11 | +22<br>-18 | ±9 | ±12.5 | ±20 | ±31 | ±50 | ±80 | +21<br>+3 | +28<br>+3 | +43<br>+3 | +33<br>+15 | +40<br>+15 | +55<br>+15 | +45<br>+27 | +52<br>+27 | +67<br>+27 |
| 160 | 180 | +7<br>-11 | +14<br>-11 | +22<br>-18 | ±9 | ±12.5 | ±20 | ±31 | ±50 | ±80 | +21<br>+3 | +28<br>+3 | +43<br>+3 | +33<br>+15 | +40<br>+15 | +55<br>+15 | +45<br>+27 | +52<br>+27 | +67<br>+27 |
| 180 | 200 | +7<br>-13 | +16<br>-13 | +25<br>-21 | ±10 | ±14.5 | ±23 | ±36 | ±57 | ±92 | +24<br>+4 | +33<br>+4 | +50<br>+4 | +37<br>+17 | +46<br>+17 | +63<br>+17 | +51<br>+31 | +60<br>+31 | +77<br>+31 |
| 200 | 225 | +7<br>-13 | +16<br>-13 | +25<br>-21 | ±10 | ±14.5 | ±23 | ±36 | ±57 | ±92 | +24<br>+4 | +33<br>+4 | +50<br>+4 | +37<br>+17 | +46<br>+17 | +63<br>+17 | +51<br>+31 | +60<br>+31 | +77<br>+31 |
| 225 | 250 | +7<br>-13 | +16<br>-13 | +25<br>-21 | ±10 | ±14.5 | ±23 | ±36 | ±57 | ±92 | +24<br>+4 | +33<br>+4 | +50<br>+4 | +37<br>+17 | +46<br>+17 | +63<br>+17 | +51<br>+31 | +60<br>+31 | +77<br>+31 |
| 250 | 280 | +7<br>-16 | ±16 | ±26 | ±11.5 | ±16 | ±26 | ±40 | ±65 | ±105 | +27<br>+4 | +36<br>+4 | +56<br>+4 | +43<br>+20 | +52<br>+20 | +72<br>+20 | +57<br>+34 | +66<br>+34 | +86<br>+34 |
| 280 | 315 | +7<br>-16 | ±16 | ±26 | ±11.5 | ±16 | ±26 | ±40 | ±65 | ±105 | +27<br>+4 | +36<br>+4 | +56<br>+4 | +43<br>+20 | +52<br>+20 | +72<br>+20 | +57<br>+34 | +66<br>+34 | +86<br>+34 |
| 315 | 355 | +7<br>-18 | ±18 | +29<br>-28 | ±12.5 | ±18 | ±28 | ±44 | ±70 | ±115 | +29<br>+4 | +40<br>+4 | +61<br>+4 | +46<br>+21 | +57<br>+21 | +78<br>+21 | +62<br>+37 | +73<br>+37 | +94<br>+37 |
| 355 | 400 | +7<br>-18 | ±18 | +29<br>-28 | ±12.5 | ±18 | ±28 | ±44 | ±70 | ±115 | +29<br>+4 | +40<br>+4 | +61<br>+4 | +46<br>+21 | +57<br>+21 | +78<br>+21 | +62<br>+37 | +73<br>+37 | +94<br>+37 |
| 400 | 450 | +7<br>-20 | ±20 | +31<br>-32 | ±13.5 | ±20 | ±31 | ±48 | ±77 | ±125 | +32<br>+5 | +45<br>+5 | +68<br>+5 | +50<br>+23 | +63<br>+23 | +86<br>+23 | +80<br>+40 | +80<br>+40 | +103<br>+40 |
| 450 | 500 | +7<br>-20 | ±20 | +31<br>-32 | ±13.5 | ±20 | ±31 | ±48 | ±77 | ±125 | +32<br>+5 | +45<br>+5 | +68<br>+5 | +50<br>+23 | +63<br>+23 | +86<br>+23 | +80<br>+40 | +80<br>+40 | +103<br>+40 |

| 带 | p | | | r | | | s | | | t | | | u | | | | v | x | y | z |
|---|---|---|---|---|---|---|---|---|---|---|---|---|---|---|---|---|---|---|---|---|
| | 5* | ▲6 | 7* | 5* | 6* | 7* | 5* | ▲6 | 7* | 5* | 6* | 7* | 5 | ▲6 | 7* | 8 | 6* | 6* | 6* | 6* |
| | +10/+6 | +12/+6 | +16/+6 | +14/+10 | +16/+10 | +20/+10 | +18/+14 | +20/+14 | +24/+14 | — | — | — | +22/+18 | +24/+18 | +28/+18 | +32/+18 | — | +26/+20 | — | +32/+26 |
| | +17/+12 | +20/+12 | +24/+12 | +20/+15 | +23/+15 | +27/+15 | +24/+19 | +27/+19 | +31/+19 | — | — | — | +28/+23 | +31/+23 | +35/+23 | +41/+23 | — | +36/+28 | — | +43/+35 |
| | +21/+15 | +24/+15 | +30/+15 | +25/+19 | +28/+19 | +34/+19 | +29/+23 | +32/+23 | +38/+23 | — | — | — | +34/+28 | +37/+28 | +43/+28 | +50/+28 | — | +43/+34 | — | +51/+42 |
| | +26/+18 | +29/+18 | +36/+18 | +31/+23 | +34/+23 | +41/+23 | +36/+28 | +39/+28 | +46/+28 | — | — | — | +41/+33 | +44/+33 | +51/+33 | +60/+33 | — | +51/+40 | — | +61/+50 |
| | +26/+18 | +29/+18 | +36/+18 | +31/+23 | +34/+23 | +41/+23 | +36/+28 | +39/+28 | +46/+28 | — | — | — | +41/+33 | +44/+33 | +51/+33 | +60/+33 | +50/+39 | +56/+45 | — | +71/+60 |
| | +31/+22 | +35/+22 | +43/+22 | +37/+28 | +41/+28 | +49/+28 | +44/+35 | +48/+35 | +56/+35 | — | — | — | +50/+41 | +54/+41 | +62/+41 | +74/+41 | +60/+47 | +67/+54 | +76/+63 | +86/+73 |
| | +31/+22 | +35/+22 | +43/+22 | +37/+28 | +41/+28 | +49/+28 | +44/+35 | +48/+35 | +56/+35 | +50/+41 | +54/+41 | +62/+41 | +57/+48 | +61/+48 | +69/+48 | +81/+48 | +68/+55 | +77/+64 | +88/+75 | +101/+88 |
| | +37/+26 | +42/+26 | +51/+26 | +45/+34 | +50/+34 | +59/+34 | +54/+43 | +59/+43 | +68/+43 | +59/+48 | +64/+48 | +73/+48 | +71/+60 | +76/+60 | +85/+60 | +99/+60 | +84/+68 | +96/+80 | +110/+94 | +128/+112 |
| | +37/+26 | +42/+26 | +51/+26 | +45/+34 | +50/+34 | +59/+34 | +54/+43 | +59/+43 | +68/+43 | +65/+54 | +70/+54 | +79/+54 | +81/+70 | +86/+70 | +95/+70 | +109/+70 | +97/+81 | +113/+97 | +130/+114 | +152/+136 |
| | +45/+32 | +51/+32 | +62/+32 | +54/+41 | +60/+41 | +71/+41 | +66/+53 | +72/+53 | +83/+53 | +79/+66 | +85/+66 | +96/+66 | +100/+87 | +106/+87 | +117/+87 | +133/+87 | +121/+102 | +141/+122 | +163/+144 | +191/+172 |
| | +45/+32 | +51/+32 | +62/+32 | +56/+43 | +62/+43 | +72/+43 | +72/+59 | +78/+59 | +89/+59 | +88/+75 | +94/+75 | +105/+75 | +115/+102 | +121/+102 | +132/+102 | +148/+102 | +139/+120 | +165/+146 | +193/+174 | +229/+210 |
| | +52/+37 | +59/+37 | +72/+37 | +66/+51 | +73/+51 | +86/+51 | +86/+71 | +93/+71 | +106/+71 | +106/+91 | +113/+91 | +126/+91 | +139/+124 | +146/+124 | +159/+124 | +178/+124 | +168/+146 | +200/+178 | +236/+214 | +280/+258 |
| | +52/+37 | +59/+37 | +72/+37 | +69/+54 | +76/+54 | +89/+54 | +94/+79 | +101/+79 | +114/+79 | +119/+104 | +126/+104 | +139/+104 | +159/+144 | +166/+144 | +179/+144 | +198/+144 | +194/+172 | +232/+210 | +276/+254 | +332/+310 |
| | +61/+43 | +68/+43 | +83/+43 | +81/+63 | +88/+63 | +103/+63 | +110/+92 | +117/+92 | +132/+92 | +140/+122 | +147/+122 | +162/+122 | +188/+170 | +195/+170 | +210/+170 | +233/+170 | +227/+202 | +273/+248 | +325/+300 | +390/+356 |
| | +61/+43 | +68/+43 | +83/+43 | +83/+65 | +90/+65 | +105/+65 | +118/+100 | +125/+100 | +140/+100 | +152/+134 | +159/+134 | +174/+134 | +208/+190 | +215/+190 | +230/+190 | +253/+190 | +253/+228 | +305/+280 | +365/+340 | +440/+415 |
| | +61/+43 | +68/+43 | +83/+43 | +86/+68 | +93/+68 | +108/+68 | +126/+108 | +133/+108 | +148/+108 | +164/+146 | +171/+146 | +186/+146 | +228/+210 | +235/+210 | +250/+210 | +273/+210 | +277/+252 | +335/+310 | +405/+380 | +490/+465 |
| | +70/+50 | +79/+50 | +96/+50 | +91/+77 | +106/+77 | +123/+77 | +142/+122 | +151/+122 | +168/+122 | +186/+166 | +195/+166 | +212/+166 | +256/+236 | +265/+236 | +282/+236 | +308/+236 | +313/+284 | +379/+350 | +454/+425 | +549/+520 |
| | +70/+50 | +79/+50 | +96/+50 | +100/+80 | +109/+80 | +126/+80 | +150/+130 | +159/+130 | +176/+130 | +200/+180 | +209/+180 | +226/+180 | +278/+258 | +287/+258 | +304/+258 | +330/+258 | +339/+310 | +414/+385 | +499/+470 | +604/+575 |
| | +70/+50 | +79/+50 | +96/+50 | +104/+84 | +113/+84 | +130/+84 | +160/+140 | +169/+140 | +186/+140 | +216/+196 | +225/+196 | +242/+196 | +304/+284 | +313/+284 | +330/+284 | +356/+284 | +369/+340 | +454/+425 | +549/+520 | +669/+640 |
| | +79/+56 | +88/+56 | +108/+56 | +117/+94 | +126/+94 | +146/+94 | +181/+158 | +190/+158 | +210/+158 | +241/+218 | +250/+218 | +270/+218 | +338/+315 | +347/+315 | +367/+315 | +396/+315 | +417/+385 | +507/+475 | +612/+580 | +742/+710 |
| | +79/+56 | +88/+56 | +108/+56 | +121/+98 | +130/+98 | +150/+98 | +193/+170 | +202/+170 | +222/+170 | +263/+240 | +272/+240 | +292/+240 | +373/+350 | +382/+350 | +402/+350 | +431/+350 | +457/+425 | +557/+525 | +682/+650 | +822/+790 |
| | +87/+62 | +98/+62 | +119/+62 | +133/+108 | +144/+108 | +165/+108 | +215/+190 | +226/+190 | +247/+190 | +293/+268 | +304/+268 | +325/+268 | +415/+390 | +426/+390 | +447/+390 | +479/+390 | +511/+475 | +626/+590 | +766/+730 | +936/+900 |
| | +87/+62 | +98/+62 | +119/+62 | +139/+114 | +150/+114 | +171/+114 | +233/+208 | +244/+208 | +265/+208 | +319/+294 | +330/+294 | +351/+294 | +460/+435 | +471/+435 | +492/+435 | +524/+435 | +566/+530 | +696/+660 | +856/+820 | +1 036/+1 000 |
| | +95/+68 | +108/+68 | +131/+68 | +153/+126 | +166/+126 | +189/+126 | +259/+232 | +272/+232 | +295/+232 | +357/+330 | +370/+330 | +393/+330 | +517/+490 | +530/+490 | +553/+490 | +587/+490 | +635/+595 | +780/+740 | +960/+920 | +1 140/+1 100 |
| | +95/+68 | +108/+68 | +131/+68 | +159/+132 | +172/+132 | +195/+132 | +279/+252 | +292/+252 | +315/+252 | +387/+360 | +400/+360 | +423/+360 | +567/+540 | +580/+540 | +603/+540 | +637/+540 | +700/+660 | +860/+820 | +1 040/+1 000 | +1 290/+1 250 |

表 18.6　孔的极限偏差（GB/T 1800.4—2009 摘录）

| 基本尺寸/mm | | A | B | | C | | | D | | | | | E | | | F |
|---|---|---|---|---|---|---|---|---|---|---|---|---|---|---|---|---|
| 大于 | 至 | 11* | 11* | 12* | 10 | ▲11 | 12 | 7 | 8* | ▲9 | 10* | 11* | 8* | 9* | 10 | 6* |
| — | 3 | +330 +270 | +200 +140 | +240 +140 | +100 +60 | +120 +60 | +160 +60 | +30 +20 | +34 +20 | +45 +20 | +60 +20 | +80 +20 | +28 +14 | +39 +14 | +54 +14 | +12 +6 |
| 3 | 6 | +345 +270 | +215 +140 | +260 +140 | +118 +70 | +145 +70 | +190 +70 | +42 +30 | +48 +30 | +60 +30 | +78 +30 | +105 +30 | +38 +20 | +50 +20 | +68 +20 | +18 +10 |
| 6 | 10 | +370 +280 | +240 +150 | +300 +150 | +138 +80 | +170 +80 | +230 +80 | +55 +40 | +62 +40 | +76 +40 | +98 +40 | +130 +40 | +47 +25 | +61 +25 | +83 +25 | +22 +13 |
| 10 | 14 | +400 +290 | +260 +150 | +330 +150 | +165 +95 | +205 +95 | +275 +95 | +68 +50 | +77 +50 | +93 +50 | +120 +50 | +160 +50 | +59 +32 | +75 +32 | +102 +32 | +27 +16 |
| 14 | 18 | | | | | | | | | | | | | | | |
| 18 | 24 | +430 +300 | +290 +160 | +370 +160 | +194 +110 | +240 +110 | +320 +110 | +86 +65 | +98 +65 | +117 +65 | +149 +65 | +195 +65 | +73 +40 | +92 +40 | +124 +40 | +33 +20 |
| 24 | 30 | | | | | | | | | | | | | | | |
| 30 | 40 | +470 +310 | +330 +170 | +420 +170 | +220 +120 | +280 +120 | +370 +120 | +105 +80 | +119 +80 | +142 +80 | +180 +80 | +240 +80 | +89 +50 | +112 +50 | +150 +50 | +41 +25 |
| 40 | 50 | +480 +320 | +340 +180 | +430 +180 | +230 +130 | +290 +130 | +380 +130 | | | | | | | | | |
| 50 | 65 | +530 +340 | +380 +190 | +490 +190 | +260 +140 | +330 +140 | +440 +140 | +130 +100 | +146 +100 | +174 +100 | +220 +100 | +290 +100 | +106 +60 | +134 +60 | +180 +60 | +49 +30 |
| 65 | 80 | +550 +360 | +390 +200 | +500 +200 | +270 +150 | +340 +150 | +450 +150 | | | | | | | | | |
| 80 | 100 | +600 +380 | +440 +220 | +570 +220 | +310 +170 | +390 +170 | +520 +170 | +155 +120 | +174 +120 | +207 +120 | +260 +120 | +340 +120 | +126 +72 | +159 +72 | +212 +72 | +58 +36 |
| 100 | 120 | +630 +410 | +460 +240 | +590 +240 | +320 +180 | +400 +180 | +530 +180 | | | | | | | | | |
| 120 | 140 | +710 +460 | +510 +260 | +660 +260 | +360 +200 | +450 +200 | +600 +200 | +185 +145 | +208 +145 | +245 +145 | +305 +145 | +395 +145 | +148 +85 | +185 +85 | +245 +85 | +68 +43 |
| 140 | 160 | +770 +520 | +530 +280 | +680 +280 | +370 +210 | +460 +210 | +610 +210 | | | | | | | | | |
| 160 | 180 | +830 +580 | +560 +310 | +710 +310 | +390 +230 | +480 +230 | +630 +230 | | | | | | | | | |
| 180 | 200 | +950 +660 | +630 +340 | +800 +340 | +425 +240 | +530 +240 | +700 +240 | +216 +170 | +242 +170 | +285 +170 | +355 +170 | +460 +170 | +172 +100 | +215 +100 | +285 +100 | +79 +50 |
| 200 | 225 | +1 030 +740 | +670 +380 | +840 +380 | +445 +260 | +550 +260 | +720 +260 | | | | | | | | | |
| 225 | 250 | +1 110 +820 | +710 +420 | +880 +420 | +465 +280 | +570 +280 | +740 +280 | | | | | | | | | |
| 250 | 280 | +1 240 +920 | +800 +480 | +1 000 +480 | +510 +300 | +620 +300 | +820 +300 | +242 +190 | +271 +190 | +320 +190 | +400 +190 | +510 +190 | +191 +110 | +240 +110 | +320 +110 | +88 +56 |
| 280 | 315 | +1 370 +1 050 | +860 +540 | +1 060 +540 | +540 +330 | +650 +330 | +850 +330 | | | | | | | | | |
| 315 | 355 | +1 560 +1 200 | +960 +600 | +1 170 +600 | +590 +360 | +720 +360 | +930 +360 | +267 +210 | +299 +210 | +350 +210 | +440 +210 | +570 +210 | +214 +125 | +265 +125 | +355 +125 | +98 +62 |
| 355 | 400 | +1 710 +1 350 | +1 040 +680 | +1 250 +680 | +630 +400 | +760 +400 | +970 +400 | | | | | | | | | |
| 400 | 450 | +1 900 +1 500 | +1 160 +760 | +1 390 +760 | +690 +440 | +840 +440 | +1 070 +440 | +293 +230 | +327 +230 | +385 +230 | +480 +230 | +630 +230 | +232 +135 | +290 +135 | +385 +135 | +108 +68 |
| 450 | 500 | +2 050 +1 650 | +1 240 +840 | +1 470 +840 | +730 +480 | +880 +480 | +1 110 +480 | | | | | | | | | |

注:①基本尺寸小于 1 mm 时,各级的 A 和 B 均不采用。

②" ▲"为优先公差带," * "为常用公差带,其余为一般用途公差带。

单位:μm

| 带 | | | | | | | | | | | | | |
|---|---|---|---|---|---|---|---|---|---|---|---|---|---|
| F | | | G | | | H | | | | | | | |
| 7* | ▲8 | 9* | 5 | 6* | ▲7 | 5 | 6* | ▲7 | ▲8 | ▲9 | 10* | ▲11 | 12* | 13 |
| +16<br>+6 | +20<br>+6 | +31<br>+6 | +6<br>+2 | +8<br>+2 | +12<br>+2 | +4<br>0 | +6<br>0 | +10<br>0 | +14<br>0 | +25<br>0 | +40<br>0 | +60<br>0 | +100<br>0 | +140<br>0 |
| +22<br>+10 | +28<br>+10 | +40<br>+10 | +9<br>+4 | +12<br>+4 | +16<br>+4 | +5<br>0 | +8<br>0 | +12<br>0 | +18<br>0 | +30<br>0 | +48<br>0 | +75<br>0 | +120<br>0 | +180<br>0 |
| +28<br>+13 | +35<br>+13 | +49<br>+13 | +11<br>+5 | +14<br>+5 | +20<br>+5 | +6<br>0 | +9<br>0 | +15<br>0 | +22<br>0 | +36<br>0 | +58<br>0 | +90<br>0 | +150<br>0 | +220<br>0 |
| +34<br>+16 | +43<br>+16 | +59<br>+16 | +14<br>+6 | +17<br>+6 | +24<br>+6 | +8<br>0 | +11<br>0 | +18<br>0 | +27<br>0 | +43<br>0 | +70<br>0 | +110<br>0 | +180<br>0 | +270<br>0 |
| +41<br>+20 | +53<br>+20 | +72<br>+20 | +16<br>+7 | +20<br>+7 | +28<br>+7 | +9<br>0 | +13<br>0 | +21<br>0 | +33<br>0 | +52<br>0 | +84<br>0 | +130<br>0 | +210<br>0 | +330<br>0 |
| +50<br>+25 | +64<br>+25 | +87<br>+25 | +20<br>+9 | +25<br>+9 | +34<br>+9 | +11<br>0 | +16<br>0 | +25<br>0 | +39<br>0 | +62<br>0 | +100<br>0 | +160<br>0 | +250<br>0 | +390<br>0 |
| +60<br>+30 | +76<br>+30 | +104<br>+30 | +23<br>+10 | +29<br>+10 | +40<br>+10 | +13<br>0 | +19<br>0 | +30<br>0 | +46<br>0 | +74<br>0 | +120<br>0 | +190<br>0 | +300<br>0 | +460<br>0 |
| +71<br>+36 | +90<br>+36 | +123<br>+36 | +27<br>+12 | +34<br>+12 | +47<br>+12 | +15<br>0 | +22<br>0 | +35<br>0 | +54<br>0 | +87<br>0 | +140<br>0 | +220<br>0 | +350<br>0 | +540<br>0 |
| +83<br>+43 | +106<br>+43 | +143<br>+43 | +32<br>+14 | +39<br>+14 | +54<br>+14 | +18<br>0 | +25<br>0 | +40<br>0 | +63<br>0 | +100<br>0 | +160<br>0 | +250<br>0 | +400<br>0 | +630<br>0 |
| +96<br>+50 | +122<br>+50 | +165<br>+50 | +35<br>+15 | +44<br>+15 | +61<br>+15 | +20<br>0 | +29<br>0 | +46<br>0 | +72<br>0 | +115<br>0 | +185<br>0 | +290<br>0 | +460<br>0 | +720<br>0 |
| +108<br>+56 | +137<br>+56 | +186<br>+56 | +40<br>+17 | +49<br>+17 | +69<br>+17 | +23<br>0 | +32<br>0 | +52<br>0 | +81<br>0 | +130<br>0 | +210<br>0 | +320<br>0 | +520<br>0 | +810<br>0 |
| +119<br>+62 | +151<br>+62 | +202<br>+62 | +43<br>+18 | +54<br>+18 | +75<br>+18 | +25<br>0 | +36<br>0 | +57<br>0 | +89<br>0 | +140<br>0 | +230<br>0 | +360<br>0 | +570<br>0 | +890<br>0 |
| +131<br>+68 | +165<br>+68 | +223<br>+68 | +47<br>+20 | +60<br>+20 | +83<br>+20 | +27<br>0 | +40<br>0 | +63<br>0 | +97<br>0 | +155<br>0 | +250<br>0 | +400<br>0 | +630<br>0 | +970<br>0 |

续表

| 基本尺寸/mm | | J | | | JS | | | | | | K | | | M | | 公差 |
|---|---|---|---|---|---|---|---|---|---|---|---|---|---|---|---|---|
| 大于 | 至 | 6 | 7 | 8 | 5 | 6* | 7* | 8* | 9 | 10 | 6* | ▲7 | 8* | 6* | 7* | 8* |
| — | 3 | +2 −4 | +4 −6 | +6 −8 | ±2 | ±3 | ±5 | ±7 | ±12 | ±20 | 0 −6 | 0 −10 | 0 −14 | −2 −8 | −2 −12 | −2 −16 |
| 3 | 6 | +5 −3 | ±6 | +10 −8 | ±2.5 | ±4 | ±6 | ±9 | ±15 | ±24 | +2 −6 | +3 −9 | +5 −13 | −1 −9 | 0 −12 | +2 −16 |
| 6 | 10 | +5 −4 | +8 −7 | +12 −10 | ±3 | ±4.5 | ±7 | ±11 | ±18 | ±29 | +2 −7 | +5 −10 | +6 −16 | −3 −12 | 0 −15 | +1 −21 |
| 10 | 14 | +6 −5 | +10 −8 | +15 −12 | ±4 | ±5.5 | ±9 | ±13 | ±21 | ±36 | +2 −9 | +6 −12 | +8 −19 | −4 −15 | 0 −18 | +2 −25 |
| 14 | 18 | | | | | | | | | | | | | | | |
| 18 | 24 | +8 −5 | +12 −9 | +20 −13 | ±4.5 | ±6.5 | ±10 | ±16 | ±26 | ±42 | +2 −11 | +6 −15 | +10 −23 | −4 −17 | 0 −21 | +4 −29 |
| 24 | 30 | | | | | | | | | | | | | | | |
| 30 | 40 | +10 −6 | +14 −11 | +24 −15 | ±5.5 | ±8 | ±12 | ±19 | ±31 | ±50 | +3 −13 | +7 −18 | +12 −27 | −4 −20 | 0 −25 | +5 −34 |
| 40 | 50 | | | | | | | | | | | | | | | |
| 50 | 65 | +13 −6 | +18 −12 | +28 −18 | ±6.5 | ±9.5 | ±15 | ±23 | ±37 | ±60 | +4 −15 | +9 −21 | +14 −32 | −5 −24 | 0 −30 | +5 −41 |
| 65 | 80 | | | | | | | | | | | | | | | |
| 80 | 100 | +16 −6 | +22 −13 | +34 −20 | ±7.5 | ±11 | ±17 | ±27 | ±43 | ±70 | +4 −18 | +10 −25 | +16 −38 | −6 −28 | 0 −35 | +6 −48 |
| 100 | 120 | | | | | | | | | | | | | | | |
| 120 | 140 | +18 −7 | +26 −14 | +41 −22 | ±9 | ±12.5 | ±20 | ±31 | ±50 | ±80 | +4 −21 | +12 −28 | +20 −43 | −8 −33 | 0 −40 | +8 −55 |
| 140 | 160 | | | | | | | | | | | | | | | |
| 160 | 180 | | | | | | | | | | | | | | | |
| 180 | 200 | +22 −7 | +30 −16 | +47 −25 | ±10 | ±14.5 | ±23 | ±36 | ±57 | ±92 | +5 −24 | +13 −33 | +22 −50 | −8 −37 | 0 −46 | +9 −63 |
| 200 | 225 | | | | | | | | | | | | | | | |
| 225 | 250 | | | | | | | | | | | | | | | |
| 250 | 280 | +25 −7 | +36 −16 | +55 −26 | ±11.5 | ±16 | ±26 | ±40 | ±65 | ±105 | +5 −27 | +16 −36 | +25 −56 | −9 −41 | 0 −52 | +9 −72 |
| 280 | 315 | | | | | | | | | | | | | | | |
| 315 | 355 | +29 −7 | +39 −18 | +60 −29 | ±12.5 | ±18 | ±28 | ±44 | ±70 | ±115 | +7 −29 | +17 −40 | +28 −61 | −10 −46 | 0 −57 | +11 −78 |
| 355 | 400 | | | | | | | | | | | | | | | |
| 400 | 450 | +33 −7 | +43 −20 | +66 −31 | ±13.5 | ±20 | ±31 | ±48 | ±77 | ±125 | +8 −32 | +18 −45 | +29 −68 | −10 −50 | 0 −63 | +11 −86 |
| 450 | 500 | | | | | | | | | | | | | | | |

带

| N | | | P | | | | R | | | S | | T | | U |
|---|---|---|---|---|---|---|---|---|---|---|---|---|---|---|
| 6* | ▲7 | 8* | 6* | ▲7 | 8 | 9 | 6* | 7* | 8 | 6* | ▲7 | 6* | 7* | ▲7 |
| -4/-10 | -4/-14 | -4/-18 | -6/-12 | -6/-16 | -6/-20 | -6/-31 | -10/-16 | -10/-20 | -10/-24 | -14/-20 | -14/-24 | — | — | -18/-28 |
| -5/-13 | -4/-16 | -2/-20 | -9/-17 | -8/-20 | -12/-30 | -12/-42 | -12/-20 | -11/-23 | -15/-33 | -16/-24 | -15/-27 | — | — | -19/-31 |
| -7/-16 | -4/-19 | -3/-25 | -12/-21 | -9/-24 | -15/-37 | -15/-51 | -16/-25 | -13/-28 | -19/-41 | -20/-29 | -17/-32 | — | — | -22/-37 |
| -9/-20 | -5/-23 | -3/-30 | -15/-26 | -11/-29 | -18/-45 | -18/-61 | -20/-31 | -16/-34 | -23/-50 | -25/-36 | -21/-39 | — | — | -26/-44 |
| -11/-24 | -7/-28 | -3/-36 | -18/-31 | -14/-35 | -22/-55 | -22/-74 | -24/-37 | -20/-41 | -28/-61 | -31/-44 | -27/-48 | — | — | -33/-54 |
|  |  |  |  |  |  |  |  |  |  |  |  | -37/-50 | -33/-54 | -40/-61 |
| -12/-28 | -8/-33 | -3/-42 | -21/-37 | -17/-42 | -26/-65 | -26/-88 | -29/-45 | -25/-50 | -34/-73 | -38/-54 | -34/-59 | -43/-59 | -39/-64 | -51/-76 |
|  |  |  |  |  |  |  |  |  |  |  |  | -49/-65 | -45/-70 | -61/-86 |
| -14/-33 | -9/-39 | -4/-50 | -26/-45 | -21/-51 | -32/-78 | -32/-106 | -35/-54 | -30/-60 | -41/-87 | -47/-66 | -42/-72 | -60/-79 | -55/-85 | -76/-106 |
|  |  |  |  |  |  |  | -37/-56 | -32/-62 | -43/-89 | -53/-72 | -48/-78 | -69/-88 | -64/-94 | -91/-121 |
| -16/-38 | -10/-45 | -4/-58 | -30/-52 | -24/-59 | -37/-91 | -37/-124 | -44/-66 | -38/-73 | -51/-105 | -64/-86 | -58/-93 | -84/-106 | -78/-113 | -111/-146 |
|  |  |  |  |  |  |  | -47/-69 | -41/-76 | -54/-108 | -72/-94 | -66/-101 | -97/-119 | -91/-126 | -131/-166 |
| -20/-45 | -12/-52 | -4/-67 | -36/-61 | -28/-68 | -43/-106 | -43/-143 | -56/-81 | -48/-88 | -63/-126 | -85/-110 | -77/-117 | -115/-140 | -107/-147 | -155/-195 |
|  |  |  |  |  |  |  | -58/-83 | -50/-90 | -65/-128 | -93/-118 | -85/-125 | -127/-152 | -119/-159 | -175/-215 |
|  |  |  |  |  |  |  | -61/-86 | -53/-93 | -68/-131 | -101/-126 | -93/-133 | -139/-164 | -131/-171 | -195/-235 |
| -22/-51 | -14/-60 | -5/-77 | -41/-70 | -33/-79 | -50/-122 | -50/-165 | -68/-97 | -60/-106 | -77/-149 | -113/-142 | -105/-151 | -157/-186 | -149/-195 | -219/-265 |
|  |  |  |  |  |  |  | -71/-100 | -63/-109 | -80/-152 | -121/-150 | -113/-159 | -171/-200 | -163/-209 | -241/-287 |
|  |  |  |  |  |  |  | -75/-104 | -67/-113 | -84/-156 | -131/-160 | -123/-169 | -187/-216 | -179/-225 | -267/-313 |
| -25/-57 | -14/-66 | -5/-86 | -47/-79 | -36/-88 | -56/-137 | -56/-186 | -85/-117 | -74/-126 | -94/-175 | -149/-181 | -138/-190 | -209/-241 | -198/-250 | -295/-347 |
|  |  |  |  |  |  |  | -89/-121 | -78/-130 | -98/-179 | -161/-193 | -150/-202 | -231/-263 | -220/-272 | -330/-382 |
| -26/-62 | -16/-73 | -5/-94 | -51/-87 | -41/-98 | -62/-151 | -62/-202 | -97/-133 | -87/-144 | -108/-197 | -179/-215 | -169/-226 | -257/-293 | -247/-304 | -369/-426 |
|  |  |  |  |  |  |  | -103/-139 | -93/-150 | -114/-203 | -197/-233 | -187/-244 | -283/-319 | -273/-330 | -414/-471 |
| -27/-67 | -17/-80 | -6/-103 | -55/-95 | -45/-108 | -68/-165 | -68/-223 | -113/-153 | -103/-166 | -126/-223 | -219/-259 | -209/-272 | -317/-357 | -307/-370 | -467/-530 |
|  |  |  |  |  |  |  | -119/-159 | -109/-172 | -132/-229 | -239/-279 | -229/-292 | -347/-387 | -337/-400 | -517/-580 |

表 18.7　线性尺寸的未注公差（GB/T 1804—2000）

单位：mm

| 公差等级 | 线性尺寸的极限偏差数值 | | | | | | | | 倒圆半径与倒角高度尺寸的极限偏差数值 | | | |
|---|---|---|---|---|---|---|---|---|---|---|---|---|
| | 基本尺寸分段 | | | | | | | | 基本尺寸分段 | | | |
| | 0.5～3 | >3 ~6 | >6 ~30 | >30 ~120 | >120 ~400 | >400 ~1 000 | >1 000 ~2 000 | >2 000 ~4 000 | 0.5～3 | >3 ~6 | >6 ~30 | >30 |
| 精确 f | ±0.05 | ±0.05 | ±0.1 | ±0.15 | ±0.2 | ±0.3 | ±0.5 | — | ±0.2 | ±0.5 | ±1 | ±2 |
| 中等 m | ±0.1 | ±0.1 | ±0.2 | ±0.3 | ±0.5 | ±0.8 | ±1.2 | ±2 | | | | |
| 粗糙 c | ±0.2 | ±0.3 | ±0.5 | ±0.8 | ±1.2 | ±2 | ±3 | ±4 | ±0.4 | ±1 | ±2 | ±4 |
| 最粗 v | — | ±0.5 | ±1 | ±1.5 | ±2.5 | ±4 | ±6 | ±8 | | | | |
| 在图样上技术文件或标准中的表示方法示例：GB/T 1804—m（表示选用中等级） | | | | | | | | | | | | |

# 18.2　形状和位置公差

表 18.8　形状和位置公差特征项目的符号及其标注（GB/T 1182—2008 摘录）

| 公差特征项目的符号 | | | | | | 被测要素、基准要素的标注要求及其他附加符号 | | | |
|---|---|---|---|---|---|---|---|---|---|
| 公差 | 特征项目 | 符号 | 公差 | 特征项目 | 符号 | 说明 | 符号 | 说明 | 符号 |
| 形状公差 | 形状 | 直线度 ── | 位置公差 | 定向 | 平行度 // | 被测要素的标注 | 直接 | 最大实体要求 | Ⓜ |
| | | 平面度 ▱ | | | 垂直度 ⊥ | | | | |
| | | | | | 倾斜度 ∠ | | 用字母 | 最小实体要求 | Ⓛ |
| | | 圆度 ○ | | 定位 | 同轴度 ◎ | | | | |
| | | | | | 对称度 ═ | 基准要素的标注 | | 可逆要求 | Ⓡ |
| | | 圆柱度 ⌭ | | | 位置度 ⨁ | 基准目标的标注 | ⌀2/A1 | 延伸公差带 | Ⓟ |
| 形状或位置公差 | 轮廓 | 线轮廓度 ⌒ | | 跳动 | 圆跳动 ↗ | 理论正确尺寸 | 50 | 自由状态（非刚性零件）条件 | Ⓕ |
| | | 面轮廓度 ◠ | | | 全跳动 ⫽ | 包容要求 | Ⓔ | 全周（轮廓） | ⌀ |

公差框格

公差要求在矩形方框中给出，该方框由两格或多格组成。框格中的内容从左到右按以下次序填写：
——公差特征的符号；
——公差值；
——如需要，用一个或多个字母表示基准要素或基准体系。
（h 为图样中采用字体的高度）

**表 18.9　直线度、平面度公差**（GB/T 1184—1996 摘录）

单位：μm

主要参数 *L* 图例

| 精度等级 | 主参数 *L*/mm | | | | | | | | | | | | | 应用举例 |
|---|---|---|---|---|---|---|---|---|---|---|---|---|---|---|
| | ≤10 | >10 ~16 | >16 ~25 | >25 ~40 | >40 ~63 | >63 ~100 | >100 ~160 | >160 ~250 | >250 ~400 | >400 ~630 | >630 ~1 000 | >1 000 ~1 600 | >1 600 ~2 500 | |
| 5 | 2 | 2.5 | 3 | 4 | 5 | 6 | 8 | 10 | 12 | 15 | 20 | 25 | 30 | 普通精度机床导轨，柴油机进、排气门导杆 |
| 6 | 3 | 4 | 5 | 6 | 8 | 10 | 12 | 15 | 20 | 25 | 30 | 40 | 50 | |
| 7 | 5 | 6 | 8 | 10 | 12 | 15 | 20 | 25 | 30 | 40 | 50 | 60 | 80 | 轴承体的支承面，压力机导轨及滑块，减速器箱体、油泵、轴系支承轴承的接合面 |
| 8 | 8 | 10 | 12 | 15 | 20 | 25 | 30 | 40 | 50 | 60 | 80 | 100 | 120 | |
| 9 | 12 | 15 | 20 | 25 | 30 | 40 | 50 | 60 | 80 | 100 | 120 | 150 | 200 | 辅助机构及手动机械的支承面，液压管件和法兰的连接面 |
| 10 | 20 | 25 | 30 | 40 | 50 | 60 | 80 | 100 | 120 | 150 | 200 | 250 | 300 | |
| 11 | 30 | 40 | 50 | 60 | 80 | 100 | 120 | 150 | 200 | 250 | 300 | 400 | 500 | 离合器的摩擦片，汽车发动机缸盖接合面 |
| 12 | 60 | 80 | 100 | 120 | 150 | 200 | 250 | 300 | 400 | 500 | 600 | 800 | 1 000 | |

| 应用举例 | | | |
|---|---|---|---|
| 标注示例 | 说　明 | 标注示例 | 说　明 |
| | 圆柱表面任一素线必须位于轴向平面内，距离为公差值 0.02 mm 的两平行平面之间 | | *φd* 圆柱体的轴线必须位于直径为公差值 0.04 mm 的圆柱面内 |
| | 棱线必须位于箭头所示方向，距离为公差值 0.02 mm 的两平行平面内 | | 上表面必须位于距离为公差值 0.1 mm 的两平行平面内 |

注：表中"应用举例"非 GB/T 1184—1996 内容，仅供参考。

表 18.10　圆度、圆柱度公差（GB/T 1184—1996 摘录）

单位：μm

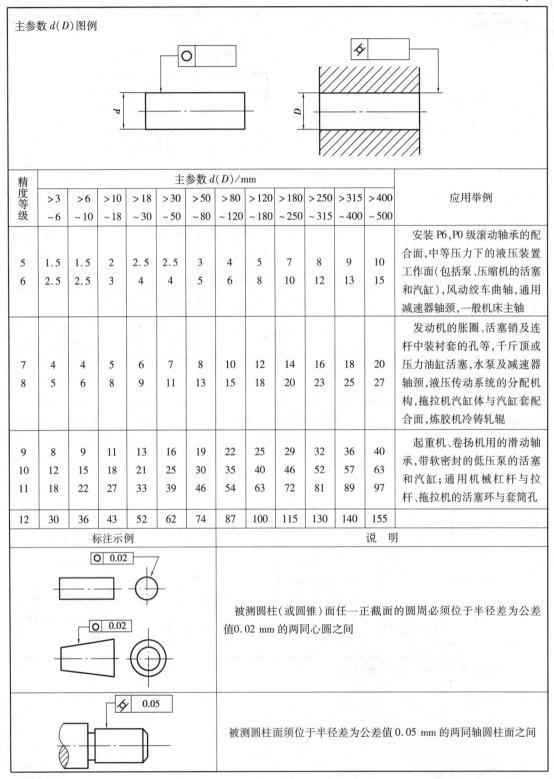

| 精度等级 | 主参数 $d(D)$/mm | | | | | | | | | | | | 应用举例 |
|---|---|---|---|---|---|---|---|---|---|---|---|---|---|
| | >3 ~6 | >6 ~10 | >10 ~18 | >18 ~30 | >30 ~50 | >50 ~80 | >80 ~120 | >120 ~180 | >180 ~250 | >250 ~315 | >315 ~400 | >400 ~500 | |
| 5 | 1.5 | 1.5 | 2 | 2.5 | 2.5 | 3 | 4 | 5 | 7 | 8 | 9 | 10 | 安装 P6,P0 级滚动轴承的配合面,中等压力下的液压装置工作面(包括泵、压缩机的活塞和汽缸),风动绞车曲轴,通用减速器轴颈,一般机床主轴 |
| 6 | 2.5 | 2.5 | 3 | 4 | 4 | 5 | 6 | 8 | 10 | 12 | 13 | 15 | |
| 7 | 4 | 4 | 5 | 6 | 7 | 8 | 10 | 12 | 14 | 16 | 18 | 20 | 发动机的胀圈、活塞销及连杆中装衬套的孔等,千斤顶或压力油缸活塞,水泵及减速器轴颈,液压传动系统的分配机构,拖拉机汽缸体与汽缸套配合面,炼胶机冷铸轧辊 |
| 8 | 5 | 6 | 8 | 9 | 11 | 13 | 15 | 18 | 20 | 23 | 25 | 27 | |
| 9 | 8 | 9 | 11 | 13 | 16 | 19 | 22 | 25 | 29 | 32 | 36 | 40 | 起重机、卷扬机用的滑动轴承,带软密封的低压泵的活塞和汽缸;通用机械杠杆与拉杆、拖拉机的活塞环与套筒孔 |
| 10 | 12 | 15 | 18 | 21 | 25 | 30 | 35 | 40 | 46 | 52 | 57 | 63 | |
| 11 | 18 | 22 | 27 | 33 | 39 | 46 | 54 | 63 | 72 | 81 | 89 | 97 | |
| 12 | 30 | 36 | 43 | 52 | 62 | 74 | 87 | 100 | 115 | 130 | 140 | 155 | |

| 标注示例 | 说　明 |
|---|---|
| | 被测圆柱(或圆锥)面任一正截面的圆周必须位于半径差为公差值 0.02 mm 的两同心圆之间 |
| | 被测圆柱面须位于半径差为公差值 0.05 mm 的两同轴圆柱面之间 |

注:同表 18.9。

表 18.11 平行度、垂直度、倾斜度公差（GB/T 1184—1996 摘录）

单位：μm

主参数 L、d(D) 图例

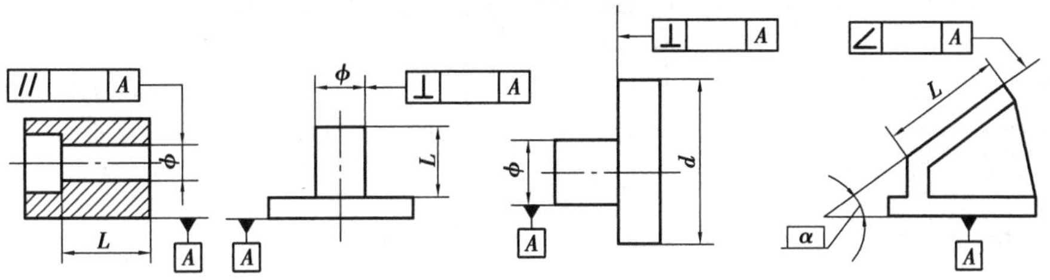

平行度　　　　　　　　垂直度　　　　　　　　倾斜度

| 精度等级 | 主参数 L,d(D)/mm | | | | | | | | | | | | | 应用举例 | |
|---|---|---|---|---|---|---|---|---|---|---|---|---|---|---|---|
| | ≤10 | >10~16 | >16~25 | >25~40 | >40~63 | >63~100 | >100~160 | >160~250 | >250~400 | >400~630 | >630~1 000 | >1 000~1 600 | >1 600~2 500 | 平行度 | 垂直度 |
| 5 | 5 | 6 | 8 | 10 | 12 | 15 | 20 | 25 | 30 | 40 | 50 | 60 | 80 | 机床主轴孔对基准面要求，重要轴承孔对基准面要求，床头箱体重要孔间要求，一般减速器壳体孔、齿轮泵的轴孔端面等 | 机床重要支承面，发动机轴和离合器的凸缘，汽缸的支承端面，装 P4,P5 级轴承的箱体的凸肩 |
| 6 | 8 | 10 | 12 | 15 | 20 | 25 | 30 | 40 | 50 | 60 | 80 | 100 | 120 | 一般机床零件的工作面或基准面，压力机和锻锤的工作面，中等精度钻模的工作面，一般刀、量、模具 | 低精度机床主要基准面和工作面、回转工作台端面跳动，一般导轨，主轴箱体孔，刀架、砂轮架及工作台回转中心，机床轴肩、汽缸配合面对其轴线，活塞销孔对活塞中心线以及装 P6,P0 级轴承壳体孔的轴线等 |
| 7 | 12 | 15 | 20 | 25 | 30 | 40 | 50 | 60 | 80 | 100 | 120 | 150 | 200 | 机床一般轴承孔对基准面的要求，床头箱一般孔间要求，汽缸轴线，变速器箱孔，主轴花键对定心直径，重型机械轴承盖的端面，卷扬机、手动传动装置中的传动轴 | |
| 8 | 20 | 25 | 30 | 40 | 50 | 60 | 80 | 100 | 120 | 150 | 200 | 250 | 300 | | |

235

续表

| 精度等级 | 主参数 $L,d(D)$/mm | | | | | | | | | | | | | 应用举例 | |
|---|---|---|---|---|---|---|---|---|---|---|---|---|---|---|---|
| | ≤10 | >10 ~16 | >16 ~25 | >25 ~40 | >40 ~63 | >63 ~100 | >100 ~160 | >160 ~250 | >250 ~400 | >400 ~630 | >630 ~1 000 | >1 000 ~1 600 | >1 600 ~2 500 | 平行度 | 垂直度 |
| 9 | 30 | 40 | 50 | 60 | 80 | 100 | 120 | 150 | 200 | 250 | 300 | 400 | 500 | 低精度零件,重型机械滚动轴承端盖 | 花键轴轴肩端面、带式输送机法兰盘等端面对轴心线,手动卷扬机及传动装置中轴承端面、减速器壳体平面等 |
| 10 | 50 | 60 | 80 | 100 | 120 | 150 | 200 | 250 | 300 | 400 | 500 | 600 | 800 | 柴油机和煤气发动机的曲轴孔、轴颈等 | |
| 11 | 80 | 100 | 120 | 150 | 200 | 250 | 300 | 400 | 500 | 600 | 800 | 1 000 | 1 200 | 零件的非工作面,卷扬机、输送机上用的减速器壳体平面 | |
| 12 | 120 | 150 | 200 | 250 | 300 | 400 | 500 | 600 | 800 | 1 000 | 1 200 | 1 500 | 2 000 | | |

| 标注示例 | 说 明 | 标注示例 | 说 明 |
|---|---|---|---|
| // 0.05 A （图）| 上表面必须位于距离为公差值0.05 mm,且平行于基准表面 $A$ 的两平行平面之间 | ⊥ 0.1 A （图）| $\phi d$ 的轴线必须位于距离为公差值0.1 mm,且垂直于基准平面的两平行平面之间(若框格内数字标注为 $\phi 0.1$ mm,则说明 $\phi d$ 的轴线必须位于直径为公差值0.1 mm,且垂直于基准平面 $A$ 的圆柱面内) |
| // 0.03 A （图）| 孔的轴线必须位于距离为公差值0.03 mm,且平行于基准表面 $A$ 的两平行平面之间 | ⊥ 0.05 A （图）| 左侧端面必须位于距离为公差值0.05 mm,且垂直于基准轴线的两平行平面之间 |

注:表中"应用举例"非 GB/T 1184—96 内容,仅供参考。

表 18.12　同轴度、对称度、圆跳动和全跳动公差（GB/T 1184—1996 摘录）

单位：μm

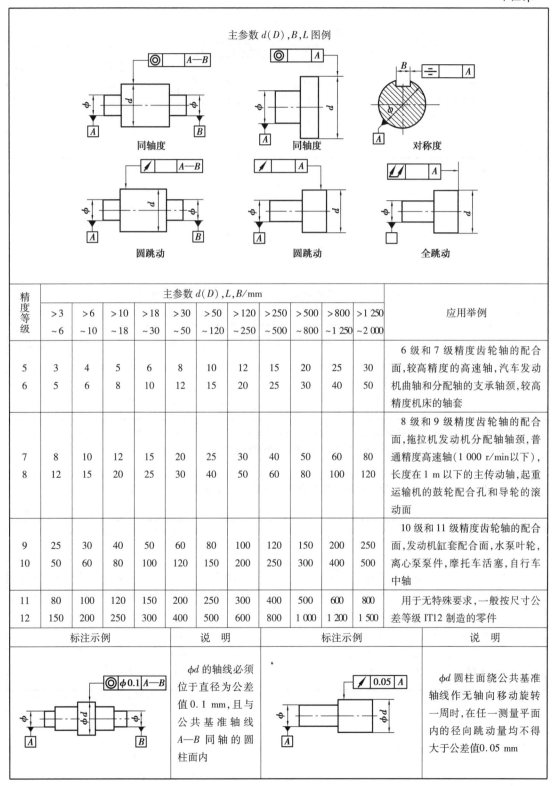

| 精度等级 | 主参数 $d(D)$，$L$，$B$/mm | | | | | | | | | | | 应用举例 |
|---|---|---|---|---|---|---|---|---|---|---|---|---|
| | >3 ~6 | >6 ~10 | >10 ~18 | >18 ~30 | >30 ~50 | >50 ~120 | >120 ~250 | >250 ~500 | >500 ~800 | >800 ~1 250 | >1 250 ~2 000 | |
| 5 | 3 | 4 | 5 | 6 | 8 | 10 | 12 | 15 | 20 | 25 | 30 | 6 级和 7 级精度齿轮轴的配合面，较高精度的高速轴，汽车发动机曲轴和分配轴的支承轴颈，较高精度机床的轴套 |
| 6 | 5 | 6 | 8 | 10 | 12 | 15 | 20 | 25 | 30 | 40 | 50 | |
| 7 | 8 | 10 | 12 | 15 | 20 | 25 | 30 | 40 | 50 | 60 | 80 | 8 级和 9 级精度齿轮轴的配合面，拖拉机发动机分配轴轴颈，普通精度高速轴（1 000 r/min 以下），长度在 1 m 以下的主传动轴，起重运输机的鼓轮配合孔和导轮的滚动面 |
| 8 | 12 | 15 | 20 | 25 | 30 | 40 | 50 | 60 | 80 | 100 | 120 | |
| 9 | 25 | 30 | 40 | 50 | 60 | 80 | 100 | 120 | 150 | 200 | 250 | 10 级和 11 级精度齿轮轴的配合面，发动机缸套配合面，水泵叶轮，离心泵泵件，摩托车活塞，自行车中轴 |
| 10 | 50 | 60 | 80 | 100 | 120 | 150 | 200 | 250 | 300 | 400 | 500 | |
| 11 | 80 | 100 | 120 | 150 | 200 | 250 | 300 | 400 | 500 | 600 | 800 | 用于无特殊要求，一般按尺寸公差等级 IT12 制造的零件 |
| 12 | 150 | 200 | 250 | 300 | 400 | 500 | 600 | 800 | 1 000 | 1 200 | 1 500 | |

| 标注示例 | 说　明 | 标注示例 | 说　明 |
|---|---|---|---|
| | $\phi d$ 的轴线必须位于直径为公差值 0.1 mm，且与公共基准轴线 $A—B$ 同轴的圆柱面内 | | $\phi d$ 圆柱面绕公共基准轴线作无轴向移动旋转一周时，在任一测量平面内的径向跳动量均不得大于公差值 0.05 mm |

续表

| 标注示例 | 说　明 | 标注示例 | 说　明 |
|---|---|---|---|
| | 键槽的中心面必须位于距离为公差值0.1 mm，且相对于基准中心平面 A 对称配置的两平行平面之间 | | 当零件绕基准轴线作无轴向移动旋转一周时，在右端面上任一测量圆柱面内轴向的跳动量均不得大于公差值0.05 mm |

注:同表18.9。

## 18.3　表面粗糙度

表 18.13　表面粗糙度主要评定参数及 $Ra$,$Rz$ 的数值系列(GB/T 1031—1995 摘录)

单位:μm

| | | | | | | | | | | |
|---|---|---|---|---|---|---|---|---|---|---|
| $Ra$ | 0.012 | 0.2 | 3.2 | 50 | $Rz$ | 0.025 | 0.4 | 6.3 | 100 | 1 600 |
| | 0.025 | 0.4 | 6.3 | 100 | | 0.05 | 0.8 | 12.5 | 200 | — |
| | 0.05 | 0.8 | 12.5 | — | | 0.1 | 1.6 | 25 | 400 | — |
| | 0.1 | 1.6 | 25 | — | | 0.2 | 3.2 | 50 | 800 | — |

注:①在表面粗糙度参数常用的参数范围内($Ra$ 为 0.025 ~ 6.3 μm, $Rz$ 为 0.1 ~ 25 μm),推荐优先选用 $Ra$。

②根据表面功能和生产的经济合理性,当选用的数值系列不能满足要求时,可选取表 18.14 中的补充系列值。

表 18.14　表面粗糙度主要评定参数及 $Ra$,$Rz$ 的补充系列值(GB/T 1031—1995 摘录)

单位:μm

| | | | | | | | | | | |
|---|---|---|---|---|---|---|---|---|---|---|
| $Ra$ | 0.008 | 0.125 | 2.0 | 32 | $Rz$ | 0.032 | 0.50 | 8.0 | 125 | — |
| | 0.010 | 0.160 | 2.5 | 40 | | 0.040 | 0.63 | 10.0 | 160 | — |
| | 0.016 | 0.25 | 4.0 | 63 | | 0.063 | 1.00 | 16.0 | 250 | — |
| | 0.020 | 0.32 | 5.0 | 80 | | 0.080 | 1.25 | 20 | 320 | — |
| | 0.032 | 0.50 | 8.0 | — | | 0.125 | 2.0 | 32 | 500 | — |
| | 0.040 | 0.63 | 10.0 | — | | 0.160 | 2.5 | 40 | 630 | — |
| | 0.063 | 1.00 | 16.0 | — | | 0.25 | 4.0 | 63 | 1 000 | — |
| | 0.080 | 1.25 | 20 | — | | 0.32 | 5.0 | 80 | 1 250 | — |

表 18.15　加工方法和表面粗糙度 $Ra$ 值的关系（参考）

单位：μm

| 加工方法 | | $Ra$ | 加工方法 | | $Ra$ | 加工方法 | | $Ra$ |
|---|---|---|---|---|---|---|---|---|
| 砂模铸造 | | $80 \sim 20^*$ | 铰孔 | 粗铰 | $40 \sim 20$ | 齿轮加工 | 插齿 | $5 \sim 1.25^*$ |
| 模型铸造 | | $80 \sim 10$ | | 半精铰，精铰 | $2.5 \sim 0.32^*$ | | 滚齿 | $2.5 \sim 1.25^*$ |
| 车外圆 | 粗车 | $20 \sim 10$ | 拉削 | 半精拉 | $2.5 \sim 0.63$ | | 剃齿 | $1.25 \sim 0.32^*$ |
| | 半精车 | $10 \sim 2.5$ | | 精拉 | $0.32 \sim 0.16$ | 切螺纹 | 板牙 | $10 \sim 2.5$ |
| | 精车 | $1.25 \sim 0.32$ | 刨削 | 粗刨 | $20 \sim 10$ | | 铣 | $5 \sim 1.25^*$ |
| 镗孔 | 粗镗 | $40 \sim 10$ | | 精刨 | $1.25 \sim 0.63$ | | 磨削 | $2.5 \sim 0.32^*$ |
| | 半精镗 | $2.5 \sim 0.63^*$ | 钳工加工 | 粗锉 | $40 \sim 10$ | 镗磨 | | $0.32 \sim 0.04$ |
| | 精镗 | $0.63 \sim 0.32$ | | 细锉 | $10 \sim 2.5$ | 研磨 | | $0.63 \sim 0.16$ |
| 圆柱铣和端铣 | 粗铣 | $20 \sim 5^*$ | | 刮削 | $2.5 \sim 0.63$ | 精研磨 | | $0.08 \sim 0.02$ |
| | 精铣 | $1.25 \sim 0.63^*$ | | 研磨 | $1.25 \sim 0.08$ | 抛光 | 一般抛 | $1.25 \sim 0.16$ |
| 钻孔，扩孔 | | $20 \sim 5$ | 插削 | | $40 \sim 2.5$ | | 精抛 | $0.08 \sim 0.04$ |
| 锪孔，锪端面 | | $5 \sim 1.25$ | 磨削 | | $5 \sim 0.01^*$ | | | |

注：①表中数据系指钢材加工而言。

　②＊为加工方法可达到的 $Ra$ 极限值。

表 18.16　标注表面结构的图形符号和完整图形符号的组成（摘自 GB/T 131—2006）

| 符　号 | | 意义及说明 |
|---|---|---|
| 基本图形符号 |  √ | 由两条不等长的与标注表面成 60° 夹角的直线构成，表示对表面结构有要求的图形符号。当不加注粗糙度参数值或有关说明（如表面处理、局部热处理状况等）时，仅适用于简化代号标注，没有补充说明时不能单独使用 |
| 扩展图形 |  ∇<br>要求去除材料 | 在基本图形符号上加一短横线，表示用去除材料的方法获得的表面，如通过机械加工（车、锉、钻、磨……）获得的表面，仅当其含义是"被加工并去除材料的表面时可单独使用 |
| |  ◯√<br>不允许去除材料 | 在基本图形符号上加一个圆圈，表示不去除材料的方法获得的表面（如铸、锻等），也可用于表示保持上道工序形成的表面，不管这种状况是通过去除材料或不去除材料形成的 |
| 完整图形符号 |  √　∇　◯√<br>允许任何工艺　去除材料　不去除材料 | 当要求标注表面结构特征的补充信息时，应在基本图形符号和扩展图形符号的长边上加一横线 |
| 工件轮廓各表面的图形符号 | 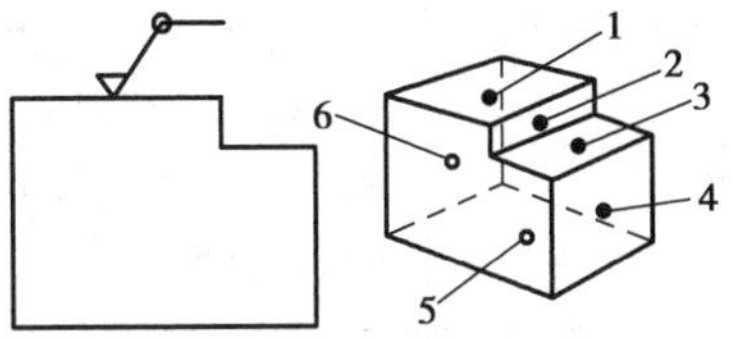 | 当在图样某个视图上构成封闭轮廓的各个表面有相同的表面结构要求时，应在完整符号上加一圆圈，标注在图样中工件的封闭轮廓线上。当标注会引起歧义时，各表面应分别标注。左图符号是指对图形中封闭轮廓的六个面的共同要求（不包括前后面） |

续表

| 符　　号 | | 意义及说明 |
|---|---|---|
| 表面结构<br>完整图形<br>符号的组成 | 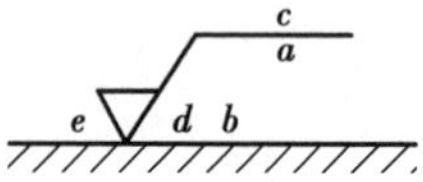 | 　　为了明确表面结构要求,除了标注表面结构参数和数值外,必要时应标注补充要求。补充要求包括传输带、取样长度、加工工艺、表面纹理及方向、加工余量等,即在完整图形符号中,对表面结构的单一要求和补充要求应注写在左图所示的指定位置。为了保证表面的功能特征,应对表面结构参数规定不同要求。图中 $a$—$e$ 位置注写以下内容:<br>　　位置 $a$——注写表面结构的单一要求,标注表面结构参数代号、极限值和传输带(传输带是两个定义的滤波器之间的波长范围,见 GB/T 6062 和 GB/T 18777)或取样长度。为了避免误解,在参数代号和极限值间应插入空格,传输带或取样长度后应有一斜线"/",之后是表面结构参数代号,最后是数值<br>　　示例 1: $0.0025 - 0.8/Pz\ 6.3$(传输带标注)<br>　　示例 2: $- 0.8/Rz\ 6.3$(取样长度标注)<br>　　位置 $a$、$b$——注写两个或多个表面结构要求,在位置 $a$ 注写第一个表面结构要求;在位置 $b$ 注写第二个表面结构要求;如果要注写第三个或更多个表面结构要求,图形符号应在垂直方向扩大,以空出足够的空间,扩大图形符号时,$a$ 和 $b$ 的位置随之上移<br>　　位置 $c$——注写加工方法、表面处理、涂层或其他加工工艺要求,如车、磨、镀等<br>　　位置 $d$——注写表面纹理和方向<br>　　位置 $e$——注写加工余量,以"mm"为单位给出数值 |
| 文本中用<br>文字表达<br>图形符号 | | 　　在报告和合同的文本中用文字表达完整图形符号时,应用字母分别表示,APA——允许任何工艺,MRR——去除材料,NMR——不去除材料<br>　　示例: MRR $Ra0.8$, $Rz13.2$ |

表 18.17　表面结构新旧标准在图样标注上的对照

| 原标准 GB/T 131—1993 表示法 | 最新标准 GB/T 131—2006 表示法 | 说　　明 |
|---|---|---|
| 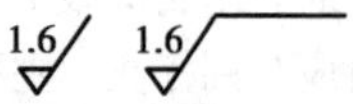 | 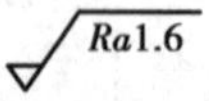 | 　　参数代号和数值的标注位置发生变化,且参数代号 $Ra$ 在任何时候都不可以省略 |

续表

| 原标准 GB/T131—1993 表示法 | 最新标准 GB/T131—2006 表示法 | 说　明 |
|---|---|---|
| $Ry3.2$ ✓　✓$Ry3.2$ | ✓$Rz3.2$ | 新标准用 $Rz$ 代替了旧标准的 $Ry$ |
| $Ry3.2$ ✓ | ✓$Rz3.2$ | 评定长度中的取样长度个数如果不是 5 |
| 3.2 1.6 ✓ | ✓ $U\,Ra3.2$ $L\,Ra1.6$ | 在不致引起歧义的情况下,上下限符号 $U$、$L$ 可以省略 |
| | | 对下面和右面的标注用带箭头的引线引出 |
| | | 当多数表面有相同结构要求时,旧标准是在右上角用"其余"字样标注,而新标准标注在标题栏附近,圆括号内可以给出无任何其他标注的基本符号,或者给出不同的表面结构要求 |
| | | 表面结构要求在镀涂(覆)后应该用粗虚线画出其范围,而不是粗点画线 |

表 18.18　表面结构要求在图样中的标注(摘自 GB/T 131—2006)

| 序　号 | 标注示例 | 说　明 |
|---|---|---|
| 1 | | 应使表面结构的注写和读取方向与尺寸的注写和读写方向一致 |
| 2 | | 表面结构要求可标注在轮廓线上,其符号应从材料外指向并接触表面,必要时表面结构符号也可以用带箭头或黑点的指引线引出标注 |

续表

| 序 号 | 标注示例 | 说 明 |
|---|---|---|
| 3 | 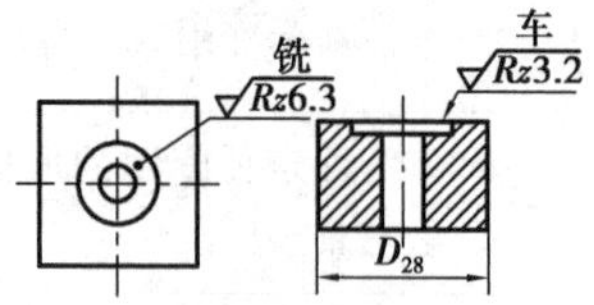 | 表面结构符号可以用带箭头或黑点的指引线引出标注 |
| 4 | 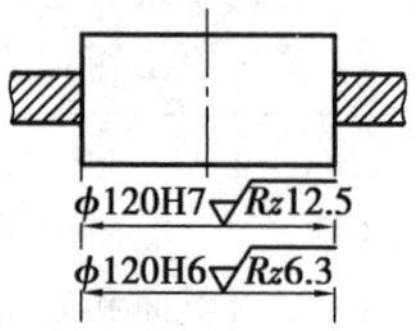 $\phi120H7\sqrt{Rz12.5}$<br>$\phi120H6\sqrt{Rz6.3}$ | 在不致引起误解时,表面结构要求可以标注在给定的尺寸线上 |
| 5 | 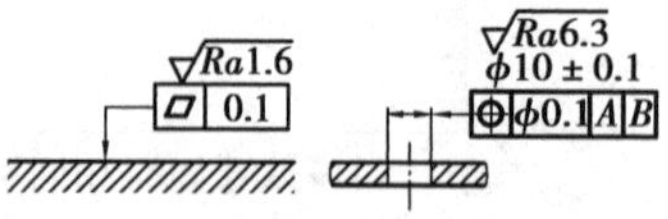 | 表面结构要求可标注在几何公差框格的上方 |
| 6 | 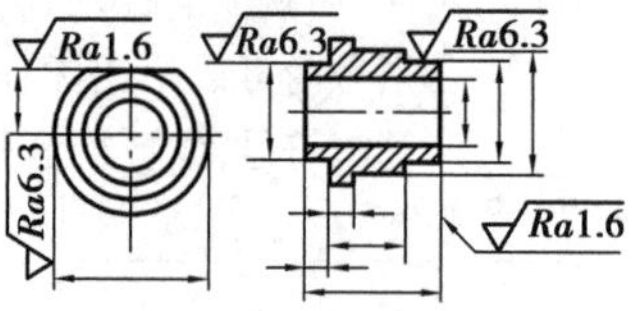 | 表面结构要求可以直接标注在延长线上,或用箭头的指引线引出标注 |
| 7 | 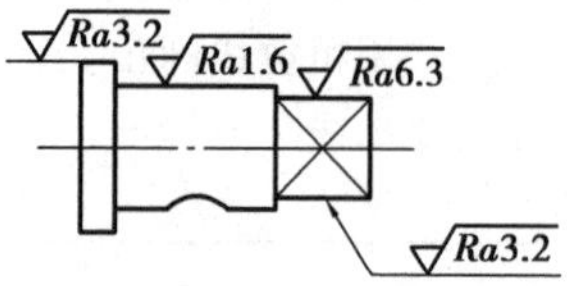 | 圆柱和棱柱表面的表面结构要求只标注一次,如果每个棱柱表面有不同的表面结构要求,则应分别单独标注 |
| 8 | 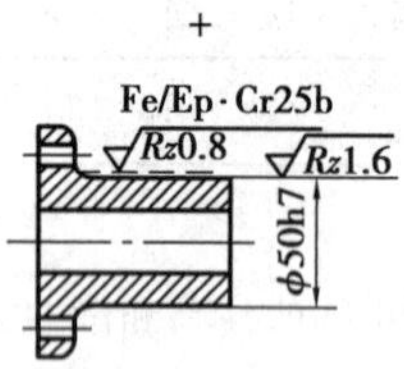 Fe/Ep·Cr25b | 由几种不同的工艺方法获得的同一表面,当需要明确每种工艺方法的表面结构时,可按左图所示的方法标注。图中同时给出了镀覆前后的表面结构要求 Fe/Ep·Cr25b:钢材、表面电镀铬、组合镀覆层特征为光亮、总厚度 25 μm 以上 |

# 第**19**章

# 渐开线圆柱齿轮精度

## 19.1  定义与代号

在 GB/T 10095.1—2008 中规定了单个渐开线圆柱齿轮轮齿同侧齿面精度,见表 19.1。

表 19.1   轮齿同侧齿面偏差的定义与代号(GB/T 10095.1—2008 摘录)

| 名　称 | 代　号 | 定　　义 | 名　称 | 代　号 | 定　　义 |
|---|---|---|---|---|---|
| 单个齿距偏差<br>(见图 19.1) | $f_{pt}$ | 端平面上,在接近齿高中部的一个与齿轮轴线同心的圆上,实际齿距与理论齿距的代数差 | 齿廓总偏差<br>(见图 19.2) | $F_\alpha$ | 在计值范围内,包容实际齿廓迹线的两条设计齿廓迹线间的距离 |
| 齿距累积偏差<br>(见图 19.1) | $F_{pK}$ | 任意 $K$ 个齿距的实际弧长与理论弧长的代数差 | 齿廓形状偏差<br>(见图 19.2) | $f_{f\alpha}$ | 在计值范围内,包容实际齿廓迹线的两条与平均齿廓迹线完全相同的曲线间的距离,且两条曲线与平均齿廓迹线的距离为常数 |
| 齿距累积总偏差<br>(见图 19.1) | $F_p$ | 齿轮同侧齿面任意弧段($K=1$ 至 $K=z$)内的最大齿距累积偏差 | 齿廓倾斜偏差<br>(见图 19.2) | $f_{H\alpha}$ | 在计值范围的两端,与平均齿廓迹线相交的两条设计齿廓迹线间的距离 |

续表

| 名　称 | 代号 | 定　义 | 名　称 | 代号 | 定　义 |
|---|---|---|---|---|---|
| 螺旋线总偏差<br>(见图19.3) | $F_\beta$ | 在计值范围内,包容实际螺旋线迹线的两条设计螺旋线迹线间的距离 | 切向综合总偏差<br>(见图19.4) | $F_i'$ | 被测齿轮与测量齿轮单面啮合检验时,被测齿轮一转内,齿轮分度圆上实际圆周位移与理论圆周位移的最大差值(在检验过程中,齿轮的同侧齿面处于单面啮合状态) |
| 螺旋线形状偏差<br>(见图19.3) | $f_{t\beta}$ | 在计值范围内,包容实际螺旋线迹线的两条与平均螺旋线迹线完全相同的曲线间的距离,且两条曲线与平均螺旋线迹线的距离为常数 | | | |
| 螺旋线倾斜偏差<br>(见图19.3) | $f_{H\beta}$ | 在计值范围的两端,与平均螺旋线迹线相交的两条设计螺旋线迹线间的距离 | 一齿切向综合偏差<br>(见图19.4) | $f_i'$ | 在一个齿距内的切向综合偏差 |

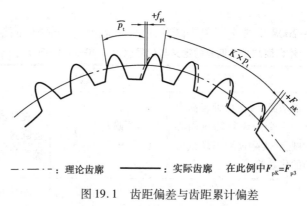

— · —：理论齿廓　——：实际齿廓　在此例中$F_{pK}=F_{p3}$

图 19.1　齿距偏差与齿距累计偏差

— · —：设计齿廓　⌐⌐⌐：实际齿廓　- - - - -：平均齿廓

i)设计齿廓:未修形的渐开线　　实际齿廓:在减薄区内偏向体内
ii)设计齿廓:修形的渐开线(举例)　实际齿廓:在减薄区内偏向体内
iii)设计齿廓:修形的渐开线(举例)　实际齿廓:在减薄区内偏向体外

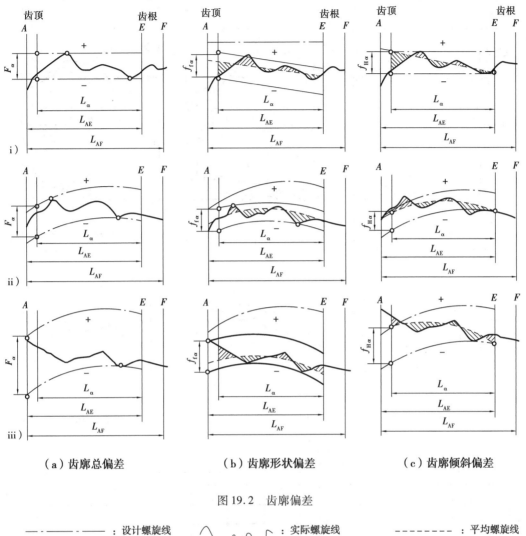

（a）齿廓总偏差　　　　　（b）齿廓形状偏差　　　　　（c）齿廓倾斜偏差

图 19.2　齿廓偏差

———·———：设计螺旋线　　　⌇⌇⌇⌇：实际螺旋线　　　--------：平均螺旋线

ⅰ）设计螺旋线：未修形的螺旋线　　实际螺旋线：在减薄区内偏向体内
ⅱ）设计螺旋线：修形的螺旋线（举例）　实际螺旋线：在减薄区内偏向体内
ⅲ）设计螺旋线：修形的螺旋线（举例）　实际螺旋线：在减薄区内偏向体外

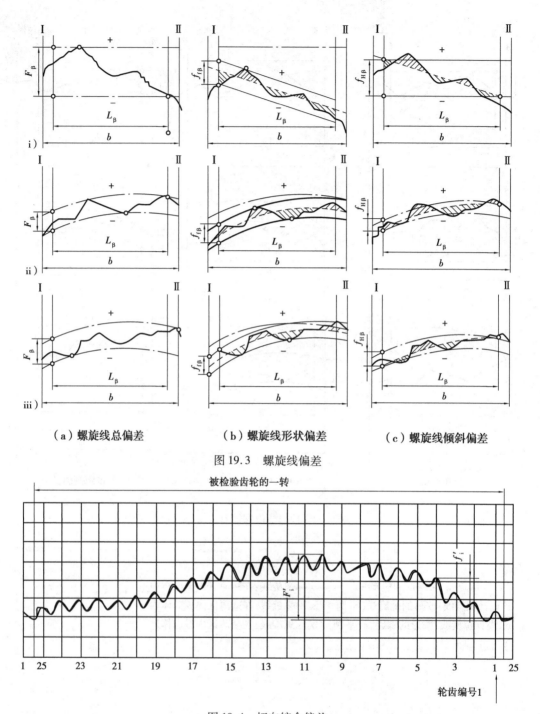

（a）螺旋线总偏差　　　　　（b）螺旋线形状偏差　　　　　（c）螺旋线倾斜偏差

图 19.3　螺旋线偏差

图 19.4　切向综合偏差

在 GB/T 10095.2—2008 中规定了单个渐开线圆柱齿轮的有关径向综合偏差的精度，见表 19.2。

表 19.2 径向综合偏差与径向跳动的定义与代号(GB/T 10095.2—2008 摘录)

| 名 称 | 代 号 | 定 义 | 名 称 | 代 号 | 定 义 |
|---|---|---|---|---|---|
| 径向综合总偏差(见图 19.5) | $F_i''$ | 在径向(双面)综合检验时,产品齿轮的左、右齿面同时与测量齿轮接触,并转过一圈时出现的中心距最大值和最小值之差 | 径向跳动(见图 19.6) | $F_r$ | 当测头(球形、圆柱形、砧形)相继置于每个齿槽内时,它到齿轮轴线的最大和最小径向距离之差。检查中,测头在近似齿高中部与左右齿面接触 |
| 一齿径向综合偏差(见图 19.5) | $f_i''$ | 当产品齿轮啮合一整圈时,对应一个齿距(360°/$z$)的径向综合偏差值 | | | |

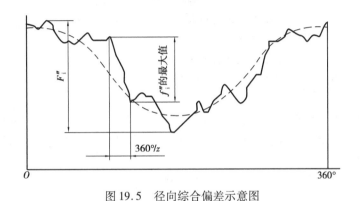

图 19.5 径向综合偏差示意图

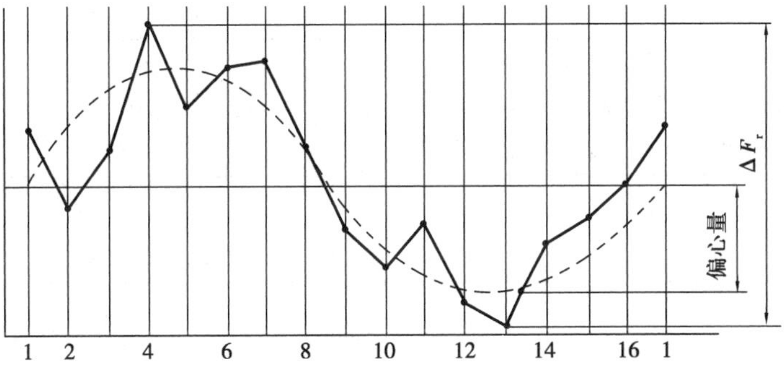

图 19.6 16 个齿的齿轮径向跳动示意图

# 19.2 精度等级及其选择

GB/T 10095.1 规定了从 0 级到 12 级共 13 个精度等级,其中,0 级是最高的精度等级,12 级是最低的精度等级。GB/T 10095.2 规定了从 4 级到 12 级共 9 个精度等级。

在技术文件中,如果所要求的齿轮精度等级为 GB/T 10095.1 的某级精度而无其他规定时,则齿距偏差($f_{pt}$,$F_{pK}$,$F_p$)、齿廓偏差 $F_\alpha$、螺旋线偏差 $F_\beta$ 的允许值均按该精度等级。

GB/T 10095.1 规定可按供需双方协议对工作齿面和非工作齿面规定不同的精度等级,

或对不同的偏差项目规定不同的精度等级。

径向综合偏差精度等级不一定与 GB/T 10095.1 中的要素偏差规定相同的精度等级,当文件需叙述齿轮精度要求时,应注明 GB/T 10095.1 或 GB/T 10095.2。

表 19.3 所列为各种精度等级齿轮的适用范围,表 19.4 为按德国标准 DIN 3960—DIN 3967 选择啮合精度和检验项目,可以作为选择精度等级的参考。

表 19.3　各种精度等级齿轮的适用范围

| 精度等级 | 工作条件与适用范围 | 圆周速度 /(m·s⁻¹) | | 齿面的最后加工 |
|---|---|---|---|---|
| | | 直齿 | 斜齿 | |
| 5 | 用于高平稳且低噪声的高速传动中的齿轮,精密机构中的齿轮,透平传动的齿轮,检测 8 级、9 级的测量齿轮,重要的航空、船用齿轮箱齿轮 | >20 | >40 | 特精密的磨齿和珩磨用精密滚刀滚齿 |
| 6 | 用于高速下平稳工作,需要高效率及低噪声的齿轮,航空、汽车用齿轮,读数装置中的精密齿轮,机床传动链齿轮,机床传动齿轮 | ≥15 | ≥30 | 精密磨齿或剃齿 |
| 7 | 在高速和适度功率或大功率和适当速度下工作的齿轮,机床变速箱进给齿轮,起重机齿轮,汽车以及读数装置中的齿轮 | ≥10 | ≥15 | 用精确刀具加工,对于淬硬齿轮必须精整加工(磨齿、研齿、珩齿) |
| 8 | 一般机器中无特殊精度要求的齿轮,机床变速齿轮,汽车制造业中的不重要齿轮,冶金、起重、农业机械中的重要齿轮 | ≥6 | ≥10 | 滚、插齿均可,不用磨齿,必要时剃齿或研齿 |
| 9 | 用于不规定精度要求的粗糙工作的齿轮,因结构上考虑、受载低于计算载荷的传动用齿轮,重载、低速不重要工作机械的传力齿轮、农机齿轮 | ≥2 | ≥4 | 不需要特殊的精加工工序 |

表 19.4　按 DIN 3970—DIN 3967 选择啮合精度和检验项目

| 用 途 | DIN 精度等级 | 补充 | 需要检验的误差 | 其他检验项目 | 附 注 |
|---|---|---|---|---|---|
| 机床主传动与进给机构 | 6～7 | | $f_{pe}$ 或 $F_i''$,$f_i''$ | 侧隙 | |
| 机床变速齿轮 | 7～8 | | $f_{pe}$ 或 $F_i''$,$f_i''$ | | |
| 透平齿轮箱 | 5～6 | | $F_p$,$f_p$,$F_f$,$F_\beta$,$F_r$ | 接触斑点,噪声、侧隙 | 齿廓修形与齿向修形 |
| 船用柴油机齿轮箱 | 4～7 | | $F_p$,$f_p$,$F_f$,$F_\beta$ | | |
| 小型工业齿轮箱 | 6～8 | $F_\beta$ | $F_p$,$f_p$,$F_f$,抽样 $F_i''$,$f_i''$ | | |
| 重型机械的功率传动 | 6～7 | $F_\beta$ | $f_{pe}(F_p)$ | 接触斑点,侧隙 | |
| 起重机与运输带的齿轮箱 | 6～8 | $F_\beta$ | $f_{pe}$ 或 $F_i''$,$f_i''$ | 接触斑点,侧隙 | |

续表

| 用　途 | DIN 精度等级 | 补充 | 需要检验的误差 | 其他检验项目 | 附　注 |
|---|---|---|---|---|---|
| 机车传动 | 6 | $F_\beta$ | $F_p$，$f_p$，$F_f$，$F_\beta$ 或 $F_i''$，$f_i''$ | 接触斑点，噪声、侧隙 | 齿廓修形与齿向修形 |
| 汽车齿轮箱 | 6～8 | | $F_i''$，$f_i''$ | 接触斑点，噪声、侧隙 | 齿廓修形与齿向修形 |
| 开式齿轮传动 | 8～12 | $F_\beta$ | $f_{pe}$ 或 $F_f$（或样板） | 接触斑点 | |
| 农业机械 | 9～10 | | $F_i''$，$f_i''$，抽样 $F_f$，$F_\beta$，$f_f$，$f_{H\alpha}$，$f_{H\beta}$ | | |

注：$F_f$——齿形总误差；$f_{H\alpha}$——齿形角误差；$f_f$——齿形形状误差；$f_p$——单一周节偏差；$f_{pe}$——基节偏差；$f_{H\beta}$——齿向角误差。

## 19.3　极限偏差值

齿轮的单个齿距极限偏差 $\pm f_{pt}$、齿距累积总公差 $F_p$、齿廓总公差 $F_\alpha$、齿廓形状公差 $f_{f\alpha}$、齿廓倾斜极限偏差 $\pm f_{H\alpha}$、螺旋线总公差 $F_\beta$、螺旋线形状公差 $f_{f\beta}$、螺旋线倾斜极限偏差 $\pm f_{H\beta}$、一齿切向综合公差 $f_i'$、见表 19.5。径向综合总公差 $F_i''$、一齿径向综合公差 $f_i''$ 和径向跳动公差 $F_r$ 的公差值见表 19.6。齿距累积极限偏差 $F_{pk}$、切向综合公差 $F_i'$ 为

$$\pm F_{pk} = f_{pt} + 1.6\sqrt{(k-1)m_n}$$
$$F_i' = F_p + f_i'$$

表 19.5（1）　轮齿同侧齿面偏差的允许值（GB/T 10095.1—2008 摘录）

单位：μm

| 分度圆直径 d/mm | 模数 m/mm | 单个齿距极限偏差 ±f_pt | | | | | | 齿距累积总公差 F_p | | | | | | 齿廓总公差 F_α | | | | | |
|---|---|---|---|---|---|---|---|---|---|---|---|---|---|---|---|---|---|---|---|
| | | 精度等级 | | | | | | | | | | | | | | | | | |
| | | 4 | 5 | 6 | 7 | 8 | 9 | 4 | 5 | 6 | 7 | 8 | 9 | 4 | 5 | 6 | 7 | 8 | 9 |
| 5≤d≤20 | 0.5≤m≤2 | 3.3 | 4.7 | 6.5 | 9.5 | 13 | 19 | 8 | 11 | 16 | 23 | 32 | 45 | 3.2 | 4.6 | 6.5 | 9 | 13 | 18 |
| | 2<m≤3.5 | 3.7 | 5 | 7.5 | 10 | 15 | 21 | 8.5 | 12 | 17 | 23 | 33 | 47 | 4.7 | 6.5 | 9.5 | 13 | 19 | 26 |
| 20<d≤50 | 0.5≤m≤2 | 3.5 | 5 | 7 | 10 | 14 | 20 | 10 | 14 | 20 | 29 | 41 | 57 | 3.6 | 5 | 7.5 | 10 | 15 | 21 |
| | 2<m≤3.5 | 3.9 | 5.5 | 7.5 | 11 | 15 | 22 | 10 | 15 | 21 | 30 | 42 | 59 | 5 | 7 | 10 | 14 | 20 | 29 |
| | 3.5<m≤6 | 4.3 | 6 | 8.5 | 12 | 17 | 24 | 11 | 15 | 22 | 31 | 44 | 62 | 6 | 9 | 12 | 18 | 25 | 35 |
| | 6<m≤10 | 4.9 | 7 | 10 | 14 | 22 | 28 | 12 | 16 | 23 | 33 | 46 | 65 | 7.5 | 11 | 15 | 22 | 31 | 43 |
| 50<d≤125 | 0.5≤m≤2 | 3.8 | 5.5 | 7.5 | 11 | 15 | 21 | 13 | 18 | 26 | 37 | 52 | 74 | 4.1 | 6 | 8.5 | 12 | 17 | 23 |
| | 2<m≤3.5 | 4.1 | 6 | 8.5 | 12 | 17 | 23 | 13 | 19 | 27 | 38 | 53 | 76 | 5.5 | 8 | 11 | 16 | 22 | 31 |
| | 3.5<m≤6 | 4.6 | 6.5 | 9 | 13 | 18 | 26 | 14 | 19 | 28 | 39 | 55 | 78 | 6.5 | 9.5 | 13 | 19 | 27 | 38 |
| | 6<m≤10 | 5 | 7.5 | 10 | 15 | 21 | 30 | 14 | 20 | 29 | 41 | 58 | 82 | 8 | 12 | 16 | 23 | 33 | 46 |
| | 10<m≤16 | 6.5 | 9 | 13 | 18 | 25 | 35 | 15 | 22 | 31 | 44 | 62 | 88 | 10 | 14 | 20 | 28 | 40 | 56 |
| 125<d≤280 | 0.5≤m≤2 | 4.2 | 6 | 8.5 | 12 | 17 | 24 | 17 | 24 | 35 | 49 | 69 | 98 | 4.9 | 7 | 10 | 14 | 20 | 28 |
| | 2<m≤3.5 | 4.6 | 6.5 | 9 | 13 | 18 | 26 | 18 | 25 | 35 | 50 | 70 | 100 | 6.5 | 9 | 13 | 18 | 25 | 36 |
| | 3.5<m≤6 | 5 | 7 | 10 | 14 | 20 | 28 | 18 | 25 | 36 | 51 | 72 | 102 | 7.5 | 11 | 15 | 21 | 30 | 42 |
| | 6<m≤10 | 5.5 | 8 | 11 | 16 | 23 | 32 | 19 | 26 | 37 | 53 | 75 | 106 | 9 | 13 | 18 | 25 | 36 | 50 |
| | 10<m≤16 | 6.5 | 9.5 | 13 | 19 | 27 | 38 | 20 | 28 | 39 | 56 | 79 | 112 | 11 | 15 | 21 | 30 | 43 | 60 |
| 280<d≤560 | 0.5≤m≤2 | 4.7 | 6.5 | 9.5 | 13 | 19 | 27 | 23 | 32 | 46 | 64 | 91 | 129 | 6 | 8.5 | 12 | 17 | 23 | 33 |
| | 2<m≤3.5 | 5 | 7 | 10 | 14 | 20 | 29 | 23 | 33 | 46 | 65 | 92 | 131 | 7.5 | 10 | 15 | 21 | 29 | 41 |
| | 3.5<m≤6 | 5.5 | 8 | 11 | 16 | 22 | 31 | 24 | 33 | 47 | 66 | 94 | 133 | 8.5 | 12 | 17 | 24 | 34 | 48 |
| | 6<m≤10 | 6 | 8.5 | 12 | 17 | 25 | 35 | 24 | 34 | 48 | 68 | 97 | 137 | 10 | 14 | 20 | 28 | 40 | 56 |
| | 10<m≤16 | 7 | 10 | 14 | 20 | 29 | 41 | 25 | 36 | 50 | 71 | 101 | 143 | 12 | 16 | 23 | 34 | 47 | 66 |
| | 16<m≤25 | 9 | 12 | 18 | 25 | 35 | 50 | 27 | 38 | 54 | 76 | 107 | 151 | 14 | 19 | 27 | 39 | 55 | 78 |

表 19.5(2)　轮齿同侧齿面偏差的允许值（GB/T 10095.1—2008 摘录）

单位：μm

| 分度圆直径 $d$/mm | 模数 $m$/mm | 齿廓形状公差 $f_{f\alpha}$ | | | | | | 齿廓倾斜极限偏差 $\pm f_{H\alpha}$ | | | | | | $f'_i/k$ 的比值 | | | | | |
|---|---|---|---|---|---|---|---|---|---|---|---|---|---|---|---|---|---|---|---|
| | | 精度等级 | | | | | | | | | | | | | | | | | |
| | | 4 | 5 | 6 | 7 | 8 | 9 | 4 | 5 | 6 | 7 | 8 | 9 | 4 | 5 | 6 | 7 | 8 | 9 |
| 5≤$d$≤20 | 0.5≤$m$≤2 | 2.5 | 3.5 | 5 | 7 | 10 | 14 | 2.1 | 2.9 | 4.2 | 6 | 8.5 | 12 | 9.5 | 14 | 19 | 27 | 38 | 54 |
| | 2<$m$≤3.5 | 3.6 | 5 | 7 | 10 | 14 | 20 | 3 | 4.2 | 6 | 8.5 | 12 | 17 | 11 | 16 | 23 | 32 | 45 | 64 |
| 20<$d$≤50 | 0.5≤$m$≤2 | 2.8 | 4 | 5.5 | 8 | 11 | 16 | 2.3 | 3.3 | 4.6 | 6.5 | 9.5 | 13 | 10 | 14 | 20 | 29 | 41 | 58 |
| | 2<$m$≤3.5 | 3.9 | 5.5 | 8 | 11 | 16 | 22 | 3.2 | 4.5 | 6.5 | 9 | 13 | 18 | 12 | 17 | 24 | 34 | 48 | 68 |
| | 3.5<$m$≤6 | 4.8 | 7 | 9.5 | 14 | 19 | 27 | 3.9 | 5.5 | 8 | 11 | 16 | 22 | 14 | 19 | 27 | 38 | 54 | 77 |
| | 6<$m$≤10 | 6 | 8.5 | 12 | 17 | 24 | 34 | 4.8 | 7 | 9.5 | 14 | 19 | 27 | 16 | 22 | 31 | 44 | 63 | 89 |
| 50<$d$≤125 | 0.5≤$m$≤2 | 3.2 | 4.5 | 6.5 | 9 | 13 | 18 | 2.6 | 3.7 | 5.5 | 7.5 | 11 | 15 | 11 | 16 | 22 | 31 | 44 | 62 |
| | 2<$m$≤3.5 | 4.3 | 6 | 8.5 | 12 | 17 | 24 | 3.5 | 5 | 7 | 10 | 14 | 20 | 13 | 18 | 25 | 36 | 51 | 72 |
| | 3.5<$m$≤6 | 5 | 7.5 | 10 | 15 | 21 | 29 | 4.3 | 6 | 8.5 | 12 | 17 | 24 | 14 | 20 | 29 | 40 | 57 | 81 |
| | 6<$m$≤10 | 6.5 | 9 | 13 | 18 | 25 | 36 | 5 | 7.5 | 10 | 15 | 21 | 29 | 16 | 23 | 33 | 47 | 66 | 93 |
| | 10<$m$≤16 | 7.5 | 11 | 15 | 22 | 31 | 44 | 6.5 | 9 | 13 | 18 | 25 | 35 | 19 | 27 | 38 | 54 | 77 | 109 |
| 125<$d$≤280 | 0.5≤$m$≤2 | 3.8 | 5.5 | 7.5 | 11 | 15 | 21 | 3.1 | 4.4 | 6 | 9 | 12 | 18 | 12 | 17 | 24 | 34 | 49 | 69 |
| | 2<$m$≤3.5 | 4.9 | 7 | 9.5 | 14 | 19 | 28 | 4 | 5.5 | 8 | 11 | 16 | 23 | 14 | 20 | 28 | 39 | 56 | 79 |
| | 3.5<$m$≤6 | 6 | 8 | 12 | 16 | 23 | 33 | 4.7 | 6.5 | 9.5 | 13 | 19 | 27 | 15 | 22 | 31 | 44 | 62 | 88 |
| | 6<$m$≤10 | 7 | 10 | 14 | 20 | 28 | 39 | 5.5 | 8 | 11 | 16 | 23 | 32 | 18 | 25 | 35 | 50 | 70 | 100 |
| | 10<$m$≤16 | 8.5 | 12 | 17 | 23 | 33 | 47 | 6.5 | 9.5 | 13 | 19 | 27 | 38 | 20 | 29 | 41 | 58 | 82 | 115 |
| 280<$d$≤560 | 0.5≤$m$≤2 | 4.5 | 6.5 | 9 | 13 | 18 | 26 | 3.7 | 5.5 | 7.5 | 11 | 15 | 21 | 14 | 19 | 27 | 39 | 54 | 77 |
| | 2<$m$≤3.5 | 5.5 | 8 | 11 | 16 | 22 | 32 | 4.6 | 6.5 | 9 | 13 | 18 | 26 | 15 | 22 | 31 | 44 | 62 | 87 |
| | 3.5<$m$≤6 | 6.5 | 9 | 13 | 18 | 26 | 37 | 5.5 | 7.5 | 11 | 15 | 21 | 30 | 17 | 24 | 34 | 48 | 68 | 96 |
| | 6<$m$≤10 | 7.5 | 11 | 15 | 22 | 31 | 43 | 6.5 | 9 | 13 | 18 | 25 | 35 | 19 | 27 | 38 | 54 | 76 | 108 |
| | 10<$m$≤16 | 9 | 13 | 18 | 26 | 36 | 51 | 7.5 | 10 | 15 | 21 | 29 | 42 | 22 | 31 | 44 | 62 | 88 | 124 |
| | 16<$m$≤25 | 11 | 15 | 21 | 30 | 43 | 60 | 8.5 | 12 | 17 | 24 | 35 | 49 | 26 | 36 | 51 | 72 | 102 | 144 |

注：$f'_i$ 的公差值由表中值乘以 $k$ 得出。当 $\varepsilon_r <4$ 时，$k =(\varepsilon_r +4/\varepsilon_r)$；当 $\varepsilon_r \geq4$ 时，$k =0.4$。

表 19.5(3)　轮齿同侧齿面偏差的允许值(GB/T 10095.1—2008 摘录)

单位:μm

| 分度圆直径 d/mm | 齿宽 b/mm | 螺旋线总公差 $F_\beta$ | | | | | | 螺旋线形状公差 $f_{f\beta}$ 和 螺旋线倾斜极限偏差 $\pm f_{H\beta}$ | | | | | |
|---|---|---|---|---|---|---|---|---|---|---|---|---|---|
| | | 精度等级 | | | | | | | | | | | |
| | | 4 | 5 | 6 | 7 | 8 | 9 | 4 | 5 | 6 | 7 | 8 | 9 |
| 5≤d≤20 | 4≤b≤10 | 4.3 | 6 | 8.5 | 12 | 17 | 24 | 3.1 | 4.4 | 6 | 8.5 | 12 | 17 |
| | 10<b≤20 | 4.9 | 7 | 9.5 | 14 | 19 | 28 | 3.5 | 4.9 | 7 | 10 | 14 | 20 |
| | 20<b≤40 | 5.5 | 8 | 11 | 16 | 22 | 31 | 4 | 5.5 | 8 | 11 | 16 | 22 |
| 20<d≤50 | 4≤b≤10 | 4.5 | 6.5 | 9 | 13 | 18 | 25 | 3.2 | 4.5 | 6.5 | 9 | 13 | 18 |
| | 10<b≤20 | 5 | 7 | 10 | 14 | 20 | 29 | 3.6 | 5 | 7 | 10 | 14 | 20 |
| | 20<b≤40 | 5.5 | 8 | 11 | 16 | 23 | 32 | 4.1 | 6 | 8 | 12 | 16 | 23 |
| | 40<b≤80 | 6.5 | 9.5 | 13 | 19 | 27 | 38 | 4.8 | 7 | 9.5 | 14 | 19 | 27 |
| 50<d≤125 | 4≤b≤10 | 4.7 | 6.5 | 9.5 | 13 | 19 | 27 | 3.4 | 4.8 | 6.5 | 9.5 | 13 | 19 |
| | 10<b≤20 | 5.5 | 7.5 | 11 | 15 | 21 | 30 | 3.8 | 5.5 | 7.5 | 11 | 15 | 21 |
| | 20<b≤40 | 6 | 8.5 | 12 | 17 | 24 | 34 | 4.3 | 6 | 8.5 | 12 | 17 | 24 |
| | 40<b≤80 | 7 | 10 | 14 | 20 | 28 | 39 | 5 | 7 | 10 | 14 | 20 | 28 |
| | 80<b≤160 | 8.5 | 12 | 17 | 24 | 33 | 47 | 6 | 8.5 | 12 | 17 | 24 | 34 |
| 125<d≤280 | 4≤b≤10 | 5 | 7 | 10 | 14 | 20 | | 3.6 | 5 | 7 | 10 | 14 | 20 |
| | 10<b≤20 | 5.5 | 8 | 11 | 16 | 22 | 32 | 4 | 5.5 | 8 | 11 | 16 | 23 |
| | 20<b≤40 | 6.6 | 9 | 13 | 18 | 25 | 36 | 4.5 | 6.5 | 9 | 13 | 18 | 25 |
| | 40<b≤80 | 7.5 | 10 | 35 | 21 | 29 | 41 | 5 | 7.5 | 10 | 15 | 21 | 29 |
| | 80<b≤160 | 8.5 | 12 | 17 | 25 | 35 | 49 | 6 | 8.5 | 12 | 17 | 25 | 35 |
| | 160<b≤250 | 10 | 14 | 20 | 29 | 41 | 58 | 7.5 | 10 | 15 | 21 | 29 | 41 |
| | 250<b≤400 | 12 | 17 | 24 | 34 | 47 | 67 | 8.5 | 12 | 17 | 24 | 34 | 48 |
| 280<d≤560 | 10<b≤20 | 6 | 8.5 | 12 | 17 | 24 | 34 | 4.3 | 6 | 8.5 | 12 | 17 | 42 |
| | 20<b≤40 | 6.5 | 9.5 | 13 | 19 | 27 | 38 | 4.8 | 7 | 9.5 | 14 | 19 | 27 |
| | 40<b≤80 | 7.5 | 11 | 15 | 22 | 31 | 44 | 5.5 | 8 | 11 | 16 | 22 | 31 |
| | 80<b≤160 | 9 | 13 | 18 | 26 | 36 | 52 | 6.5 | 9 | 13 | 18 | 26 | 37 |
| | 160<b≤250 | 11 | 15 | 21 | 30 | 43 | 60 | 7.5 | 11 | 15 | 22 | 30 | 43 |
| | 250<b≤400 | 12 | 17 | 25 | 35 | 49 | 70 | 9 | 12 | 18 | 25 | 35 | 50 |
| | 400<b≤650 | 14 | 20 | 29 | 41 | 58 | 82 | 10 | 15 | 21 | 29 | 41 | 58 |
| 560<d≤1 000 | 10<b≤20 | 6.5 | 9.5 | 13 | 19 | 26 | 37 | 4.7 | 6.5 | 9.5 | 13 | 19 | 26 |
| | 20<b≤40 | 7.5 | 10 | 15 | 21 | 29 | 41 | 5 | 7.5 | 10 | 15 | 21 | 29 |
| | 40<b≤80 | 8.5 | 12 | 17 | 23 | 33 | 47 | 6 | 8.5 | 12 | 17 | 23 | 33 |
| | 80<b≤160 | 9.5 | 14 | 19 | 27 | 39 | 55 | 7 | 9.5 | 14 | 19 | 27 | 39 |
| | 160<b≤250 | 11 | 16 | 22 | 32 | 45 | 63 | 8 | 11 | 16 | 23 | 32 | 45 |
| | 250<b≤400 | 13 | 18 | 26 | 36 | 51 | 73 | 9 | 13 | 18 | 26 | 37 | 52 |
| | 400<b≤650 | 15 | 21 | 30 | 42 | 60 | 85 | 11 | 15 | 21 | 30 | 43 | 60 |

## 表 19.6　径向综合偏差与径向跳动的允许值（GB/T 10095.2—2001 摘录）

单位：μm

**径向综合总公差 $F_i''$ 与一齿径向综合公差 $f_i''$**

| 分度圆直径 d/mm | 法向模数 $m_n$/mm | 径向综合总公差 $F_i''$ 精度等级 | | | | | | 一齿径向综合公差 $f_i''$ 精度等级 | | | | | |
|---|---|---|---|---|---|---|---|---|---|---|---|---|---|
| | | 4 | 5 | 6 | 7 | 8 | 9 | 4 | 5 | 6 | 7 | 8 | 9 |
| 5≤d≤20 | 0.2≤$m_n$≤0.5 | 7.5 | 11 | 15 | 21 | 30 | 42 | 1 | 2 | 2.5 | 3.5 | 5 | 7 |
| | 0.5<$m_n$≤0.8 | 8 | 12 | 16 | 23 | 33 | 46 | 2 | 2.5 | 4 | 5.5 | 7.5 | 11 |
| | 0.8<$m_n$≤1.0 | 9 | 12 | 18 | 25 | 35 | 50 | 2.5 | 3.5 | 5 | 7 | 10 | 14 |
| 20<d≤50 | 0.2≤$m_n$≤0.5 | 9 | 13 | 19 | 26 | 37 | 52 | 1.5 | 2 | 2.5 | 3.5 | 5 | 7 |
| | 0.5<$m_n$≤0.8 | 10 | 14 | 20 | 28 | 40 | 56 | 2 | 2.5 | 4 | 5.5 | 7.5 | 11 |
| | 0.8<$m_n$≤1.0 | 11 | 15 | 21 | 30 | 42 | 60 | 2.5 | 3.5 | 5 | 7 | 10 | 14 |
| | 1.0<$m_n$≤1.5 | 11 | 16 | 23 | 32 | 45 | 64 | 3 | 4.5 | 6.5 | 9 | 13 | 18 |
| | 1.5<$m_n$≤2.5 | 13 | 18 | 26 | 37 | 52 | 73 | 4.5 | 6.5 | 9.5 | 13 | 19 | 26 |
| 50<d≤125 | 0.5<$m_n$≤0.8 | 12 | 17 | 25 | 35 | 49 | 70 | 2 | 3 | 4 | 5.5 | 8 | 11 |
| | 0.8<$m_n$≤1.0 | 13 | 18 | 26 | 36 | 52 | 73 | 2.5 | 3.5 | 5 | 7 | 10 | 14 |
| | 1.0<$m_n$≤1.5 | 14 | 19 | 27 | 39 | 55 | 77 | 3 | 4.5 | 6.5 | 9 | 13 | 18 |
| | 1.5<$m_n$≤2.5 | 15 | 22 | 31 | 43 | 61 | 86 | 4.5 | 6.5 | 9.5 | 13 | 19 | 26 |
| | 2.5<$m_n$≤4.0 | 18 | 25 | 36 | 51 | 72 | 102 | 7 | 10 | 14 | 20 | 29 | 41 |
| 125<d≤280 | 0.5<$m_n$≤0.8 | 16 | 22 | 31 | 44 | 63 | 89 | 2 | 3 | 4 | 5.5 | 8 | 11 |
| | 0.8<$m_n$≤1.0 | 16 | 23 | 33 | 46 | 65 | 92 | 2.5 | 3.5 | 5 | 7 | 10 | 14 |
| | 1.0<$m_n$≤1.5 | 17 | 24 | 34 | 48 | 68 | 97 | 3 | 4.5 | 6.5 | 9 | 13 | 18 |
| | 1.5<$m_n$≤2.5 | 19 | 26 | 37 | 53 | 75 | 106 | 4.5 | 6.5 | 9.5 | 13 | 19 | 27 |
| | 2.5<$m_n$≤4.0 | 21 | 30 | 43 | 61 | 86 | 121 | 7.5 | 10 | 15 | 21 | 29 | 41 |
| 280<d≤560 | 0.8<$m_n$≤1.0 | 21 | 29 | 42 | 59 | 83 | 117 | 2.5 | 3.5 | 5 | 7.5 | 10 | 15 |
| | 1.0<$m_n$≤1.5 | 22 | 30 | 43 | 61 | 86 | 122 | 3.5 | 4.5 | 6.5 | 9 | 13 | 18 |
| | 1.5<$m_n$≤2.5 | 23 | 33 | 46 | 65 | 92 | 131 | 5 | 6.5 | 9.5 | 13 | 19 | 27 |
| | 2.5<$m_n$≤4.0 | 26 | 37 | 52 | 73 | 104 | 146 | 7.5 | 10 | 15 | 21 | 29 | 41 |
| | 4.0<$m_n$≤6.0 | 30 | 42 | 60 | 84 | 119 | 169 | 11 | 15 | 22 | 31 | 44 | 62 |

**径向跳动公差 $F_r$**

| 分度圆直径 d/mm | 法向模数 $m_n$/mm | 精度等级 | | | | | |
|---|---|---|---|---|---|---|---|
| | | 4 | 5 | 6 | 7 | 8 | 9 |
| 5≤d≤20 | 0.5≤$m_n$≤2.0 | 6.5 | 9 | 13 | 18 | 25 | 36 |
| | 2.0<$m_n$≤3.5 | 6.5 | 9.5 | 13 | 19 | 27 | 38 |
| 20<d≤50 | 0.5≤$m_n$≤2.0 | 8 | 11 | 16 | 23 | 32 | 46 |
| | 2.0<$m_n$≤3.5 | 8.5 | 12 | 17 | 24 | 34 | 47 |
| | 3.5<$m_n$≤6.0 | 8.5 | 12 | 17 | 25 | 35 | 49 |
| 50<d≤125 | 0.5≤$m_n$≤2.0 | 10 | 15 | 21 | 29 | 42 | 59 |
| | 2.0<$m_n$≤3.5 | 11 | 15 | 21 | 30 | 43 | 61 |
| | 3.5<$m_n$≤6.0 | 11 | 16 | 22 | 31 | 44 | 62 |
| | 6.0<$m_n$≤10 | 12 | 16 | 23 | 33 | 46 | 65 |
| 125<d≤280 | 0.5≤$m_n$≤2.0 | 14 | 20 | 28 | 39 | 55 | 78 |
| | 2.0<$m_n$≤3.5 | 14 | 20 | 28 | 40 | 56 | 80 |
| | 3.5<$m_n$≤6.0 | 14 | 20 | 29 | 41 | 58 | 82 |
| | 6.0<$m_n$≤10 | 15 | 21 | 30 | 42 | 60 | 85 |
| | 10<$m_n$≤16 | 16 | 22 | 32 | 45 | 63 | 89 |
| 280<d≤560 | 2.0<$m_n$≤3.5 | 18 | 26 | 37 | 52 | 74 | 105 |
| | 3.5<$m_n$≤6.0 | 19 | 27 | 38 | 53 | 75 | 106 |
| | 6.0<$m_n$≤10 | 19 | 27 | 39 | 55 | 77 | 109 |
| | 10<$m_n$≤16 | 20 | 29 | 40 | 57 | 81 | 114 |
| | 16<$m_n$≤25 | 21 | 30 | 43 | 61 | 86 | 121 |
| 560<d≤1000 | 2.0<$m_n$≤3.5 | 24 | 34 | 48 | 67 | 95 | 134 |
| | 3.5<$m_n$≤6.0 | 24 | 34 | 48 | 68 | 96 | 136 |
| | 6.0<$m_n$≤10 | 25 | 35 | 49 | 70 | 98 | 139 |
| | 10<$m_n$≤16 | 25 | 36 | 51 | 72 | 102 | 144 |

# 19.4 其他检验项目

## (1) 侧隙

侧隙是装配好的齿轮副中相啮合的轮齿之间的间隙。当两个齿轮的工作齿面相互接触时，其非工作齿面之间的最短距离为法向间隙 $j_{bn}$，周向间隙 $j_{wt}$ 是指将相互啮合的齿轮中的一个固定，另一个齿轮能够转过的节圆弧长的最大值。

GB/Z 48620.0—2002 定义了侧隙、侧隙检验方法（见图 19.7）及最小侧隙的推荐数据（见表 19.7）。

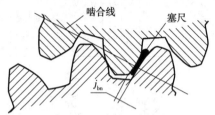

图 19.7 用塞尺测量侧隙（法向平面）

表 19.7 对中、大模数齿轮推荐的最小侧隙 $j_{bnmin}$ 数据

单位:mm

| $m_n$ | 最小中心距 $a_i$ | | | | | |
|---|---|---|---|---|---|---|
| | 50 | 100 | 200 | 400 | 800 | 1 600 |
| 1.5 | 0.09 | 0.11 | — | — | — | — |
| 2 | 0.10 | 0.12 | 0.15 | — | — | — |
| 3 | 0.12 | 0.14 | 0.17 | 0.24 | — | — |
| 5 | — | 0.18 | 0.21 | 0.28 | — | — |
| 8 | — | 0.24 | 0.27 | 0.34 | 0.47 | — |
| 12 | — | — | 0.35 | 0.42 | 0.55 | — |
| 18 | — | — | — | 0.54 | 0.67 | 0.94 |

## (2) 齿厚偏差

侧隙是通过减薄齿厚的方法实现的。齿厚偏差是指分度圆上实际齿厚与理论齿厚之差（对斜齿轮指法向齿厚）。

1) 齿厚上偏差

确定齿厚的上偏差 $E_{sns}$ 除应考虑最小侧隙外，还要考虑齿轮和齿轮副的加工和安装误差，关系式为

$$E_{sns1} + E_{sns2} = -2f_a \tan \alpha_n - \frac{j_{bnmin} + J_n}{\cos \alpha_n}$$

式中 $E_{sns1}$, $E_{sns2}$ ——小齿轮和大齿轮的齿厚上偏差；

$f_a$ ——中心距偏差；

$J_n$ ——齿轮和齿轮副的加工、安装误差对侧隙减小的补偿量。

$$J_n = \sqrt{f_{pb1}^2 + f_{pb2}^2 + 2(F_\beta \cos \alpha_n)^2 + (F_{\Sigma\delta} \sin \alpha_n)^2 + (F_{\Sigma\beta} \cos \alpha_n)^2}$$

式中 $f_{pb1}$, $f_{pb2}$ ——小齿轮和大齿轮的基节偏差；

$F_\beta$ ——小齿轮和大齿轮的螺旋线总公差；

$F_{\sum\delta}$，$F_{\sum\beta}$——齿轮副轴线平行度公差；

$\alpha_n$——法向压力角。

求得两齿轮的齿厚上偏差之和以后，可按等值分配方法分配给大齿轮和小齿轮，也可使小齿轮的齿厚减薄量小于大齿轮的齿厚减薄量，以使大、小齿轮的齿根弯曲强度匹配。

2）齿厚公差

齿厚公差的选择基本上与轮齿精度无关，除了十分必要的场合，不应采取很严的齿厚公差，以利于在不影响齿轮性能和承载能力的前提下获得较经济的制造成本。

齿厚公差 $T_{sn}$ 确定为

$$T_{sn} = \sqrt{F_r^2 + b_r^2} \times 2\ \tan\alpha_n$$

式中　$F_r$——径向跳动公差；

$b_r$——切齿径向进刀公差，可按表 19.8 选用。

表 19.8　切齿径向进刀公差

| 齿轮精度等级 | 4 | 5 | 6 | 7 | 8 | 9 |
|---|---|---|---|---|---|---|
| $b_r$ | 1.26IT7 | IT8 | 1.26IT8 | IT9 | 1.26IT9 | IT10 |

3）齿厚下偏差

齿厚下偏差 $E_{sni}$ 为

$$E_{sni} = E_{sns} - T_{sn}$$

**(3) 公法线长度**

齿厚改变时，齿轮的公法线长度也随之改变，可通过测量公法线长度控制齿厚。公法线长度测量不以齿顶圆为测量基准，测量方法简单，测量精度较高，在生产中广泛应用。

公法线长度的计算公式见表 19.9。

表 19.9　公法线长度计算公式

| 项　目 | | 代号 | 直齿轮 | 斜齿轮 |
|---|---|---|---|---|
| 标准齿轮 | 跨测齿数 | $K$ | $K = \dfrac{\alpha z}{180°} + 0.5$<br>四舍五入成整数 | $K = \dfrac{\alpha z'}{180°} + 0.5$<br><br>$z' = z\dfrac{\text{inv}\alpha_t}{\text{inv}\alpha_n}$<br><br>四舍五入成整数 |
| | 公法线长度 | $W$ | $W = W'm$<br>$W' = \cos\alpha\left[\pi(K-0.5)+z\text{inv}\alpha\right]$ | $W_n = W'm_n$<br>$W' = \cos\alpha_n\left[\pi(K-0.5)+z'\text{inv}\alpha_n\right]$ |
| 变位齿轮 | 跨测齿数 | $K$ | $K = \dfrac{z}{\pi}\left[\sqrt{\dfrac{1}{\cos\alpha}\left(1-\dfrac{2x}{z}\right)^2-\cos^2\alpha}\right.$<br><br>$\left.-\dfrac{2x}{z}\tan\alpha-\text{inv}\alpha\right]+0.5$<br><br>四舍五入成整数 | $K = \dfrac{z'}{\pi}\left[\dfrac{1}{\cos\alpha_n}\sqrt{\left(1-\dfrac{2x_n}{z'}\right)^2-\cos^2\alpha_n}\right.$<br><br>$\left.-\dfrac{2x_n}{z}\tan\alpha_n-\text{inv}\alpha_n\right]+0.5$<br><br>$z' = z\dfrac{\text{inv}\alpha_t}{\text{inv}\alpha_n}$<br><br>四舍五入成整数 |
| | 公法线长度 | $W$ | $W = (W'+\Delta W')m$<br>$W' = \cos\alpha\left[\pi(K-0.5)+z\text{inv}\alpha\right]$<br>$\Delta W' = 2x\sin\alpha$ | $W_n = (W'+\Delta W')m_n$<br>$W' = \cos\alpha_n\left[\pi(K-0.5)+z'\text{inv}\alpha_n\right]$<br><br>$z' = z\dfrac{\text{inv}\alpha_t}{\text{inv}\alpha_n}$<br><br>$\Delta W' = 2x_n\sin\alpha_n$ |

注：$\alpha = 20°$ 标准圆柱齿轮的跨测齿数 $K$ 和公法线长度 $W'$ 可在表 19.10 中查出。

表 19.10　公法线长度 $W'$（$m=1$，$\alpha_0=20°$）

| 齿轮齿数 $z$ | 跨测齿数 $K$ | 公法线长度 $W'$ | 齿轮齿数 $z$ | 跨测齿数 $K$ | 公法线长度 $W'$ | 齿轮齿数 $z$ | 跨测齿数 $K$ | 公法线长度 $W'$ | 齿轮齿数 $z$ | 跨测齿数 $K$ | 公法线长度 $W'$ | 齿轮齿数 $z$ | 跨测齿数 $K$ | 公法线长度 $W'$ |
|---|---|---|---|---|---|---|---|---|---|---|---|---|---|---|
| | | | 41 | 5 | 13.858 8 | 81 | 10 | 29.179 7 | 121 | 14 | 41.548 4 | 161 | 18 | 53.917 1 |
| | | | 42 | 5 | 13.872 8 | 82 | 10 | 29.193 7 | 122 | 14 | 41.562 4 | 162 | 19 | 56.883 3 |
| | | | 43 | 5 | 13.886 8 | 83 | 10 | 29.207 7 | 123 | 14 | 41.576 4 | 163 | 19 | 56.897 2 |
| 4 | 2 | 4.484 2 | 44 | 5 | 13.900 8 | 84 | 10 | 29.221 7 | 124 | 14 | 41.590 4 | 164 | 19 | 55.911 3 |
| 5 | 2 | 4.498 2 | 45 | 6 | 16.867 0 | 85 | 10 | 29.235 7 | 125 | 14 | 41.604 4 | 165 | 19 | 56.925 3 |
| 6 | 2 | 4.512 2 | 46 | 6 | 16.881 0 | 86 | 10 | 29.249 7 | 126 | 15 | 44.570 6 | 166 | 19 | 56.939 3 |
| 7 | 2 | 4.526 2 | 47 | 6 | 16.895 0 | 87 | 10 | 29.263 7 | 127 | 15 | 44.584 6 | 167 | 19 | 56.953 3 |
| 8 | 2 | 4.540 2 | 48 | 6 | 16.909 0 | 88 | 10 | 29.277 7 | 128 | 15 | 44.598 6 | 168 | 19 | 56.967 3 |
| 9 | 2 | 4.554 2 | 49 | 6 | 16.923 0 | 89 | 10 | 29.291 7 | 129 | 15 | 44.612 6 | 169 | 19 | 56.981 3 |
| 10 | 2 | 4.568 3 | 50 | 6 | 16.937 0 | 90 | 11 | 32.257 9 | 130 | 15 | 44.626 6 | 170 | 19 | 56.995 3 |
| 11 | 2 | 4.582 3 | 51 | 6 | 16.951 0 | 91 | 11 | 32.271 8 | 131 | 15 | 44.640 6 | 171 | 20 | 59.961 5 |
| 12 | 2 | 4.596 3 | 52 | 6 | 16.966 0 | 92 | 11 | 32.285 8 | 132 | 15 | 44.654 6 | 172 | 20 | 59.975 4 |
| 13 | 2 | 4.610 3 | 53 | 6 | 16.979 0 | 93 | 11 | 32.299 8 | 133 | 15 | 44.668 6 | 173 | 20 | 59.989 4 |
| 14 | 2 | 4.624 3 | 54 | 7 | 19.945 2 | 94 | 11 | 32.313 8 | 134 | 15 | 44.682 6 | 174 | 20 | 60.003 4 |
| 15 | 2 | 4.638 3 | 55 | 7 | 19.959 1 | 95 | 11 | 32.327 9 | 135 | 16 | 47.649 0 | 175 | 20 | 60.017 4 |
| 16 | 2 | 4.652 3 | 56 | 7 | 19.973 1 | 96 | 11 | 32.341 9 | 136 | 16 | 47.662 7 | 176 | 20 | 60.031 4 |
| 17 | 2 | 4.666 3 | 57 | 7 | 19.987 1 | 97 | 11 | 32.355 9 | 137 | 16 | 47.676 7 | 177 | 20 | 60.045 5 |
| 18 | 3 | 7.632 4 | 58 | 7 | 20.001 1 | 98 | 11 | 32.369 9 | 138 | 16 | 47.690 7 | 178 | 20 | 60.059 5 |
| 19 | 3 | 7.646 4 | 59 | 7 | 20.015 2 | 99 | 12 | 35.336 1 | 139 | 16 | 47.704 7 | 179 | 20 | 60.073 5 |
| 20 | 3 | 7.660 4 | 60 | 7 | 20.029 2 | 100 | 12 | 35.350 0 | 140 | 16 | 47.718 7 | 180 | 21 | 63.039 7 |
| 21 | 3 | 7.674 4 | 61 | 7 | 20.043 2 | 101 | 12 | 35.364 0 | 141 | 16 | 47.732 7 | 181 | 21 | 63.053 6 |
| 22 | 3 | 7.688 4 | 62 | 7 | 20.057 2 | 102 | 12 | 35.378 0 | 142 | 16 | 47.746 8 | 182 | 21 | 63.067 6 |
| 23 | 3 | 7.702 4 | 63 | 8 | 23.023 3 | 103 | 12 | 35.392 0 | 143 | 16 | 47.760 8 | 183 | 21 | 63.081 6 |
| 24 | 3 | 7.716 5 | 64 | 8 | 23.037 3 | 104 | 12 | 35.406 0 | 144 | 17 | 50.727 0 | 184 | 21 | 63.095 6 |
| 25 | 3 | 7.730 5 | 65 | 8 | 23.051 3 | 105 | 12 | 35.420 0 | 145 | 17 | 50.740 9 | 185 | 21 | 63.109 6 |
| 26 | 3 | 7.744 5 | 66 | 8 | 23.065 3 | 106 | 12 | 35.434 0 | 146 | 17 | 50.754 9 | 186 | 21 | 63.123 6 |
| 27 | 4 | 10.710 6 | 67 | 8 | 23.079 3 | 107 | 12 | 35.448 1 | 147 | 17 | 50.768 9 | 187 | 21 | 63.137 6 |
| 28 | 4 | 10.724 6 | 68 | 8 | 23.093 3 | 108 | 13 | 38.414 2 | 148 | 17 | 50.782 9 | 188 | 21 | 63.151 6 |
| 29 | 4 | 10.738 6 | 69 | 8 | 23.107 3 | 109 | 13 | 38.428 2 | 149 | 17 | 50.796 9 | 189 | 22 | 66.117 9 |
| 30 | 4 | 10.752 6 | 70 | 8 | 23.121 3 | 110 | 13 | 38.442 2 | 150 | 17 | 50.810 9 | 190 | 22 | 66.131 8 |
| 31 | 4 | 10.766 6 | 71 | 8 | 23.135 3 | 111 | 13 | 38.456 2 | 151 | 17 | 50.824 9 | 191 | 22 | 66.145 8 |
| 32 | 4 | 10.780 6 | 72 | 9 | 26.101 5 | 112 | 13 | 38.470 2 | 152 | 17 | 50.838 9 | 192 | 22 | 66.159 8 |
| 33 | 4 | 10.794 6 | 73 | 9 | 26.115 5 | 113 | 13 | 38.484 2 | 153 | 18 | 53.805 1 | 193 | 22 | 66.173 8 |
| 34 | 4 | 10.808 6 | 74 | 9 | 26.129 5 | 114 | 13 | 38.498 2 | 154 | 18 | 53.819 1 | 194 | 22 | 66.187 8 |
| 35 | 4 | 10.822 6 | 75 | 9 | 26.143 5 | 115 | 13 | 38.512 2 | 155 | 18 | 53.833 1 | 195 | 22 | 66.201 8 |
| 36 | 5 | 13.788 8 | 76 | 9 | 26.157 5 | 116 | 13 | 38.526 2 | 156 | 18 | 53.847 1 | 196 | 22 | 66.215 8 |
| 37 | 5 | 13.802 8 | 77 | 9 | 26.171 5 | 117 | 14 | 41.492 4 | 157 | 18 | 53.861 1 | 197 | 22 | 66.229 8 |
| 38 | 5 | 13.816 8 | 78 | 9 | 26.185 5 | 118 | 14 | 41.506 4 | 158 | 18 | 53.875 1 | 198 | 23 | 69.196 1 |
| 39 | 5 | 13.830 8 | 79 | 9 | 26.199 5 | 119 | 14 | 41.520 4 | 159 | 18 | 53.889 1 | 199 | 23 | 69.210 1 |
| 40 | 5 | 13.844 8 | 80 | 9 | 26.213 5 | 120 | 14 | 41.534 4 | 160 | 18 | 53.903 1 | 200 | 23 | 69.224 1 |

注：对标准直齿圆柱齿轮，公法线长度 $W=W'm$；$W'$ 为 $m=1$ mm，$\alpha_0=20°$ 时的公法线长度。

公法线长度偏差指公法线的实际长度与公称长度之差,公称线长度偏差与齿厚偏差的关系为

$$E_{bns} = E_{sns} \cos \alpha_n$$
$$E_{bni} = E_{sni} \cos \alpha_n$$

**(4) 齿轮坯的精度**

GB/Z 18620.3—2002 规定了齿轮坯上确定基准轴线的基准面的形状公差(见表19.11)。当基准轴线与工作轴线不重合时,工作安装面相对于基准轴线的跳动公差不应大于表19.12规定的数值。

齿轮的齿顶圆、齿轮孔以及安装齿轮的轴径尺寸公差与形状公差推荐按表19.13选用。

**表 19.11 基准面与安装面的形状公差**

| 确定轴线的基准面 | 公差项目 | | |
| --- | --- | --- | --- |
| | 圆度 | 圆柱度 | 平面度 |
| 两个"短的"圆柱或圆锥形基准面 | $0.04(L/b)F_\beta$ 或 $0.1 F_p$ 取两者中之小值 | | |
| 一个"长的"圆柱或圆锥形基准面 | | $0.04(L/b)F_\beta$ 或 $0.1 F_p$ 取两者中之小值 | |
| 一个短的圆柱面和一个端面 | | | $0.06(D_d/b)F_\beta$ |

注:齿轮坯的公差应减至能经济地制造的最小值。表中,$L$ 为较大的轴承跨距(当有关轴承跨距不同时),$D_d$ 为基准面直径,$b$ 为齿宽。

**表 19.12 安装面的跳动公差**

| 确定轴线的基准面 | 跳动量(总的指标幅度) | |
| --- | --- | --- |
| | 径 向 | 轴 向 |
| 仅指圆柱或圆锥形基准面 | $0.15(L/b)F_\beta$ 或 $0.3F_p$,取两者中之大值 | |
| 一个圆柱基准面和一个端面基准面 | $0.3F_p$ | $0.2(D_d/b)F_\beta$ |

注:齿轮坯的公差应减至能经济地制造的最小值。

**表 19.13 齿坯的尺寸和形状公差**

| 齿轮精度等级 | | 6 | 7 | 8 | 9 | 10 |
| --- | --- | --- | --- | --- | --- | --- |
| 孔 | 尺寸公差 形状公差 | IT6 | IT7 | | IT8 | |
| 轴 | 尺寸公差 形状公差 | IT5 | IT6 | | IT7 | |
| 齿顶圆直径 | 作测量基准 | IT8 | | | IT9 | |
| | 不作测量基准 | 公差按IT11给定,但不大于 $0.1m_n$ | | | | |

在技术文件中需要叙述齿轮精度等级时应注明 GB/T 10095.1 或 GB/T 10095.2。若齿轮的各检验项目为同一精度等级,可标注精度等级和标准号。例如,齿轮各检验项目同为7级精度,则标注为

7 GB/T 10095.1—2008 或 7 GB/T 10095.2—2008

若齿轮各检验项目的精度等级不同,例如,齿廓总偏差 $F_\alpha$ 为 6 级精度,单个齿距偏差 $f_{pt}$、齿距累积总偏差 $F_p$、螺旋线总偏差 $F_\beta$ 均为 7 级精度,则标注为

$$6(F_\alpha),7(f_{pt},F_p,F_\beta) \quad \text{GB/T 10095.1—2008}$$

**(5)中心距允许偏差**

中心距公差是设计者规定的允许偏差,确定中心距公差时应综合考虑轴、轴承和箱体的制造及安装误差,轴承跳动及温度变化等影响因素,并考虑中心距变动对重合度和侧隙的影响。

GB/Z 18620.3—2002 没有推荐中心距公差数值,表 19.14 所列为 GB/T 10095—1988 规定的中心距极限偏差。

**表 19.14 中心距极限偏差 $\pm f_a/\mu m$**

| 齿轮精度等级 | $f_a$ | 齿轮副的中心距/mm | | | | | | | | | | | | |
|---|---|---|---|---|---|---|---|---|---|---|---|---|---|---|
| | | >6~10 | 10 18 | 18 30 | 30 50 | 50 80 | 80 120 | 120 180 | 180 250 | 250 315 | 315 400 | 400 500 | 500 630 | 630 800 800 1 000 |
| 5~6 | $\frac{1}{2}$IT7 | 7.5 | 9 | 10.5 | 12.5 | 15 | 17.5 | 20 | 23 | 26 | 28.5 | 31.5 | 35 | 40 45 |
| 7~8 | $\frac{1}{2}$IT8 | 11 | 13.5 | 16.5 | 19.5 | 28 | 27 | 31.5 | 36 | 40.5 | 44.5 | 48.5 | 55 | 62 70 |
| 9~10 | $\frac{1}{2}$IT9 | 18 | 21.5 | 26 | 31 | 37 | 43.5 | 50 | 57.5 | 65 | 70 | 77.5 | 87 | 100 115 |

**(6)轴线平行度公差**

由于轴线平行度偏差的影响与其矢量的方向有关,对"轴线平面内的偏差" $f_{\Sigma\beta}$ 和"垂直平面内的偏差" $f_{\Sigma\beta}$ 作了不同的规定(见图 19.8)。

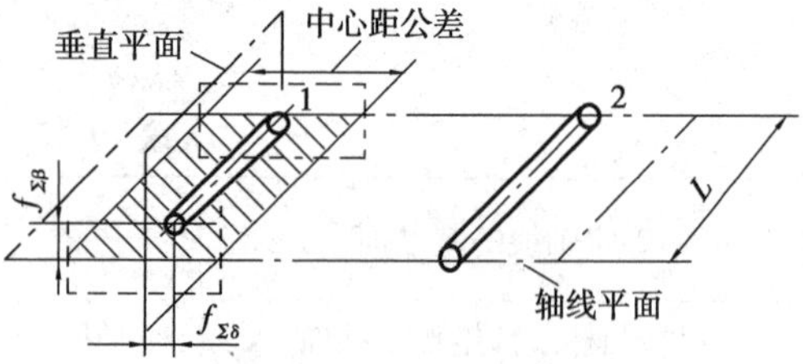

轴线偏差的推荐最大值为

$$f_{\Sigma\beta} = 0.5(L/b)F_\beta \quad f_{\Sigma\delta} = 2f_{\Sigma\beta}$$

**(7)齿面粗糙度**

图 19.8 轴线平行度偏差

齿面粗糙度影响齿轮的传动精度和工作能力。齿面粗糙度规定值应优先从表 19.15 和表 19.16 中选用。

**表 19.15 算术平均偏差 $Ra$ 的推荐极限值/$\mu m$**

| 精度等级 | 模数/mm | | |
|---|---|---|---|
| | $m<6$ | $6<m<25$ | $m>25$ |
| 5 | 0.5 | 0.63 | 0.80 |
| 6 | 0.8 | 1.0 | 1.25 |
| 7 | 1.25 | 1.6 | 2.0 |
| 8 | 2.0 | 2.5 | 3.2 |
| 9 | 3.2 | 4.0 | 5.0 |
| 10 | 5.0 | 6.3 | 8.0 |

**表 19.16 轮廓的最大高度 $Rz$ 的推荐极限值/$\mu m$**

| 精度等级 | 模数/mm | | |
|---|---|---|---|
| | $m<6$ | $6<m<25$ | $m>25$ |
| 5 | 3.2 | 4.0 | 5.0 |
| 6 | 5.0 | 6.3 | 8.0 |
| 7 | 8.0 | 10.0 | 12.5 |
| 8 | 12.5 | 16 | 20 |
| 9 | 20 | 25 | 32 |
| 10 | 32 | 40 | 50 |

$Ra$ 和 $Rz$ 均可作为齿面粗糙度指标,但两者不应在同一部分使用。

齿轮精度等级和齿面粗糙度等级之间没有直接关系。

**（8）接触斑点**

检验产品齿轮副在其箱体内所产生的接触斑点，可帮助评估轮齿间的载荷分布情况。

产品齿轮和测量齿轮的接触斑点可用于装配后的齿轮的螺旋线和齿廓精度的评估。

接触斑点可以给出齿长方向配合不准确的程度，包括齿长方向的不准确配合和波纹度，也可以给出齿廓不准确性的程度。

如图 19.9—图 19.12 所示为产品齿轮与测量齿轮对滚产生的典型的接触斑点示意图。

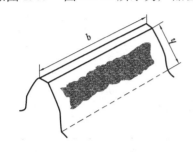

图 19.9　典型的规范（接触近似为齿宽 $b$ 的 80% 有效齿面高度 $h$ 的 70%，齿端修薄）

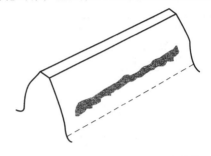

图 19.10　齿长方向配合正确，有齿廓偏差

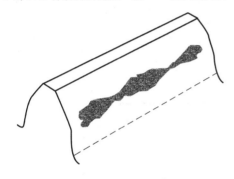

图 19.11　波纹度

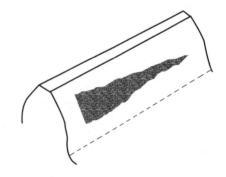

图 19.12　有螺旋线偏差，齿廓正确，有齿端修薄

图 19.13 和表 19.17、表 19.18 给出齿轮装配后（空载）检测时齿轮精度等级和接触斑点分布之间关系的一般指示（对齿廓和螺旋线修正的齿面是不适用的）。

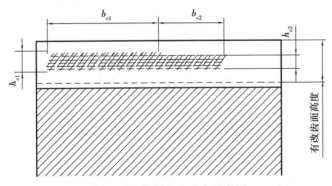

图 19.13　接触斑点分布示意图

表 19.17　斜齿轮装配后的接触斑点

单位:%

| 精度等级 按 GB/T 10095 | $b_{c1}$ 占齿宽的 | $h_{c1}$ 占有效齿高的 | $b_{c2}$ 占齿宽的 | $h_{c2}$ 占有效齿高的 |
|---|---|---|---|---|
| 4 级及更高 | 50 | 50 | 40 | 30 |
| 5 和 6 | 45 | 40 | 35 | 20 |
| 7 和 8 | 35 | 40 | 35 | 20 |
| 9 至 12 | 25 | 40 | 25 | 20 |

表 19.18　直齿轮装配后的接触斑点

单位:%

| 精度等级 按 GB/T 10095 | $b_{c1}$ 占齿宽的 | $h_{c1}$ 占有效齿高的 | $b_{c2}$ 占齿宽的 | $h_{c2}$ 占有效齿高的 |
|---|---|---|---|---|
| 4 级及更高 | 50 | 70 | 40 | 50 |
| 5 和 6 | 45 | 50 | 35 | 30 |
| 7 和 8 | 35 | 50 | 35 | 30 |
| 9 至 12 | 25 | 50 | 25 | 30 |

# 第 **20** 章
# 电动机

## 20.1 Y系列三相异步电动机技术数据

Y系列三相异步电动机是按照国际电工委员会(IEC)标准设计的,具有国际互换性的特点。其中,Y系列(IP44)电动机为一般用途全封闭自扇冷式鼠笼型三相异步电动机,具有防止灰尘、铁屑或其他杂质侵入电动机内部之特点,B级绝缘,工作环境温度不超过+40 ℃,相对湿度不超过95%,海拔高度不超过1 000 m,额定电压380V,频率50 Hz。适用于无特殊要求的机械上,如机床、泵、风机、运输机、搅拌机、农业机械等。

表20.1 Y系列(IP44)电动机的技术数据

| 电动机型号 | 额定功率/kW | 满载转速/(r·min⁻¹) | 堵转转矩/额定转矩 | 最大转矩/额定转矩 | 质量/kg | 电动机型号 | 额定功率/kW | 满载转速/(r·min⁻¹) | 堵转转矩/额定转矩 | 最大转矩/额定转矩 | 质量/kg |
|---|---|---|---|---|---|---|---|---|---|---|---|
| 同步转速 3 000 r/min,2 极 | | | | | | 同步转速 1 500 r/min,4 极 | | | | | |
| Y801-2 | 0.75 | 2 825 | 2.2 | 2.3 | 16 | Y801-4 | 0.55 | 1 390 | 2.4 | 2.3 | 17 |
| Y802-2 | 1.1 | 2 825 | 2.2 | 2.3 | 17 | Y802-4 | 0.75 | 1 390 | 2.3 | 2.3 | 18 |
| Y90S-2 | 1.5 | 2 840 | 2.2 | 2.3 | 22 | Y90S-4 | 1.1 | 1 400 | 2.3 | 2.3 | 22 |
| Y90L-2 | 2.2 | 2 840 | 2.2 | 2.3 | 25 | Y90L-4 | 1.5 | 1 400 | 2.3 | 2.3 | 27 |
| Y100L-2 | 3 | 2 870 | 2.2 | 2.3 | 33 | Y100L1-4 | 2.2 | 1 430 | 2.2 | 2.3 | 34 |
| Y112M-2 | 4 | 2 890 | 2.2 | 2.3 | 45 | Y100L2-4 | 3 | 1 430 | 2.2 | 2.3 | 38 |
| Y132S1-2 | 5.5 | 2 900 | 2.0 | 2.3 | 64 | Y112M-4 | 4 | 1 440 | 2.2 | 2.3 | 43 |
| Y132S2-2 | 7.5 | 2 900 | 2.0 | 2.3 | 70 | Y132S-4 | 5.5 | 1 440 | 2.2 | 2.3 | 68 |
| Y160M1-2 | 11 | 2 930 | 2.0 | 2.3 | 117 | Y132M-4 | 7.5 | 1 440 | 2.2 | 2.3 | 81 |
| Y160M2-2 | 15 | 2 930 | 2.0 | 2.2 | 125 | Y160M-4 | 11 | 1 460 | 2.2 | 2.3 | 123 |

续表

| 电动机型号 | 额定功率/kW | 满载转速/(r·min⁻¹) | 堵转转矩 额定转矩 | 最大转矩 额定转矩 | 质量/kg | 电动机型号 | 额定功率/kW | 满载转速/(r·min⁻¹) | 堵转转矩 额定转矩 | 最大转矩 额定转矩 | 质量/kg |
|---|---|---|---|---|---|---|---|---|---|---|---|
| Y160L-2 | 18.5 | 2 930 | 2.0 | 2.2 | 147 | Y160L-4 | 15 | 1 460 | 2.2 | 2.3 | 144 |
| Y180M-2 | 22 | 2 940 | 2.0 | 2.2 | 180 | Y180M-4 | 18.5 | 1 470 | 2.0 | 2.2 | 182 |
| Y200L1-2 | 30 | 2 950 | 2.0 | 2.2 | 240 | Y180L-4 | 22 | 1 470 | 2.0 | 2.2 | 190 |
| Y200L2-2 | 37 | 2 950 | 2.0 | 2.2 | 255 | Y200L-4 | 30 | 1 470 | 2.0 | 2.2 | 270 |
| Y225M-2 | 45 | 2 970 | 2.0 | 2.2 | 309 | Y225S-4 | 37 | 1 480 | 1.9 | 2.2 | 284 |
| Y250M-2 | 55 | 2970 | 2.0 | 2.2 | 403 | Y225M-4 | 45 | 1 480 | 1.9 | 2.2 | 320 |
| 同步转速 1 000 r/min,6 极 | | | | | | Y250M-4 | 55 | 1 480 | 2.0 | 2.2 | 427 |
| Y90S-6 | 0.75 | 910 | 2.0 | 2.0 | 23 | Y280S-4 | 75 | 1 480 | 1.9 | 2.2 | 562 |
| Y90L-6 | 1.1 | 910 | 2.0 | 2.0 | 25 | Y280M-4 | 90 | 1 480 | 1.9 | 2.2 | 667 |
| Y100L-6 | 1.5 | 940 | 2.0 | 2.0 | 33 | 同步转速 750 r/min,8 极 | | | | | |
| Y112M-6 | 2.2 | 940 | 2.0 | 2.0 | 45 | Y132S-8 | 2.2 | 710 | 2.0 | 2.0 | 63 |
| Y132S-6 | 3 | 960 | 2.0 | 2.0 | 63 | Y132M-8 | 3 | 710 | 2.0 | 2.0 | 79 |
| Y132M1-6 | 4 | 960 | 2.0 | 2.0 | 73 | Y160M1-8 | 4 | 720 | 2.0 | 2.0 | 118 |
| Y132M2-6 | 5.5 | 960 | 2.0 | 2.0 | 84 | Y160M2-8 | 5.5 | 720 | 2.0 | 2.0 | 119 |
| Y160M-6 | 7.5 | 970 | 2.0 | 2.0 | 119 | Y160L-8 | 7.5 | 720 | 2.0 | 2.0 | 145 |
| Y160L-6 | 11 | 970 | 2.0 | 2.0 | 147 | Y180L-8 | 11 | 730 | 1.7 | 2.0 | 184 |
| Y180L-6 | 15 | 970 | 1.8 | 2.0 | 195 | Y200L-8 | 15 | 730 | 1.8 | 2.0 | 250 |
| Y200L1-6 | 18.5 | 970 | 1.8 | 2.0 | 220 | Y225S-8 | 18.5 | 730 | 1.7 | 2.0 | 266 |
| Y200L2-6 | 22 | 970 | 1.8 | 2.0 | 250 | Y225M-8 | 22 | 740 | 1.8 | 2.0 | 292 |
| Y225M-6 | 30 | 980 | 1.7 | 2.0 | 292 | Y250M-8 | 30 | 740 | 1.8 | 2.0 | 405 |
| Y250M-6 | 37 | 980 | 1.8 | 2.0 | 408 | Y280S-8 | 37 | 740 | 1.8 | 2.0 | 520 |
| Y280S-6 | 45 | 980 | 1.8 | 2.0 | 536 | Y280M-8 | 45 | 740 | 1.8 | 2.0 | 592 |
| Y280M-6 | 55 | 980 | 1.8 | 2.0 | 596 | Y315S-8 | 55 | 740 | 1.6 | 2.0 | 1 000 |

注:电动机型号意义:以 Y132S2-2-B3 为例,Y 表示系列代号,132 表示机座中心高,S 表示短机座(M—中机座,L—长机座),第 2 种铁芯长度,2 为电动机的极数,B3 表示安装形式。

# 20.2　Y 系列三相异步电动机安装尺寸

表 20.2　电动机安装代号

| 安装形式 | B3 | V5 | V6 | B6 | B7 | B8 |
|---|---|---|---|---|---|---|
| 示意图 | | | | | | |

续表

| 安装形式 | B5 | V1 | V3 | B35 | V15 | V36 |
|---|---|---|---|---|---|---|
| 示意图 | | | | | | |

| 安装形式 | V18 | V19 | B14 | B34 | | |
|---|---|---|---|---|---|---|
| 示意图 | | | | | | |

表 20.3　机座带底脚、端盖无凸缘( B3,B6,B7,B8,V5,V6 型) 电动机的安装及外形尺寸

单位:mm

| 机座号 | 极数 | A | B | C | D | E | F | G | H | K | AB | AC | AD | HD | BB | L |
|---|---|---|---|---|---|---|---|---|---|---|---|---|---|---|---|---|
| 80 | 2,4 | 125 | 100 | 50 | 19 | | 40 | 6 | 15.5 | 80 | 10 | 165 | 165 | 150 | 170 | 130 | 285 |
| 90S | | 140 | | 56 | 24 | +0.009 −0.004 | 50 | | 20 | 90 | | 180 | 175 | 155 | 190 | | 310 |
| 90L | 2,4,6 | 140 | 125 | 56 | 24 | | 50 | 8 | 20 | 90 | 10 | 180 | 175 | 155 | 190 | 155 | 335 |
| 100L | | 160 | | 63 | 28 | | 60 | | 24 | 100 | | 205 | 205 | 180 | 245 | 170 | 380 |
| 112M | | 190 | 140 | 70 | 28 | | 60 | | 24 | 112 | 12 | 245 | 230 | 190 | 265 | 180 | 400 |
| 132S | | 216 | 178 | 89 | 38 | | 80 | 10 | 33 | 132 | | 280 | 270 | 210 | 315 | 200 | 475 |
| 132M | | 216 | 178 | 89 | 38 | | 80 | 10 | 33 | 132 | | 280 | 270 | 210 | 315 | 238 | 515 |
| 160M | 2,4,6,8 | 254 | 210 | 108 | 42 | +0.018 +0.002 | | 12 | 37 | 160 | | 330 | 325 | 255 | 385 | 270 | 600 |
| 160L | | 254 | 254 | 108 | 42 | | | 12 | 37 | 160 | 15 | 330 | 325 | 255 | 385 | 314 | 645 |
| 180M | | 279 | 241 | 121 | 48 | | 110 | 14 | 42.5 | 180 | | 355 | 360 | 285 | 430 | 311 | 670 |
| 180L | | 279 | 279 | 121 | 48 | | 110 | 14 | 42.5 | 180 | | 355 | 360 | 285 | 430 | 349 | 710 |
| 200L | | 318 | 305 | 133 | 55 | | | 16 | 49 | 200 | | 395 | 400 | 310 | 475 | 379 | 775 |
| 225S | 4,8 | 356 | 286 | 149 | 60 | 140 | 18 | 53 | 225 | 19 | 435 | 450 | 345 | 530 | 368 | 820 |
| 225M | 2 | 356 | 311 | 149 | 55 | 110 | 16 | 49 | 225 | | 435 | 450 | 345 | 530 | 393 | 815 |
| 225M | 4,6,8 | 356 | 311 | 149 | 60 | | | 53 | 225 | | 435 | 450 | 345 | 530 | 393 | 845 |
| 250M | 2 | 406 | 349 | 168 | 60 | +0.030 +0.011 | 18 | | 53 | 250 | | 490 | 495 | 385 | 575 | 455 | 930 |
| 250M | 4,6,8 | 406 | 349 | 168 | 65 | | 18 | | 58 | 250 | | 490 | 495 | 385 | 575 | 455 | 930 |
| 280S | 2 | 457 | 368 | 190 | 65 | 140 | 18 | 58 | 280 | 24 | 550 | 555 | 410 | 640 | 530 | 1 000 |
| 280S | 4,6,8 | 457 | 368 | 190 | 75 | | 20 | 67.5 | 280 | | 550 | 555 | 410 | 640 | 530 | 1 000 |
| 280M | 2 | 457 | 419 | 190 | 65 | | 18 | 58 | 280 | | 550 | 555 | 410 | 640 | 581 | 1 050 |
| 280M | 4,6,8 | 457 | 419 | 190 | 75 | | 20 | 67.5 | 280 | | 550 | 555 | 410 | 640 | 581 | 1 050 |

表 20.4 机座带底脚、端盖有凸缘（B35、V15、V36 型）电动机的安装及外形尺寸

单位：mm

| 机座号 | 极数 | A | B | C₁ | D | E | F | G | H | K | M | N | P | R | D | T | 凸缘孔数 | AB | AC | AD | HD | BB | L |
|---|---|---|---|---|---|---|---|---|---|---|---|---|---|---|---|---|---|---|---|---|---|---|---|
| 80 | 2,4 | 125 | 100 | 50 | 19 | 40 | 6 | 15.5 | 80 | 10 | 165 | 130 | 200 | 0 | 12 | 3.5 | 4 | 165 | 165 | 150 | 170 | 130 | 285 |
| 90S | 2,4,6 | 140 | 100 | 56 | 24 | 50 | 8 | 20 | 90 | 10 | 165 | 130 | 200 | 0 | 12 | 3.5 | 4 | 180 | 175 | 155 | 190 | 155 | 310 |
| 90L | 2,4,6 | 140 | 125 | 56 | 24 | 50 | 8 | 20 | 90 | 10 | 165 | 130 | 200 | 0 | 12 | 3.5 | 4 | 180 | 175 | 155 | 190 | 155 | 335 |
| 100L | 2,4,6 | 160 | 140 | 63 | 28 | 60 | 8 | 24 | 100 | 12 | 215 | 180 | 250 | 0 | 15 | 4 | 4 | 205 | 205 | 180 | 245 | 176 | 380 |
| 112M | 2,4,6 | 190 | 140 | 70 | 28 | 60 | 8 | 24 | 112 | 12 | 215 | 180 | 250 | 0 | 15 | 4 | 4 | 245 | 230 | 190 | 265 | 180 | 400 |
| 132S | 2,4,6,8 | 216 | 140 | 89 | 38 | 80 | 10 | 33 | 132 | 12 | 265 | 230 | 300 | 0 | 15 | 4 | 4 | 280 | 270 | 210 | 315 | 200 | 475 |
| 132M | 2,4,6,8 | 216 | 178 | 89 | 38 | 80 | 10 | 33 | 132 | 12 | 265 | 230 | 300 | 0 | 15 | 4 | 4 | 280 | 270 | 210 | 315 | 238 | 515 |
| 160M | 2,4,6,8 | 254 | 210 | 108 | 42 | 110 | 12 | 37 | 160 | 15 | 300 | 250 | 350 | 0 | 19 | 5 | 8 | 330 | 325 | 255 | 385 | 270 | 600 |
| 160L | 2,4,6,8 | 254 | 254 | 108 | 42 | 110 | 12 | 37 | 160 | 15 | 300 | 250 | 350 | 0 | 19 | 5 | 8 | 330 | 325 | 255 | 385 | 314 | 645 |
| 180M | 2,4,6,8 | 279 | 241 | 121 | 48 | 110 | 14 | 42.5 | 180 | 15 | 350 | 300 | 400 | 0 | 19 | 5 | 8 | 355 | 360 | 285 | 430 | 311 | 670 |
| 180L | 2,4,6,8 | 279 | 279 | 121 | 48 | 110 | 14 | 42.5 | 180 | 15 | 350 | 300 | 400 | 0 | 19 | 5 | 8 | 355 | 360 | 285 | 430 | 349 | 710 |
| 200L | 2,4,6,8 | 318 | 305 | 133 | 55 | 110 | 16 | 49 | 200 | 19 | 400 | 350 | 450 | 0 | 19 | 5 | 8 | 395 | 400 | 310 | 475 | 379 | 775 |
| 225S | 4,8 | 356 | 286 | 149 | 60 | 140 | 18 | 53 | 225 | 19 | 400 | 350 | 450 | 0 | 19 | 5 | 8 | 435 | 450 | 345 | 530 | 368 | 820 |
| 225M | 2 / 4,6,8 | 356 | 311 | 149 | 55 / 60 | 110 / 140 | 16 / 18 | 49 / 53 | 225 | 19 | 400 | 350 | 450 | 0 | 19 | 5 | 8 | 435 | 450 | 345 | 530 | 393 | 815 |
| 250M | 2 / 4,6,8 | 406 | 349 | 168 | 60 / 65 | 140 | 18 | 53 / 58 | 250 | 24 | 500 | 450 | 550 | 0 | 19 | 5 | 8 | 490 | 495 | 385 | 575 | 455 | 845 / 930 |
| 280S | 2 / 4,6,8 | 457 | 368 | 190 | 65 / 75 | 140 | 18 / 20 | 58 / 67.5 | 280 | 24 | 500 | 450 | 550 | 0 | 19 | 5 | 8 | 550 | 555 | 410 | 640 | 530 | 1 000 |
| 280M | 2 / 4,6,8 | 457 | 419 | 190 | 65 / 75 | 140 | 18 / 20 | 58 / 67.5 | 280 | 24 | 500 | 450 | 550 | 0 | 19 | 5 | 8 | 550 | 555 | 410 | 640 | 581 | 1 050 |

D 的极限偏差：19、24、28 为 $^{+0.009}_{-0.004}$；38、42、48 为 $^{+0.018}_{+0.002}$；55、60、65、75 为 $^{+0.030}_{+0.011}$。

注：①Y80—Y200 时，γ=45°；Y225—Y280 时，γ=22.5°。

②N 的极限偏差 130 和 180 为 $^{+0.014}_{-0.011}$，230 和 250 为 $^{+0.016}_{-0.013}$，300 为 ±0.016，350 为 ±0.018，450 为 ±0.020。

表 20.5　机座不带底脚、端盖有凸缘（B5，V3）和
立式安装、机座不带底脚、端盖有凸缘、轴伸向下（V1 型）电动机的安装及外形尺寸

单位:mm

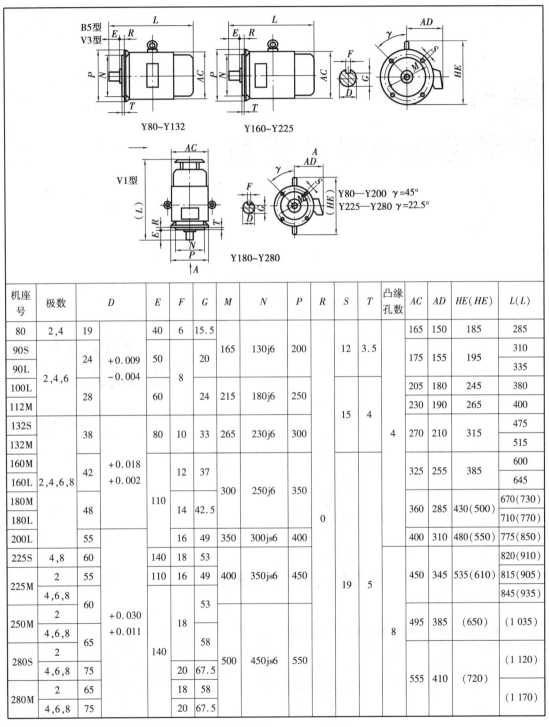

| 机座号 | 极数 | | D | E | F | G | M | N | P | R | S | T | 凸缘孔数 | AC | AD | HE(HE) | L(L) |
|---|---|---|---|---|---|---|---|---|---|---|---|---|---|---|---|---|---|
| 80 | 2,4 | 19 | | 40 | 6 | 15.5 | | | | | | | | 165 | 150 | 185 | 285 |
| 90S | | 24 | +0.009 −0.004 | 50 | | 20 | 165 | 130j6 | 200 | | 12 | 3.5 | | 175 | 155 | 195 | 310 |
| 90L | 2,4,6 | | | | 8 | | | | | | | | | | | | 335 |
| 100L | | 28 | | 60 | | 24 | 215 | 180j6 | 250 | | | | | 205 | 180 | 245 | 380 |
| 112M | | | | | | | | | | | 15 | 4 | | 230 | 190 | 265 | 400 |
| 132S | | 38 | | 80 | 10 | 33 | 265 | 230j6 | 300 | | | | 4 | 270 | 210 | 315 | 475 |
| 132M | | | | | | | | | | | | | | | | | 515 |
| 160M | | 42 | +0.018 +0.002 | | 12 | 37 | | | | | | | | 325 | 255 | 385 | 600 |
| 160L | 2,4,6,8 | | | 110 | | | 300 | 250j6 | 350 | | | | | | | | 645 |
| 180M | | 48 | | | 14 | 42.5 | | | | | | | | 360 | 285 | 430(500) | 670(730) |
| 180L | | | | | | | | | | 0 | | | | | | | 710(770) |
| 200L | | 55 | | | 16 | 49 | 350 | 300js6 | 400 | | | | | 400 | 310 | 480(550) | 775(850) |
| 225S | 4,8 | 60 | | 140 | 18 | 53 | | | | | | | | | | | 820(910) |
| 225M | 2 | 55 | +0.030 +0.011 | 110 | 16 | 49 | 400 | 350js6 | 450 | | 19 | 5 | | 450 | 345 | 535(610) | 815(905) |
| | 4,6,8 | 60 | | | | 53 | | | | | | | | | | | 845(935) |
| 250M | 2 | 60 | | | 18 | 53 | | | | | | | | 495 | 385 | (650) | (1 035) |
| | 4,6,8 | 65 | | 140 | | 58 | | | | | | | 8 | | | | |
| 280S | 2 | 65 | | 140 | 18 | 58 | 500 | 450js6 | 550 | | | | | | | | (1 120) |
| | 4,6,8 | 75 | | | 20 | 67.5 | | | | | | | | 555 | 410 | (720) | |
| 280M | 2 | 65 | | | 18 | 58 | | | | | | | | | | | (1 170) |
| | 4,6,8 | 75 | | | 20 | 67.5 | | | | | | | | | | | |

# 第 **4** 篇
# 参考图例与设计题目

# 第 **21** 章
## 参考图例

## 21.1　减速器装配图示例

减速器装配图示例,如图 21.1～21.4 所示。

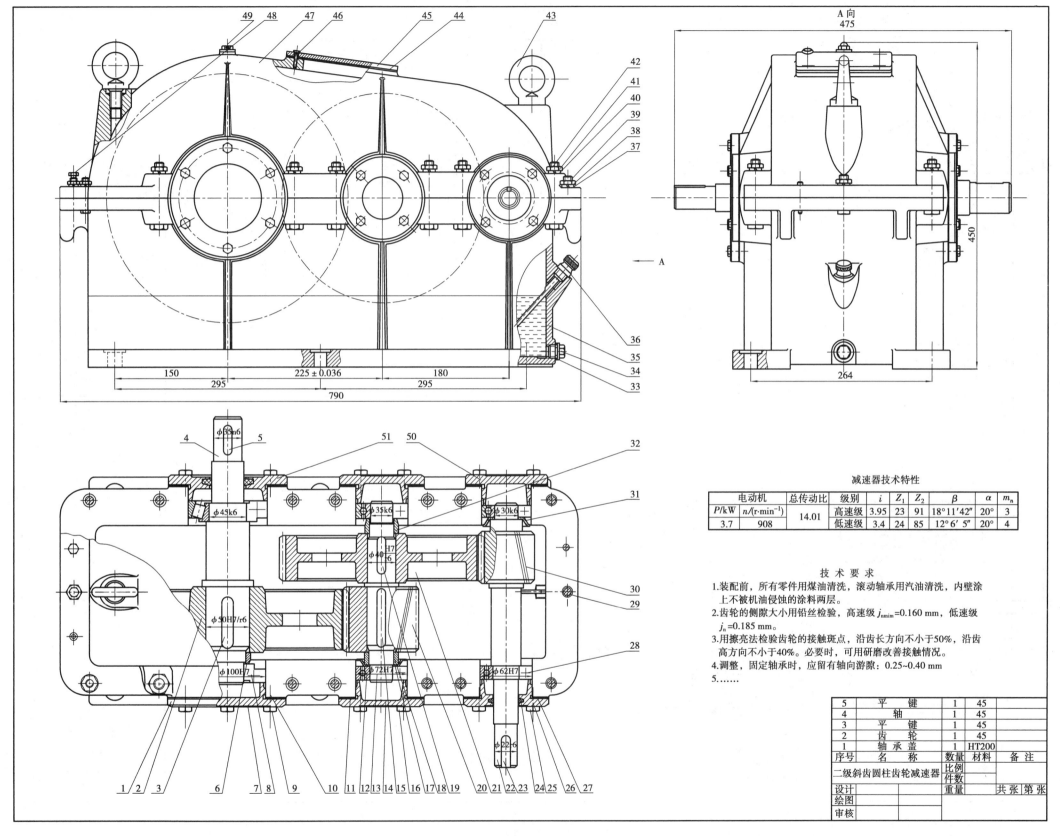

A 向
475

450

264

减速器技术特性

| 电动机 | | 总传动比 | 级别 | $i$ | $Z_1$ | $Z_2$ | $\beta$ | $\alpha$ | $m_n$ |
|---|---|---|---|---|---|---|---|---|---|
| $P$/kW | $n$/(r·min⁻¹) | | | | | | | | |
| 3.7 | 908 | 14.01 | 高速级 | 3.95 | 23 | 91 | 18°11′42″ | 20° | 3 |
| | | | 低速级 | 3.4 | 24 | 85 | 12°6′5″ | 20° | 4 |

技 术 要 求

1.装配前，所有零件用煤油清洗，滚动轴承用汽油清洗，内壁涂上不被机油侵蚀的涂料两层。

2.齿轮的侧隙大小用铅丝检验，高速级 $j_{nmin}$=0.160 mm，低速级 $j_n$=0.185 mm。

3.用擦亮法检验齿轮的接触斑点，沿齿长方向不小于50%，沿齿高方向不小于40%。必要时，可用研磨改善接触情况。

4.调整，固定轴承时，应留有轴向游隙：0.25~0.40 mm

5.......

| 5 | 平 键 | 1 | 45 | |
|---|---|---|---|---|
| 4 | 轴 | 1 | 45 | |
| 3 | 平 键 | 1 | 45 | |
| 2 | 齿 轮 | 1 | 45 | |
| 1 | 轴承盖 | 1 | HT200 | |
| 序号 | 名 称 | 数量 | 材料 | 备 注 |

二级斜齿圆柱齿轮减速器

| | 比例 | | 共张 第张 |
|---|---|---|---|
| 设计 | 件数 | | |
| 绘图 | 重量 | | |
| 审核 | | | |

图21.2

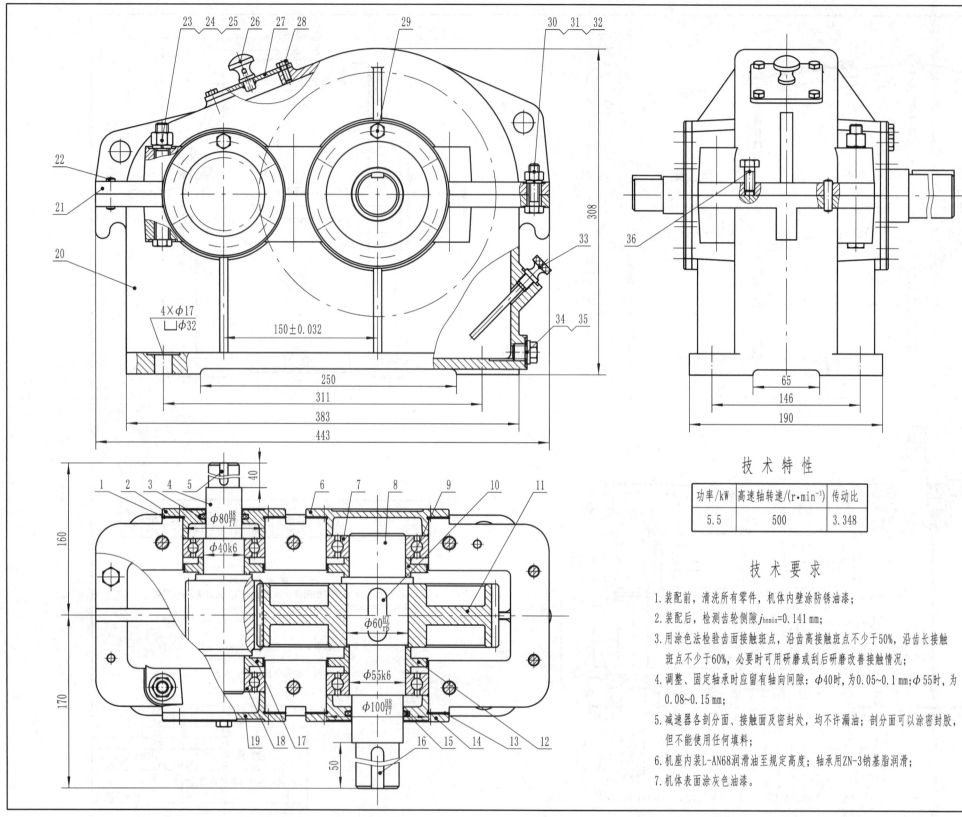

技 术 特 性

| 功率/kW | 高速轴转速/(r·min⁻¹) | 传动比 |
|---|---|---|
| 5.5 | 500 | 3.348 |

技 术 要 求

1. 装配前，清洗所有零件，机体内壁涂防锈油漆；
2. 装配后，检测齿轮侧隙$j_{bnmin}$=0.141 mm；
3. 用涂色法检验齿面接触斑点，沿齿高接触斑点不少于50%，沿齿长接触
   斑点不少于60%，必要时可用研磨或到后研磨改善接触情况；
4. 调整、固定轴承时应留有轴向间隙：$\phi$40时，为0.05~0.1 mm；$\phi$55时，为
   0.08~0.15 mm；
5. 减速器各剖分面、接触面及密封处，均不许漏油；剖分面可以涂密封胶，
   但不能使用任何填料；
6. 机座内装L-AN68润滑油至规定高度；轴承用ZN-3钠基脂润滑；
7. 机体表面涂灰色油漆。

| 36 | 螺栓M10×35 | 1 | | GB/T 5780—2000 |
|---|---|---|---|---|
| 35 | 螺塞M14×1.5 | 1 | Q235 | JB/ZQ 4450—1986 |
| 34 | 油封垫片 | 1 | 石棉橡胶纸 | |
| 33 | 油标M12 | 1 | Q235 | |
| 32 | 垫圈10 | 2 | | GB/T 93—1987 |
| 31 | 螺栓M10×40 | 2 | | GB/T 5780—2000 |
| 30 | 螺母M10 | 2 | | GB/T 41—2000 |
| 29 | 螺栓M8×20 | 24 | | GB/T 5783—2000 |
| 28 | 螺栓M6×16 | 4 | | GB/T 5783—2000 |
| 27 | 窥视孔盖 | 1 | Q235 | |
| 26 | 通气器 | 1 | Q235 | |
| 25 | 垫圈12 | 6 | | GB/T 93—1987 |
| 24 | 螺栓M12×110 | 6 | | GB/T 5780—2000 |
| 23 | 螺母M12 | 6 | | GB/T 41—2000 |
| 22 | 销8×30 | 2 | | GB/T 117—2000 |
| 21 | 机盖 | 1 | HT200 | |
| 20 | 机座 | 1 | HT200 | |
| 19 | 轴承端盖 | 1 | HT200 | |
| 18 | 轴承6208 | 2 | | GB/T 276—1994 |
| 17 | 挡油环3 | 2 | Q235 | |
| 16 | 键C12×8×45 | 1 | | GB/T 1096—2003 |
| 15 | 毡圈油封 50 | 1 | 半粗羊毛毡 | |
| 14 | 轴承透盖 | 1 | HT200 | |
| 13 | 调整垫片 | 2组 | 08F | 成组 |
| 12 | 挡油环2 | 1 | Q235 | |
| 11 | 大齿轮 | 1 | 45 | m=2, z=77 |
| 10 | 键18×11×50 | 1 | | GB/T 1096—2003 |
| 9 | 挡油环1 | 1 | Q235 | |
| 8 | 输出轴 | 1 | 45 | |
| 7 | 轴承6210 | 2 | | GB/T 276—1994 |
| 6 | 轴承端盖 | 1 | HT200 | |
| 5 | 键C8×7×35 | 1 | | GB/T 1096—2003 |
| 4 | 齿轮轴 | 1 | 45 | m=2, z=23 |
| 3 | 毡圈油封 35 | 1 | 半粗羊毛毡 | |
| 2 | 轴承端盖 | 1 | HT100 | |
| 1 | 调整垫片 | 2组 | 08F | 成组 |
| 序号 | 名 称 | 数量 | 材料 | 备 注 |

| 齿轮减速器 | | | 图号 | | 比例 | |
|---|---|---|---|---|---|---|
| | | | 质量 | | 数量 | |
| 设计 | (姓名) | (日期) | (校名) | | 共 页 | |
| 审核 | (姓名) | (日期) | (班号) | | 第 页 | |

一级圆柱齿轮减速器

图号

4

图21.1

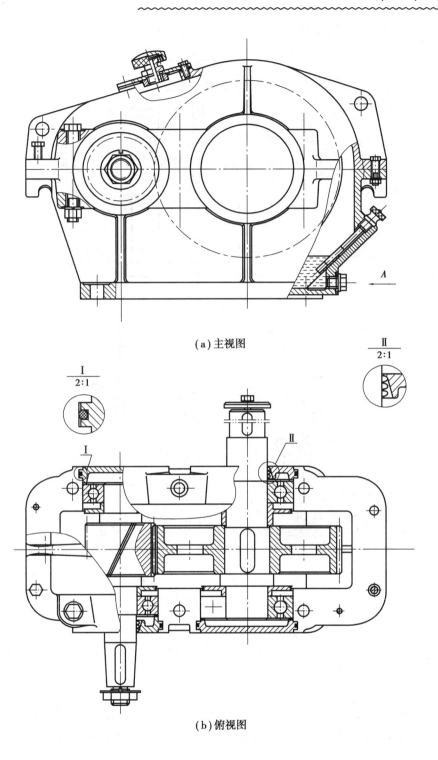

（a）主视图

$\dfrac{\text{II}}{2:1}$

$\dfrac{\text{I}}{2:1}$

（b）俯视图

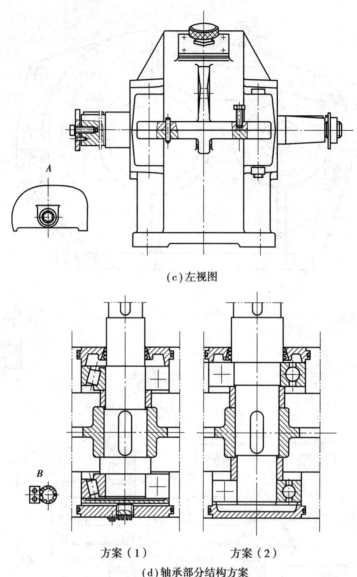

(c)左视图

方案（1）　　　　方案（2）

(d)轴承部分结构方案

图 21.3　单级圆柱齿轮减速器

　　图 21.3 所示为单级斜齿圆柱减速器结构图。因轴向力不大,故选用深沟球轴承。由于齿轮的圆周速度不高,轴承采用脂润滑。选用嵌入式轴承端盖,结构简单,可减少轴向尺寸和质量,嵌入式轴承盖与轴承座孔嵌合处有"O"形橡胶密封圈。

　　外伸轴与轴承盖之间采用油沟式密封,可防止漏油。箱座侧面设计成倾斜式,不但减轻了重量,而且也减少了底部尺寸。高速轴外伸端采用圆锥形结构,目的是便于轴端上零部件的装拆。

　　轴承部件结构方案(1)采用了螺钉调节方式(并设计有螺纹放松装置),可不用开启箱盖就可方便地调节圆锥滚子轴承的游隙。轴承部件结构方案(2)是轴上零件必须从一端装入的情况,此种结构要求齿轮与轴的配合偏紧一些。

## 21.2　减速器零件工作图示例

减速器中各零件工作图示例,如图21.4~图21.7所示。

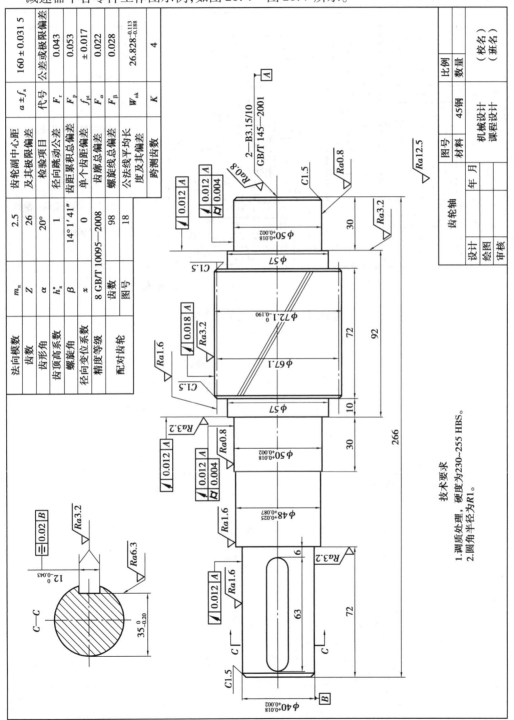

图21.4　圆柱齿轮轴零件工作图

| 法向模数 | $m_n$ | 2.5 | 齿轮副中心距及其极限偏差 | $a \pm f_a$ | 160±0.0315 |
|---|---|---|---|---|---|
| 齿数 | $Z$ | 26 | 检验项目 | 代号 | 公差或极限偏差 |
| 齿形角 | $\alpha$ | 20° | 径向跳动公差 | $F_r$ | 0.043 |
| 齿顶高系数 | $h_a^*$ | 1 | 齿距累积总偏差 | $F_p$ | 0.053 |
| 螺旋角 | $\beta$ | 14°1′41″ | 单个齿距偏差 | $f_{pt}$ | ±0.017 |
| 径向变位系数 | $x$ | 0 | 齿廓总偏差 | $F_\alpha$ | 0.022 |
| 精度等级 | 8 GB/T 10095—2008 | | 螺旋线总偏差 | $F_\beta$ | 0.028 |
| 配对齿轮 | 齿数 | 98 | 公法线平均长度及其偏差 | $W_{mk}$ | $26.828^{-0.113}_{-0.188}$ |
| | 图号 | 18 | 跨测齿数 | $K$ | 4 |

技术要求
1.调质处理,硬度为230~255 HBS。
2.圆角半径为R1。

| 齿轮轴 | | 图号 | | 比例 | (校名) |
|---|---|---|---|---|---|
| | | 材料 | 45钢 | 数量 | (班名) |
| 设计 | | | 机械设计 | | |
| 绘图 | | 年　月 | 课程设计 | | |
| 审核 | | | | | |

269

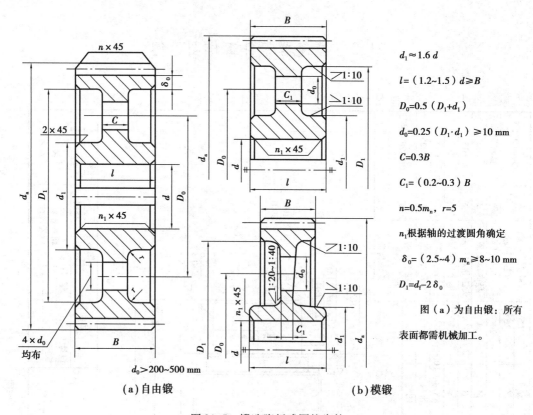

$d_1 \approx 1.6\,d$

$l = (1.2\sim1.5)\,d \geqslant B$

$D_0 = 0.5\,(D_1 + d_1)$

$d_0 = 0.25\,(D_1 \cdot d_1) \geqslant 10\ \text{mm}$

$C = 0.3B$

$C_1 = (0.2\sim0.3)\,B$

$n = 0.5m_n$，$r = 5$

$n_1$ 根据轴的过渡圆角确定

$\delta_0 = (2.5\sim4)\,m_n \geqslant 8\sim10\ \text{mm}$

$D_1 = d_f - 2\,\delta_0$

图（a）为自由锻：所有表面都需机械加工。

（a）自由锻　　　　　　　　（b）模锻

图 21.5　锻造腹板式圆柱齿轮

| | | |
|---|---|---|
| 法向模数 | $m_n$ | 3 |
| 齿数 | $z_2$ | 79 |
| 压力角 | $\alpha$ | 20° |
| 齿顶高系数 | $h_a^*$ | 1.0 |
| 螺旋角 | $\beta$ | 8°6′34″ |
| 螺旋方向 | | 右 |
| 变位系数 | $x$ | 0 |
| 精度等级 | 8 GB/T 10095.1—2008 | |
| 中心距 | $a \pm f_a$ | 150±0.0315 |
| 配对齿轮 图号 / 齿数 | $z_1$ | 20 |
| 公差项目 | 项目符号 | 公差值 |
| 齿距积累总偏差 | $F_p$ | 0.070 |
| 单个齿距极限偏差 | $\pm f_{pt}$ | ±0.018 |
| 齿廓总偏差 | $F_\alpha$ | 0.025 |
| 螺旋线总偏差 | $F_\beta$ | 0.029 |
| 齿厚 公法线长度及其上、下偏差 | $87.552_{-0.213}^{-0.107}$ | |
| 跨齿数 | $k$ | 10 |
| 标题栏 | | |

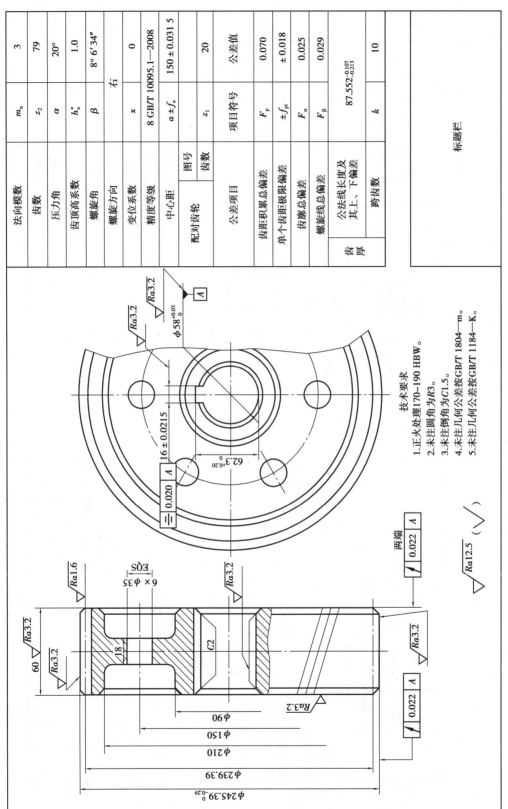

技术要求
1. 正火处理170~190 HBW。
2. 未注圆角为R3。
3. 未注倒角为C1.5。
4. 未注几何公差按GB/T 1804—m。
5. 未注几何公差按GB/T 1184—K。

图21.6 斜齿圆柱齿轮的零件工作图

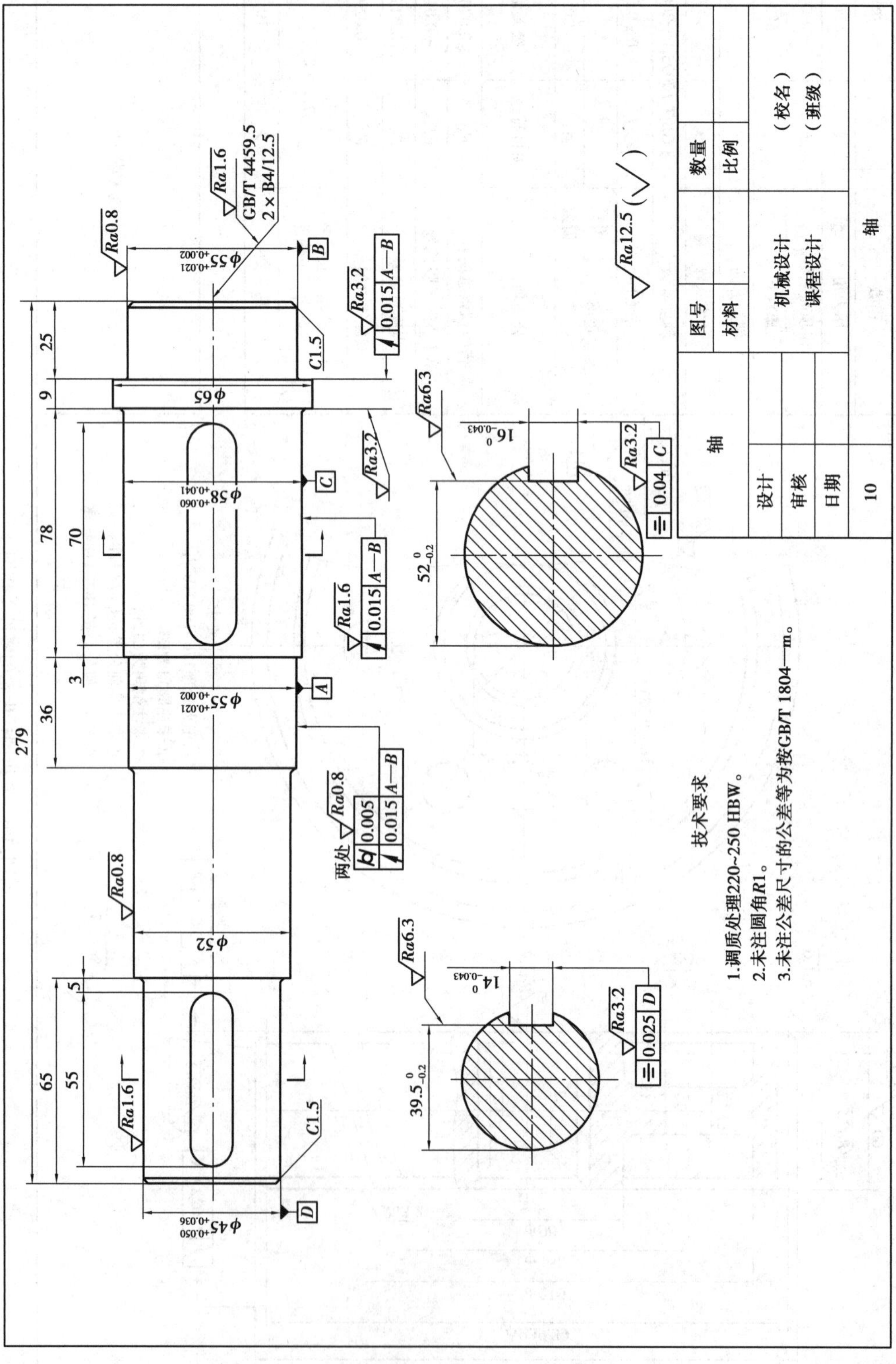

图21.7 轴零件工作图

技术要求

1. 调质处理220~250 HBW。

2. 未注圆角R1。

3. 未注公差尺寸的公差等级为按GB/T 1804—m。

# 第 **22** 章

## 设计题目

## 22.1 四工位专用机床设计

**(1) 机床工作原理**

设计四工位专用机床的刀具进给机构和工作台转位机构。

专用机床外形及其尺寸如图 22.1 所示。工作台有Ⅰ、Ⅱ、Ⅲ、Ⅳ等四个工作位置,工位Ⅰ是装卸工件,工位Ⅱ是钻孔,工位Ⅲ是扩孔,工位Ⅳ是铰孔。主轴箱上装有三把刀具,对应于工位Ⅱ位置装钻头,Ⅲ位置装扩孔钻,Ⅳ位置装铰刀。刀具由专用电动机带动绕其自身的轴线转动。主轴箱每向左移动送进一次,分别在四个工位上完成对应的装卸工件、钻孔、扩孔和铰孔工作。

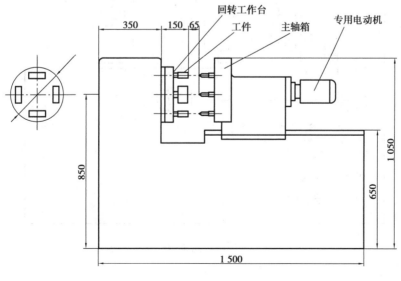

图 22.1 专用机床

当主轴箱右移快速退回到刀具离开工件后,工作台回转90°,然后主轴箱再次左移。这时对其中每一个工件来说,它进入了下一个工位的加工。依次循环4次,一个工件完成装、钻、扩、铰、卸等工序。由于主轴往复一次在四个工位上同时进行工作,所以每次就有一个工件完成上述全部工序。

(2)原始数据和设计要求

如图22.1所示,刀具顶端离开工件表面65 mm,快速移动送进60 mm接近工件表面后,匀速进给60 mm(包括5 mm的刀具切入量、45 mm的工件孔深、10 mm的刀具切出量),然后快速返回,回程和工作行程的平均速比$K=2$。刀具匀速进给的速度为2 mm/s,工件装、卸时间不超过10 s。机床的生产率为75 件/h。执行机构能装入机体内。

(3)方案设计与选择

回转工作台作单向间歇运动,每次转过90°。主轴箱作往复移动,在工作行程中有快进和慢进两段,回程具有急回特性。

实现工作台单向间歇运动的机构有棘轮、槽轮、凸轮、不定全齿轮等机构。实现主轴箱往复运动的机构有连杆机构和凸轮机构等。两套机构均由一台电动机带动,故工作台转位机构和主轴箱往复运动机构按动作时间顺序分支并列,并有凸轮或齿轮机构封闭组合成一个机构系统。图22.2、图22.3和图22.4所示为其中的三个方案。

选择运动方案时应注意以下几点:

①工作台回转以后是否有可靠的定位功能,主轴箱往复运动的行程在120 mm以上,所选机构是否能在给定空间内完成运动要求。

②机构的运动和动力性能、精度在满足要求的前提下,传动链是否能尽可能短,且制造和安装方便。

③加工工件的尺寸变化后是否能够方便地进行调整和改装。

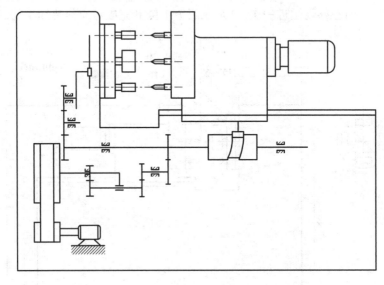

图22.2 圆柱凸轮运动方案

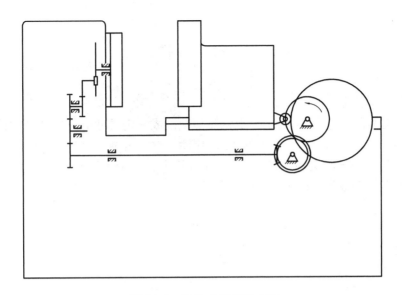

图 22.3 齿轮-凸轮运动方案

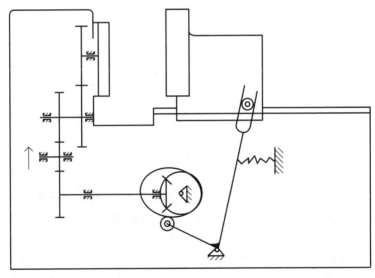

图 22.4 凸轮-连杆运动方案

(4)设计任务与内容

①根据设计要求和原始数据对可以实现的机构进行组合,并分析各种方案的运动和传动性能,选择一种较好的运动方案,画出运动方案草图。

②根据所给定的生产率,选择电动机并完成传动比的分配,并设计所包含的皮带传动和齿轮及轮系传动。

③用图解法设计所选方案中的凸轮机构,确定从动件的运动规律和凸轮理论曲线和实际曲线(完成 2 号图纸一张),并进行凸轮理论轮廓线上压力角和最小曲率半径的检验。

④按比例画出整个组合机构系统的运动简图,完成 2 号图纸一张。

⑤整理设计说明书。

## 22.2 轧辊机构设计

**(1)轧机工作原理**

轧机是由送料辊送进毛坯,由工作辊将铸坯轧制成一定尺寸的方形、矩形或圆形截面坯料的初轧轧机,如图 22.5 所示。在水平面内和铅垂面内各布置一对轧辊(图中只画了铅垂面内的一对轧辊),两对轧辊交替轧制。轧机中工作辊中心 $M$ 应沿轨迹 $mm$ 运动,以适应轧制工作的需要。坯料的截面形状由轧辊的形状来保证。

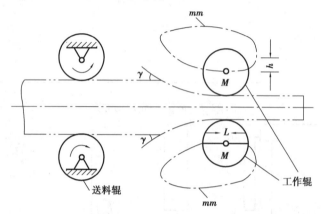

图 22.5 轧机工作情况

**(2)原始数据及设计要求**

根据轧制工艺,并考虑减轻设备的载荷对轧辊中心点 $M$ 轨迹的影响可提出如下基本要求:

①在金属变形区末段,应是与轧制中心线平行的直线段,在此直线段内轧辊对轧件进行平整,以消除轧件表面因周期间歇轧制引起的波纹。因此,希望该平整段尽可能长些。

②轧制是在铅垂面和水平面内交替进行的,当一个面内的一对轧辊在轧制时,另一面内的轧辊正处于空回行程中。从实际结构上考虑,轧辊的轴向尺寸总大于轧制品截面的宽,所以,要防止两对轧辊在交错而过时发生碰撞。为此,轧辊中心轨迹曲线 $mm$ 除要有适当的形状外,还应有足够的开口度 $h$,使轧辊在空行程中能让出足够的空间,保证与轧制行程中的轧辊不发生"拦路"相撞的情况。

③在轧制过程中轧件要受到向后的推力,为使推力尽量小些,以减轻送料辊的载荷,要求轧辊与轧件开始接触时的啮入角 $\gamma$ 尽量小些,$\gamma$ 约取 25°,坯料的单边最大压下量约 50 mm,从咬入到平整段结束的长度约 270 mm。

④为调整制造误差引起的轨迹变化或更换轧辊后要求开口度有稍许变化,所选机构应能便于调节轧辊中心的轨迹。

⑤要求在一个轧制周期中轧辊的轧制时间尽可能长些。

**(3)机构方案及讨论**

能实现给定平面轨迹要求的机构可以有连杆机构、凸轮机构、凸轮-连杆机构、齿轮-连杆机构等。下面列举其中的几个方案:

1）铰链连杆机构

如图 22.6 所示，利用铰链四杆机构 *ABCD* 连杆上某一点 *M*，可近似实现要求的轨迹。

2）双凸轮机构

如图 22.7 所示，双滑块构件 3 上点 *M* 的运动分别由凸轮 1 和 5 来控制，一般来说，点 *M* 可精确实现任意给定的轨迹。

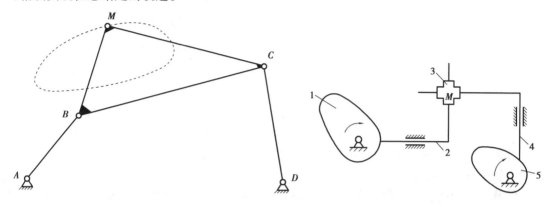

图 22.6　铰链连杆机构　　　　　图 22.7　双凸轮机构

3）铰链五杆机构

如图 22.8 所示，由于铰链五杆机构是两自由度机构，所以可精确实现要求的任意轨迹，且构件尺寸可在很大范围内任选，但需要给两个主动件，如取连架杆 *AB*、*DE* 为主动件，它们的转角与所要实现的轨迹 *mm* 有关。即与 $\varphi = \varphi(x, y)$，$\psi = \psi(x, y)$ 有关。通常，要精确实现该两主动件间的运动关系是比较麻烦的。如无必要，可用近似方法实现，联系两主动件间运动关系的机构常用齿轮机构、凸轮机构、连杆机构等。

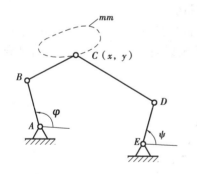 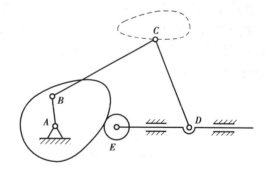

图 22.8　铰链五杆机构　　　　　图 22.9　凸轮-连杆机构

4）凸轮-连杆机构

如图 22.9 所示，利用凸轮-连杆机构一般可以精确实现要求的轨迹。

5）齿轮-五连杆机构

如图 22.10 所示，利用构件 *BC* 上的点 *M* 可近似实现要求的轨迹，且调 *AB* 与 *DE* 两构件间的相对位置即可调节点 *M* 的轨迹，故调节较方便。

**（4）设计内容及任务**

①可实现给定的轨迹。

②能按要求布置在机器中，结构上便于实现。

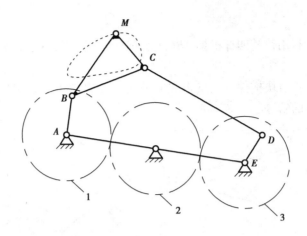

图 22.10　齿轮-五连杆机构

③由于本机器中机构的受力较大,因此应考虑到工作寿命要求。

④轨迹和开口度要能实现可调节。

⑤画出机构运动简图和整理说明书一份,机构运动简图上应画出工作辊中心 M 在整个运动循环中的轨迹和改变构件 AB 与 DE 的相对位置后点 M 的轨迹,图上应标出必要的尺寸和符号。

## 22.3　冲压机构及送料机构设计

**(1) 机构工作原理**

设计冲制薄壁零件的冲压机构及与其相配合的送料机构。

如图 22.11 所示,上模先以比较低的速度接近坯料,再以匀速进行拉延成形工作,然后上模继续下行将成品推出型腔,最后快速返回。上模退出下模以后,送料机构从侧面将坯料送至待加工位置,完成一个工作循环。

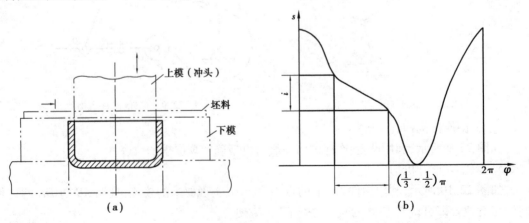

图 22.11　加工工件及上模运动规律

**(2) 原始数据和设计要求**

①动力源是电动机,从动件(执行构件)为上模,作上下往复直移运动,其大致运动规律如

图 22.11(b)所示,具有快速下沉、等速工作进给和快速返回的特性。

②机构应具有较好的传力性能,特别是工作段的压力角 $\alpha$ 应尽可能小,传动角 $\gamma$ 大于或等于许用传动角 $[\gamma]$。

③上模到达工作段之前,送料机构已将坯料送至待加工位置(下模上方)。

④生产率约 70 件/min。

⑤执行构件(上模)的工作段长度 $l = 30 \sim 100$ mm,对应曲柄转角 $\varphi = \left(\dfrac{1}{3} \sim \dfrac{1}{2}\right)\pi$,上模行程长度必须大于工作段长度的两倍以上。

⑥行程速度变化系数 $K \geqslant 1.5$。

⑦许用传动角 $[\gamma] = 40°$。

⑧送料距离 $H = 60 \sim 250$ mm。

⑨若对机构仅进行运动分析,为使计算方便起见,建议主动件角速度取 $\omega = 1$ rad/s。

⑩若对机构进行动力分析,为方便起见,所需参数值建议如下选取:

a.设连杆机构中各构件均为等截面匀质杆,其质心在杆长的中点,而曲柄的质心则与回转轴线重合。

b.设各构件的质量按 40 kg 计算,绕质心的转动惯量按 2 kg·m² 计算。

c.转动滑块的质量和转动惯量忽略不计,移动滑块的质量设为 36 kg。

d.载荷设为 5 000 N 按平均功率选用电动机。

e.设曲柄转速约为 70 r/min。在由电动机轴至曲柄轴之间的传动装置中(图 22.12)可取带传动的传动比 $i = 1.9$。

f.传动装置的等效转动惯量(以曲柄为等效构件)设为 30 kg·m²。

g.机器运转不均匀系数 $\delta$ 不超过 0.05。

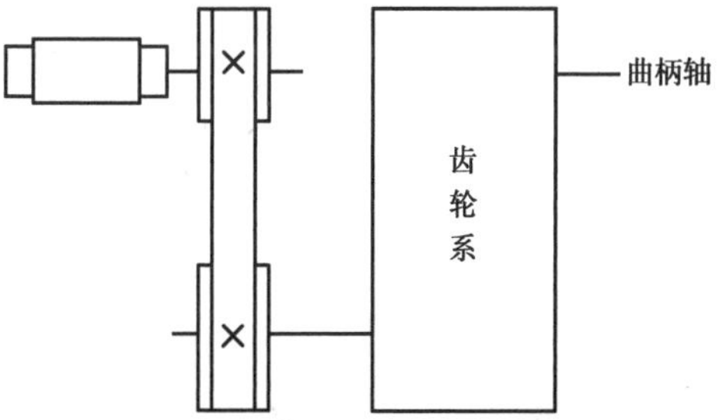

图 22.12　传动装置图

**(3)方案设计及讨论**

冲压机构的原动件是曲柄,从动件(执行构件)为滑块(上模),行程中有等速运动段(称"工作段"),并具有急回特性,机构应有较好的动力特性。要满足这些要求,用单一的基本机构(如偏置曲柄滑块机构)是难以实现的。因此,需要将几个基本机构恰当地组合在一起来满足上述要求。送料机构要求作间歇送进,比较简单,实现上述要求的机构组合方案可以有许多种。下面介绍几例以供参考。

1)齿轮-连杆冲压机构和凸轮-连杆送料机构

如图 22.13 所示,冲压机构采用了有两个自由度的双曲柄七杆机构,用齿轮副将其封闭为 1 个自由度,恰当地选择点 C 的轨迹和确定构件尺寸,可保证机构具有急回运动和工作段近于匀速的特性,并使压力角 $\alpha$ 尽可能小。该机构可采用实验法进行设计,当要求较高时,可用解析法或以实验法得到的结果作为初始值,进行优化设计。

送料机构是由凸轮机构和连杆机构串联组成的,按机构运动循环图可确定凸轮工作角和从动件的运动规律,使其能在预定时间将工件推送至待加工位置。设计时,若使 $l_{OG} < l_{OH}$,可减小凸轮尺寸。

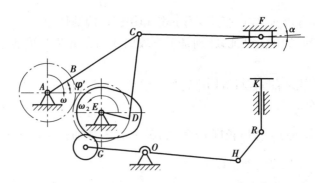

图 22.13　齿轮-连杆冲压机构和凸轮-连杆送料机构

2）导杆-摇杆滑决冲压机构和凸轮送料机构

如图 22.14 所示,冲压机构是在导杆机构的基础上串联一个摇杆滑块机构组合而成的,导杆机构按给定的行程速度变化系数设计,它与摇杆滑块机构组合可达到工作段近于匀速的要求。适当选择导路位置,可使工作段压力角 $\alpha$ 较小。

送料机构的凸轮轴通过齿轮机构与曲柄轴相连,按机构运动循环图确定凸轮工作角和从动件运动规律,则机构可在预定时间将工件送至待加工位置。

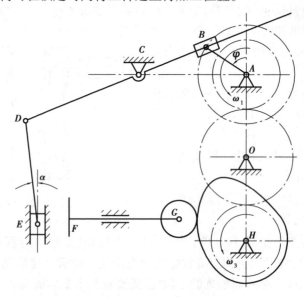

图 22.14　导杆-摇杆滑决冲压机构和凸轮送料机构

3）六连杆冲压机构和凸轮-连杆送料机构

如图 22.15 所示,冲压机构是由铰链四杆机构和摇杆滑块机构串联组合而成的。四杆机构可按行程速度变化系数用图解法设计,然后选择连杆长 $l_{BC}$ 及导路位置,按工作段近于匀速的要求确定铰链点 $E$ 的位置。若尺寸选择适当,可使执行构件在工作段中运动时机构的传动角 $\gamma$ 满足要求,压力角 $\alpha$ 较小。

凸轮送料机构的凸轮轴通过齿轮机构与曲柄轴相连,若按机构运动循环图确定凸轮转角及其从动件的运动规律,则机构可在预定时间将工件送至待加工位置。设计时,使 $L_{IH} < L_{IR}$,则可减小凸轮尺寸。

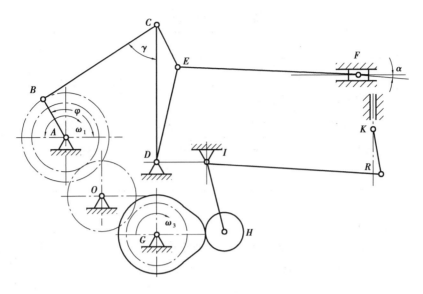

图 22.15 六连杆冲压机构和凸轮-连杆送料机构

(4)设计内容及任务

①选出自己适合的设计方案。

②冲压机构运动简图绘制。

③用粗实线绘出冲压机构某瞬时的位置图,作四个位置的速度和加速度多边形,并绘出从动件(即执行构件)的运动规律(位移、速度、加速度)线图。

④凸轮机构设计,绘出从动件位移(角位移)曲线,凸轮的理论廓线和实际廓线。

⑤绘制齿轮机构啮合图,用粗实线绘出两对处于啮合状态的轮齿,标出理论啮合线段、实际啮合线段、齿廓工作段及标注各部分尺寸和符号。

⑥图纸要作图正确,图面整洁,布置匀称,线条、尺寸标注符合制图标准。

## 22.4 带式输送机传动系统设计

(1)工作原理

带式输送机是一种摩擦驱动的连续运输物料的机械。其主要由机架、输送带、托辊、滚筒、张紧装置、传动装置等组成,广泛应用于家电、电子、电器、机械、烟草、注塑、邮电、印刷、食品等各行各业。皮带输送机具有输送能力强、输送距离远、结构简单、易于维护的特点,能方便地实现程序化控制和自动化操作。

(2)设计任务

设计带式输送机传动方案,使其能够满足带式输送机工作速度和工作拉力要求。

输送机工作条件见表 22.1。

表 22.1　工作条件

|  | A | B | C |
|---|---|---|---|
| 工作年限 | 8 | 10 | 15 |
| 工作班制 | 2 | 2 | 1 |
| 工作环境 | 清洁 | 多灰尘 | 灰尘较少 |
| 载荷性质 | 平稳 | 稍有波动 | 轻微冲击 |
| 生产批量 | 小批 | 小批 | 单件 |

**(3)传动系统参考方案**

**方案一**　如图 22.16 所示,由电动机通过联轴器将动力传入二级圆锥-斜齿圆柱齿轮减速器,再经过联轴器将动力传至输送机卷筒,输送机工作参数见表 22.2。

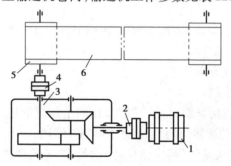

图 22.16　带式输送机传动方案一

1—电动机;2—联轴器;3—减速器;4—联轴器;5—滚筒;6—传送带

表 22.2　带式输送机工作参数(一)

| 编　号 | 1 | 2 | 3 | 4 | 5 | 6 | 7 | 8 | 9 | 10 | 11 | 12 |
|---|---|---|---|---|---|---|---|---|---|---|---|---|
| 输送带工作拉力 $F$/N | 2 500 | 2 400 | 2 300 | 2 200 | 2 100 | 2 100 | 2 800 | 2 700 | 2 600 | 2 300 | 2 500 | 2 600 |
| 带工作速度/(m·s$^{-1}$) | 1.4 | 1.5 | 1.1 | 1.7 | 1.8 | 1.9 | 1.3 | 1.4 | 1.3 | 1.5 | 1.5 | 1.5 |
| 滚筒直径 $D$/mm | 250 | 260 | 270 | 280 | 290 | 300 | 250 | 260 | 260 | 250 | 250 | 270 |

**方案二**　如图 22.17 所示,带式输送机由电机驱动,经 V 带传动减速后,将动力传入二级斜齿圆柱齿轮减速器,再经过联轴器将动力传至输送机卷筒,输送机工作参数见表 22.3。

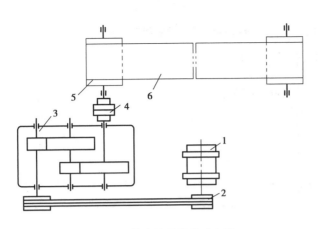

图 22.17　带式输送机传动方案二

1—电动机;2—带传动;3—减速器;4—联轴器;5—滚筒;6—传送带

表 22.3　带式输送机工作参数(二)

| 编　号 | 1 | 2 | 3 | 4 | 5 | 6 | 7 | 8 | 9 | 10 | 11 | 12 |
|---|---|---|---|---|---|---|---|---|---|---|---|---|
| 输送带工作拉力 $F$/N | 6 000 | 6 000 | 6 200 | 6 200 | 6 500 | 6 500 | 6 800 | 6 800 | 7 000 | 7 000 | 7 200 | 7 200 |
| 带工作速度 /($m \cdot s^{-1}$) | 0.45 | 0.48 | 0.48 | 0.42 | 0.42 | 0.48 | 0.48 | 0.46 | 0.5 | 0.48 | 0.55 | 0.52 |
| 滚筒直径 $D$/mm | 335 | 350 | 375 | 385 | 400 | 410 | 425 | 410 | 450 | 430 | 475 | 450 |

**方案三**　如图 22.18 所示,带式输送机由电机驱动,经 V 带传动减速后,将动力传入一级圆柱齿轮减速器,再经过联轴器将动力传至输送机卷筒,输送机工作参数见表 22.4。

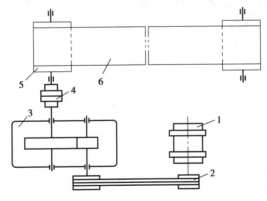

图 22.18　带式输送机传动方案三

1—电动机;2—带传动;3—减速器;4—联轴器;5—滚筒;6—传送带

283

表 22.4　带式输送机工作参数（三）

| 编　号 | 1 | 2 | 3 | 4 | 5 | 6 | 7 | 8 | 9 | 10 | 11 | 12 |
|---|---|---|---|---|---|---|---|---|---|---|---|---|
| 输送带工作拉力 $F$/N | 900 | 900 | 1 000 | 1 000 | 1 100 | 1 100 | 1 200 | 1 200 | 1 400 | 1 400 | 1 500 | 1 500 |
| 带工作速度/($m \cdot s^{-1}$) | 2.3 | 2.5 | 2.0 | 2.2 | 2.2 | 2.0 | 2.0 | 2.1 | 1.8 | 1.6 | 1.6 | 1.5 |
| 滚筒直径 $D$/mm | 400 | 400 | 500 | 500 | 320 | 320 | 400 | 400 | 320 | 320 | 280 | 260 |

## 22.5　其他创新机构设计

### (1)花生红衣脱皮机设计

随着食品工业的快速发展,花生的利用向着多样性方向发展,花生的精深加工成为花生果仁高效综合利用的必然途径。花生除了简单直接食用和榨油外,经常被用来制作各种风味的花生仁、花生糖、花生酱、花生牛奶饮料,也可配制在其他原料中作风味料。花生仁是由红色外衣和籽仁组成。红衣的主要成分是纤维组织和止血素,而花生中的油脂、蛋白质等营养素都集中在籽仁中。人们无论是从花生中提取蛋白粉,还是提高花生榨制出花生油的档次,都需将花生果经剥壳后再去掉花生果仁上的红皮(俗称"红衣"),这是制作上述食品及原料加工过程中不可缺少的关键工序之一。为此,需要设计一种花生脱红衣机来为后续的精加工工作做准备。

目前,国内现有的脱红衣设备的脱皮原理主要采用一对辗辊的动静运动实现摩擦辗搓。辗辊辗搓方式是一对辗辊反向差速旋转来搓擦花生籽仁,使红衣从花生籽仁上剥落。但是,这种脱红衣方式使得花生红衣的脱净率低,而且花生仁容易破碎,这样对后面的深加工是不利的。

还有一种利用鼓、盘、辊筒的表面凹凸不平,靠起伏的钝齿对物料的摩擦将表皮除掉,从而分离出果仁。但是,这种方式和前面说的靠胶辊来实现脱离一样,会使花生仁的破碎比较严重,而且这种方式的功耗也非常大。

请你发挥创新创造能力,设计一种花生红衣脱皮装置,要求能实现:自动喂料,红衣脱皮效果好,花生仁破碎比低,节能无污染。

### (2)电动翻谱台的设计

随着高雅音乐的普及,社会上对谱台的需求量越来越大。传统谱台需要演奏者自己翻谱,给演奏者造成诸多的不便,同时也影响演奏效果。目前急迫需要创新设计一种能自动翻谱的机构。

市场上已经出现了一些自动翻书机构。最著名的如日本 Sony 公司推出的 BooktTime 和适用于乐队指挥者的翻页器等。目前翻书机或翻谱仪常用的取纸方式大概有以下几种:

①吸页方式:采用流体力学原理,利用大气压来进行取纸,但这种方式时间久之后取纸效

果就比较差,机构也比较庞大,效果并不理想。

②定纸方式:即做若干翻书杆,每个翻书杆负责翻一页书。这种翻书机构成功率是百分之百的,但是由于翻书杆有限,应用程度却比较差。

请你设计一种装置,最好直接有机械结构完成,不需要电动机,要求体积小、成本低、兼容性较好。

### (3)环保型手推式草坪剪草机设计

目前市面上的剪草机大多需要动力引擎,这会产生很大的噪声,带来环境污染,在办公和学习的地方,这种需动力引擎的剪草机就显得非常不受欢迎。由于动力引擎剪草机有动力装置,保养和维护费用较高,同时动力引擎剪草机主要依靠剪刀片的高速旋转将草割断,通过旋转气流将草排出,对整机的安全性要求较高,操作时也会给工作人员带来强烈的震动,使操作很不舒适。虽然,动力引擎草坪剪草机剪草效率较高,剪草效果较好,但其价格也较昂贵,就目前来说,一般的用户难以接受。请你设计一种无引擎驱动、无噪声污染、剪草高度可调节、轻便简洁、操作方便和美观实用适用于一般用户的草坪剪草机。该产品主要用于家用及面积不大的草坪修剪。

### (4)易拉罐空罐有偿回收装置设计

易拉罐作为一种十分流行的饮料包装,消费量十分巨大。随着我国经济发展和人民生活水平提高,易拉罐用量还会增大。由于人们在消费过程中对易拉罐乱丢乱弃,不仅污染了环境,同时造成大量有用金属的浪费。目前,我国尚未采取有效的回收易拉罐的措施。采用有偿回收易拉罐是一种创新的概念,开发易拉罐有偿回收装置十分必要。

该装置可放在商场、广场、车站、公园等公共场所,用来有偿回收易拉罐,减少环境污染,回收有用金属。本设计题目的要求是设计一种可以回收易拉罐空罐的装置。当将一个易拉罐空罐塞入该装置后,能自动将其压扁并放入底部,并扔出一枚硬币。要求装置的结构要合理,加工要方便,而且成本适中。

### (5)林木移栽机设计

目前,带土球起苗法是园林苗木移栽中成活率较高的方法,但是,此法人力参与量多、劳动强度大、工作效率低、施工费用高,而且移栽中很难锯断根系,容易造成苗木根系的意外损害。请你设计一款便携式林木移栽机,辅助人工苗木移植,提高移栽效率和苗木的成活率。

设计要求:

①作业范围广:幼苗、苗圃起苗、山林古树,移植林木直径2~40 cm。

②轻便易携带:采用单人便携式操作、重量轻,使用方便,不受空间范围的限制。

③苗盘定位准确:可最大程度保留苗木的根系及锅形土球,不伤根系,以便提高苗木移植的成活率。

④快速高效:苗木挖掘时断根起苗快。

### (6)残疾人用自动上楼设备设计

随着人口的急剧膨胀,我国的人口老龄化也随之加快,给社会及家庭带来的压力也不断增大。在《中国人口老龄化发展趋势预测研究报告》中,全国老龄工作委员会发布的资料说明了一个问题:我们所处的21世纪将会是人口老龄化的时期。另外,由于各种生产事故、交通事故、各种灾害等意外事故导致大量残疾人的出现,这也是整个社会一直面临的问题。

轮椅是现在大多数年老体弱者及肢体伤残人使用较为广泛的代步工具。轮椅的发展也随着社会的需求变得多种多样,人类的智慧引领轮椅行业的发展,智能轮椅在越来越高的使用需求中得到了更多的重视,随着科技的飞速发展,将逐步替代手动轮椅和电动轮椅,而国内城市尤其是在中小城市中以多层公寓式楼房居多,也给轮椅使用者造成诸多不便。考虑到使用区域的广泛性,设计一款使用方便、重量适宜、价格合理的电动爬楼梯轮椅,可能会极大地改善老年人和残疾人的生活质量,让他们的出行更为方便,楼梯和路障将不再成为他们出行的障碍。

该设计在满足爬楼梯轮椅的基本要求前提下,尽量做到结构简单、价格适宜、对台阶适应性强,安全性高等方面。具体要求满足以下几点:

①能爬楼、越障,平地时可作电动轮椅使用。

②爬楼时重心波动较小,具有良好的稳定性和可靠性。

③轮椅车上下楼应与我们日常习惯一致,避免反向上楼给使用者带来的不便,同时确保上下楼过程的安全性。

### (7)投篮娱乐装置设计

投篮机是将篮球运动中的投篮动作独立出来,设计成一种投篮的游戏机。当游戏者投币启动游戏后,游戏者前面就出现了一个又一个篮球供游戏者投篮,让游戏者快速地向篮筐投入一个又一个的球。当规定的时间结束时,立即停止向游戏者提供篮球。这时累计被投中篮筐的次数,得出游戏的成绩。请你创新设计一种装置,满足游戏者的娱乐性和竞技性要求。

### (8)智能停车机构设计

随着汽车消费时代的到来,各大城市中运行的汽车量大大增加,而停车位的建设远低于此。传统的地面停车场已经远不能满足汽车消费的需要,停车难所导致交通堵塞的问题越来越严重。自动立体停车场具有充分利用有限的土地资源,发挥空间的优势,改善了居住环境,最大限度地缓解停车紧张的问题,是公共停车场现代化的发展方向。

请你设计一款机械式立体停车库,使其既可以大面积使用,也可以见缝插针设置,还能与地面停车场、地下停车库和停车楼组合实施。

### (9)水果采摘机构设计

在水果的生产作业中,收获采摘是整个生产中最耗时最费力的一个环节。水果收获期间需投入的劳力约占整个种植过程的50%~70%。采摘作业质量的好坏直接影响到水果的储存、加工和销售,从而最终影响市场价格和经济效益。水果收获具有很强的时效性,属于典型的劳动密集型的工作。但是,由于采摘作业环境和操作的复杂性,水果采摘的自动化程度仍然很低,目前国内水果的采摘作业基本上还是手工完成。在很多国家随着人口的老龄化和农业劳动力的减少,劳动力不仅成本高,而且还越来越不容易得到,而人工收获水果所需的成本在水果的整个生产成本中所占的比例竟高达33%~50%。因此,实现水果收获的机械化变得越来越迫切,发展机械化的收获技术,研究开发水果采摘机器人,具有重要的意义。

请你研究和开发一种果蔬收获的智能机器装置,用于解放劳动力、提高劳动生产效率、降低生产成本、保证新鲜果蔬品质,以及满足生长的实时性等方面的要求。

# 参考文献

[1] 王树才,吴晓.机械创新设计[M].武汉:华中科技大学出版社,2013.

[2] 史维玉.机械创新思维的训练方法[M].武汉:华中科技大学出版社,2017.

[3] 张春林,李志香,赵自强.机械创新设计[M].3版.北京:机械工业出版社,2017.

[4] 杜永平.创新思维与创新技法[M].北京:北京交通大学出版社,2003.

[5] 王湘江,何哲明.机械原理课程设计指导书[M].长沙:中南大学出版社,2011.

[6] 纪斌,朱同波,等.机械原理课程设计指导书[M].西安:西北工业大学出版社,2018.

[7] 师忠秀.机械原理课程设计[M].3版.北京:机械工业出版社,2017.

[8] 牛鸣岐,王保民,余述凡.机械原理课程设计[M].3版.重庆:重庆大学出版社,2017.

[9] 张国海.机械设计课程设计指导书[M].重庆:重庆大学出版社,2018.

[10] 芦书荣,张翠华,徐学忠,等.机械设计课程设计[M].成都:西南交通大学出版社,2014.

[11] 冯立艳,李建功,陆玉.机械设计课程设计[M].北京:机械工业出版社,2017.

[12] 洪家娣,刘静.机械设计指导[M].南昌:江西高校出版社,2018.

[13] 杨家军.机械创新设计与实践[M].武汉:华中科技大学出版社,2017.

[14] 孙亮波,黄美发.机械创新设计与实践[M].西安:西安电子科技大学出版社,2015.

[15] 王世刚,王树.机械设计实践与创新[M].北京:国防工业出版社,2009.

[16] 季林红,阎绍泽.机械设计综合实践[M].北京:清华大学出版社,2011.

[17] 张建中,何晓玲.机械设计课程设计[M].北京:高等教育出版社,2009.

[18] 杜雪松,陈霞,伍美.机械设计课程设计图册[M].重庆:重庆大学出版社,2017.

[19] 周元康,林昌华,张海兵.机械设计课程设计[M].重庆:重庆大学出版社,2019.